土質力学の基礎
とその応用

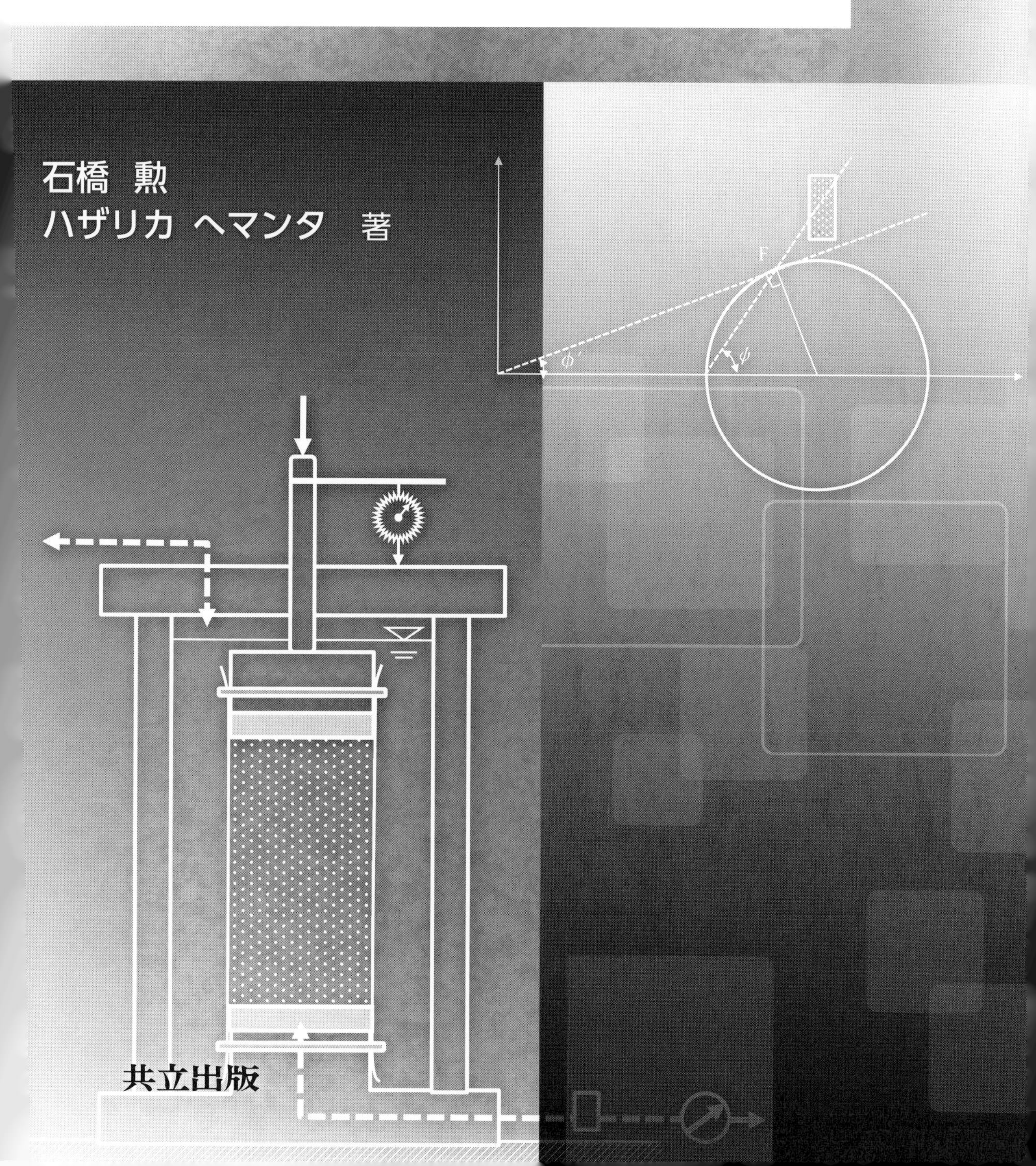

まえがき〔改訂・改題によせて〕

本著の元版である「土質力学の基礎（2011）」は新しく土の力学を学ぶ読者がその本質を深く理解しつつ，なおかつ，いかにやさしくこの複雑な工学現象を学べる手助けになるかを念頭において執筆，そして出版されました．そのオリジナル英語版である「Soil Mechanics Fundamentals」（2010, CRC Press）とともにその丁寧な本質の説明と簡潔な記述が認められ，日本ではもちろん，アメリカ，インド等々，世界中の多くの大学で教科書として採用されるようになりました．また地質学，建築学などの土木工学以外の読者からもわかりやすい入門書としての評価を得ています．著者たちの当初の目的は達せられたと自負しています．しかしながら，読者からいろいろな改正点のご指摘もいただいており，これらを真摯に受け止めています．特に日本語版の読者からは土質実験などの規格が厳密には日本の規格でない点が指摘されています．

2015年，英語版の第2版「Soil Mechanics Fundamentals and Applications」（CRC Press）が出版されました．これは初版に地盤調査，地盤基礎の設計などの数章が追加され，これで本書が土質力学のみの入門書から，基礎の設計法までを含めた地盤工学の入門書としての内容を備えたことになります．

本書「土質力学の基礎とその応用」は英語版第2版の拡張された内容を基にして，日本の工業規格，慣習を十分に考慮し，取り入れて改正されたものです．内容の深さと簡潔さは初版のままに，そして，拡張された内容と，また日本の実状に合った使いやすい書になったことと確信しています．

したがって，本書の構成は新しく次のようになります．第1章から第12章は初版と同じく土質力学の章で，第13章から第16章は基礎工学への入門章となります．まず第13章では新しく地盤調査法について学びます．第14章は基礎地盤の支持力（初版の13章）と，その応用としての浅い基礎の設計法が追加されました．そして，第15章には杭による深い基礎の設計法がまとめられています．最終の第16章では斜面安定問題で初版の第14章と同様です．

英語版，日本語版を通じて多くの方々のご意見，ご協力を得ました．ここにそれらの方々に心よりの感謝の意を表し，下記のそのお名前を記させていただきます（敬称略，アルファベット順）．M. Sherif Aggour（United States），Fauziah Ahmad（Malaysia），G. L. Sivakumar Babu（India），A. Boominathan（India），Bodhinanda Chandra（Indonesia），土居玄昌（Japan），Hiroshan Herriarachchi（United States），肥田達久（Japan），菊池喜昭（Japan），小林泰三（Japan），Kunchithapatha Madhavan（United States），Mohamed Mekkawy（United States），Achmad Muhiddin（Indonesia），Mete Omer（United States），大嶺聖（Japan），土屋忠三（Japan），渡部要一（Japan），安福規之（Japan），吉見吉昭（Japan），Askar Zhussupbekov

(Kazakhstan)，西村謙吾 (Japan)，稲積真哉 (Japan).

2017 年 2 月

石橋　勲　Isao Ishibashi
ハザリカ ヘマンタ　Hemanta Hazarika

まえがき

本書は著者らによる英文本“Soil Mechanics Fundamentals”（CRC Press, 2010）を訳したものです．その序文には次のように書かれています．

“Soil Mechanics Fundamentals”（土質力学の基礎）は，土の力学を初めて学ぶ学生やエンジニアのために土質力学の概念と知識をわかりやすく，できるだけ簡潔に，なおかつ，その深い本質の説明を怠ることなく提供するために書かれたものです．この本は，主に大学で基本的な数学，物理学，化学，静力学，固体力学などの主要な科学工学コースを習得して，まさに土木工学のひとつの専門分野である地盤工学を学ぼうとしている大学生を念頭に置いて書かれました．それらの基礎知識を基にして，土質力学の基本を包括的にしっかりと学習できるように気が配られています．特に，「土とは何か」「土はどのように挙動するのか」「なぜそのように挙動するのか」「それらの挙動がどのような工学的意味を持つのか」が理解できるように組み立てられています．本書は岩盤力学を含んでいないため，古典的な名前“ソイルメカニックス（土質力学）の基礎”と名づけられました．

土質力学，地盤工学，基礎工学の分野には数多くの書籍が出版されていますが，著者らの25年以上にわたる土質力学入門コースを教える経験を通じても，満足される教科書はなかなか見つからず，多くの資料を併用して教えざるを得ませでした．それらの教科書の多くは，あるものは包括的な基本の説明の欠くもの，あるものは情報量が膨大すぎ整理がうまくなされていないもの，またあるものは内容が高度過ぎて入門書としては適切ではないもの，等々．常に著者らは学生のためにより良い入門テキストブックの必要を感じざるを得ませんでした．著者らにとって土質力学の理想的な入門テキストブックとは，まず，数学，物理，化学等の基礎科学工学の知識を基にして書かれていること．第2に，土質力学の複雑な現象がより整理され体系付けられて，円滑な流れをもって表現されること．最後に，土質力学の最初のコースを終了した学生は，土の挙動の根本的な知識を身につけ，基礎工学への応用に際して，たじろぐことなく，学習した概念を的確に適用する準備ができていなければなりません．いい換えれば，単に方程式や数字の暗記ではなく，その根本を熟慮し，応用する学習態度を会得することです．それらを取得した者らが挑戦的な難しい問題に直面したときにも，果敢に，論理的，かつ革新的な解決法を求めることができるでしょう．

本著は土質力学の入門テキストブックとして，本著をもって一歩でもそのような理想の教育に近づくことができることを目指して書かれたものです．そのために，個々の土質力学の概念が，可能な限りスムーズに配列されています．たとえば，土の塑性性状は粘土鉱物の構成とその水との相互作用を学習した後でやさしく理解されます．同様に，矢板の前面のクイックサンドや掘削穴の下部のフクレ上がり現象は有効応力の概念を理解した上で説明されます．モールの円はせん断強度と土圧の理論の直前に提示されます．

同時に，著者らは，本書をできる限りわかりやすく簡潔にするために，意図的に各分野での種々多くの情報を網羅し，掲載することを避けました．この分野では常に多くの例外と経験則による解答が存在しますが，本書では基本的，かつ不可欠なもののみを選びました．基礎の理解の重要性を強調するためです．

最後に要約しますと，この本は地盤工学分野の完全な技術情報をカバーするもではありません．むしろ，より基本的な概念と知識を，よりわかりやすく，シンプルに提供することを目的としています．この目的を達するために，もう一度最後に，「土とは何か」「土はどのように挙動するのか」「なぜそのように挙動するのか」を理解することの大切さを強調したいと思います．

以上が英語版での序文の翻訳ですが，日本語版では特に読者が英語の技術用語に慣れるために，多くの技術用語はカッコ内に英語の用語として残しました．それらは索引にも残され，英語の参考文献とともに読者の英語力の向上に少しでも役に立つことを願うものです．

2011 年 4 月

石橋　勲　Isao Ishibashi

ハザリカ ヘマンタ　Hemanta Hazarika

目　次

第4章 土の分類法

第5章 土の締固め

第6章　土中の水の流れ

第7章　有効応力

第8章　地表面荷重による土中の応力の増加

第9章　地盤の沈下

第10章　モール円の土質力学への応用

第11章　土の強度

第 12 章　構造物に作用する土圧

第 13 章　地盤調査

第 14 章　土の支持力と浅い基礎の設計

第 15 章　深い基礎の設計

第16章　斜面の安定

単位変換表

英国（米国）単位から SI	SI から英国（米国）単位
長さ（length）	
1 ft＝0.3048 m＝30.48 cm＝304.8 mm 1 in＝25.4 mm＝2.54 cm	1 m＝3.2808 ft＝39.37 in 1 cm＝0.3937 in＝3.2808×10^{-2} ft 1 mm＝0.039 in
面積（area）	
1 ft^2＝0.0929 m^2＝929 cm^2＝9.29×10^4 mm^2 1 in^2＝6.452×10^{-4} m^2＝6.452 cm^2 ＝645.2 mm^2	1 m^2＝10.764 ft^2＝1550 in^2 1 cm^2＝0.155 in^2 1 mm^2＝0.00155 in^2
体積（volume）	
1 ft^3＝0.0283 m^3 1 in^3＝16.387 cm^3＝16387 mm^3 1 U. S. gallon＝3785 cm^3＝3.78 liters	1 m^3＝35.32 ft^3 1 cm^3＝0.06102 in^3 1 liter＝0.264 U. S. gallons
質量（mass）	
1 lbm＝0.4536 kg	1 kg＝2.2046 lbm
密度（density（mass））	
1 lbm/ft^3＝16.02 kg/m^3	1 kg/m^3＝0.0624 lbm/ft^3
単位体積重量（unit weight）	
1 lbs/ft^3(pcf)＝0.157 kN/m^3 1 lbs/in^3(pci)＝271.4 kN/m^3	1 kN/m^3＝6.36 lbs/ft^3(pcf) ＝0.00636 kips/ft^3
力（force）	
1 lb＝4.448 N 1 kips＝4.448 kN 1 British（short）ton＝8.896 kN	1 N＝0.2248 lb 1 kN＝0.2248 kips 1 kN＝0.1124 British（short）ton
応力（stress） (Pa＝N/m^2)	
1 lbs/in^2(psi)＝6.895 kPa 1 kips/in^2＝6.895 MPa 1 lbs/ft^2(psf)＝47.88 Pa 1 kips/ft^2＝47.88 kPa	1 kPa＝0.145 lbs/in^2(psi) 1 MPa＝0.145 kips/in^2 1 Pa＝0.021 lbs/ft^2(psf) 1 kPa＝0.021 kips/ft^2
モーメント（moment）	
1 lb-in＝112.98 N-mm 1 lb-ft＝1.3558 N-m	1 N-m＝0.7375 lb-ft＝8.851 lb-in
エネルギー（energy）	
1 ft-lb＝1.3558 Joule	1 Joule＝0.7375 ft-lb
加速度（acceleration）	
1 ft/sec^2＝0.3048 m/sec^2	1 m/sec^2＝3.2808 ft/sec^2 1 cm/sec^2＝0.3937 in/sec^2 ＝0.032808^2ft/sec^2
他のよく使われる数量と関係式	
1 G（重力）＝9.81 m/sec^2＝981 cm/sec^2＝981 gals＝32.18 ft/sec^2 1 kg force＝1 kg(mass)×9.81 m/sec^2＝9.81 Newton＝9.81×10^{-3} kN γ_w（水の単位体積重量）＝9.81 kN/m^3＝62.4 lb/ft^3	

第1章 土質力学への案内

1.1 土質力学とその関連分野

土質力学（soil mechanics）は土を工学材料として扱う学問の一分野です．古代より土はさまざまな建設プロジェクトに工学材料として使用されてきました．エジプトのピラミッド建設，古代メソポタミアのジグラット（Ziggurats）と呼ばれる巨大な宗教礼拝の土盛，ローマの上水道網，中国の万里の長城等々は壮大な歴史的土の構造物の一部です．これらの古代の構造物は歴代の技術者の経験を蓄積することによって達成されました．18 世紀から 19 世紀にかけてさまざまな分野でニュートン（Newton）力学が導入され，土の分野にもクーロン（Coulomb, 1976）とランキン（Rankine, 1857）の土圧理論などの例に見られるように土の力学としての芽生えが見られます．

しかしながら真の意味での土質力学の誕生は 1925 年，カール・フォン・**テルツァーギ**（Karl von Terzaghi）博士による"**Erdbaumechanik**"（土の力学）いう本の出版まで待たなければなりませんでした．特に博士は土の間隙水圧（pore water pressure）と応力の関係を明確にし，有効応力（effective stress）の概念を打ち立て土の力学に革命をもたらし，近代の土質力学の礎を築きました．テルツァーギ博士の有効応力の概念は今なお土質力学の骨子として活用され，彼のこの分野への偉大な貢献により博士は"**土質力学の父**"と呼ばれています．

関連のある工学分野として**基礎工学**（foundation engineering），**地盤工学**（geotechnical engineering），**環境地盤工学**（geoenvironmental engineering）などがあります．基礎工学は土質力学の知識を用いて構造物の基礎（foundation），堤防（embankment），アースダム（earth dam），ロックフィルダム（rockfill dam），斜面安定（slope stability）等を含めた土基礎の安全設計，管理する学問で，長年**土質基礎工学**（soil mechanics and foundation engineering）とも呼ばれてきました．1970 年頃に岩を扱う岩盤工学（rock mechanics）も含めて新たな名称である地盤工学が生まれ，この名称が現代最も一般的に使われています．1980 年代になって環境問題に関連した地盤工学として環境地盤工学が生まれました．固体または液体廃棄物処理施設の建設など環境に関連したさまざまな土構造物がこの分野に含まれます．

次に偉大な土質力学の父と呼ばれるテルツァーギ博士の一生を見てみたいと思います．

1.2 カール・フォン・テルツァーギ博士の経歴

図1.1 43歳のテルツァーギ博士〔写真提供：EJGE〕

近代土質力学の父カール・フォン・テルツァーギ博士は1883年にオーストリア，プラハで生まれました．テルツァーギは10歳で軍の寄宿学校に入り，そこで天文学や地理学に興味を持ちました．1900年にグラーツ（Graz）の工科大学に入学し機械工学を学び，1904年に優秀な成績で卒業しました．1年間の兵役義務の後，大学に戻り，地質学の知識を道路工学や鉄道工学などに応用しました．

彼の初仕事はウィーンの会社での設計技術者としての仕事でした．その会社は当時比較的新しい分野であった水力発電開発に関与し，彼はその地質分野の担当になりクロアチアの水力発電ダムの建設プロジェクトに意欲的にチャレンジしました．ロシアのサンクトペテルブルグではさらに複雑なプロジェクトに臨みました．ロシアでの6ヶ月の間に彼は工業用タンクの設計のための画期的な図解法を開発し，それは彼の博士論文として大学に提出されました．これらの業績が認められ，多くの機会に恵まれ始め，1912年に彼はアメリカ合衆国行くチャンスを与えられました．

米国では精力的にアメリカ西部の主要なダムの建設現場を見学しました．これは尋常な見学旅行ではなく，彼はこの旅行中多くのプロジェクトの報告書を集め，建設上の問題点と知識を精力的に収集しました．その多くの成果を持って1913年12月にオーストリアに帰国しました．

第1次世界大戦が勃発したとき，彼は軍隊に召集されセルビア戦線に参加し，ベオグラードの陥落を目撃しました．短期間飛行場の管理の仕事をした後，イスタンブールのオスマン王立工科大学の教授（現イスタンブール工科大学（Istanbul Technical University））に招聘されました．そこで彼の生涯にとって非常に意義のある期間を過ごすことになります．彼の生涯の課題である土を工学材料として科学工学的に取り扱う学問の構築に専念します．擁壁土圧の実験装置を設置し，その測定と解析結果は1919年に初めて英語で発表されました．その結果は新たに土の性状を科学的に理解する重要な貢献としてみるみるうちに全世界に認められることとなりました．

第1次世界大戦の終わりに彼は大学のポストを追われることになりましたが，イスタンブールのロバートカレッジ（Robert College）で新しいポストを見つけることができました．そこでは彼は土の透水性（permeability）のさまざまな実験を行い，観測結果を説明するいくつかの仮説を立てることができました．それらの成果を踏まえて1925年に歴史的な著書 **Erdbaumechanik**（**Terzaghi 1925**）を発表します．その成果によってアメリカのマサチューセッツ工科大学（MIT）より招聘があり直ちに受け入れました．

アメリカでの最初の仕事は彼の研究成果を技術者達に普及することでした．彼は多くの論文を発表しエンジニアリングコンサルタント（engineering consultant）として多くの大規模プロジェクに関与するようになりました．

その後1928年にテルツァーギはヨーロッパに戻ることを決めました．1929年の冬にウィーン工科大学（Vienna Technische Hochshule）で主任となり，そこを拠点としてヨーロッパ全域でコンサルティングや，講演，共同研究等をこなしました．テルツァーギはその後再びアメリカに戻り，1936年にハーバード大学（Harvard University）で開催された第1回国際土質基礎工学会議（First International Conference on Soil Mechanics and Foundation Engineering）の基調講義を行いました．彼は1936年から1957年までこの国際土質基礎工学会の初代会長を務めています．

その折，彼はアメリカで多くの大学で講演を行いましたが，アメリカでの雇用の悪さを見通し，1936年11月にウィーンに戻りました．しかしそこで彼は業界での政治的抗争に巻き込まれ，ウィーンを頻繁に逃れ，イングランド，イタリア，フランス，アルジェリア，ラトビア等での主要な建設プロジェクトにコンサルタントとして参加し，経験豊かで実用的な技術を提供しました．

1938年にテルツァーギは米国に永住し，ハーバード大学での教授になりました．第2次世界大戦の終わりまでの間，シカゴの地下鉄網の建設，ニューポートニュース造船所のドライドックの建設，ノルマンディでのプロジェクト等のコンサティングに携わりました．1943年3月には米国市民権を獲得し，その後，1953年の70歳の定年退職まで非常勤教授としてハーバード大学に留まりました．1954年7月，彼はアスワンハイダムの建設の諮問委員会の会長になりましたが，1959年にはプロジェクトを担当するロシアのエンジニアと対立が生じ，そのポストを辞任しました．その後コンサルタントとしてカナダのブリティッシュコロンビア州の水力発電プロジェクトを初め，数々のプロジェクトに参加し，1963年にその偉大なる生涯を終えました．（以上，ウィキペディア（Wikipedia）より抜粋編集）

本書の数多くの箇所にテルツァーギ博士の貢献が見られます．有効応力の原理，圧密理論，土のせん断強度理論等はその代表的な例に過ぎません．彼の偉大な貢献を称えるために，1960年にアメリカの土木学会（ASCE）は土質力学の知識の向上に優れた貢献をした研究者に授与するテルツァーギ賞を設立しました．受賞者はテルツァーギレクチャーを講演し論文は学会論文集（Journal of Geotechnical and Geoenvironmental Engineering, ASCE）に発表されます．学会のこの分野での最高の栄誉とされています．

グッドマン（**Goodman, 1999, 赤木俊充訳, 2006**）によるテルツァーギ博士の伝記は彼の偉大な貢献と実務家のための教訓を教えてくれます．土質地盤工学に携わる読者に高くお勧めできる読物です．

1.3　土の特異な性質

土は非常にユニークな材料でなお複雑です．それらの特異な性質は次のようです．

(1) 土は金属のように連続したひとつの固体ではなく，固体（粒子）と水と空気の3種類の成分で構成された集合体です．

(2) 砂（sand）のような粒状土（granular）と粘土（clay）の違いのように，粒子の大きさが土の性状に大きな影響を与えます．

(3) 土に含まれる水の量も土の性状に非常に重要な役割を果たします．

(4) 土の応力-ひずみ関係（stress-strain relation）は微小なひずみレベルから直線関係（linear）に

はありません.

(5) その間隙空間（void）は水を流れさす能力を持っています.

(6) 土は時間の経過によって材料性状が変化する性格（creep）を持っています.

(7) 水を加えれば膨張し，乾燥させれば収縮する性格を持っています.

(8) 土粒子の堆積方向や粒子の形状に起因する異方性（anisotropic）を持つ材料です.

(9) 空間的に非常に不均質な（nonhomogeneous）材料です.

これらのユニークな土の性状に対応するために土質力学はさまざまな分野の知識を利用します. (1) の3つの相に対処するために固体力学（solid mechanics）や粒状体の力学（granular mechanics）等を応用します. (5) の土中の水の流れはダルシー（Darcy）の法則やベルヌーイ（Bernoulli）の法則のような流体力学（fluid mechanics）の知識を用います. (7) の土の膨張，収縮の特性は理解するには物理化学的（physicochemical）知識を必要とします. また (8) の土の異方性を扱うにはより高度な材料工学の解析手法も要求されます. (9) の土の不均質性には統計的アプローチ（statistical approach）も必要です.

上記のように土は非常にユニークです. 起源，粒子の大きさ，他の多くの要因によって工学的性質が大いに変化します. その構成モデル（constitutional model）も他の多くの材料の従うフックの法則（Hooke's law）のように明快単純ではありません. しかしその複雑さが土質力学を学ぶ上でのチャレンジでもあり楽しみであるといえるでしょう.

1.4 土質力学の問題へのアプローチ

土の性状の複雑さと空間的不均一性（spatial variation）のゆえに現地での観察と実験室でのテストが非常に重要なプロセスとなります. 現地での観察は，まず現地の地質調査（site exploration）（第13章）より始まります. 土の試料採集（sampling），また往々にして現場試験（field test）がよく行われます. 現地の透水性の測定のための揚水試験（well test）やベーンせん断試験（vane shear test）による土の現地強度の測定などはそれらの例です. 現地で採集された試料は実験室に持ち帰られ，各種の指標テスト（index）や性状テスト（performance test）に使われます. 前者には粒度試験（grain size distribution test），アッターベルグ限界値試験（Atterberg limits test），比重試験（specific gravity test）などが含まれ，後者は土の締固め試験（compaction test），透水試験（permeability test），圧密試験（consolidation test），および各種のせん断強度試験（shear strength test）などが含まれます.

現地で得られた資料や現場試験結果や，そして実験室での試験結果を基にして，土質工学技術者は土を分類し，設計値を決め，安全な基礎，土構造物を設計します. その課程では近代土質力学と基礎工学の知識が十分に活用されます. 次にその設計に基づき，建設会社によって基礎，土構造物が施工されます. この際，施工が設計どおりに行われているかを監視監督するのが普通です. 日本では設計と施工が同一会社で行われることが多いのですが，欧米では設計は独自のコンサルタント会社が，施工は別の建設施工会社が行うのが一般的です. 施工監視は性格上，別の独立した機関，ないしは会社が行うのが理想とされます.

土質工学者にとって最後の重要な仕事は施工後の土構造物のモニターです．現在，大規模な建設プロジェクトは必要かつ十分な計測計器を設置し，施工後の土構造物の動きをモニターできるように計画されています．設計には最新の土質力学の知識を活用しますが，土の材料特性の複雑さのために完璧ではありません．したがって，施工後のモニターおよびその計測結果を基にした設計の再評価はより完成度の高い土木構造物の構築と将来への学問の向上に非常に重要な要素となります．

1.5　土質力学の歴史上に見る問題例

次に種々の興味深い土質力学の問題を歴史的な例から見てみたいと思います．

ピサの斜塔（Leaning tower of Pisa）

ピサの斜塔は歴史上最もよく知られた土質力学の問題の1つです．イタリアのピサにある斜塔は高さ56 mの鐘楼（bell tower）で，現在塔の最上部は南に向かって約3.97度，または3.9 m傾いています．塔の建設は1173年に開始され，200年もの歳月を経て1372年に完成しました．しかしタワー建設開始後5年目の1178年に3階まで進んだところで傾斜が確認され，それより上層は傾斜を修正しながら構築を続けたと報告されています．完成後も傾斜は増加し続けました．

図1.2　ピサの斜塔

これは明らかに基盤地盤の不等沈下（differential settlement）によるものです．この粘土地盤の時間とともに沈下が進む現象を**圧密沈下**（consolidation settlement）現象と呼ばれ，本書（第9章）で詳しく議論されます．1990年3月には近い将来の塔の崩壊が懸念され，観光客の立ち入りは禁止されました．同時に更なる傾斜を止めるための工法が議論されました．以前，塔の北側の基盤に800トンの鉛の錘を置いて南側への傾斜を軽減する手立てが採られました（図1.3）．今回はもっと抜本的な対策として北側の基礎の下にボーリン坑を堀り，38立方メートルの土をかき出し，北側への傾斜を促進しました．2001年12月に塔は再び一般に開放されました．少なくともこの後300年は安定だと宣言されています．

図1.3　鉛の錘

関西国際空港島の建設と沈下対策

全長4.5 km，幅1.1 kmの滑走路を持つ関西国際空港の人工島の第1期工事は1987年に始まりました．1994年にはすでに供用を開始するというこの大規模の工事としては驚くべき速さでの建設工事でした．大

図1.4　第二期工事中の関西国際空港（2003年）
（写真提供：関西国際空港用地造成（株））

阪湾沿岸で平均水深12 mの海を埋め立てて人工島を造るには208,000,000 m^{3}の土と岩を必要としました．この土量はなんとエジプトのギザ（Giza）の大ピラミッドの82個分に匹敵します．これらの土と岩は近くの3つの山を切り崩して海上に運ばれました．

この工事は大阪湾の軟弱海底地盤上への大規模な盛土であるため，地盤工学のエンジニア達は相当量の圧密による地盤沈下を予測しました．工事中から完成後も沈下量は注意深く計測され予測値と比較されました．1994年には年間50 cm沈下し，1999年には20 cmに，そして2006年には9 cmに減少しました．エンジニア達は当初50年間で総沈下量は12 mと推定しました．

実際には2001年の時点ですでに11.5 mの沈下量を計測しました．不均一な地盤沈下のため，ターミナルビルはすべての柱に油圧ジャックを取り付け，それらを調整することによって，ビル全体が均等に沈下するように設計されています．今なお，島の沈下は続いています．

驚いたことに，その後隣接する，より深い海上に第2空港島が計画され，2007年にオープンしました．図1.4は2002年当時の第2空港島埋立て工事の様子です．本書裏表紙の航空写真は2003年の様子です．このプロジェクトは近代土質工学にとって非常にチャレンジングな巨大プロジェクトのひとつで注目に値するものです．

砂が液体に化ける（液状化）（Soil liquefaction）

土が液体に化けるなんて考えられますか．事実化けるのです．1964年の新潟地震のときのことです．地震はマグニチュード7.5で大きな地震でした．図1.5に見られるようにアパートの建物が大きく傾きました．基盤を支える土（砂地盤）が地震の振動のために液体に変わり，建物を支えることができなくなったのです．この現象は地盤の**液状化現象**（liquefaction）と呼ばれています．液状化は地震時にゆるく詰まった，水で飽和した細かい粒子の砂地盤で最も発生しやすく，以下のように説明されます．地震の振動が土に繰り返し応力を加えるとゆるい砂は収縮する傾向にあります．しかし土粒子の間に満たされた間隙水のために収縮できず逆に間隙水圧が上昇し，そのために粒子間の骨格に加わる圧力（有効応力）が減少します．有効応力の減少は土のせん断強度を減少させる結果になり，

(a)　(b)

図 1.5　1964 年の新潟地震時の液状化による建物の沈下と傾き
(写真(a)提供：National Information Service for Earthquake Engineering, EERC, Univ. of California, Berkeley， Joseph Penzien による．写真(b)提供：吉見吉昭氏)

地盤の強度を失わせます．有効応力の概念は第 7 章で，せん断強度は第 11 章で学びます．液状化が起これば建物は沈下，傾斜し，斜面が崩壊し，地表土の流動化を引き起こします．本書の第 11 章でその原理が記述されますが，液状化の問題は地震時の地質工学の主要な一課題で，1960 年代より果敢に研究がなされています．動的土質工学（soil dynamics），地震工学（earthquake engineering）の著書には液状化の予測と対策などが取り扱われています．

1.6　本書の構成

本章の内容は章が進むにつれて徐々に進展されるように配置されました．したがって初めて土質工学を学ばれる読者はなるべく本書の順序に従って進まれることを勧めます．一度土質力学を学ばれた読者にはその限りではありません．

第 1 章の土質力学の紹介の後，第 2 章では，土とは何か，土の根源は何か，から始まり，土質力学で使用される多くの主要な用語は三相図で定義されます．土粒子の形状，粒度分布（gradation）も定義されます．第 3 章では，粘土鉱物の起源，サイズ，形状，電気的特性，水中での挙動，粒子間の相互作用等をミクロな視点から観察し，粘性土のユニークな構成と特性が提示されます．これらの知識に基づいて粘性土の塑性的性状（plasticity），膨張と収縮特性（swell and shrinkage），鋭敏性（sensitivity），クイッククレイ（quick clay）等が議論されます．

第 4 章では第 2 章と第 3 章で得られた知識と情報により土の分類方法が示されます．統一土質分類法（Unified Soil Classification System）と AASHOTO 法，そして JIS による分類法が示されます．第 5 章は土の締固めの章で，実験室および現場での締固め理論と実践が議論されます．相対密度（relative density）の定義および CBR（California Bearing Ratio）も示されます．

第 6 章は土の間隙を流れる水の力学です．水理学上の各水頭（head）の定義がまずなされ，透水係数（coefficient of permeability）が議論されます．次に流線網（flow net）の原理が 1 次元の水の流れのメカニズムから容易に説明され，2 次元流の問題に適応されます．最後に流線網の技術を使いダム底面や矢板壁などに作用する水の圧力を体系的に計算する方法が示されます．

第7章では土質力学の問題に非常に重要である有効応力（effective stress）の概念が紹介され，それは有効土中応力の計算，毛管水圧（capillarypressure），クイックサンド（quick sand）現象の説明，掘削溝底面のフクレ上がり（heaving）の有無の検証等に有効に利用されます．

第8章は地表面に加えられたさまざまな荷重による地中応力の増分を計算する方法が示されます．これらの解は第9章での土盤の沈下計算になくてはならない情報となります．そして第9章では，主にテルツァーギの1次元圧密理論とその応用が議論されます．圧密問題を混乱なく理解するために，2つの異なる問題に分けられて議論されます．ひとつは，どれだけ早く（how soon？）圧密が進行するか．2つめは圧密最終沈下量（how much？）はどれだけか．そうすることによって読者が粘土層の厚さ H の扱いを明確に混乱なく理解することができます．

第10章では，モール円（Nohr's circle）の土質力学への応用が詳しく取り扱われます．モール円は続く章で取り扱われる土のせん断（第11章）の理論，そしてランキン（Rankine）の擁壁土圧（第12章）の理論に有効に使われます．特に，せん断応力の正負とその作用方向を明確に定義することで，モール円の極（pole）の概念が効果的に導入され，主応力や破壊応力等の作用方向を明確に，なおかつ容易に求めることができます．

第11章は土のせん断強度（shear strength）の章で，土の破壊規準（failure criterion）が定義され，室内実験法と現場せん断強度試験法が示されます．特に三軸試験（triaxial shear test）での圧密（consolidated）と非圧密（unconsolidated），そして排水（drained）と非排水（undrained）の実験条件の強度パラメータへの影響とその現場への応用が注意深く示されます．

第12章では擁壁（retaining wall）に作用する側方土圧（lateral earth pressure）の理論で静止土圧（at-rest earth pressure）と，クーロン（Coulomb）とランキン（Rankine）による主働（active）と受働（passive）の土圧が紹介されます．今日なお一般に使われているこれらの古典土圧理論をその前提条件や，応用時の注意点等が丁寧に検証されます．

第13章から第16章は基礎工学（foundation engineering）への入門の章です．本著ではまず第13章で，地盤基礎の計画，設計に先立ってなくてはならない現場の地盤調査（site exploration）法について述べられます．物理探査法（geophysical method），ボーリング（boring）調査，標準貫入試験（standard penetration test），コーン貫入試験（cone penetration test）などの現位置試験法（in-situ testing method）が紹介され，続いて第14章では基礎地盤の支持力（bearing capacity）の計算法と，その応用としての浅い基礎（shallow foundation）の設計法が示されます．第15章には杭（pile）による深い基礎（deep foundation）の設計法がまとめられています．最終の第16章では斜面安定（slope stability）問題の力学の基礎とその安定計算法，そして，その対策法を学びます．

ほとんどの章で，多くの基本的問題が例題として用意され，読者の学習の手助けとなります．また便利なスプレッドシート（spread sheet）を使用しての解法が多く紹介されています．各章の終わりには自己学習や宿題としても有意義に利用できるために，多くの問題が選ばれ，それらの数値解は本書末に記されています．

本書は，著者らによる英文書“Soil Mechanics Fundamentals and Applications”（Ishibashi and Hazarika, CRC Press, 2015）を基にして日本語化したものですが，その内容は日本語の読者のため

に，日本での規格，記号，現場習慣等が取り入れられています．また，この国際化した技術社会での英語の技術用語がますます必要とされるなか，本書では前版（2011 年版）にも増してカッコ内に示された英語の技術用語の数が増加されました．索引にも日本語（英語）の表示を採っています．

本書内で**概念の重要性**を示すいくつかの文章は太字で表示され，**参考文献の著者名**も出所の箇所に太字で，また索引に記される**技術用語**も太字で表示されていて，検索が便利なようにしました．

この本では，基本的に SI 単位（SI unit）を使用しました．ただし，重さの単位には通常計測に使用される秤で表示される kgf（キログラム）または gf（グラム）の単位を用いました．したがってこれらの単位を SI 単位に直すには 9.81（kgf から N（ニュートン）に），または 0.00981（gf から N（ニュートン）に）を掛けなければならないことに注意してください．本書の巻頭に参考として SI 単位と英（米）単位（British unit）の単位変換表（unit conversion table）を置きました．

参考文献

1) Goodman, R. E.（1999）. *Karl Terzaghi —The Engineer as Artist*, ASCE Press, 340p.
2) Goodman, R. E.（1999），赤木俊充 訳（2006）．土質力学の父カール テルツァーギの生涯—アーチストだったエンジニア，地盤工学会.
3) Ishibashi, I. and Hazarika, H.（2015）. *Soil Mechanics Fundamentals and Applications*, CRC Press.
4) Terzaghi, K.（1925）. *Erdbaumechanik*, Franz Deuticke.

第2章

土の物理的諸性質

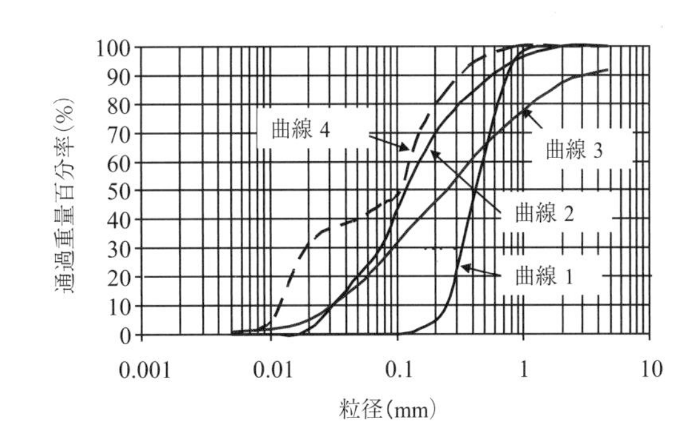

2.1　章の始めに

この章では，**“土とは何か”**，**“土はどのように形成されるか”**，がまず示されます．続いて土質力学で使用される主な用語が，土の**三相図**（three phase diagram）（固体相（粒子），液体相（水），気体相（空気））を用いて定義されます．最後に，土粒子の形状，粒径，粒径分布が議論され，粒径分布（grain size distribution）を決定する実験方法が示されます．

2.2　土の起源

土は**非金属固体粒子（鉱物粒子）の集合体**として定義することができます．それは3つの相（three phase）（**固体相**（solid phase）（粒子），**液体相**（liquid phase）（水），**気体相**（gas phase）（空気））より構成されています．一般的に呼ばれている礫（gravel），砂（sand），シルト（silt），粘土（clay）などの名前は，粒子の粒径に基づいたもので，石英（quartz），雲母（mica），長石（feldspar）などの名称は粒子の結晶成分に基づいたものです．

図2.1の**ロックサイクル**（rock cycle）は地球上のさまざまな土の起源を提供してくれます．ほとんどの土の起源は**溶融マグマ**（molten magma）から始まります．それは地球深部2885 km以深に液体として存在し，上昇して**マントル**（mantle）となり，さらに地殻変動や火山活動によって冷えて固まり地球の地殻（crust）となります．地殻は深い海底で約4 kmから6 kmの厚さがあり，陸地では25 kmから60 kmの厚さになります．これらのマグマの直接冷えてできた岩石は**火成岩**（igneous rock）と呼ばれ，玄武岩（basalt），花崗岩（granite），軽石（pumice），カンラン石（olivine）などがそれらの例です．

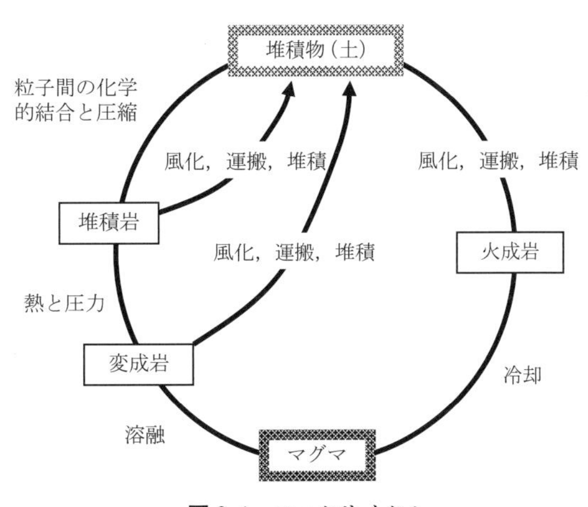

図2.1　ロックサイクル

地球の表面に表れた火成岩はさまざまな環境状態にさらされ，**風化**（weathering）されます．水や空気による侵食（erosion），温度変化による膨張と収縮，表面の亀裂への植物の根の侵入や水分の氷結（icing）による体積膨張による破壊，化学物質による分解等により，風化された岩は小さい破片に分解されていきます．サイクルの次の過程は**運搬**（transportation）です．岩の破片は，水や氷河の流れによって，また風によっても運搬され，最終的に元の場所より遠く離れた場所に**堆積**（deposition）されます．この運搬過程でも，粒子はさらに物理的攻撃を受け丸く小さくなっていきます．これらの**堆積物**（sediment）は土の一種を形成します．したがって，このタイプの土粒子の結晶は火成岩のそれと同じです．

このようにして堆積された土はさらに長年にわたり粒子間の化学的結合や圧縮を受け，**堆積岩**（sedimentary rock）となります．砂岩（sandstone），頁岩（shale），石灰岩（limestone），ドロマイト（dolomite）等は堆積岩の名称です．これらの堆積岩はさらに長年をかけて地殻変動などにより深い地球の中に移動し，高温と高圧力にさらされるかもしれません．このプロセスは，**変成作用**（metamorphism）と呼ばれ，**変成岩**（metamorphic rock）が形成されます．石灰岩（limestone）から大理石（marble）への変成はこの良い例です．変成岩はさらに地球の深部に移動し，溶融されてマグマに戻るとき，ロックサイクルは完了します．

図2.1に見られるように，堆積岩も変成岩も風化，運搬，堆積のプロセスを経て堆積物（土）となりえます．したがってこれらの岩も土粒子の起源となることができます．ロックサイクルのさまざまなプロセス（風化，運搬，堆積）での違いが，粒子の大小，形状，鉱物組成などの違いとなり，ロックサイクルの理解はそれらの種々の土が形成される過程を理解する上での手助けとなります．たとえば，ロックサイクルの過程で粒子サイズが小さくなればなるほど，単位重量当たりの粒子の表面積が大きくなり，化学変化を受けやすくなり，元の結晶構造とは異なる粘土鉱物が形成されます．粘土の構成は第3章で詳しく議論されますが，ロックサイクルの理解はそれらの議論の理解を容易にしてくれます．

上記の粒径や土の起源による名称とは別に，その土の堆積された歴史年代によって土の名称が変わることがあります．**洪積層**（diluvial deposit）または**再新生層**（pleistocene deposit）は地質年代的に古い時代（約258万年前から約1.8万年前）の地球の氷河期の堆積物で，**沖積層**（alluvial deposit）は約1.8万年の最終氷河期最盛期以降に堆積された比較的新しい堆積物を指します．前者は比較的強い土で，後者は比較的弱くて軟弱な土が多く，日本の平野部に多く存在します．洪積層もさらにその堆積された場所によって，**湖成土**（lacustrine deposit），**河成土**（fluvial deposit），**氷積土**（glacial deposit）等と呼ばれ，それらの工学的性状も異なります．

2.3 土粒子の形状

風化および運搬のプロセスで土粒子は図2.2（Müller 1967）に見られるように角張った形状から徐々に丸みを帯びた形状に変化します．土は土粒子の集合体であるため，粒子の形状は粒子間の相互作用に大きな影響を与え，強度，剛性，透水性等の物理的性質を大きく変化させます．例えは，角ばった（angular）粒子の集合体は丸い（rounded）粒子に比べ粒子間のすべり摩擦抵抗が強いために，

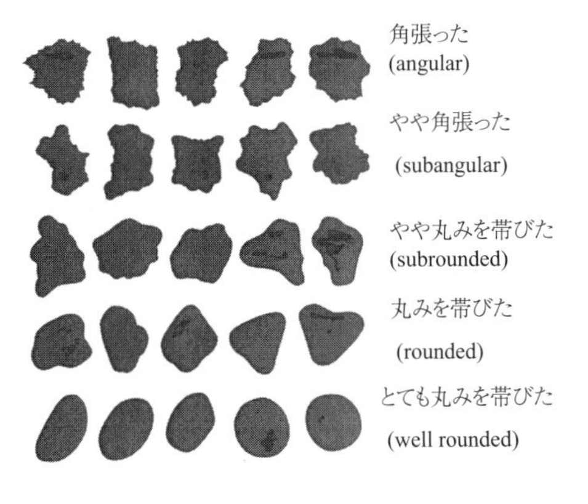

図 2.2　粒子の形状（Müller 1967）

図 2.3　粘土鉱物の電子顕微鏡写真
（Hai-Phong（Vietnam）粘土：50%カオリナイトと 50%イライト）
（Watabe et al. 2004（写真提供：渡部要一氏））

より高い剛性と強度を持ちます．土の形状は試料を顕微鏡で観察して，図 2.2 の形状と比較して決めることができます．

粘土鉱物のような小さい粒子の集合体は図 2.3 の電子顕微鏡写真の例に見られるように，形状はより平べったく，または薄片を伸ばしたような形状をしています．これらの小さい粒子の土では，短距離に作用する粒子間力が土の挙動を決定する重要な役割を果たします．粘土鉱物の構成とその挙動は，第 3 章で詳しく説明されます．

2.4　三相図による諸用語の定義

土は粒子の集合体であり，したがってそれは固体（粒子）と液体（水）と気体（空気）の各相で占められています．土質力学では，図 2.4 に見られるように土の集合体を**三相図**（three phase diagram）でモデル化して，多くの重要なパラメータを定義しています．図では体積を左側に，重量を右側にとって，V_a，V_w，V_s を空気の体積，水の体積，固体の体積とし，そして W_a，W_w，W_s を空気の重量，水の重量，固体の重量と定義し，全体積と総重量は，V と W とそれぞれ指定されます．また間隙（void）は空気と水によって占められ，V_v（間隙体積），W_v（間隙重量）と定義されます．

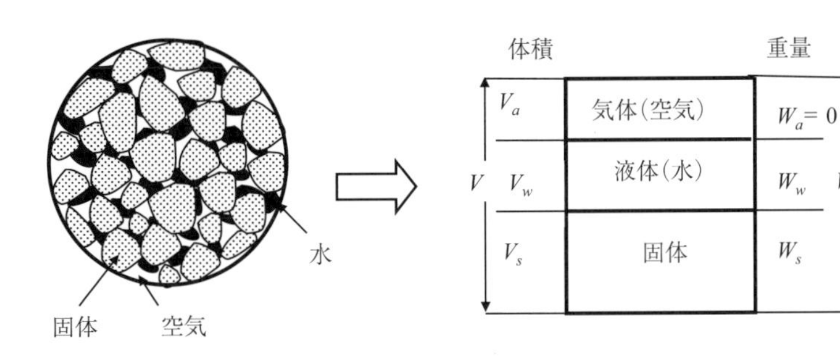

図 2.4　土の三相図モデル

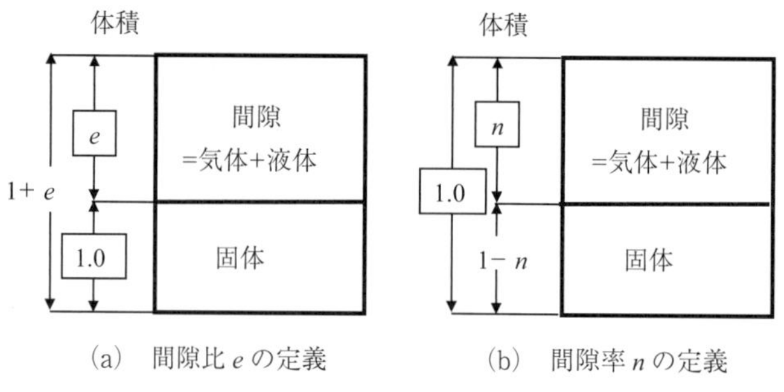

(a)　間隙比 e の定義　　(b)　間隙率 n の定義

図 2.5　間隙率 n と間隙比 e の関係

空気の重量 W_a は一般に無視されてゼロとされます．上記の表示に基づき，土質力学の緒用語が次のように定義されます．

$$\textbf{間隙率}\ (\text{porosity}):\ n=\frac{\text{間隙体積}}{\text{全体積}}=\frac{V_v}{V}=\frac{V_a+V_w}{V} \tag{2.1}$$

$$\textbf{間隙比}\ (\text{void ratio}):\ e=\frac{\text{間隙体積}}{\text{固体体積}}=\frac{V_v}{V_s} \tag{2.2}$$

図 2.5 を参照して，式（2.1）と式（2.2）の n と e の定義を図 2.5（a）および（b）にそれぞれ当てはめると次の関係式が得られます．

$$n=\frac{e}{1+e},\quad \text{または}\quad e=\frac{n}{1-n} \tag{2.3}$$

間隙比 e の範囲は非常に密に締固められた氷河堆積土（glacial till）で約 0.3 と，とても低い値から，非常に軟弱な粘土で 1.4 という大きい値をとることがあります．特別な例として有機質粘土（organic clay）では 3.0 前後の大きい値をとることもあります．上記の 0.3 から 1.4 の e の値は n 値に換算すると，それぞれ 0.23 から 0.58 となります．

$$\textbf{含水比}\ (\text{water content}):\ w=\frac{\text{水の重量}}{\text{固体の重量}}=\frac{W_w}{W_s}\,(\times 100\,\%) \tag{2.4}$$

含水比は完全に乾燥した土で 0 %，完全に飽和した土では通常，数十%の値をとります．しかしながら特殊なケースとして，非常にオープンな粒子構造を持つ海底粘土や有機質土では 200 %以上になることもまれではありません．

$$\textbf{飽和度}\ (\text{degree of saturation}):\ S=\frac{\text{水の体積}}{\text{間隙の体積}}=\frac{V_w}{V_v}\,(\times 100\,\%) \tag{2.5}$$

S 値は完全に乾燥した土で 0 %，間隙が完全に飽和した土（saturated soil）では 100 %の値をとります．$0<S<100$ %の範囲の土は不飽和土（unsaturated or partially saturated soil）と呼ばれます．

$$\textbf{比重}\ (\text{specific gravity}):\ G_s=\frac{\text{固体の単位体積重量}}{\text{水の単位体積重量}}=\frac{W_s/V_s}{\gamma_w} \tag{2.6}$$

上式の γ_w は水の単位体積重量（unit weight）で 9.81 kN/m^3 または 62.4 lb/ft^3 の値です．一般のほとんどの土では G_s 値は狭い範囲にあり，2.65 から 2.70 の値をとります．これは固体粒子の重量は同じ体積の水の約 2.65 から 2.70 倍の重さであることを意味します．この狭い範囲の G_s 値のために，地盤工学の問題で初期での評価時に比重試験を行うことなしに G_s の値を 2.65 と 2.70 の間の値に仮定しても，その計算結果に大きな誤差を生じるものではありません．

次にいくつかの土の単位体積重量に関しての定義を示します．

湿潤単位体積重量（wet または total unit weight）：$\gamma_t = \dfrac{\text{全重量}}{\text{全体積}} = \dfrac{W}{V} = \dfrac{W_s + W_w}{V_s + V_w + V_a}$　(2.7)

乾燥単位体積重量（dry unit weight）：$\gamma_d = \dfrac{\text{固体重量}}{\text{全体積}} = \dfrac{W_s}{V}$　(2.8)

上式での γ_d は数学的に全体積 V を一定に保ちながら単に水の重量を削除したときの単位重量で，必ずしも物理的に乾燥させた試料の単位体積重量ではないことに注意してください． 土を物理的に乾燥すれば一般に収縮が伴いますが，その影響は含まれてはいません．

γ_t と γ_d に関して例題 2.1 で示されるように，次の関係が導かれます．

$$\gamma_t = \frac{(1+w)G_s}{1+e}\gamma_w = \frac{G_s + Se}{1+e}\gamma_w \tag{2.9}$$

乾燥した土の単位体積重量 γ_d は，式（2.9）の最後の項に $S=0$ を代入することによって得ることができます．したがって，数学的に乾燥した土の単位体積重量 γ_d と湿潤体積重量 γ_t との関係は次式から得られます．

$$\gamma_t = (1+w)\frac{G_s\gamma_w}{1+e} = (1+w)\gamma_d \quad \text{または} \quad \gamma_d = \frac{G_s\gamma_w}{1+e} = \frac{\gamma_t}{1+w} \tag{2.10}$$

この関係は土の締固め実験（第 5 章）で土の締固めの有効性を測るのに用いられます．締固め実験では γ_t ではなくて γ_d がその解析に使用されます．締固めによって，γ_t が増加しても必ずしも間隙比の減少につながりません．なぜならば間隙比は一定でも間隙の水分が増えれば γ_t が増加するからです．むしろ γ_d を式（2.10）より算出して，その値の増加を見れば試料の間隙比の減少（締め固まり），または増加（膨張）を把握できるからです．

最後の重要な用語の定義は**水中単位体積重量**（submerged unit weight または，buoyant unit weight）です．これは水面下での土の単位体積重量を示すもので，水中では水の浮力により土は軽くなります．

$$\gamma' = \gamma_t - \gamma_w = \frac{G_s + Se}{1+e}\gamma_w - \gamma_w = \frac{G_s - 1 - e(1-S)}{1+e}\gamma_w \quad \text{（不飽和の土に対して）} \tag{2.11}$$

上式は，飽和度 S が 1.0 以下の場合にも使えます．地層が地下水位以下にあっても，もしその浸水時間が短い場合は土は完全に飽和されていない場合（$S < 1.0$）があります．しかし最終的には，地下水位以下の土は完全飽和状態（$S=1.0$）になるでしょう．そのとき，式（2.11）で $S=1.0$ として，次式が得られます．

$$\gamma' = \gamma_t - \gamma_w = \frac{G_s + e}{1+e}\gamma_w - \gamma_w = \frac{G_s - 1}{1+e}\gamma_w \quad \text{（完全飽和の土に対して）} \tag{2.12}$$

第 7 章（有効応力）で詳細に議論されますが，土中の土要素に作用する土の自重による鉛直応力は，乾燥土の場合，湿潤単位体積重量 γ_t とその地点への深さとの積として求められます．一方，土が地下水面下にある場合は，水中単位体積重量 γ' とその深さとの積となります．通常の土の γ_t の範囲は約15から20 kN/m^3（または90から130 lb/ft^3）で，γ_w は9.81 kN/m^3（または62.4 lb/ft^3）であるため，γ' は γ_t の約半分になります．このため水中での土中の有効鉛直応力は乾燥土の場合に比べて大幅に削減されることに注意してください．

例題 2.1

一般的な土に対して，三相図を用いて既知の S，e，w，G_s の値から γ_t を決定するための数式を求めてください．

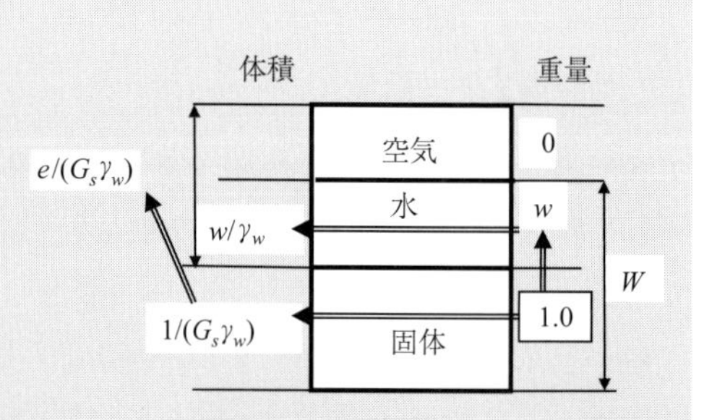

図 2.6　例題 2.1

解：

図2.6を参照して，まず，$W_s = 1$ と仮定すると w の定義より $W_w = w$ を得る．

$$G_s \text{の定義より，} G_s = \frac{W_s}{V_s}/\gamma_w, \quad \text{よって} \quad V_s = \frac{W_s}{G_s\gamma_w} = \frac{1}{G_s\gamma_w} \tag{2.13}$$

$$\gamma_w \text{の定義より，} \gamma_w = \frac{W_w}{V_w}, \quad \text{よって} \quad V_w = \frac{W_w}{\gamma_w} = \frac{w}{\gamma_w} \tag{2.14}$$

$$S \text{の定義より，} S = \frac{V_w}{V_a + V_w}, \quad \text{よって} \quad V_a = \frac{(1-S)V_w}{S} = \frac{(1-S)w}{S\gamma_w} \tag{2.15}$$

$$e \text{の定義より，} e = \frac{V_a + V_w}{V_s} = \frac{V_a + V_w}{\frac{1}{G_s\gamma_w}}, \quad \text{よって} \quad V_a + V_w = \frac{e}{G_s\gamma_w} \tag{2.16}$$

式（2.14），（2.15），（2.16）により，

$$S = \frac{V_w}{V_a + V_w} = \frac{\frac{w}{\gamma_w}}{\frac{e}{G_s\gamma_w}} = \frac{wG_s}{e}, \quad \text{よって} \quad Se = wG_s \tag{2.17}$$

ここで式（2.13），（2.14），（2.15），（2.16），（2.17）を使い，γ_t の定義を応用し，次式を得る．

$$\gamma_t = \frac{W_s + W_w}{V_a + V_w + V_s} = \frac{1+w}{\frac{e}{G_s\gamma_w} + \frac{1}{G_s\gamma_w}} = \frac{(1+w)G_s}{1+e}\gamma_w = \frac{G_s + wG_s}{1+e}\gamma_w = \frac{G_s + Se}{1+e}\gamma_w \tag{2.18}$$

例題2.1では最初に固体の重量 W_s を1.0と仮定して三相図の他のすべてのコンポーネントを計算しました．この種の問題ではまず**初めにいずれか1つのコンポーネントを1，10，100，1000などの任意の値に仮定した後，他のすべてのコンポーネントを計算します**．なぜなら，w，S，e，n，γ_t 等はすべて各コンポーネントの比として定義されるため，最初の値にかかわらず同じ結果を得るになります．また，例題2.1に見られるように **G_s と γ_w は，三相図の重量側と体積側を連結する重要な橋渡しの役目を果たします**．次の例題2.2では2つの異なる初期値の仮定が，同じ結果をもたらす計算例を示します．

例題 2.2

$w = 25\%$，$\gamma_t = 18.5\,\mathrm{kN/m^3}$ の土に対して，間隙比 e と飽和度 S を決定してください．$G_s = 2.70$ と仮定します．

解：

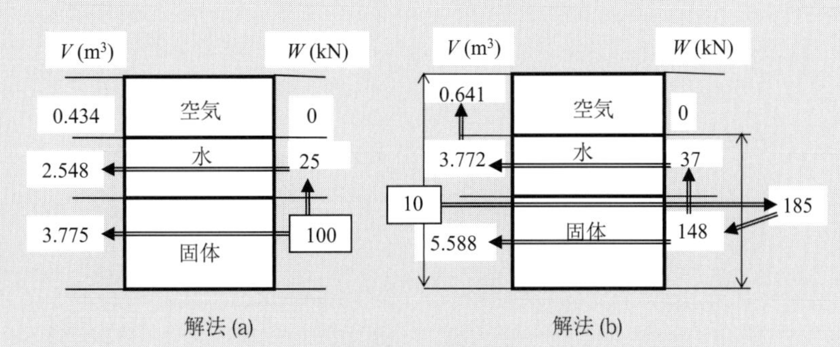

図 2.7　例題 2.2

解法 (a)

図 2.7 (a) のようにまず $W_s = 100\,\mathrm{kN}$ と仮定し，そして $W_w = 100\times0.25 = 25\,\mathrm{kN}$ が得られる．次に

$V_s = W_s/G_s\gamma_w = 100/(2.7\times9.81) = 3.775\,\mathrm{m^3}$

$V_w = W_w/\gamma_w = 25/9.81 = 2.548\,\mathrm{m^3}$

が得られる．ここで $\gamma_t = 18.5\,\mathrm{m^3\,kN/\,m^3} = (W_s + W_a)/(V_s + V_w + V_a) = (100+25)/(3.775+2.548+V_a)$ により，$V_a = 0.434\,\mathrm{m^3}$ が得られる．

ここで図に示すように三相図のすべてのコンポーネントの値が得られ，定義より

$e = (V_w + V_a)/V_s = (2.548+0.434)/3.775 = 0.790$ ⇐

$S = V_w/(V_w + V_a) = 2.548/(2.548+0.434) = 0.854 = 85.4\%$ ⇐

解法 (b)

図 2.7 (b) のように，まず $V = 10\,\mathrm{m^3}$ と仮定する．

$W_s + W_w = W_s + wW_s = (1+w)W_s = V\gamma_t = 10\times18.5 = 185\,\mathrm{kN}$ より，

$W_s = 185/(1+0.25) = 148\,\mathrm{kN}$ と $W_w = 185-148 = 37\,\mathrm{kN}$ が得られる．

G_s を橋渡しとして，$V_s = W_s/G_s\gamma_w = 148/(2.7\times9.81) = 5.588\,\mathrm{m^3}$

次に γ_w を橋渡しとして，$V_w = W_w/\gamma_w = 37/9.81 = 3.772\,\mathrm{m^3}$ が得られ，よって

$V_a = V - (V_s + V_w) = 10 - (5.588 - 3.772) = 0.641\,\mathrm{m^3}$

ここで図に示すように三相図のすべてのコンポーネントの値が得られ，定義より

$e = (V_w + V_a)/V_s = (3.772+0.641)/5.588 = 0.789$ ⇐

$S = V_w/(V_w + V_a) = 3.772/(3.772+0.641) = 0.855 = 85.5\%$ ⇐

例題 2.2 の解法 (a) と (b) では，すべてのコンポーネントは異なる値を持っていたにもかかわらず，同じ結果が得られました．このように最初の仮定値は $W_s = 100\,\mathrm{kN}$ でも，または $V = 10\,\mathrm{m^3}$ でも便利な数を仮定されることが許されます．

三相図はまた，土の重量，体積，水分量を関連付ける多くの実際の問題に便利に利用することができます．例題2.3ではそんな一例が示されます．

例題2.3

埋立現場で1500 m^{3}の湿潤土が必要とされます．設計上の埋立土の含水比15%，湿潤単位体積重量18.5 kN/m^{3}が要求されます．土取り場では含水比12%，湿潤単位体積重量17.5 kN/m^3，$G_s = 2.65$の土が得られます．全埋立地を埋めるために必要とされるの土取り場の土の湿潤単位体積（m^3）はいくらですか．またその全重量はいくらですか．

解：

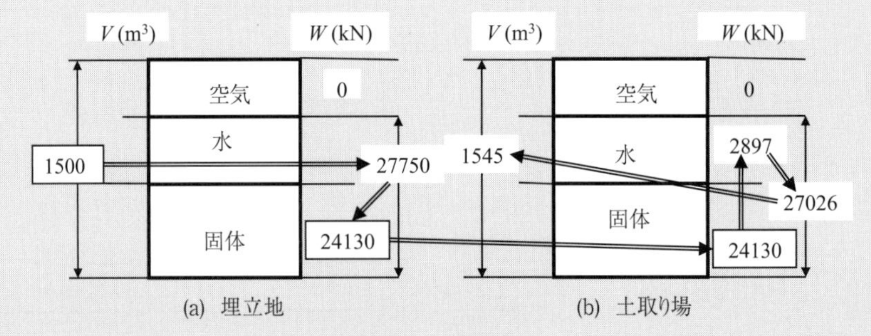

図2.8 例題2.3

埋立地と土取り場の三相図を別々に作成します．

まず，埋立地（図2.8（a））に対して

$V = 1500\ \mathrm{m^3}$により $W_s + W_w = V\gamma_t = 1500 \times 18.5 = 27750\ \mathrm{kN}$

$W_s + W_w = (1+w)W_s = 27750\ \mathrm{kN}$により $W_s = 27750/(1+0.15) = 24130\ \mathrm{kN}$

上記の量（24130 kN）の固体重量が埋立地で必要とされます．

次に土取り場（図2.8（b））でも同じ量の固体重量が必要とされます．

したがって $W_w = wW_s = 0.12 \times 24130 = 2897\ \mathrm{kN}$．よって，$W_s + W_w = 24130 + 2897 = 27026\ \mathrm{kN}$ ⇐

また，$\gamma_t = (W_s + W_w)/V = 17.5\ \mathrm{kN/m^3}$により，$V = 27026/17.5 = 1545\ \mathrm{m^3}$ ⇐

したがって，1545 m^{3}の土が土取り場より必要とされ，その総重量は27026 kNとなります．

単位体積重量と密度の関係

本節の議論では図2.4の三相図の右側に重量（weight）を採用しました．重量Wの代わりに質量（mass）Mを採用することもよく行われています．質量を用いた場合，間隙比，間隙率，含水比，飽和度，比重などの定義には変わりはありませんが，単位体積重量（unit weight）は**密度**（density）で表されることになります．したがって，三相図より，

湿潤密度（wet densityまたはtotal density）：$$\rho_t = \frac{全質量}{全体積} = \frac{M}{V} = \frac{M_s + M_w}{V_s + V_w + V_a} \qquad (2.19)$$

乾燥密度（dry density）：$$\rho_d = \frac{固体質量}{全体積} = \frac{M_s}{V} \qquad (2.20)$$

が定義されます．式（2.19）と（2.20）では三相図の右側のWがすべてMに置き換わりました．**重**

量＝**質量**×**加速度**（$\boldsymbol{g}$）のため，すべての単位体積重量 γ と密度 ρ には次の関係が成立します．

$$\gamma=\rho\cdot g \tag{2.21}$$

ここに g は地上の重力加速度 9.81 m/s^2 で，水の密度 ρ_w は 4°C で 1g/cm^3＝1000 kg/m^3 で，γ_w は 1000 kg/m^3×9.81 m/s^2＝9810 N/m^3＝9.81 kN/m^3 となります．ρ_t＝1.8 g/cm^3 程度のよくある土では，γ_t は 1800 kg/m^3×9.81 m/s^2＝17700 N/m^3＝17.7 kN/m^3 となります．

地球上の土質力学では第 7 章の有効応力の計算や，第 12 章の土圧の計算などでは単位体積重量 γ が便利良く使われるために，本書では密度に代わって単位体積重量を採用しましたが，読者は両者の関係をよく理解して，混同しないように注意してください．

2.5　土粒子の粒径とその分布

種々の土を分類する上で粒子の大きさは最も主要な役割を果たしています．一般に使われている礫（gravel），砂（sand），シルト（silt），粘土（clay）などの土の名称はその粒径の違いに基づいています．図 2.9 に示すように粒径の範囲でそれらの名称は定義されます．境界の粒径はその使用する規準に応じて若干異なります．

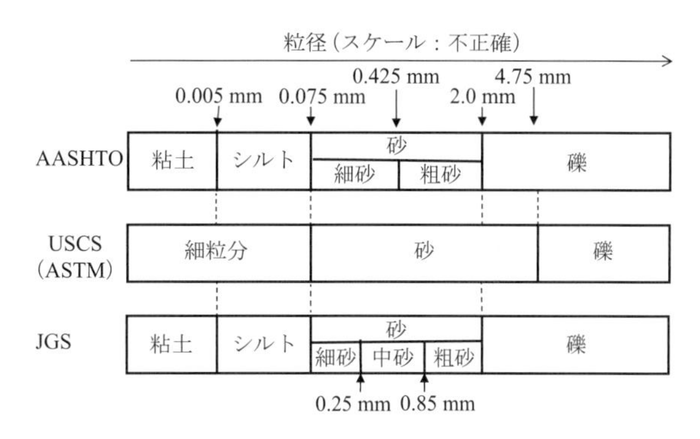

図 2.9　粒径と土の名称

AASHTO（American Association of State Highway and Transportation Officials）**規準**と **JGS**（Japanese Geotechnical Society）**規格**（**地盤工学会，2009**）では 2 mm が礫と砂の境界粒子で，USCS（Unified Soil Classification System）（**統一土質分類法**），または，**ASTM**（旧称 American Society for Testing and Materials）**土質分類法**ではその境界は 4.75 mm となります．砂とシルトの境界はすべての規準で 75 μm（0.075 mm）です．AASHTO と JGS 基準では 5 μm がシルトと粘土の境界とされます．USCS（ASTM）では，75 μm より細かい粒子はシルトと粘土を含めて**細粒分**（fine）と呼ばれます．また，**英国土質分類法**（British Standard）（**BS8004, 1986**）では 2 μm がシルトと粘土の境界値として使われます．

土の試料をそれぞれの粒径のグループに分類するために，ふるい（sieve）のセットが使われます（**ふるい分析**（sieve analysis））．75 μm のふるい（200 番ふるい）は実質的にふるい目の最小のサイズで，これよりも小さい粒子は粒子の表面に生ずる静電気のために機械的なふるい分けは非常に困難になります．また，75 μm 粒径は砂とシルト（または砂と細粒土）の境界粒径で，流水を乾燥した土に注いたとき，水が汚れれば，75 μm 以下の土の存在として容易に確認できます．礫と砂は**粒状土**（granular soil）または**非粘性土**（non-cohesive soil）と呼ばれ，粘土は**粘性土**（cohesive soil）と呼ばれます．この 2 つの土のグループはその性格上大きな違いを持ち，大きく区別されます．シルトはちょうどその中間的な性格を持ちます．粒状土の破壊のメカニズムは主にその粒子表面の摩擦抵抗により，粘性土のそれは粒子間に作用する電気的な力によって決められます（第 3 章参照）．また粘性土は粒状土より，圧縮性が高く（第9章参照），土中の水の流れも極端に制限されます（第6章参照）．

表2.1　米国標準ふるい番号とふるい目の大きさ

米国標準ふるい番号	ふるい目の大きさ，mm
4	4.75
10	2.00
20	0.85
40	0.425
60	0.25
100	0.15
140	0.106
200	0.075

土の粒径特性を決定するために，**粒径加積曲線**（grain size distribution curve）が使われます．まず，**ふるい分析**（sieve analysis）が行われ，数個のふるいがふるい目の大きい順に上から積み重ねられます．最下部にはふるい目のないパン（pan）が置かれます．表2.1は，**米国標準ふるい番号**（US Standard Sieve Number）とそれに対応するふるい目の大きさを示しています．**JGS規格**（JGS 0131，または JIS A 1204）では表2.1の4，10，20，40，60，140，200番のほかに，75 mm，53 mm，37.5 mm，26.5 mm，19 mm および9.5 mm ふるい目の大きさのものが標準として使用されます．

表2.1のふるい目の大きさは1インチ（25.4 mm）四方のメッシュをふるい番号で割り，ふるい線の太さをその数の分だけ引いた値で求められます．たとえば，ふるい4番のふるい目の大きさは1インチ（25.4 mm）÷4−4×(ふるい線の太さ)＝(4.75 mm）として得られます．

JGS規格によるふるい分析法では湿潤試料または空気乾燥試料を用いて，まず，2 mm ふるいを用いて，全試料を**2 mm ふるい残留分**と**2 mm ふるい通過分**に分け，湿潤状態の粘性土では適量の水を加えて，裏ごしにより細粒分を取り除きます．次に**2 mm ふるい残留分**を2 mm ふるいの上で水洗いし，炉乾燥し，炉乾燥された試料を75 mm，53 mm，37.5 mm，26.5 mm，19 mm および9.5 mm ふるいを用いてふるい分けます．試料を最上部のふるいに入れ，大きいふるいから順番に各ふるいを手で左右に振動させ，軽く側面をたたきながら，1分間の通過量が残留部の1%以下になるまで続けます．ふるい振とう機（sieve machine）を用いても最後は手ふるいでそのふるい動作の完了を確認します．その後，各ふるいに残された粒子の重量を注意深くバランスで計測します．

2 mm ふるい通過分には対しては**沈降分析**（hydrometer analysis）が行われます．細かい土に対して行われる沈降分析に使用される**浮ひょう**（**比重計**（hydrometer））は，図2.10に見られるように，真ん中に膨らみを持つガラスの浮き（float）です．土粒子の懸濁液（suspension）の中で大きい（重い）粒子は細かい（軽い）粒子よりも早く沈殿するために，懸濁液の密度は時間とともに減少します．したがって，浮ひょうの読みはその膨らみ部の懸濁液の密度変化を刻々と反映します．本書では詳細は省かれますが，理論的にその土粒子を正球体（sphere）と見なし，攪拌後個々の粒子は水の中で特定の速度を持って沈降すると仮定します．その沈降速度と粒径には一定の関係が成立し，粒径と通過百分率との関係が導かれます．

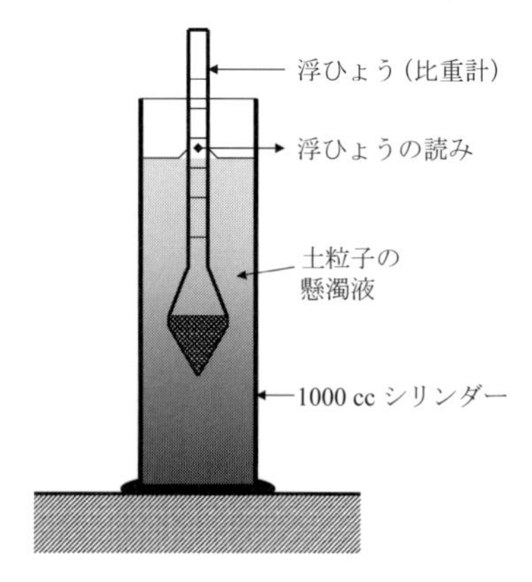

図2.10　沈降分析試験

沈降分析試験（JGS 0131，JIS A 1204）は，**2 mm ふるい通過分**から炉乾燥試料を砂質土系では90グラム程度，粘性土系では 50 グラム程度をビーカーで入れ，10 mL の**分散剤**（deflocculating agent）を蒸留水とともに十分時間をかけて混ぜ合わせます．高い塑性土（$I_p \geqq 20$）の場合，含まれている有機物をあらかじめ分解するために 100 mL の 6%**過酸化水素溶液**（H_2O_2）（hydrogen peroxide）での処置も必要です．分散剤は混濁液の化学成分を変化させ，凝集した粘土粒子構造を分散させる役目をします．試料を個々の粒子に分散することは沈降分析試験で正確な粒径を測定するために欠かせないことです．粘土の構造に関する詳細な議論（凝集や分散）は第 3 章で詳しく取り扱われます．

上記の混合液を蒸留水を用いて漏らすことなく 1000 cc のガラスのシリンダーに移し，さらに蒸留水を加えてシリンダーの 1000 cc のマーク線まで正確に満たします．次にシリンダーの上端を手のひら（またはゴム栓）で完全に密封し，シリンダー全体を持ち上げ，上下逆さまに振りながら混濁液を完全に攪拌し，均一な混濁液を作ります．約 1 分間の攪拌の終わりにシリンダーを平らなテーブルの上に置きます．その瞬間の時間をゼロと設定して直ちに浮ひょうを混濁液に挿入します．経過時間 0.25,0.5,1，2 分までは浮ひょうを懸濁液に浸漬したままで，その浮ひょうの読みを記録します．経過時間 2 分後，浮ひょうを静かに抜き取り，もうひとつの蒸留水のみの入った 1000 cc のシリンダーに移し保管します．その後，経過時間 4，8，16，30 分，そして 1，2，4，8，24 時間に，その時々に浮ひょうを混濁液に素早く挿入し正確な時間と浮ひょうの読みを記録します．

その後，沈降試験後の試料はさらに 2 mm と 75 μm 間の粒径のふるい分析に使われます．その試料は 75 μm のふるいで水洗いされます．75 μm ふるい上に残留した試料は炉乾燥された後，850 μm，425 μm，250 μm，106 μm および 75 μm のふるいでふるい分けられます．詳しい実験解析方法は他の土質実験マニュアル（**地盤工学会，2010**）等を参考にしてください．

表 2.2 はこうして得られた 2 mm ふるい残留試料に対するふるい分析実験の計算例です．C 列の値は，実験中に測定されたもので，残りの表の値は表の下部に示されるスプレッドシート（spread sheet）の計算法によって自動的に求めることができます．得られた F 列の**通過重量百分率**（% finer by weight）（%）は各ふるい目を通過した土の重量の総重量に対する百分率（%）を意味します．た

表 2.2　2 mm ふるい残留試料に対するふるい分析実験の計算例

列	A	B	C	D	E	F
i 行	米国標準ふるい番号	ふるい目の大きさ，mm	残留重量 gf	% 残留重量	% 加積残留重量	通過重量百分率 %
1		75	0	0.0	0.0	100.0
2		53	102	2.0	2.0	98.0
3		37.5	123	2.4	4.3	95.7
4		26.5	148	2.9	7.2	92.8
5		19	198	3.8	11.0	89.0
6		9.5	342	6.6	17.6	82.4
7	4	4.75	361	7.0	24.6	75.4
8	10	2	553	10.7	35.3	***64.7***
9		< 2	3354	64.7	100.0	
10		合計	5181	100.0		

D 列 i 行 $=C(i)/C(10)\times 100$

E 列 i 行：$E(1)=D(1)$，$E(i)=E(i-1)+D(i)$，

F 列 i 行 $=100-E(i)$

とえば，表2.2のF列5行のデータ89.0は，土の89.0%は，19 mmのふるいを通過したことを示し，あるいは，試料の89.0%の土は19 mmより細かいことを意味します．

表2.2のF列8行の値64.7%は**2 mmふるいを通過した乾燥試料重量の全試料乾燥重量に対する比**で，ここで**$PF_{2 mm}$**（percent finer at 2 mm）と定義し，後の沈降試験と2 mm-75 μm試料のふるい分析計算の修正に用いられる重要な数値です．

表2.3に2 mmふるい通過試料に対する沈降分析試験の実験例が示されています．A列とB列の値は前述の沈降分析試験より得られたもので，C列の値はB列の値に$PF_{2 mm}$/100値（この例の場合0.647）を掛けて得られたものです．なぜなら，ふるい分析は全試料に対しての試験で，一方，沈降分析試験は2 mm以下の粒子に対してのみの試験で，両試験から連続した粒径分布カーブを得るためには，2 mmの粒子境界で沈降試験のデータを全試料重量に相当する値に修正する必要があります．

表2.3 2 mmふるい通過試料に対する沈降分析試験の実験例

A	B	C
粒径D mm	通過重量百分率 %	修正通過重量百分率 %
2	100	***64.7***
0.066	37.2	24.1
0.045	32.6	21.1
0.036	30.1	19.5
0.025	27.1	17.5
0.015	22.7	14.7
0.011	20.3	13.1
0.007	15.7	10.2
0.005	13.2	8.5
0.004	10.9	7.1
0.003	8.8	5.7
0.0018	5.3	3.4
0.0012	4.2	2.7

C列＝B列×$PF_{2 mm}$/100

さらに沈降試験の後の試料を用いて，2 mm－75 μmのみの試料のふるい分析が行われます．その結果例が表2.4に示されています．A列からF列は表2.2の解析方法とまったく同じですが，ここでも試料の粒径分布の連続性を得るために表2.3のC列と同ように$PF_{2 mm}$による修正（第G列）が必要です．

最後に，以上述べられ3つの粒度試験の結果がひとつに統一されプロットされます．図2.11には，表2.2の第F列の値，表2.3の第C列の値，そして表2.4の第G列の値が，同じlog粒径軸に対してプロットされています．これらは**統一粒径加積曲線**（combined grain size distribution curve），または，単に**粒径加積曲線**（grain size distribution curve）と呼ばれ，この曲線より様々な重要なパラ

表2.4 2 mmふるい通過試料に対するふるい分析試験の実験例

A	B	C	D	E	F	G
米国標準 ふるい番号	ふるい目の 大きさ，mm	残留重量 gf	%残留重量	%加積残留重量	通過重量 百分率，%	修正通過重量 百分率，%
10	2				100.0	*64.7*
20	0.85	52.3	19.6	19.6	80.4	52.1
40	0.425	35.1	13.1	32.7	67.3	43.6
60	0.25	24.5	9.2	41.9	58.1	37.6
100	0.15	25.2	9.4	51.3	48.7	31.5
140	0.106	14.8	5.5	56.8	43.2	27.9
200	0.075	12.2	4.6	61.4	38.6	25.0
	<0.075	103.2	38.6	100.0	0.0	0.0
	合計	267.3	100.0			

G列＝F列×$PF_{2 mm}$/100

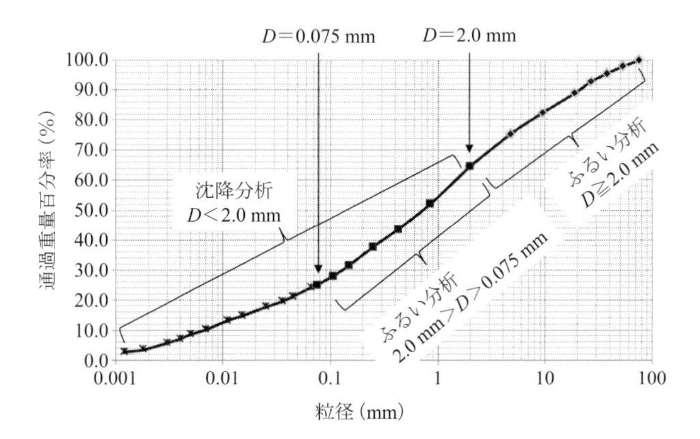

図 2.11　(統一) 粒径加積曲線

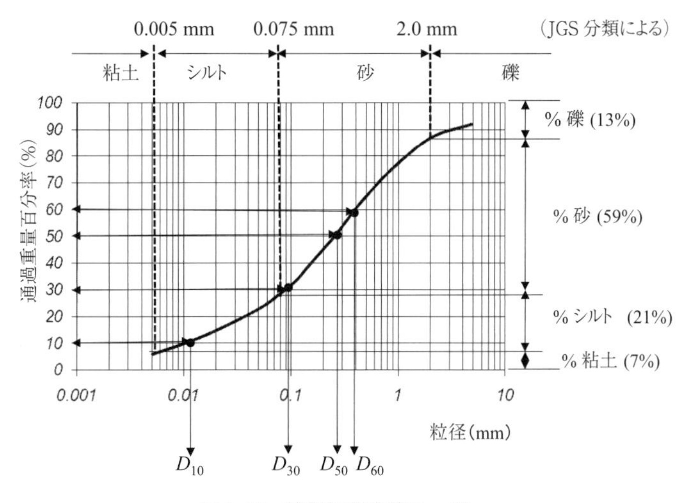

図 2.12　粒径加積曲線の一例

メータが定義されます．

図 2.12 の粒径加積曲線を参照にしながら，粒子の境界粒径は図 2.9 で定義されているので，礫，砂，シルト，粘土の個々の成分の割合が図から得ることができます．この例では，JGS の分類によると 13%の礫，59%の砂，21%のシルトと 7%の粘土が得られます．また，粒径加積曲線からいくつかの主要な粒径が決められ，後に利用されます．

D_{10}，D_{30}，D_{50}，D_{60} 等がそれで，それぞれ 10%，30%，50%，60%の通過重量百分率に対応する粒径で，D_{50} は**平均径** (mean diameter)，D_{10} は**有効径** (effective diameter) と呼ばれています．特に後者のやや細かい方の粒径は土中の水の流れの特性 (透水係数 (第 6 章)) や，毛管上昇 (第 7 章) 等の土の性質に強く影響を与えるもので，それゆえに有効な粒径 (有効径) と呼ばれます．これらの値を用いて，次のようなパラメータが決められます．

均等係数 (coefficient of uniformity) U_c は次のように定義されます．

$$U_c = D_{60}/D_{10} \tag{2.22}$$

図2.13には4種類の土の粒径加積曲線が示されています．曲線1，2，3のU_c値はそれぞれ3，3.4，13.3です．曲線1の土は**均等な土**（uniformly graded soilまたはpoorly graded soil）で，曲線3の土は**粒度分布の良い土**（well graded soil）とされます．JGS規格では粗粒土（礫と砂）に対して，$U_c \geqq 10$の場合，**粒径幅の広い**（W）と，$U_c < 10$に対しては**分級された**（P）と表現されています．統一土質分類法（USCS）では，礫に対しては4未満のU_c，または砂に対しては6未満のU_cを持つ土が均等な土と分類される条件を持ちます．それらより大きなU_c値を持つ土に対しては粒度分布の良い土の条件となります．詳しくは第4章で述べられます．

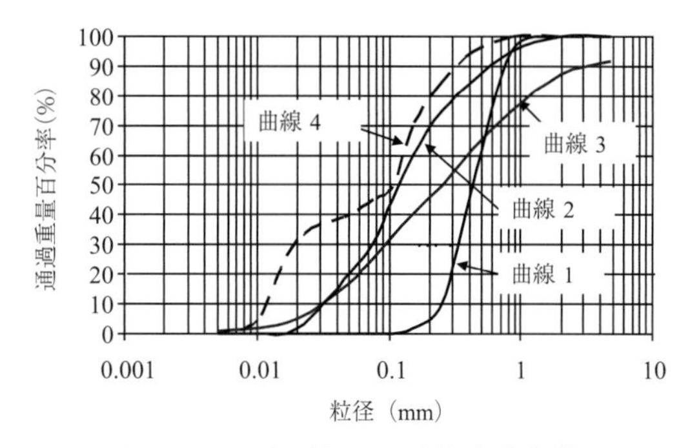

図2.13　さまざまな土の粒径加積曲線

次に**曲率係数**（coefficient of gradation）U_c'は次のように定義されます．

$$U_c' = \frac{D_{30}/D_{10}}{D_{60}/D_{30}} = \frac{(D_{30})^2}{D_{60}\,D_{10}} \tag{2.23}$$

滑らかな粒径加積曲線では，U_c'の値の範囲は1から3です．それ以外のU_c'値を持つ土は**ギャップ分布を持つ土**（gap graded soil）と呼ばれます．図2.13の4つの曲線の中で特に曲線4は，より低いU_c'の値（$=0.29$）をとります．ちなみに曲線2のU_c'は1.33です．統一土質分類法（USCS）によると$1 \leqq U_c' \leqq 3$の土で，なおかつ，礫で$U_c \geqq 4$，砂で$U_c \geqq 6$であればそれらの土は**粒度分布の良い土**（well graded soil）と分類され，それ以外のU_cとU_c'の組み合わせを持つ土は**均等な土**（uniformly graded soil）または，**粒度分布の悪い土**（poorly graded soil）と分類されます．

土の均等係数U_cと曲率係数U_c'は土の締固めの粒子配置に強い影響を与えます．粒度分布の良い土では細かい粒子が大きい粒子の集合体の間隙にうまく入り込み，変形に対してより安定した土の集合体となります．一方，均等な土では粒子の配列が規則正しくなりやすく不安定な構造になりがちです．多くの土質分類法では，U_cとU_c'が分類のための主要パラメータとして用いられます．

2.6　章の終わりに

この章では，ロックサイクルを用いて，土の起源に始まり，土の形成過程を学びました．次に土を三相図（固体，水，空気）でモデル化し，本書中で頻繁に使われる土質力学の主要な用語を定義しました．それらは，単位体積重量（γ），間隙比（e），間隙率（n），含水比（w），飽和度（S），比重（G_s）等です．それらの用語間のいくつかの相互関係式も導かれて，他の用途に便利に使われます．三相図の活用はまた各種の体積と重量の関係を求める問題にとても便利な用法で，現場の盛土を例にして例題で示されました．最後に，粒子の形状，およびそ粒径分布が議論されました．粒径加積曲線から，いくつかの重要なパラメータが定義されました．有効径（D_{10}），平均径（D_{50}）等が決められ，それらの値から均等係数（U_c）と曲率係数（U_c'）が得られました．これらのパラメータは，土質分類（第4章）で使用され，また締固め（第5章）や透水係数（第6章）等，多くの土の特性に関連しています．

参考文献

1) 地盤工学会（2010）．土質試験 基本と手引き

2) 地盤工学会（2009）．地盤工学会基準，地盤材料の工学的分類方法（JGS 0051）

3) ASTM（2002）. Standard Test Method for Particle-Size Analysis of Soils, *Annual Book of ASTM Standards*, Vol. 04. 08, Designation D422-63.

4) BS8004（1986）. *Code of Practice for Site Investigation*, British Standard Institution.

5) Müller, G.（1967）. *Methods in Sedimentary Petrology*, Hafner.

6) Watabe, Y., Tanaka, M., and Takemura, J.（2004）. "Evaluation of in-situ K_0 for Ariake, Bangkok and Hai-Phong clays," *Proceedings of the 2nd International Conference on Site Characterization*, Porto, pp. 1765-1772.

問　　題

2.1　一般の土について，三相図を用いて以下の関係を導いてください．

$$\gamma_t = G_s\gamma_w(1-n)(1+w)$$

2.2　一般の土について，三相図を用いて以下の関係を導いてください．

$$\gamma_t = G_s\gamma_w(1-n)+nS\gamma_w$$

2.3　有機質土では，間隙比 e が 10.0 もの大きい値をとることがまれではありません．$e=10.0$ の有機質土に対して，G_s は 2.35 でした．この土が完全飽和している場合，次の値を計算してください．

(a)　湿潤単位体積重量 γ_t

(b)　含水比 w

(c)　この土は水中で浮きますか．それとも沈みますか．

2.4　ある土について，間隙比 e，含水比 w，比重 G_s が，それぞれ 0.50，15%，2.65 と得られました．この場合，次の値を計算してください．

(a)　湿潤単位体積重量 γ_t

(b)　飽和度 S

(c)　間隙から水分が完全に取り除かれたときの乾燥単位体積重量 γ_d

2.5　ある土について，$G_s=2.70$，$\gamma_t=19.0\,\mathrm{kN/m^3}$，$w=12.5\%$ が得られました．次の値を計算してください．

(a)　飽和度 S

(b)　乾燥単位体積重量 γ_d

(c)　水中単位体積重量 γ'

(d)　間隙が完全に水で飽和されたときの湿潤単位体積重量 γ_t

2.6　土の乾燥単位体積重量は $15.8\,\mathrm{kN/m^3}$ で，間隙率は $n=0.40$ であることがわかりました．次の値を計算してください．

(a)　飽和度 S が 50% に増加したときの湿潤単位体積重量 γ_t

(b)　土が完全に飽和したときの湿潤単位体積重量 γ_t

(c) 比重 G_s

2.7 現場で採取された試料に対して $\gamma_t = 18.5\,\mathrm{kN/m^3}$，$w = 8.6\%$，$G_s = 2.67$ が得られました．その後，一夜の大雨の後，飽和度 S が10%増加したことが観察されました．次の値を計算してください．

(a) 大雨前の飽和度 S

(b) 大雨前の間隙比 e

(c) 大雨後の含水比 w

(d) 大雨後の湿潤単位体積重量 γ_t

2.8 工事現場で，100 $\mathrm{m^3}$ の土が掘削されました．掘削土の γ_t，G_s，w はそれぞれ $18.5\,\mathrm{kN/m^3}$，2.68，8.2%であることがわかりました．次の値を計算してください．

(a) 掘削土の全重量

(b) 掘削土の間隙率 n

(c) 掘削土が現場で乾燥し，平均にして5%の含水比になったときの掘削土の全重量

2.9 次の表は左にふるい分析試験データを，右に沈降分析試験データを示しています．

(a) 両方の試験結果に対して個別の粒径加積曲線を描いてください．

(b) 上記2つの粒径加積曲線を修正して統一粒径加積曲線を作成してください．

2 mm ふるい残留分ふるい分析試験結果			2 mm ふるい通過分沈降分析試験結果	
米国標準ふるい番号	ふるい目の大きさ，mm	残留重量 gf	粒径，mm	通過重量百分率 %
	75	0	0.066	30.4
	53	0	0.045	24.8
	37.5	0	0.036	23.7
	26.5	0	0.025	21.5
	19	134	0.015	17.8
	9.5	434	0.011	15.7
4	4.75	462	0.007	12.9
10	2	652	0.005	12.5
	< 2	3354	0.004	10.9
			0.003	8.8
2 mm ふるい通過分ふるい分析試験結果			0.0018	5.3
20	0.85	145	0.0012	4.2
40	0.425	126		
60	0.25	135		
100	0.15	109		
140	0.106	83		
200	0.075	65		
受皿	< 0.075	305		

2.10 下の表は左にふるい分析試験データを，右に沈降分析試験データを示しています．

(a) 両方の試験結果に対して個別の粒径加積曲線を描いてください．

(b) 上記2つの粒径加積曲線を修正して統一粒径加積曲線を作成してください．

2 mm ふるい残留分ふるい分析試験結果			2 mm ふるい通過分沈降分析試験結果	
米国標準ふるい番号	ふるい目の大きさ，mm	残留重量 gf	粒径，mm	通過重量百分率 %
	75	0	0.055	68.4
	53	0	0.038	63.8
	37.5	194	0.029	60.2
	26.5	238	0.021	55.1
	19	103	0.012	43.7

	9.5	231	0.009	37.1
4	4.75	148	0.006	28.6
10	2	321	0.004	23.5
	< 2	3354	0.0034	21.2
			0.003	8.8
2 mm ふるい通過分ふるい分析試験結果			0.0018	5.3
20	0.85	45		
40	0.425	52		
60	0.25	72		
100	0.15	38		
140	0.106	31		
200	0.075	49		
受皿	< 0.075	305		

2.11　次の表はふるい分析試験のデータを示しています．

米国標準ふるい番号	ふるい目の大きさ，mm	残留重量 gf
4	4.75	0
10	2	0
20	0.85	6.9
40	0.425	71.7
60	0.25	109.2
100	0.15	126.9
140	0.106	147.6
200	0.075	115.8
受皿	< 0.075	110.7

(a)　表 2.2 を参考にして，スプレッドシートを使用し，上表の残りの部分を完成してください．

(b)　粒径加積曲線を描いてください．

(c)　D_{10}，D_{30}，D_{50}，D_{60} の値を上のグラフより読み取ってください．

(d)　U_c，U_c' を計算してください．

(e)　JGS 規準により，礫%，砂%，シルト%，粘土%を決定してください．

2.12　次の表はふるい分析試験のデーターを示しています．

米国標準ふるい番号	ふるい目の大きさ，mm	残留重量 gf
4	4.75	15.6
10	2	35.4
20	0.85	121.8
40	0.425	102.3
60	0.25	82.8
100	0.15	50.4
140	0.106	37.8
200	0.075	30.6
受皿	< 0.075	56.7

(a)　表 2.2 を参考にして，スプレッドシートを使用し，上表の残りの部分を完成してください．

(b)　粒径加積曲線を描いてください．

(c)　D_{10}，D_{30}，D_{50}，D_{60} の値を上のグラフより読み取ってください．

(d)　U_c と U_c' を計算してください．

(e)　JGS 規準により，礫%，砂%，シルト%，粘土%を決定してください．

2.13　次の表はふるい分析試験のデータを示しています．

米国標準ふるい番号	ふるい目の大きさ，mm	残留重量 gf
4	4.75	0
10	2	0
20	0.85	6.9
40	0.425	71.7
60	0.25	109.2
100	0.15	126.9
140	0.106	147.6
200	0.075	115.8
受皿	< 0.075	110.7

(a)　表2.2を参考にして，スプレッドシートを使用し，上表の残りの部分を完成してください．

(b)　粒径加積曲線を描いてください．

(c)　D_{10}，D_{30}，D_{50}, D_{60} の値を上のグラフより読み取ってください．

(d)　U_c と U_c' を計算してください．

(e)　JGS 規準により，礫%，砂%，シルト%，粘土%を決定してください．

2.14　次の表はふるい分析試験のデータを示しています．

米国標準ふるい番号	ふるい目の大きさ，mm	残留重量 gf
4	4.75	15.6
10	2	35.4
20	0.85	121.8
40	0.425	102.3
60	0.25	82.8
100	0.15	50.4
140	0.106	37.8
200	0.075	30.6
受皿	< 0.075	56.7

(a)　表2.2を参考にして，スプレッドシートを使用し，上表の残りの部分を完成してください．

(b)　粒径加積曲線を描いてください．

(c)　D_{10}，D_{30}，D_{50}, D_{60} の値を上のグラフより読み取ってください．

(d)　U_c と U_c' を計算してください．

(e)　JGS 規準により，礫%，砂%，シルト%，粘土%を決定してください．

第3章

粘土とその挙動

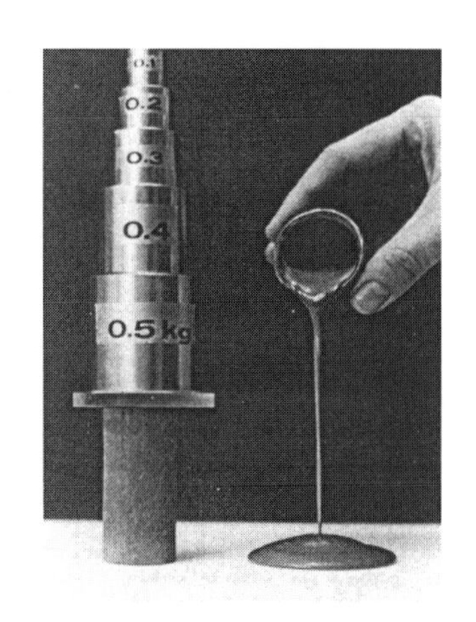

3.1 章の始めに

粘土（clay）はその粒子の細かさのために特別な注意を払う必要があります．粒径分布の節（2.5節）で示されたように，粒径5μm以下（または一部の規準では2μm以下）の粒子の集まりは粘土として分類されます．このような小さな粒子サイズでは，礫や砂の場合の粒子間に働く物理的な**摩擦抵抗力**（frictional resistance force）と比べて，粒子間の**電気的干渉力**（electrical interactive force）の影響が強く非常に異なった挙動を示します．この章では特に粘土の成り立ち，構造，その特異な挙動について学びます．

3.2 粘土鉱物

粘土のさまざまなユニークな挙動を理解するためには，まず粘土粒子のミクロ構造（micro-structure）を理解することが重要です．ミクロ構造の観察とその理解はそのマクロの挙動（macro-behavior）を理解する上にとても役立ちます．

自然界では，基本的に3つのタイプの粘土鉱物が存在します．それらは**カオリナイト粘土**（Kaolinite），**イライト粘土**（Illite），そして**モンモリロナイト粘土**（Montmorillonite）です．これらの粘土は，異なる原子構造を持ち，挙動は著しく異なります．しかし，これらの粘土鉱物はすべての2つの基本原子シートから作られています．図3.1に見られるように，**シリコン四面体シート**（silica tetrahedral sheet）と**アルミニウム八面体シート**（aluminum octahedron sheet）です．自然界に豊富なシリコン原子（Si）およびアルミニ

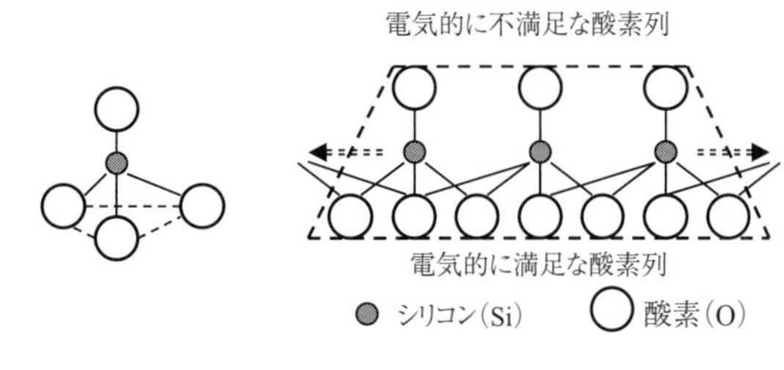

(a) シリコン四面体シート

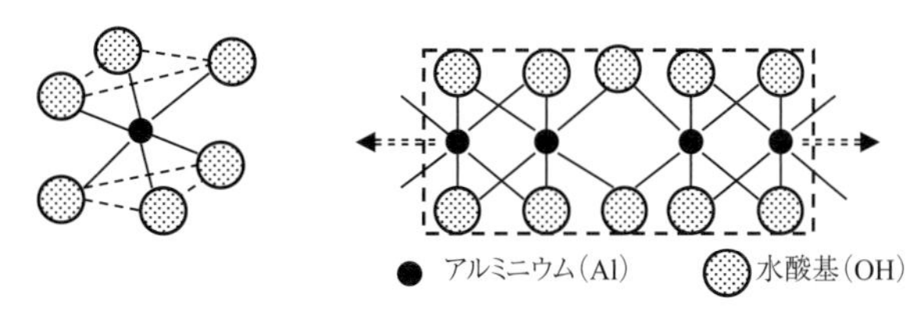

(b) アルミニウム八面体シート

図3.1 シリコン四面体シートとアルミニウム八面体シート

ウム原子（Al）がそれぞれにシートの中央位置を占め，酸素原子（O）と水酸基（OH^-）はこれらの中央原子と電気的に強く結合されています．これらのシート内での原子の結合は，**イオン結合**（ionic bond）か，または**共有結合**（covalent bond）のいずれかです．実際にはこれらの2つのタイプの結合の組み合わせによってできています．

イオン結合とはよく知られている Na^+（ナトリウムイオン（sodium ion））と Cl^-（塩素イオン（chlorine ion））が電子軌道上の電子（electron）の貸し借りで塩化ナトリウム（NaCl）になるのと同様の結合です．**共有結合**とは，2個の H^+（水素イオン（hydrogen ion））が水素（H_2：水素ガス（hydrogen gas））を形成するときのように，2つの原子の電子軌道を共通の電子が回遊することによって結合されるものです．これらの原子結合は非常に強力で，普通の物理的な力によって剝離されることはありません．よってこれらは原子間の**1次結合**（primary bond）と呼ばれます．

その形状からシリコン四面体シートは台形で表示され，その台形の短面は電気的に不満足な酸素原子を有し，長面は電気的に満足した酸素原子を持ちます．一方，アルミニウム八面体シートは長方形で表示され，その上部と下部の面は露出した水酸基（hydroxyl）（OH^-）を持ち，両面とも電気的に同じ特性を持っています．一般に自然界では，不満足なシリコンシートの面がアルミニウムシートの一面と電気的にさらに接合されて，さまざまな粘土鉱物が形成されます．

カオリナイト粘土

このタイプの粘土はシリコンシートの不満足面とアルミナムシートのいずれかの面が電気的に結合されて図3.2に見られるように2層の基本的なユニットが形成されます．このユニットを構成する結合は強く，1次結合です．お互いのユニット間の距離は図3.2に見られるように7.2 Å（オングストローム（Angstrom））（$1 Å = 10^{-10}$ m）でこのユニットはまだ粘土粒子ではありません．このユニットがさらに幾層も積み重なり1個のカオリナイト粘土粒子を形成します．図3.3は結晶化したカオリナイト粘土粒子の電子顕微鏡写真です．画像からひとつの粒子の直径は約5 μm と読み取れます．その厚さは直径の約十分の一程度です．したがって粒子の厚さは約0.5 μm 程です．0.5 μm をユニット間距離7.2 Åで割ると約700が得られ，それがひとつのカオリナイト粘土粒子を作成するのに必要

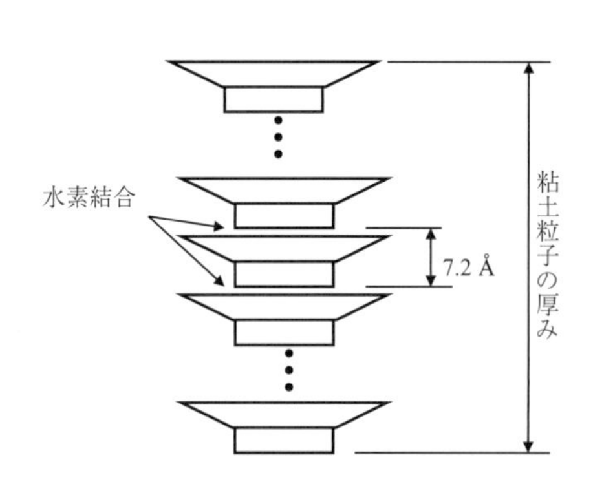

図3.2　カオリナイト粘土の形成

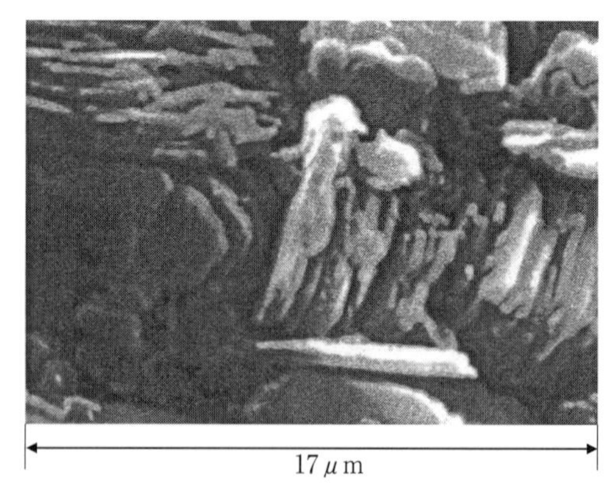

図3.3　カオリナイト粘土の電子顕微鏡写真
（**Tovey 1971**（写真提供：N. K. Tovey））

な2層の基本ユニットの層の数となります．2層からなる基本ユニット間の結合はシリコンシート面のO^{-2}とアルミナムシートの面のOH^{-}のそれで，**水素結合**（hydrogen bond）と呼ばれ，この結合は，前述の原子結合（1次結合）程は強くありませんが，後で議論されるモンモリロナイト粘土の場合のO^{-2}とO^{-2}の結合よりははるかに強く，多くの文献では1次結合と分類されているものもあります．カオリナイト粒子はこの水素結合のために比較的安定した粘土で，収縮や膨潤は少なく問題の少ない粘土の種類です．

モンモリロナイト粘土

図3.4に見られるように，カオリナイト粘土構造のアルミニウムシートの未使用のOH^{-}面にもうひとつのシリコンシートの不満足面が電気的に結合されて3層の基本ユニットが形成されます．この3層の基本ユニットがモンモリロナイト粘土の構造の基本単位となります．このユニットを構成する結合は強く，1次結合です．お互いのユニット間の距離は図3.4に見られるように10 Å（オングストローム（Angstrom））で，このユニットがさらに幾層も積み重なり1個のモンモリロナイト粘土粒子を形成します．図3.5は結晶化したモンモリロナイト粘土粒子の電子顕微鏡写真です．写真はこの粘土の特徴である薄片状の性質をよく示しています．厚さと粒径の比は非常小さく（100分の1以下），この画像より粒子の厚さが0.05 μm程度であることが推定されます．したがって，モンモリロナイト粘土のひとつの粒子を作るためには基本的な3層ユニットが約50層も重なっていることになります．個々の3層ユニット間の結合はシリコン シート面の満足したO^{-2}とO^{-2}同士のそれで，非常に弱く，**2次結合**（secondary bond）と呼ばれます．多くの場合，水分子がその空間に簡単に入り込み容易に体積膨張を起こします．逆に乾燥すれば水分子が簡単に抜け出て収縮を起こします．水の有無によって収縮と膨張の大きい問題の多い粘土です．

モンモリロナイト粘土とその同種の粘土のグループである**セメクタイト**（Semectite）は非常に不安定で問題の多い粘土です．建物がこのタイプの粘土上にあれば，雨季と乾季にその基礎周辺の土が膨潤と収縮を繰り返し，基礎の不等沈下を起こし，壁や基礎構造の亀裂の原因となります．この種の土での構造物の建築は極力避けねばなりません．一方，ある場合には，この粘土の問題ある性格を逆

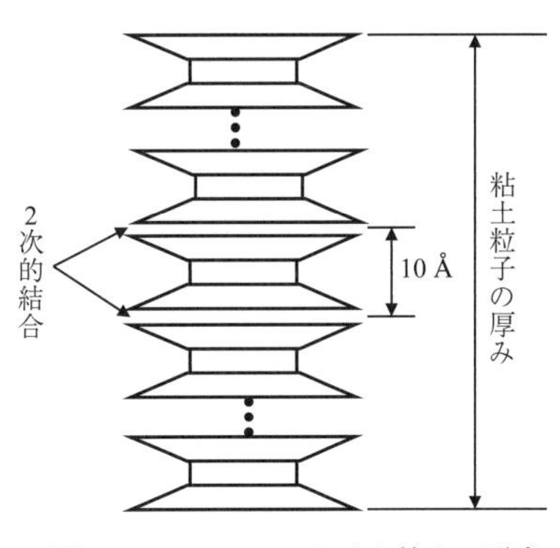

図3.4 モンモリロナイト粘土の形成

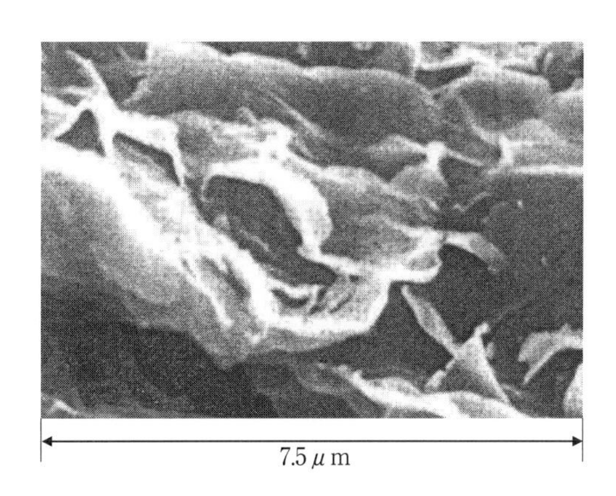

図3.5 モンモリロナイト粘土の電子顕微鏡写真（**Tovey 1971**（写真提供：N. K. Tovey））

手にとって，**ベントナイト粘土**（Bentonite）（セメクタイトの一種）のスラリー（slurry）はボーリング坑や地中壁の掘削坑に注入され，その内壁の崩壊を防止する一時的な工法として使われます．セメクタイトの高い膨張性を利用してのことです．

イライト粘土

この粘土の基本的な構造は，図3.6に見られるように，モンモリロナイト（3層の基本ユニット）と同じです．しかし，カリウムイオン（potassium ion）（K^{+}）が個々の3層ユニット間に入り込みます．この間の2次結合はカオリナイトの水素結合よりは弱いですが，モンモリロナイト粘土のそれよりは強い結合で，より安定した構造となります．図3.7はイライト粘土の電子顕微鏡写真です．この粘土の特性は，ちょうど，カオリナイトとモンモリロナイトとの中間に分類されます．

自然界でのさまざまな種類の粘土の形成は，粘土形成に必要な基本的な原子の有無，温度，排水条件などによって作用されます．たとえばカオリナイト粘土は他の種類の粘土に比べて，シリコン原子より，多くのアルミニウム原子を必要とします．そして比較的降水量の多い場所，また同時に水はけのよい条件が好まれます．一方，モンモリロナイト粘土は，豊富なシリコン原子を必要とし，降水量以上に蒸発量の多い（乾燥地域）気候条件が好まれます．イライト粘土は明らかにその構造上カリウムを必要とされるために，白雲母（muscovite）（通常の雲母 $KAl_2(AlSi_3O_{10})(F,OH)_2$）や黒雲母（biotite）（$K(Mg,Fe)_3AlSi_3O_{10}(F,OH)_2$）などがその原石となります．**粘土の起源と形成**（clay genesis）の詳しくは他の参考文献をお勧めします（たとえば，**Mitchell and Soga 2005**）．

前章の図2.3は，ベトナムのハイフォン（Hai-Phong, Vietnam）から得られた粘土試料の走査電子顕微鏡（scanned electron microscope（SEM））写真で，それは約50%のカオリナイトと約50%のイライトで構成された粘土と報告されています（**Watabe et al. 2004**）．

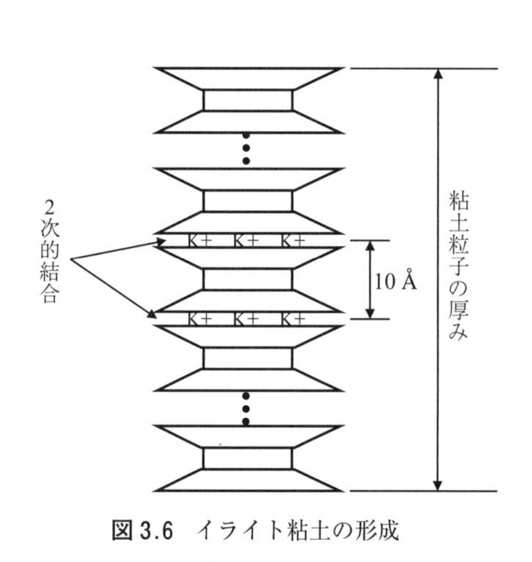

図3.6　イライト粘土の形成

図3.7　イライト粘土の電子顕微鏡写真（**Tovey 1971**（写真提供：N. K. Tovey））

表 3.1　各粘土と粘土サイズの細粒子の形状と比表面積の比較

土の種類	長さ（L）μm	厚さ（T）μm	縦・横・厚さの比（$L \times L \times T$）	比表面積 m^2/g
カオリナイト	0.3－3	0.05－1	10×10×1	10－20
イライト	0.1－2	0.01－0.2	20×20×1	80－100
モンモリロナイト	0.1－1	0.001－0.01	100×100×1	800
正球（直径 1 μm）	1	1	1×1×1	3
正球（直径 0.1 μm）	0.1	0.1	1×1×1	10

3.3　粘土粒子の形状と表面面積

前節で示されたように粘土粒子は，基本シートユニットが幾重にも積み重なって形成されています．それらは一般的に扁平で小さい粒径をしています．そのため重量当たりの表面積は非常に大きくなります．表 3.1 は，各粘土の一般的な形状，一般的な寸法，**比表面積**（specific surface）を比較しています．比表面積は乾燥粘土粒子 1 グラム当たりの粘土粒子の持つ総表面面積として定義されます．また，比較のため，直径 1 μm と 0.1 μm の正球（sphere）のそれらの値が表には含まれています．これらの 2 つの正球は，**粘土サイズの細粒子**（clay-size particle）と呼ばれます．その組成は，扁平な粘土鉱物とは異なり，球形で，単に砂や砂利を細かくした粒子の集まりにすぎません．

上表より粒子の扁平性と粒子径は比表面積を決定する上での主要な要因であることがわかります．本章の後半で述べられるように，比表面積は水分の粒子表面への吸着量，塑性（plasticity）などの粘土独特の多くのユニークな挙動に関連しています．したがって，**粒子径が同じでも，粘土鉱物と粘土サイズの細粒子の違いを明確に区別することはそれらの性状を知る上で非常に重要です．**

3.4　粘土粒子の表面電荷

粘土のもう 1 つのユニークな特徴は，粒子の表面電荷です．粒子の全体の電荷はほぼ中性でバランスしています．しかし表面は一般的に負に帯電されています．第 1 に，粘土の原子構造で学んだように粒子の表面は，O^{-2} と OH^- が表面に露出しています．第 2 に，アルミニウムイオン（Al^{3+}），鉄イオン（Fe^{2+}），マグネシウムイオン（Mg^{2+}）などが存在すると，四面体シリコンシートの中央の Si^{4+} 原子が低電荷の Al^{3+} オンで，また，八面体シートの中央の Al^{3+} 原子が，それより低電荷の Fe^{2+} イオンまたは Mg^{2+} イオンによって，その結晶構造を変更することなしにしばしば置き換えられます．これらの原子置

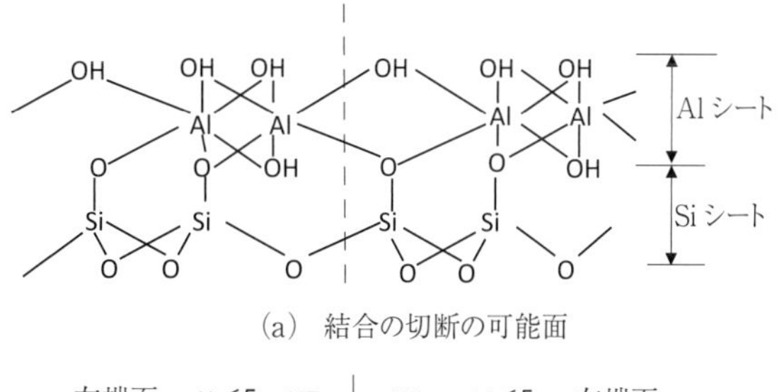

（a）結合の切断の可能面

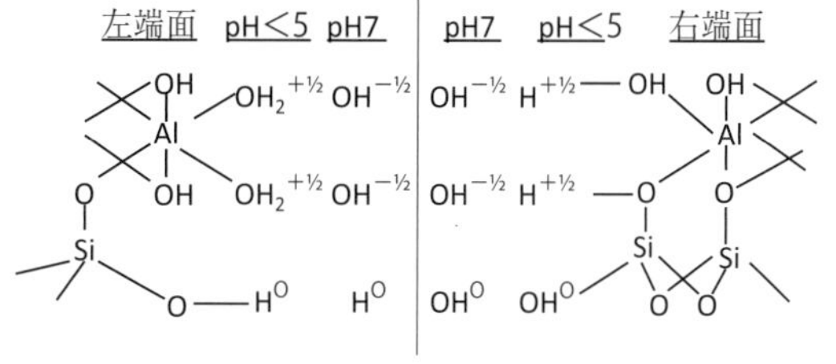

（b）切断面での電荷

図 3.8　カオリナイト粘土の切断面での可能な電荷のメカニズム（Yong and Warkentin 1975 による）

換は**同形置換**（isomorphous substitution）と呼ばれます．これらの低電荷の陽イオンでの置き換えは粘土粒子全体の電荷を負にし，その表面の電荷はさらに負に帯電されます．第3に，八面体および四面体シートの長さ方向の原子結合は粘土のサイズによりある一定の長さで切断される必要があります．自然界での粘土粒子の切断面（broken edge）は一般的に複雑です．図3.8はカオリナイト粘土の切断面の可能性を示しています（Yong and Warkentin 1975）．酸性度（pH）が7の場合，$OH^{-1/2}$ が端に引き付けられ，またはpH<5の場合には $OH_2^{+1/2}$ と $H^{+1/2}$ 画端に引き付けられます．このメカニズムのために低いpHでは粘土粒子の端は正の電荷になりやすく，pHが増加すれば，粒子の端は負の電荷を帯びやすくなります．

上記の諸条件によって一般に粘土粒子の表面は負に帯電され，その端は酸性度によって，正か負の電荷を帯びることになります．負の表面電荷と端での正または負の電荷は粘土の構造形成に重要な役割を果たします．

3.5　水中の粘土粒子

自然界では，粘土は通常水中で形成されます．まず，図3.9に見られるように，一粒の粘土粒子が水中に置かれた状況を考えてみましょう．粘土粒子の負の表面電荷により**カチオン**（cation）や水分子の**双極子**（dipole）の陽極がその表面に引きよれられます．水の分子はその原子構造が図3.10に示されるように，プラスとマイナスの電荷を反対側に持つ小さな磁石（双極子）になることに注目してください．このためにいくつかの層の水分子が電気的に規則正しく粘土の表面に引き寄せられ，およそ10 Åの厚さの**吸着水層**（adsorbed water layer）を作ります．この層が非常に堅く粒子の回りを囲み，まるで粒子自体の一部であるように振る舞います．

水中には，**可動カチオン**（＋）（mobile cation）と**可動アニオン**（－）（mobile anion）が粘土粒子

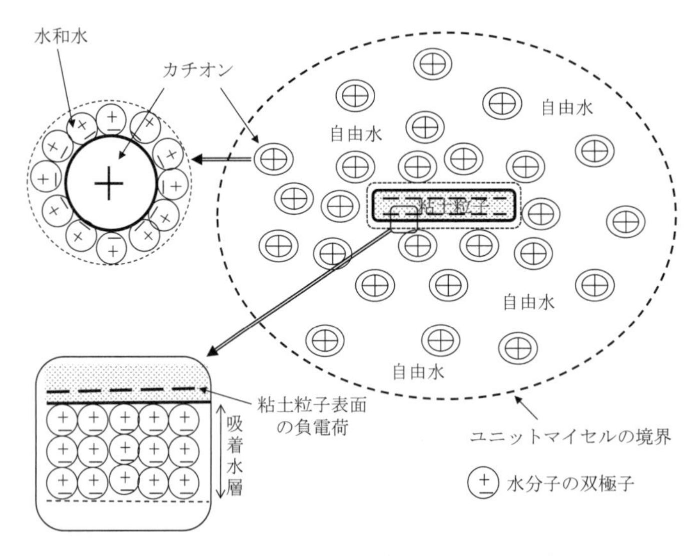

図3.9　水中での粘土粒子（ユニットマイセル）

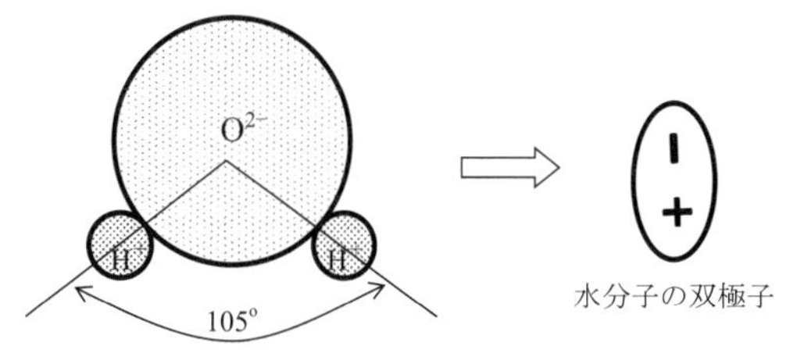

図 3.10　双極子としての水分子

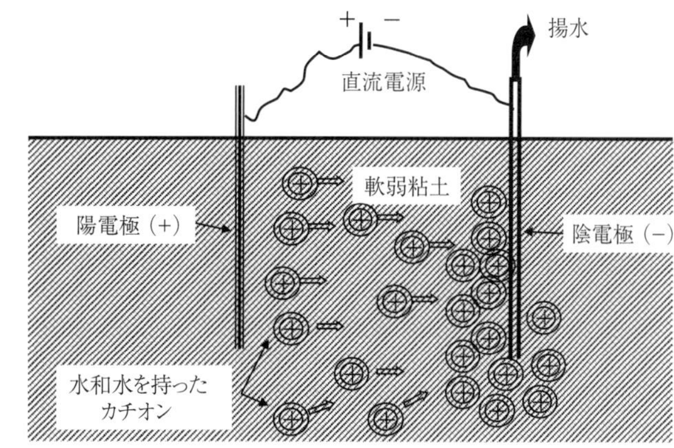

図 3.11　電気浸透の原理

の表面電荷に対応して分布しています．これらのカチオンとアニオンは自然界の鉱物や植物などからしみ出て天然水に溶け込んだもので，カチオンは粘土表面近くに多く，粘土表面から遠くなると少なく分布します．アニオンはカチオンとは正反対の分布をします．しかしながら粘土表面の負電荷のために，カチオン分布の影響が支配的で，図 3.9 には，カチオンのみが示されています．これらのカチオンはさらに水の分子（双極子）をその周りに引き付けます．このタイプの水は**水和水**（electro-stricted water）と呼ばれ，それらはカチオンとともに移動します．残りの間隙は，**自由水**（free water）と呼ばれる普通の水で満たされています．1 個の粘土粒子が電気的に影響力を持つ境界があり，それは**ユニットマイセルの境界**（boundary of unit Micelle）と呼ばれます．したがって，1 つの**ユニットマイセル**の中には性格の異なった 3 種類の水が存在することになります（吸着水，水和水，自由水）．

ここで土質力学の分野での水和水の応用例を見てみましょう．**電気浸透**（electro-osmosis）は水和水の特性を活用した良い例です．図 3.11 に見られるように，直流電流（direct current）が軟弱地盤に加えられます．飽和した土中の可動カチオンは，陰極（cathode）に引き寄せられます．可動カチオンは水和水を周りに持って移動するため，水が陰極周辺に集められ，ポンプで揚水されます．この方法は軟弱地盤の地盤改良工法として過去にいくつかの例を見ることができます．振動や騒音のない静かな工法で，比較的短時間のうちに完了します．詳しくは他の参項文献を参照してください（たとえば Scott 1963）．

3.6　粘土粒子間の相互作用

多くの粘土粒子が同時に水中にあるとき，お互いの粒子間間隔が近くなればユニットマイセルは互いに重なり合い，干渉し合い，粒子間には種々な力が作用します．それらの力は次に示されるようにけん引力（attractive force）でもあり，または反発力（repulsive force）でもありえます．

ファン・デル・ヴァール（Van der Waal）けん引力

原子の周囲を回る多くの電子の運動が重なって，この近距離引力を作成します．この力（F_{vdw}）の大きさは粒子間間隔 r の 3 乗程度に反比例すると考えられています（すなわち $F_{vdw}=k/r^3$，ここ

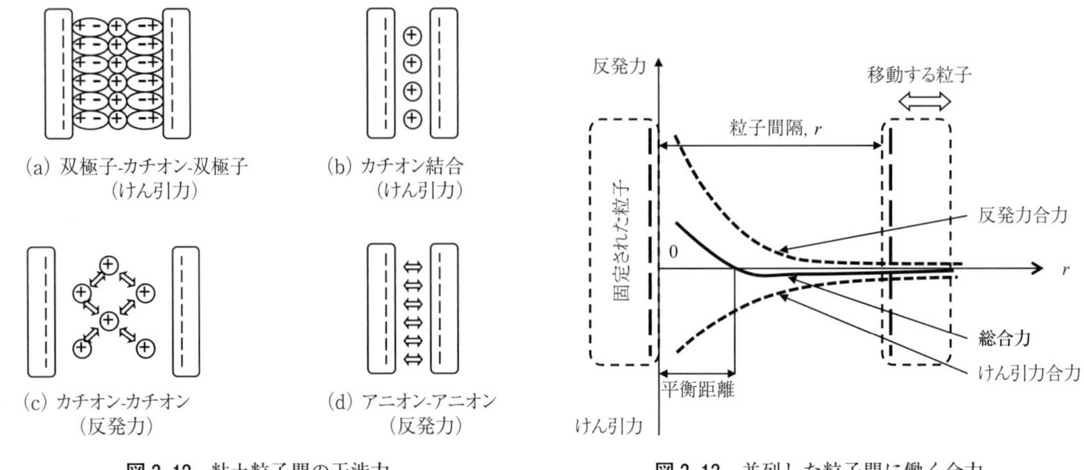

図 3.12 粘土粒子間の干渉力

図 3.13 並列した粒子間に働く合力

で，k は定数）です．

双極子-カチオン-双極子のけん引力

図 3.12（a）に見られるように，水の双極子が負に帯電した粘土表面に引き寄せられ，カチオンがその中間に位置します．お互いの電荷に引かれた電気的けん引力です．

カチオンによる結合（けん引力）

図 3.12（b）に見られるように，カチオンがけん引力の仲介者として働きます．この例はイライト粘土の場合の K^+ イオンに見られました．

カチオン反発力

図 3.12（c）に見られるように，カチオン同士はお互いに反発します．

アニオン-アニオン反発力

図 3.12（d）に見られるように，2つの隣接する粘土の表面（負電荷）はお互いに反発します．

隣接する2つの粒子間に働く合力は，上記のすべてのけん引力と反発力の合力より成り立ち，その合力の大きさは多くの要因に影響されます：表面電荷量の差，相対的間隔，溶け込んだカチオンとアニオンの量，カチオンの原子価，等々．図 3.13 は，2つの並列した粒子間に働くけん引力の合力，反発力の合力，そしてそれらの計としての総合力が粒子間間隔 r の関数として示されています．粒子間間隔があまりに近いと両方の粘土表面の負電荷による反発力は非常に大きくなり，同時に，ファン・デル・ヴァールのけん引力も大きくなります．総合力の曲線は合力ゼロの値を通過し，この間隔は**平衡距離**（equilibrium distance）と呼ばれ，この位置で2つの並列した粒子が安定した相対的な位置をとることになります．平衡距離もまた電解質の濃度（electrolyte concentration），イオンの価数（ion valence），誘電率（dielectric constant），温度，溶液の pH など，多くの要因によって変化します．したがって，粘土粒子の安定な相対距離はこれらの要因に大きく影響を受けます．これらの詳細な議論は**二重拡散層理論**（double layer theory）に詳しく見られます．読者は Mitchell and Soga (2005) 等の文献を参考にしてください．

3.7　粘土の構造

図 3.14 のモデルに見られるよう最終的な粘土の構造は，粒子間に働く内力と外力とのバランスによって決定されます．外力は土の重力をも含めた荷重による地中応力に起因し，外力は粒子間の距離を狭めようと働きますが，内力はそれに反発して，ちょうどバランスの取れたところで最終的な粒子の相対位置が決まります．外力が存在するために，一般にその位置は粒子間の平衡距離よりずれた所にあり，したがってその位置での粒子間力はけん引力か反発力のどちらかです．

結果として粒子間の内力が反発している場合，外力が取り除かれたとき粒子はお互いにばらばらに分離しようとし，この状態の粘土は**分散粘土**（dispersed clay）と呼ばれます．逆に，粒子間の内力がけん引している場合，粒子はお互いに集まろうし粘土の凝集が起こります．この場合は**綿状粘土**（flocculated clay）と呼ばれます．綿状粘土では，粘土粒子の面と端での電価が重要な役割を果たします．端の電荷が正の場合，多くの端は他の粘土粒子の表面（負の電荷）に引き付けられ，塩水環境での綿状粘土によく見られる**カードハウス構造**（card-house structure）を構成します．淡水の環境では，端の負電荷のために**面と面の綿状構造**（face-to-face flocculated structure）が形成されます．図 3.15 にはこれらのさまざまな粘土構造が示されています．

前節で議論されたように，お互いの粒子の相対位置は，さまざまな環境要因に依存しています．もし粘土が形成された後に，何らかの原因により環境要因が変化した場合，粘土は可能性として異なる粘土構造を持つことになります．沈降分析試験（2.5 節）では最初に試料と水の混濁液に**分散剤**（deflocculation agents）を混ぜます．これは分散剤によって混濁液の化学条件を変え，粘土が分散しやすい環境を作り，試料を個々の粒子に分散させて正確な粒子の径を測るためです．また，この章の後半で述べられる**クイッククレイ**（quick clay）は，環境の変化が粘土の構造を変化させることを理解するもう 1 つの良い例です．

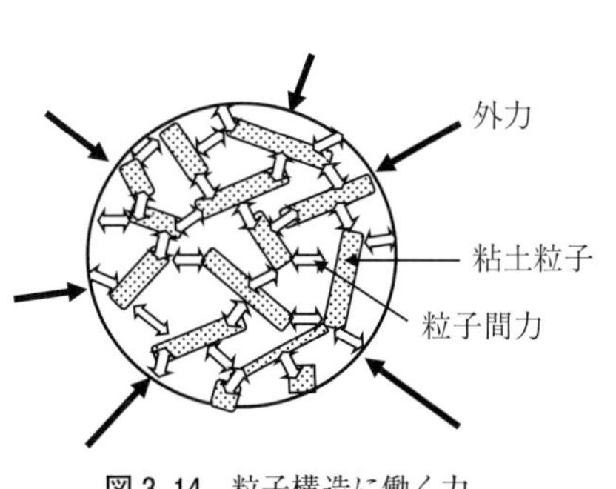

図 3.14　粒子構造に働く力

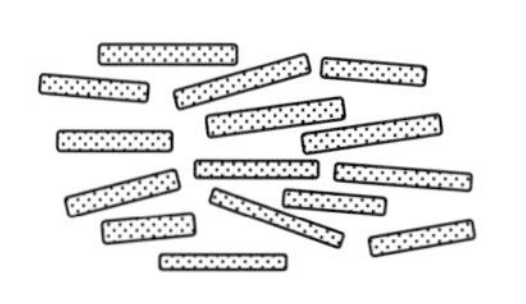

(a) 分散構造

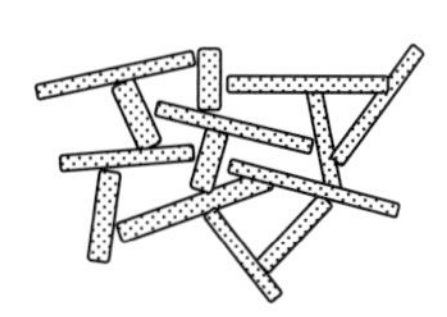

(b) 面と端の綿状構造（カードハウス構造）

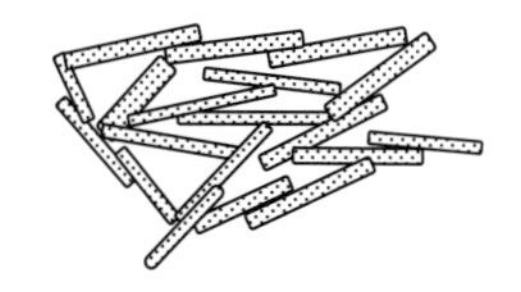

(c) 面と面の綿状構造

図 3.15　種々の粘土構造

3.8 アッターベルグ限界と諸指数

水は粘土の工学的挙動に非常に重要な役割を果たしています．粘土の含水比が変わればその性状は驚くほど大きく変化します．粘土に水分が十二分にあると，それはまるでスープ（**液体**（liquid））のようであり，それから少し乾燥させると柔らかいバター（**塑性体**（plastic））のようになります．さらに乾燥させれば，チーズ（**半固体**（semi-solid））状になり，もっと乾燥した段階では，硬いキャンディー（**固体**（solid））のようになります．図3.16に見られるように，液体と塑性体の境界の含水比は**液性限界**（w_L）（liquid limit）と定義され，塑性体と半固体の境の含水比は**塑性限界**（w_p）（plastic limit）とされます．**収縮限界**（w_s）（shrinkage limit）は図3.17のように，含水比をそれ以上減らしても，それ以上の体積収縮が起こらないときの含水比で定義します．その時点では土はまだ完全に飽和していることに注意してください．

液性限界と収縮限界の状態は水中での粘土粒子の挙動（3.5節）から説明することができます．粘土粒子の周りの吸着水層は粒子と一体のものとして働きます．図3.18（a）に示すように，十分な水の中では吸着水層を含む粘土粒子はお互いに接触することなく自由水の中に存在します．したがって，その粒子間には摩擦抵抗は存在せず懸濁液は液体の状態です．水分が少なくなると吸着水層が接触しはじめ，粒子間の摩擦抵抗が発揮され始めます．図3.18（b）はちょうどすべての吸着水層が接触し始めた瞬間の状態で，液性限界の状態だと考えられます．さらに水分が少なくなると吸着水層の重複が始まります．水分の減少とともに粒子そのものの接触までは体積が減少します．図3.18（c）ではその極限の状態を示し，それ以下の水分になっても粒子そのものの存在のためにそれ以上に体積が減少することはできません．この段階が収縮限界と見なされます．塑性限界は吸着水層のある程度の重複のある状態だと推測されます．

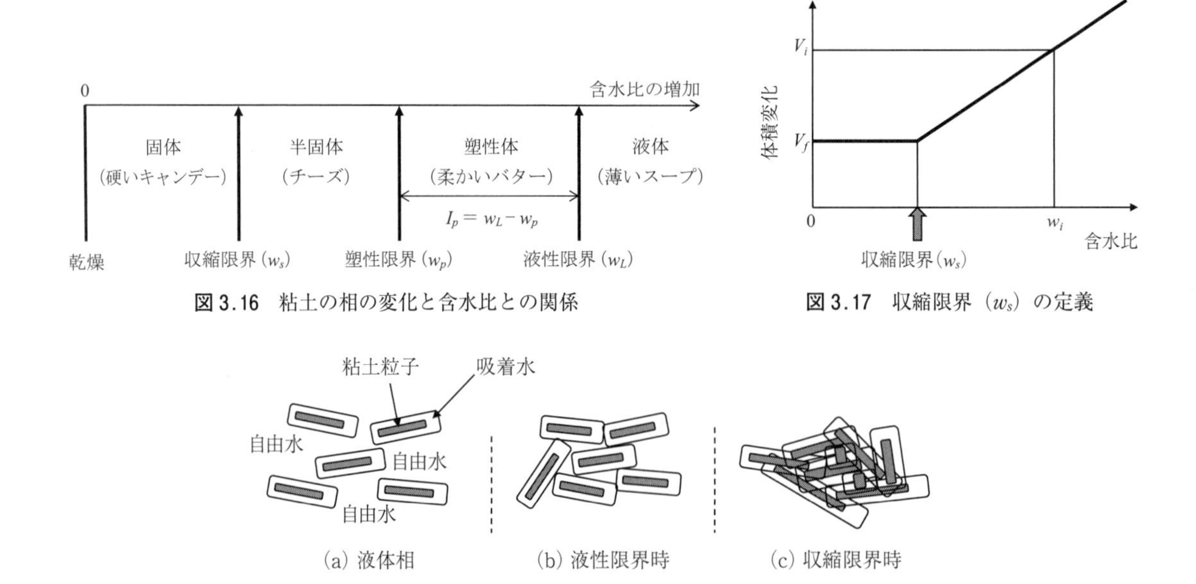

図3.16 粘土の相の変化と含水比との関係

図3.17 収縮限界（w_s）の定義

図3.18 水中での吸着水層を持った粘土粒子

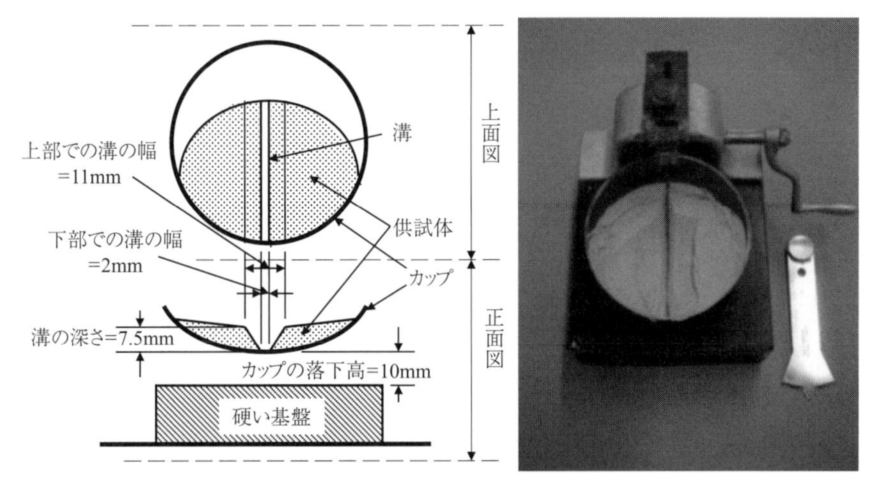

図 3.19　液体限界試験装置

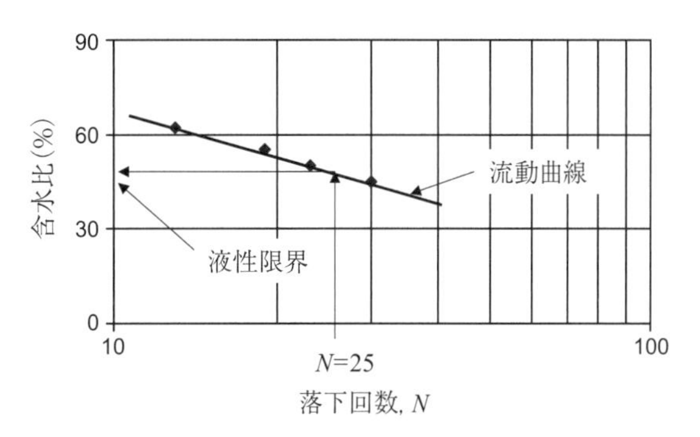

図 3.20　流動曲線上での液性限界の決定法

これら 3 つの限界は，1900 年代初頭にこれらを定義したスウェーデンの科学者アッターベルグ（A. Atterberg）にちなんで**アッターベルグ限界**（Atterberg limits）と呼ばれています．ASTM の**液性限界の標準試験**（**ASTM D-4318**）では，図 3.19 に見られるように，よく混ぜ合わせた試料を半球体カップの下方部分に満たし，特別なヘラで中央に溝を切ります．その後，1 秒間に 2 回転の割合でハンドルを回しカップを上下させます．カップの上下動のたびにカップの底が硬い基盤を打ち，その振動が試料に伝わり徐々に試料に刻まれた溝が閉じ始めます．溝の閉長が 13 mm（1/2 インチ）に達したとき，回転を止め，そのときのカップの**落下回数**（blow counts）を記録します．この時点でカップの試料を採取し含水比を測定します．次に若干（通常は数パーセント）の含水比を増やした試料で同じ試験を数回繰り返し，落下回数とその時の含水比を半対数スケールにプロットして，図 3.20 のような**流動曲線**（flow curve）を求めます．流動曲線上で 25 の落下回数に対応する含水比が液性限界として求められます．

土の液性限界の決定には近年，**フォールコーン**（fall cone）を用いる方法も採用されました（JGS 0142）．先端角が 60 度で高さが 20 mm 以上で重さが 60 グラムのステンレス鋼製のコーンが滑らかな試料の表面から自由落下したとき，5 秒間に生じるコーンの貫入量が 11.5 mm のときの含水比を液性限界と定義するものです．この方法による液性限界値は前述の半球体カップによる実験結果との対比もよく，実験者の影響が入りにくいと報告されています（**地盤工学会，2010**）．

塑性限界（w_p）の決定はもっと原始的な方法（**ASTM D-4318**）で行われます．図 3.21 に見られるように，液性限界の試料よりもっと乾燥した試料を，ガラス板上で人間の手の平で棒状に伸ばします．水分を変化させながら，引き伸ばされた試料が 3 mm（1/8 インチ）の太さになって，ちょうど

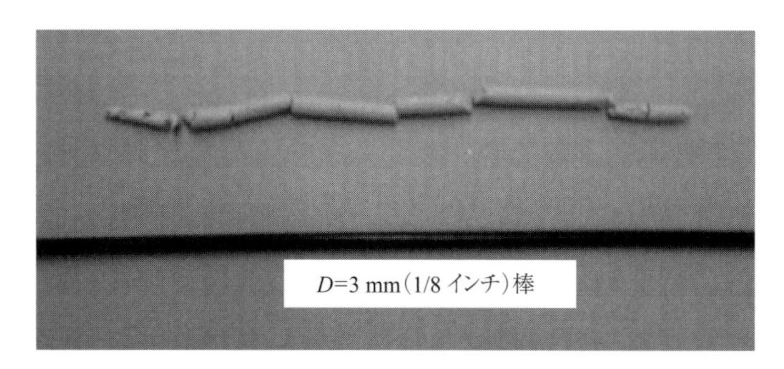

図 3.21　塑性限界の決定法

そのとき，土の棒がきれぎれになる状態を求めます．そのときの試料の含水比が塑性限界（w_p）と定義されます．

図 3.17 を参考にして，収縮限界の決定は，その液性限界を若干上回る飽和試料の体積 V_i とその含水比 w_i を測定して，さらにオーブン乾燥した同じ試料の体積 V_f と重量 W_f を測ります．V_i から V_f の収縮による体積変化は，単に w_i から w_s への水分の損失によるもので，その重量の減少（$V_i - V_f$）・γ_w は（$w_i - w_s$）・(100)・W_f に等しくなり，つまり，式 (3.1) が得られます．収縮限界決定の詳細な手順は，ASTM D-427 による**水銀法**（mercury method），または D-4943 の**ワックス法**（wax method）を参考にしてください．

$$w_s = w_i - \frac{(V_i - V_f)\gamma_w}{W_f} \tag{3.1}$$

これらの限界値から，さまざまな重要なパラメータが導入されます．まず，**塑性指数**（plasticity index）（I_p）が次のように定義されます．

$$I_p = w_L - w_p \tag{3.2}$$

塑性指数は，粘土が塑性状態を示す含水比の範囲を示し，多くの土の工学的挙動が I_p と関連して求められています．表 3.2 はさまざまな粘土の w_L，w_p，I_p と w_s の測定値をまとめたものです．モンモリロナイト粘土の w_L は 140～710 と非常に大きく，カオリナイト粘土では比較的小さい値（38 から 59）を取ります．これは，図 3.18 (b) に見られたように液性限界は多くの粒子の吸着水層がちょうど接触した瞬間として考えられるため，カオリナイト粘土と比較して，モンモリロナイト粘土のその大きな表面面積は多くの吸着水を保持するために大きな w_L 値をとるのです．

もう 1 つの重要なパラメータは，**液性指数**（I_L）（liquidity index）で，次式で定義されます．

$$I_L = \frac{w_n - w_p}{I_p} \ (\times 100\,\%) \tag{3.3}$$

上式で w_n は，自然の土の含水比です．液性指数は自然土の含水比の w_p 値よりの増分を I_p 値で割った値です．通常の土での I_L の範囲は 0（w_n が w_p のときの値）から 100（%）（w_n が w_L のときの値）の間の値をとります．非常に特殊な例として，I_L 値は 100 以上の値をとることがあります．それは，自然の土の含水比は，その液性限界よりも高いことを意味します．これは通常，土が重力下でその自重によって形成された場合には不可能なことですが，この章の後半で説明されます**クイックク**

表 3.2 粘土鉱物のアッターベルグ限界値と塑性指数

粘土鉱物	交換性イオン	w_L	w_p	I_p	w_s
モンモリロナイト	Na	710	54	656	9.9
	K	660	98	562	9.3
	Ca	510	81	429	10.5
	Mg	410	60	350	14.7
	Fe	290	75	215	10.3
	Fe*	140	73	67	-
イライト	Na	120	53	67	15.4
	K	120	60	60	17.5
	Ca	100	45	55	16.8
	Mg	95	46	49	14.7
	Fe	110	49	61	15.3
	Fe*	79	46	33	-
カオリナイト	Na	53	32	21	26.8
	K	49	29	20	-
	Ca	38	27	11	24.5
	Mg	54	31	23	28.7
	Fe	59	37	22	29.2
	Fe*	56	35	21	-

* 5 サイクルの湿潤と乾燥の後の値. Cornell University 1951 のデータによる.
(Lambe and Whitman 1969 より)

レイ (quick clay) の場合に適応されます.

3.9 活 性 度

図 3.22 のように種々の粘土に対して塑性指数 (I_p) と**粘土分** (clay fraction) (2 μm 以下の粒子の全体に対する%) の関係がプロットされると, それらの間にはユニークな直線関係が存在することが実験的に判明されました (Skempton 1953). これらの直線の傾斜が**活性度** (activity) と定義されます. したがって, 活性度は式 (3.4) で表されます. 式で, I_p と粘土分はパーセンテージ (%) で表示されます. 活性度が高ければ高いほど, 粘土分の I_p への影響が高いといえます. 表 3.3 に典型的

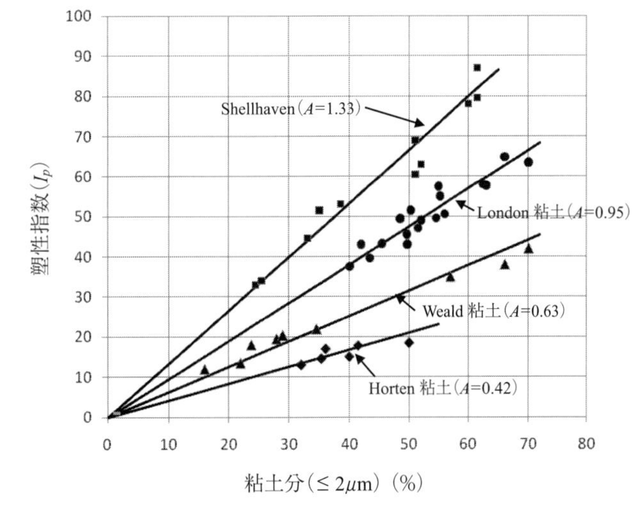

図 3.22 塑性指数と粘土分 (≤2 μm) の関係
(Skempton 1953 による)

表 3.3 さまざまな粘土鉱物の活性度

粘土鉱物	活性度
モンモリロナイト	1−7
イライト	0.5−1
カオリナイト	0.5

(Mitchell and Soga 2005 による)

な活性度の値が示され，その値は次節で示されるように，土の膨潤と収縮に大いに関連していることがわかっています．

$$A=\frac{I_p}{\text{粘土分}\,(\leq 2\,\mu\text{m})} \tag{3.4}$$

3.10 土の膨潤と収縮

粘土試料に水が加えられたとき，特に図3.4のモンモリロナイト粘土の場合に見られたように OH^- と OH^- の弱い2次結合力のために，その間に水が容易に入り込み粘土は**膨潤**（swelling）し，体積が増加します．逆に水分が減少すると，容易に水が抜け出し，**収縮**（shrinking）します．雨期での土の膨潤または乾燥期の収縮は建物や基礎に壊滅的な被害を引き起こすことがよくあり注意が必要です．土の膨潤と収縮はその土の種類と活性度に密接に関連していることが実験的に証明されています．図3.23は活性度と粘土分（≦2 μm）と膨潤ポテンシャルの関係を多くの実験データに基づいて示したものです．図で膨潤ポテンシャルは膨潤による体積変化を初期の体積で除したもので，活性度と粘土分が高いほど，膨潤ポテンシャルが高いことを示しています．このグラフは，単にいくつかの主要な土のパラメータ（w_L，w_p，粘土分）を知ることによりその土の膨潤の可能性を判断するための有用な指標となります．

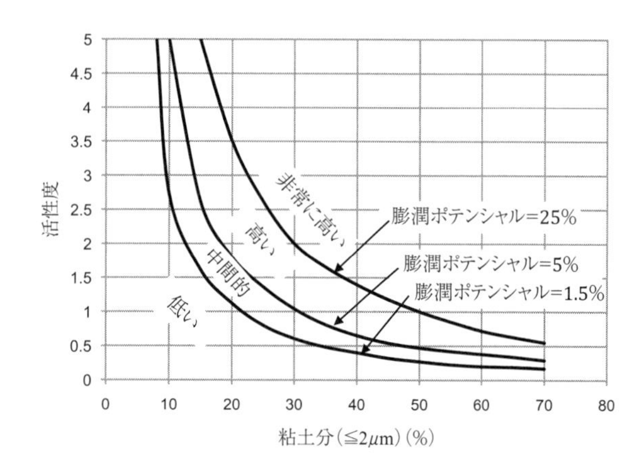

図3.23 膨潤ポテンシャルの分類指標（Seed et al. 1962 による）

3.11 鋭敏比とクイッククレイ

自然に形成された粘土が**かく乱**（disturbed）されるか，または**再成形**（remolded）されるとき，その元の粘土構造は破壊され，それらは簡単には元の構造に復元されず，その元の強度を失います．強度の回復の程度はその新しい環境状況に依存し，また粘土の持つ粘弾性の性質のために時間がかかります（**チキソトロピー**（thixotropy））．チキソトロピーは粘土再成形後の強度の回復の時間的依存性と定義されます．再成形によって乱された粒子と水のシステム内でのイオンの元の位置への復元の動きとそれに伴う粒子間力の回復と安定化には時間が必要とされるからです．チキソトロピーに関する詳細については他の文献を参照してください（たとえば，Scott 1963，Mitchell and Soga 2005 等）．

鋭敏比（sensitivity）はかく乱される前とかく乱された後の粘土のせん断強度（第11章）の比として次式で定義されます．

$$S_t=\frac{\text{かく乱される前のせん断強度}}{\text{かく乱された後のせん断強度}} \tag{3.5}$$

S_tの値は低い鋭敏比の土で2〜4の値をとり，非常に鋭敏な粘土では100以上の値をとることもあります．表3.4はそれらの値の範囲を示しています．

表3.4 典型的な鋭敏比の値

	S_tの範囲	
	米国	スウェーデン
低い鋭敏比の粘土	2−4	<10
中間的に鋭敏な粘土	4−8	10−30
非常に鋭敏な粘土	8−16	>30
クイックな粘土	>16	>50
非常にクイックな粘土	-	>100

（Holtz and Kovacs 1981による）

鋭敏比は土の液性指数（I_L）と強く関連することが判明しています．図3.24にはS_tとI_Lの関係が示されています．I_L値が高ければ高いほど，高いS_tを示します．図において普通の粘土ではS_t値は1.0未満（100%）ですが，$I_L>1.0$（100%）の土では含水比はその液性限界値より高いことを意味します．これは非常に特殊な状態でスカンジナビアのクイッククレイ（Scandinavian quick clay）の場合に次のように説明されます．

非常にユニークな土で**クイッククレイ**（quick clay）と呼ばれる超鋭敏な粘土は，北欧諸国（すなわち，ノルウェー，スウェーデン）で一般的に見られます．これは表3.4に見られるように非常に高いS_tの値を持ちます．図3.25には，左側に乱さない試料の様子を示し，右側には同じ試料を練り返した後の液状の様子を示しています．この劇的な変化では右の試料の強度がゼロ近くに減少し，式3.5よりS_tは非常に大きくなることがわかります．

スカンジナビアのクイッククレイは初め海底の環境で結成されました．それは図3.15（b）に見られるようなオープンな綿状構造であったことを意味します．その後地域が氷河の後退と地殻運動のために海底が隆起して現代の陸地を形成しました．その後雨水と地下水のために粘土構造内の塩分が溶し出され（leach out of salt），その化学的環境を一変させました．現代はオープンな綿状構造を保ってはいますがその環境は元の海水（海洋）のそれではなく，淡水の環境の中にあります．いったんそ

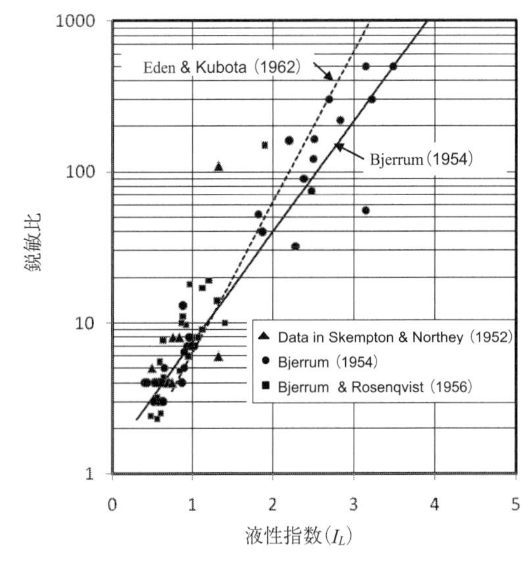

図3.24 液性指数と鋭敏比の関係

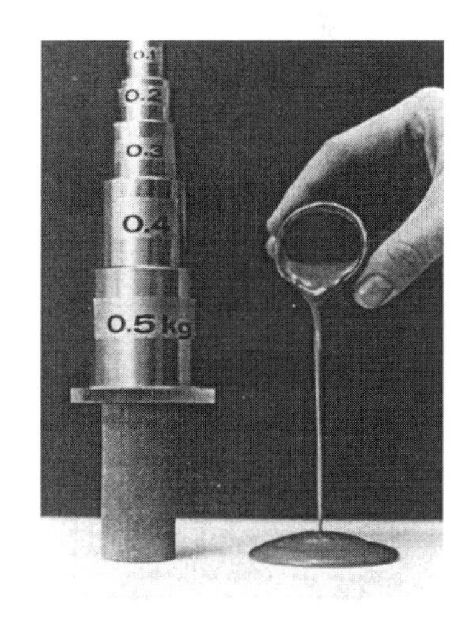

図3.25 乱さない試料（左）と攪拌後（右）のクイッククレイ
（写真提供：Haley and Aldrich, Inc.）

の構造が破壊されれば以前の安定した綿状構造に戻ることはできません．その土は淡水の環境では多分分散構造になり，せん断強度が大きく失われます．元のオープン構造は乱されないときは安定していますがかなり多量の水を含んでいます．液性限界試験は蒸留水で完全に混ぜ返された試料を使うため，測定された液性限界値（w_L）は乱されない試料の自然含水比よりかなり小さい値となります．そのため，その液性指数（I_L）は1.0（または100%）よりかなり大きい値となります．これがクイッククレイにおける高い液性指数（I_L）と高い鋭敏比との因果関係です．

1978年8月にノルウェーのリサ（Rissa, Norway）で，7戸の農家を含む0.34 km^{2}の土地が大規模な地すべりを起こし隣接する湖になだれ込みました．その総土量は5,000,000-6,000,000 m^{3}に達したと推定されています（**リサの地すべり**（Rissa's landslide））．土地はクイッククレイでできており，湖沿いの農家が700 m^{3}の土を掘削し盛土をしたために周りの土がバランスを崩し崩壊し，それが徐々に大規模な地すべりに広がったと結論されました（USC 2008）．崩壊したクイッククレイの流動化した様子が動画面に記録されています（Norwegian Geotechnical Institute 1981）．

3.12　粘土と砂の比較

この章で学んだように粘土は砂，礫（粒状土）とは非常に異なった特徴を持ち，異なった挙動を示します．表3.5にはこれらの違いが比較されています．表3.5の粘土の挙動のほとんどはこの章で紹介されました．これらの性状の違いを理解することはその工学的な違いを理解するためにとても重要なことです．体積変化特性とせん断抵抗の差異は第9章と第11章でそれぞれ詳細に議論されます．

表3.5　粘土と砂の比較

性状と挙動	粘土	砂，礫
粒径	小さい（<0.005 mm または，<0.002 mm）	大きい（>0.075 mm）
構造	粘土構造	結晶構造
形状	扁平	角張りから丸い形状
表面電荷	面で負，端では正または負	無視できる
比表面積	大きい	小さい
粒子間力	強い	無視できる
塑性	塑性	非塑性
せん断抵抗	粘着力による	摩擦力による
体積変化	大きい，時間とともに変化	小さい，瞬時的

3.13　章の終わりに

粘土粒子のミクロ構造の理解は，塑性，膨潤，収縮，鋭敏比，クイッククレイ等の粘土独特のマクロの挙動を理解するのに大いに役立ちます．この章では，粘土粒子の原子構造がまず示され，その表面電荷，水中での粒子の挙動，粒子間の相互作用力，粘土の構造などが学習されました．この章の理解がさらに，後の章での有効応力，圧密沈下，せん断強度，等の学習の基礎として大いに役立つこととなります．

参考文献

1) 地盤工学会 (2010). 土質試験　基本と手引き
2) 日本工業規格, JIS　A 1205 (2015). 土の液性限界・塑性限界試験法
3) ASTM (2002). Standard Test Methods for Liquid Limit, Plastic Limit, and Plasticity Index of Soils, *Annual Book of ASTM Standards*, Vol. 04.08, Designation D4318-00.
4) Bjerrum, L. (1954). "Geotechnical Properties of Norwegian Marine Clays," *Geotechnique*, Vol. 4, pp. 49-69.
5) Bjerrum, L. and Rosenqvist, I. Th. (1956). "Some Experiments with Artificially Sedimented Clays," *Geotechnique*, Vol. 6, pp. 124-136.
6) Cornell University (1951). *Final Report on Soil Solidification Research*, Ithaca, New York.
7) Eden, W. J. and Kubota, J. K. (1962). "Some Observations on the Measurement of Sensitivity of Clays," *Proceedings of American Society for Testing and Materials*, Vol. 61, pp. 1239-1249.
8) Holtz, R. D. and Kovacs, W. D. (1981). *An Introduction to Geotechnical Engineering*, Prentice Hall.
9) Lambe, T. W. and Whitman, R. V. (1969). *Soil Mechanics*, John Wiley and Sons.
10) Mitchell, J. K. and Soga, K. (2005). *Fundamentals of Soil Behavior*, 3rd Ed., John Wiley and Sons.
11) Norwegian Geotechnical Institute (1981). *The Rissa landslide : Quick clay in Norway*, https://www.youtube.com/watch?v=3q-qfNlEP4A.
12) Scott, R. F. (1963). *Principles of Soil Mechanics*, Addison-Wesley.
13) Seed, H. B., Woodward, R. J., and Lundgren, R. (1962). "Prediction of swelling potential for compacted clays," *Journal of Soil Mechanics and Foundations Division*, ASCE, Vol. 88, No. SM3, pp. 53-87.
14) Skempton, A. W. and Northey, R.D. (1952). "The Sensitivity of Clays," *Geotechnique*, Vol. 3, pp. 30-53.
15) Skempton, A. W. (1953). "The Colloidal Activity of Clays", *Proceedings of the Third International Conference of Soil Mechanics and Foundation Engineering*, Vol. 1, pp. 57-61.
16) Tovey, N. K. (1971). "A Selection of Scanning Electron Micrographs of Clays," *CUED/C-SOILS/TR5a*, University of Cambridge, Department of Engineering.
17) Watabe, Y., Tanaka, M., and Takemura, J. (2004). "Evaluation of in-situ K_0 for Ariake, Bangkok and Hai-Phong clays," *Proceedings of the 2nd International Conference on Site Characterization*, Porto, pp. 1765-1772.
18) Yong, R. and Warkentin, B. P. (1975). *Soil Properties and Behavior*, Elsevier.

問　　題

3.1　粘土鉱物と，直径0.1 μmのシリカ正球の集合体の主な違いは何ですか．

3.2　粘土粒子の表面はなぜ負に帯電されているのですか．

3.3　粘土粒子表面の吸着水層の重要性は何ですか．

3.4　なぜモンモリロナイト粘土はカオリナイト粘土より膨潤しやすいのですか．

3.5　粘土の比表面積はどのようにして粘土の性状に影響を及ぼすのですか．

3.6　なぜある粘土は分散し，またある粘土は凝集（綿状化）するのですか．

3.7　面と端の綿状構造はどのようにして形成されますか．

3.8 次のデータが液性限界試験から得られました．流動曲線を描き，土の w_L の値を決定してください．

落下数，N	含水比，%
55	23.5
43	27.9
22	36.4
15	45.3

3.9 次の含水比のデータは，いくつかの塑性限界試験から得られました．それらの値の平均値として，土の w_p を決定してください．

	テスト1	テスト2	テスト3	テスト4
湿潤重量 + 風袋重量，gf	25.3	28.3	22.3	26.3
乾燥重量 + 風袋重量，gf	22.3	24.5	19.5	23.2
風袋重量，gf	1.8	1.8	1.8	1.8

3.10 問題3.8と問題3.9は同じ土に対する試験です．その現地での含水比は32.5%でした．次の値を決定してください．

(a)　土の塑性指数（I_p）

(b)　土の液性指数（I_L）

3.11 飽和試料の収縮限界試験の結果，初期の体積 $V_i=21.35\ \mathrm{cm}^3$，初期重量 $W_i=37$ gf（$=37\times0.00981=0.363$ N）が得られました．乾燥させた後，それらは $V_f=14.3\ \mathrm{cm}^3$ と $W_f=26$ gf（$26\times0.00981=0.255$ N）になりました．この土の収縮限界 w_s を求めてください．

3.12 下表に3つの異なる土に対してのアッターベルグ限界（w_L と w_p）と%粘土分（$\leqq 2\,\mu$m）が得られました．それぞれの土に対して，

(a)　活性度を求めてください．

(b)　膨潤ポテンシャルを評価してください．

	試料1	試料2	試料3
w_L	140	53	38
w_p	73	32	27
粘土分（%）	50	50	50

3.13 どのようにしてスカンジナビアのクイッククレイは形成されましたか．またそれが最初に形成された当時すでに鋭敏な粘土でしたか．

3.14 液性指数 $I_L>1.0$（100%）の意味を説明してください．そしてそれは可能ですか．もしそうなら，どのような状況で可能しょうか．

第4章

土の分類法

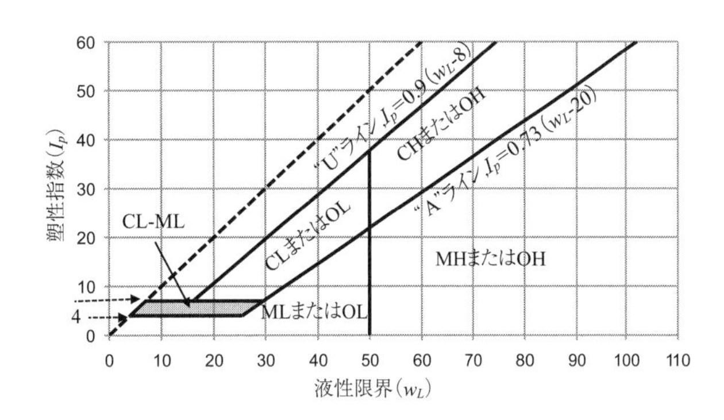

4.1 章の始めに

土は，その起源，組成，場所，地質学上の歴史，その他の多くの要因により，すべて異なります．2つの土で同じ建設現場の近隣するボーリング孔から得られたとしても異なることがまれではありません．このために，土の指標や工学上の特性を知るために個々の土に対して現場で，そして実験室で種々の土質試験を行うことが非常に重要となります．しかし，もしよく似た工学的性質を持つ同種の土がいくつかのグループに分類されれば，エンジニアにとって便利なことはありません．本格的な現場試験や室内実験を行うことなく，おおよその土の工学特性を把握することができれば，地盤工学問題の予備設計等に使用することできます．この土のグループ分けのプロセスが，**土質分類**（soil classification）と呼ばれます．

ほとんどの土質分類規準はアッターベルグ限界値（液性限界 w_L，塑性限界 w_p）と土の粒度分析試験の結果（D_{10}，D_{50}，U_c，U_c'）をもとにして行われます．米国では，**統一土質分類法**（Unified Soil Classification System（**USCS**））と **AASHTO**（American Association of State Highway and Transportation Officials）**法**が広く使われ，これらはこの章で紹介されます．また，日本ではUSCSから派生した**地盤工学会（JGS）基準**が一般に使われ，ここで紹介されます．

土質分類は道路建設の指標としてよく用いられます．まず初めに参考として一般的な舗装道路建設に使用される**剛性**（コンクリート）**舗装**（rigid pavement）と**たわみ性**（アスファルト）**舗装**（flexible pavement）の用語である**路盤**（base），**下層路盤**（subbase），**路床**（subgrade）の定義を図4.1に示します．

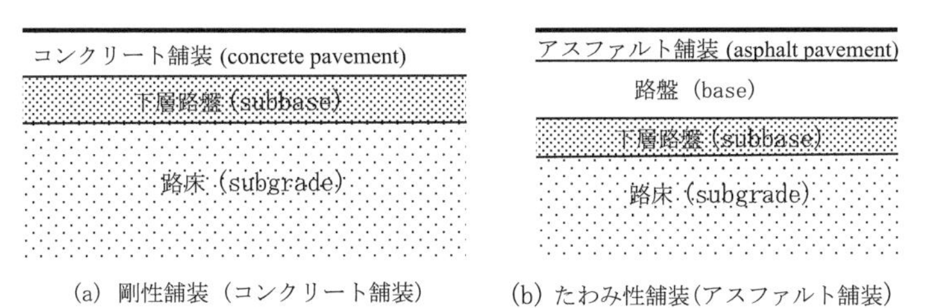

図4.1 一般的な道路舗装システム

4.2 統一土質分類法（USCS）

第2次世界大戦時，1942年にアーサー・カサグランデ（Arthur Casagrande）が戦場の飛行場の建設のために開発した分類法が，その後改良が加えられ米国陸軍工兵隊（U. S. Army Corps of Engineers）で用いられました．その後1952年に，米国開拓局（Bureau of Reclamation）によって**統一土質分類法**として採用されました（**Casagrande 1948**）．現在，ASTM（D-2487）の規準となり定期的に審査・更新されています．この方法は米国のみならず世界中で最も広く認められた分類法です．

この分類法は次に示される簡易な6つの主要シンボルと4つのサブシンボルを使用します．

主要シンボル

G　礫（gravel）

S　砂（sand）

M　シルト（silt）

C　粘土（clay）

O　有機質土（organic）

Pt　ピート（peat）

サブシンボル

W　粒度分布の良い（well graded）　礫と砂に対してのみ

P　粒度分布の悪い（poorly graded）　礫と砂に対してのみ

H　高い塑性（high plasticity）　シルトと粘土に対してのみ

L　低い塑性（low plasticity）　シルトと粘土に対してのみ

分類される名称は上記の文字の組み合わせです．たとえば，GP（poorly graded gravel）は粒度分布の悪い礫，SW（well graded sand）は粒度分布の良い砂，CH（high plastic clay）は高い塑性の粘土，SM（silty sand）はシルト質砂，等々．GW，GP，GM，GCは礫に対して可能なグループ名です．またSW，SP，SM，SCは砂に対して可能なグループ名です．MHとMLはシルトに対して，CHとCLは粘土に対して，OHとOLは有機質土（organic soil）に対して，そしてPtはピート（peat）の略です．境界上の土のためデュアル命名（dual naming）も使用されます．GW-GM（well graded silty gravel）は粒度分布の良いシルト質の礫，GC-GM（silty clayey gravel）はシルト質と粘土質の礫，SW-SM（well graded silty sand）は粒度分布の良いシルト質の砂と命名されます．

この分類法は，土のアッターベルグ限界値（w_L，w_p，および$I_p(=w_L-w_p)$）と図4.2の粒径加積曲線で定義される%礫分（R_4），%砂分（$R_{200}-R_4$），および%細粒分（F_{200}）が使用されます．図でF_{200}，R_{200}，F_4，R_4は次のように定義されます．

F_{200}：200番ふるい（0.075 mm）を通過した分量＝%細粒分

R_{200}：200番ふるい（0.075 mm）に残留した分量＝%〔礫と砂〕

F_4：4番ふるい（4.75 mm）を通過した分量＝%〔砂と細粒分〕

R_4：4番ふるい（4.75 mm）に残留した分量＝%礫

統一土質分類法では粘土とシルト分は合わせて**細粒分**（fine）と呼ばれることに注意してください．

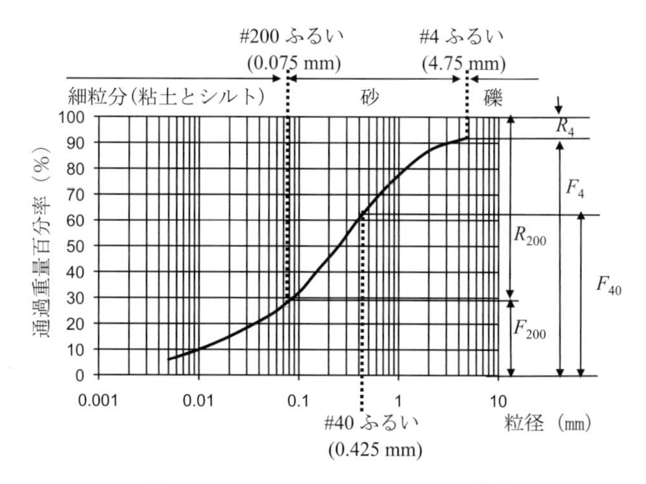

図 4.2　F_{200}，R_{200}，F_{40}，F_4，R_4 の定義

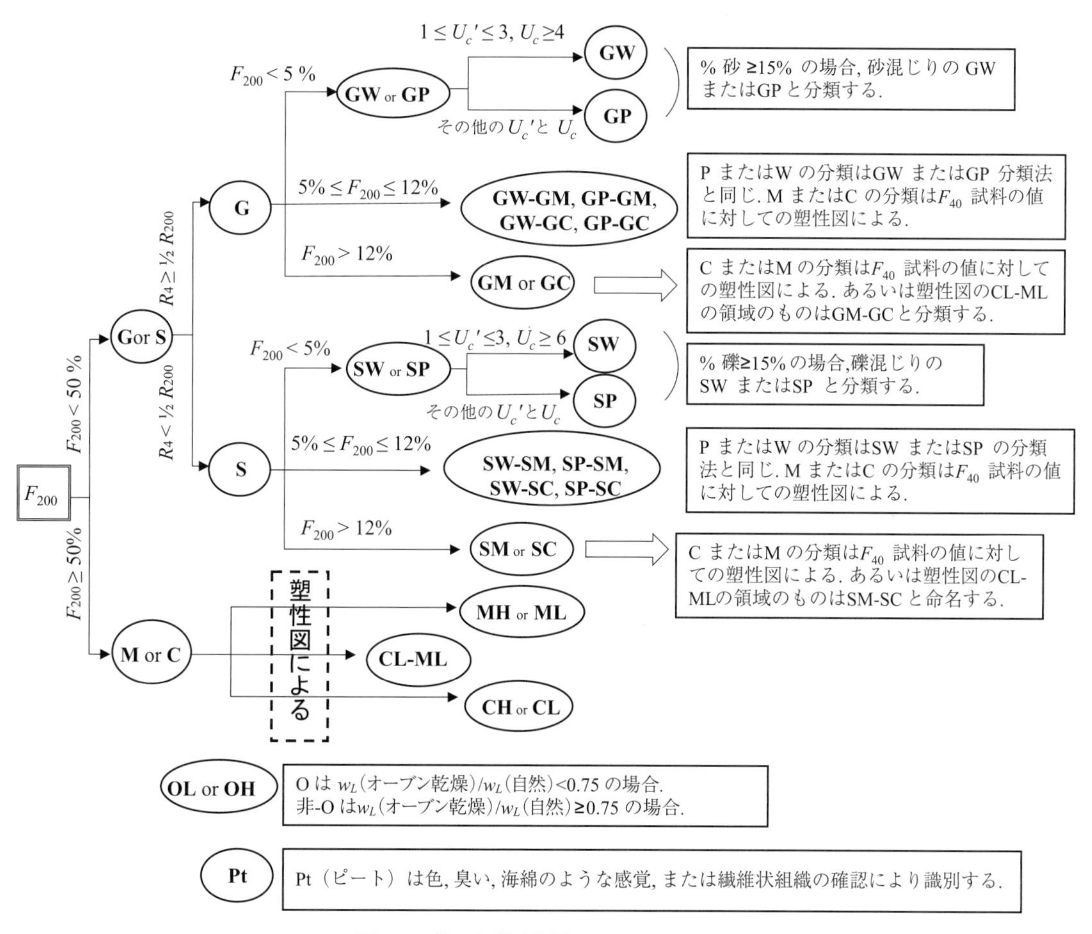

図 4.3　統一土質分類法のフローチャート

次に，均等係数 $U_c(=D_{60}/D_{10})$ と曲率係数の $U_c'(=(D_{30})^2/(D_{60}\times D_{10}))$ を用います．分類はこれらの値を使って，図 4.3 に示されるフローチャート（flow chart）に基づいて行われま

す．チャートはグラフの左側の F_{200} から開始されます．

GまたはSの分類

(1) もし $F_{200}<50\%$（または，$R_{200}\geq 50\%$，すなわち，礫と砂分が50%以上）の場合，その土は**G**または**S**です．

(2) 次に，もし $R_4 \geq ½ R_{200}$（すなわち，礫分 ≥ 砂分）の場合は**G**です．一方もし $R_4 < ½ R_{200}$（礫分 < 砂分）の場合は**S**です，

(3) 次のステップでは，F_{200}（細粒分）がチェックされます．$F_{200}<5\%$の場合は命名上細粒分は無視され，土は**GW**，**GP**，**SW**，**SP**のいずれかです．$F_{200}>12\%$の場合，土はGM，GC，SM，SCのいずれかとなります．$5\% \leq F_{200} \leq 12\%$の場合は，デュアル命名となり，礫に対しては**GW-GM**，**GW-GC**，**GP-GM**，**GP-GC**のいずれかで，砂の場合には**SW-SM**，**SW-SC**，**SP-SM**，**SP-SC**のいずれかになります．

(4) 礫，砂の分類の最後段階ではサブグループ名PまたはWを U_c と U_c' の値を用いてチェックします．礫の場合 $U_c \geq 4$ で $1 \leq U_c' \leq 3$ のときを，または砂の場合 $U_c \geq 6$ で $1 \leq U_c' \leq 3$ のとき，サブグループ名はWをとり，その他の U_c と U_c' の組み合わせはすべてPと分類されます．

(5) **GW**と**GP**の土については，もし砂分が15%以上にある場合，**砂混じりのGW**または**砂混じりのGP**と命名されます．

(6) 同様に，**SW**と**SP**の土についても，礫分が15%以上にある場合，**礫混じりのSW**または**礫混じりのSP**となります．

C，M，O，Ptの分類

(1) まず図4.3のチャートの F_{200} 値に戻ります．$F_{200}\geq 50\%$（すなわち，細粒分が50%以上）の場合は，土は**C**か**M**のいずれか（あるいは**O**または**Pt**）です．

(2) MかCを決めるのに図4.4の**塑性図**（plasticity chart）を用います．土の w_L と I_p の値を塑性図にプロットしてその点の位置によって**CH**，**MH**，**ML**，**CL**，**CL-ML**等を決定します．なお，w_L と I_p の試験は F_{40}（40番ふるい（0.425 mm）を通過したもの）の試料に対してのみ行われることに注意してください．

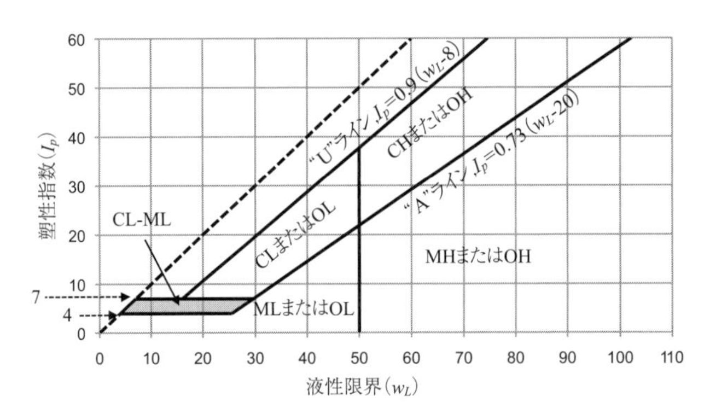

図4.4 USCSで使用される塑性図

表 4.1　統一分類グループとさまざまな工学的指数との関係

グループ名		下層路盤，路床としての価値	路盤としての価値	凍結の可能性	圧縮性と膨張
GW		優良	良好	無から非常に少ない	ほとんど無
GP		良好から優良	まずまずから貧弱	無から非常に少ない	ほとんど無
GM	d*	良好から優良	まずまずから良好	少ないから中位	非常に少量
	u**	良好	貧弱	少ないから中位	少ない
GC		まずまずから良好	貧弱	少ないから中位	少ない
SW		良好	貧弱	無から非常に少ない	ほとんど無
SP		まずまずから良好	貧弱から不適切	無から非常に少ない	ほとんど無
SM	d*	良好	貧弱	少ないから多い	非常に少ない
	u**	まずまずから良好	不適切	少ないから多い	少ないから中位
SC		まずまずから良好	不適切	少ないから多い	少ないから中位
ML		まずまずから貧弱	不適切	中位から非常に多い	少ないから中位
CL		まずまずから貧弱	不適切	中位から多い	中位
OL		貧弱	不適切	中位から多い	中位から高い
MH		貧弱	不適切	中位から非常に多い	高い
CH		貧弱から非常に貧弱	不適切	中位	高い
OH		貧弱から非常に貧弱	不適切	中位	高い
Pt		不適切	不適切	少ない	非常に高い

表 4.1（続き）　統一分類グループとさまざまな工学的指数との関係

グループ名		排水特性	乾燥単位重量 pcf#	現場 CBR	路床係数，K，pci##
GW		優良	125-140	60-80	>300
GP		優良	110-130	25-60	>300
GM	d*	まずまずから良好	130-145	40-80	>300
	u**	貧弱から不浸透	120-140	20-40	200-300
GC		貧弱から不浸透	120-140	20-40	200-300
SW		優良	110-130	20-40	200-300
SP		優良	100-120	10-25	200-300
SM	d*	まずまずから貧弱	120-135	20-40	200-300
	u**	貧弱から不浸透	105-130	10-20	200-300
SC		貧弱から不浸透	105-130	10-20	200-300
ML		まずまずから貧弱	100-125	5-15	100-200
CL		不浸透	100-125	5-15	100-200
OL		貧弱	90-105	4-8	100-200
MH		まずまずから貧弱	80-100	4-8	100-200
CH		不浸透	90-110	3-5	50-100
OH		不浸透	80-105	3-5	50-100
Pt		まずまずから貧弱	-	-	-

*　d は $w_L \leq 28$ でかつ $w_p \leq 6$，**　u は $w_L > 28$

\#　1 pcf（lb/ft^3）＝0.1572 kN/m^3，##　1 pci（lb/in^3）＝271.43 kN/m^3

（US AFCESA/CES 1997 による）

翻訳上の注意：優良（excellent），良好（good），まずまず（fair），貧弱（poor），非常に貧弱（very poor），不適切（not suitable），中位（medium），不浸透（impervious）

(3) 塑性図ではほとんどの土は“U”ラインより下方で，“A”ラインまたは CL-ML 領域周辺に存在します．また w_L=50 は高い塑性（w_L>50）と低い塑性（w_L<50）の境界値です．

(4) 塑性図はまた，細粒分が 5% と 12% の間にある礫と砂でのサブグループ名の **M** または **C** の分類にも用いられます．これらは**GM，GC，SM，SC**等であり，デュアル名の礫に対しての**GW-GM，GW-GC，GP-GM，GP-GC**であり，または砂に対しての**SW-SM，SW-SC，SP-SM，SP-SC**等です．このときもまたw_Lとw_pの試験はF_{40}（40番ふるい（0.425 mm）を通過したもの）の試料に対してのみ行われることに注意してください．

(5) **Pt**（ピート）はその独特の色，臭い，海綿のような感触，繊維組織等を確認して判定されます．O（有機質土）は自然土のw_L値とオーブン乾燥させたw_L値の変化を計測することによって識別されます．オーブン乾燥によって有機物質が燃焼し，w_L値が低下します．w_L（オーブン乾燥）/w_L（自然）<0.75の場合，その土は**O**と分類され，比率が0.75以上の場合，非有機質土（すなわち**M**または**C**）とされます．

統一土質分類法では容易な意味を持つ文字記号のみを使用しているので，分類されたグループの名前を見るだけでその土の性質を容易に理解することができます．分類にはw_Lとw_pを求める試験とふるい分析試験が必要です．シルトと粘土は合わせて細粒分（fine）とされ，やや複雑な沈降計分析試験を行う必要がありません．その代わりにシルト（M）と粘土（C）は塑性図を用いて分類されます．今日，統一土質分類法とその多少修正された分類法は，世界中で最も広く使われている土質分類法です．長年のデータの蓄積によって，エンジニアは統一分類グループと道路建設や締め固め等の種々の土工の難易さを結び付ける表を用意しています．表4.1は道路や飛行場の建設のためのその一例です．

4.3 AASHTO土質分類法

AASHTOの土質分類は1920年代後半，当時の米国公共道路局（U. S. Bureau of Public Roads），現在の米国連邦道路庁（Federal Highway Administration）が道路建設のために開発しました．現在版の規準は1945年に拡張改正され，道路の路盤（base），下層路盤（subbase），路床（subgrade），そして堤防（embankment）の建設に使用されています（**AASHTO 1995**）．

AASHTO分類法は，アッターベルグ限界値（w_Lとw_p）と粒径加積曲線からF_{10}，F_{40}，F_{200}を求めて行われます．F_{10}，F_{40}，F_{200}はそれぞれ10番ふるい，40番ふるい，200番ふるいを通過した試料の重量百分率です．その手順は，表4.2に従って表の左上隅（F_{10}）から始まり，下方右側に向かっての消去法（elimination process）が用いられます．各行での条件が満たされなければその全体の列が永遠に除去されます．最後の行のI_p値のチェックで生き残った列がその土の分類名となります．もし2つ以上の列が生存した場合には一番左側の列のグループ名，またはサブグループ名が選ばれます．グループ名はA-1からA-7といくつかのサブグループに分類されます．一般的に，より左側のグループに分類された土が道路の建設材料として優秀であると見なされます．

また，**群指数**（group index）（GI）が，次のように定義され，分類名とともに報告されます．

$$\mathrm{GI}=(F_{200}-35)[0.2+0.005(w_L-40)]+0.01(F_{200}-15)(I_p-10) \tag{4.1}$$

群指数の計算には次の法則が適用されます．

(1) GIの値が負をとるとき，それはGI=0とします．

表 4.2　AASHTO 分類法

分類	粒状土（granular materials）（0.075 mm 通過分 ≤35%）							シルト-粘土（silt-clay materials）（0.075 mm 通過分 >35%）			
グループ名	A-1		A-3	A-2				A-4	A-5	A-6	A-7
	A-1-a	A-1-b		A-2-4	A-2-5	A-2-6	A-2-7				A-7-5[a] A-7-6[b]
ふるい通過分，% 10 番（2.00 mm） 40 番（0.425 mm） 200 番（0.075 mm）	 最大 50 最大 30 最大 15	 - 最大 50 最大 25	 - 最小 51 最大 10	 - - 最大 35	 - - 最大 35	 - - 最大 35	 - - 最大 35	 - - 最小 36	 - - 最小 36	 - - 最小 36	 - - 最小 36
F_{40} 試料の対して w_L I_P	- 最大 6		- 非塑性	最大 40 最大 10	最小 41 最大 10	最大 40 最小 11	最小 41 最小 11	最大 40 最大 10	最小 41 最大 10	最大 40 最小 11	最小 41 最小 11
通常に存在する土の種類	石の破片，礫，砂		細砂	シルト質または粘土質の礫と砂				シルト		粘土	
路床材料としての評価	優良から良好（excellent to good）							まずまずから貧弱（fair to poor）			

a：A-7-5 は $I_p \leq w_L - 30$ のとき
b：A-7-6 は $I_p > w_L - 30$ のとき
（AASHTO 1995 より）

(2)　GI の値は四捨五入された整数で報告されます．たとえば計算で GI＝4.4 が得られたとき，GI＝4．GI＝4.5 のときは GI＝5 となります．

(3)　A-2-6 か A-2-7 のサブグループに分類されたとき，式（4.1）の第 2 項目だけを使用します．すなわち，

$$GI = 0.01(F_{200} - 15)(I_p - 10) \tag{4.2}$$

規準では，水はけのよい十分に締固められた平均的な地盤で，地盤の支持力は群指数に逆比例するとされます．すなわち，GI＝0 の土は良好な路床（subgrade）材料と分類され，GI＝20 のそれは非常に貧弱な材料とされます．

例題 4.1

土の粒径加積曲線は図 4.5 に得られました．土を次の方法で分類してください．

(a) USCS 法

(b) AASHTO 法

F_{40} の試料に対して w_L＝46%，w_p＝35%　が得られました．

解：

粒径加積曲線より次の値が求められます．

4 番ふるい（4.75 mm）通過分 ＝92%

10 番ふるい（2.0 mm）通過分 ＝87%

40 番ふるい（0.425 mm）通過分 ＝63%

200 番ふるい（0.075 mm）通過分 ＝28%

F_{200}＝28% で，R_{200}＝72%

F_4＝92% で，R_4＝8%

D_{10}＝0.01 mm

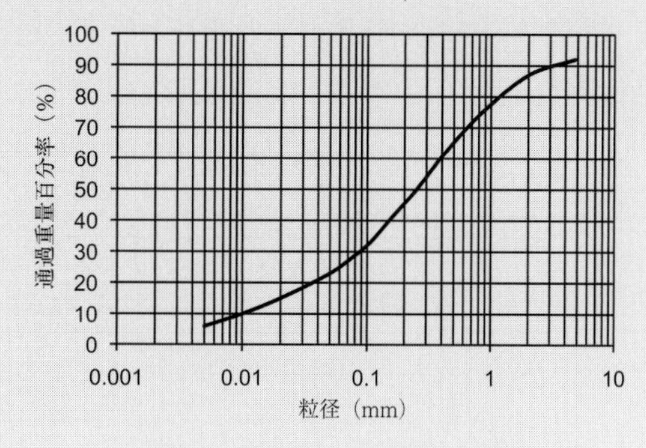

図 4.5　例題 4.1 の粒径加積曲線

$D_{30}=0.090$ mm

$D_{60}=0.39$ mm

$U_c=D_{60}/D_{10}=0.39/0.01=39$

$U_c'=(D_{30})^2/(D_{60}\times D_{10})=(0.090)^2/(0.01\times 0.39)=2.08$

$w_L=46$

$I_p=46-35=11$

(a)　USCS 法

図 4.3 のフローチャートを使って，$F_{200}(28)<50\%$により，土は G か S.

$R_4(8)<\frac{1}{2}R_{200}(72)=36$ で，それは S.

$F_{200}(28)>12\%$で，それは SM か SC.

w_L（46）と I_p（11）は塑性図（図 4.4）の ML または OL の領域にあり，

土は **SM**（silty sand）〔シルト質の砂〕と分類されます．　⇐

(b)　AASHTO 法

表 4.2 の消去法を用いて，

10 番ふるい（2.0 mm）通過分 =87% より，A-1-a を消去.

40 番ふるい（0.425 mm）通過分 =63% より，A-1-b を消去，A-3 は生き残る.

200 番ふるい（0.075 mm）通過分 =28% より，A-3，A-4，A-5，A-6，A-7 を消去.

$w_L=46$ より，A-2-4 と A-2-6 を消去.

$I_p=11$ より，A-2-5 を消去.

最後に残ったのは **A-2-7**（シルト質または粘土質の礫と砂）⇐

GI の計算には，分類は A-2-7 のため，式（4.2）が使われます.

$\mathrm{GI}=0.01(F_{200}-15)(I_p-10)=0.01(28-15)(11-10)=0.13\rightarrow 0$（四捨五入された整数）．**GI=0**

したがって，土は **A-2-7（GI=0）** と分類されました．⇐

4.4　地盤工学会（JGS）土質分類法

日本で一般に使われている分類法は地盤工学会（Japanese Geotechnical Society（JGS））による**地盤工学会（JGS）基準（JGS 0051-2009）（JGS 2009）**です．この方法は前述の統一土質分類法（USCS）に基づいて，火山灰による土などの日本の特殊な土を含め拡張したものです.

統一土質分類法と同様に材料の観察と粒径加積曲線，液性限界（w_L），塑性限界（w_p）に基づいて分類されます.

粒径（mm）

0.005　0.075　0.25　0.85　2　4.75　19　75　300

粘土	シルト	細砂	中砂	粗砂	細礫	中礫	粗礫	粗石 (cobble)	巨石 (boulder)
		砂			礫			石	
細粒分		粗粒分						石分	

図 4.6　地盤材料の粒径区分とその呼び名

表 4.3　JGS 分類法での分類記号とその意味

記号		意味
地盤材料区分	Gm	地盤材料（Geomaterial）
	Rm	岩石質材料（Rock material）
	Sm	土質材料（Soil material）
	Cm	粗粒土（Coarse-grained material）
	Fm	細粒土（Fine-grained material）
	Pm	高有機質土（Highly organic material）
	Am	人工材料（Artificial material）
主記号	R	石（Rock）
	R_1	巨石（Boulder）
	R_2	粗石（Cobble）
	G	礫粒土（G-soil または Gravel）
	S	砂粒土（S-soil または Sand）
	F	細粒度（Fine soil）
	Cs	粘性土（Cohesive soil）
	M	シルト（Mo：スウェーデン語のシルト）
	C	粘土（Clay）
	O	有機質土（Organic soil）
	V	火山灰質粘性土（Volcanic cohesive soil）
	Pt	高有機質土（Highly organic soil）
	Mk	黒泥（Muck）
	Wa	廃棄物（Wastes）
	I	改良土（I-soil または Improved soil）
副記号	W	粒径幅の広い（Well graded）
	P	文級された（Poorly graded）
	L	低液性限界（$w_L<50\%$）（Low liquid limit）
	H	高液性限界（$w_L \geqq 50\%$）（High liquid limit）
	H_1	火山灰質粘性土の I 型（$w_L<80\%$）
	H_2	火山灰質粘性土の II 型（$w_L \geqq 80\%$）
補助記号	$\overline{\text{○○}}$	観察などによる分類　（*○○と表示してもよい）
	$\underline{\text{○○}}$	自然堆積ではなく盛土，埋め立てなどによる土や地盤（#○○と表示してよい）

この方法では**地盤材料**（geomaterial）は図 4.6 の粒径によって，さまざまな地盤材料の名称に区別されます．

表 4.3 にはこの方法で使用される記号がまとめられています．ほとんどが英語の頭文字からとられたもので，USCS 法とほぼ同様ですが，R（rock），Mk（muck），Wa（wastes），V（volcanic cohesive soil）などは USCS 法には見られない記号です．

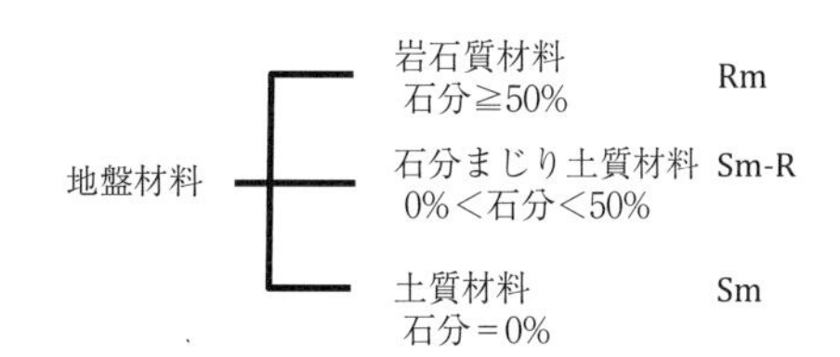

図 4.7　地盤材料の工学的分類体系

まず地盤材料は図 4.7 により**岩石質材料**（Rm）（rock materials），**石まじり土質材料**（Sm-R）（rock mixed soil material），と**土質材料**（Sm）（soil materials）に分けられます．

次に土質材料は図 4.8（粗粒土）と図 4.9（細粒土）によって更に細かく分類されます．粗粒土の分類には粒径加積曲線が，そして細粒土には塑性図が用いられます．塑性図は USCS で用いられた

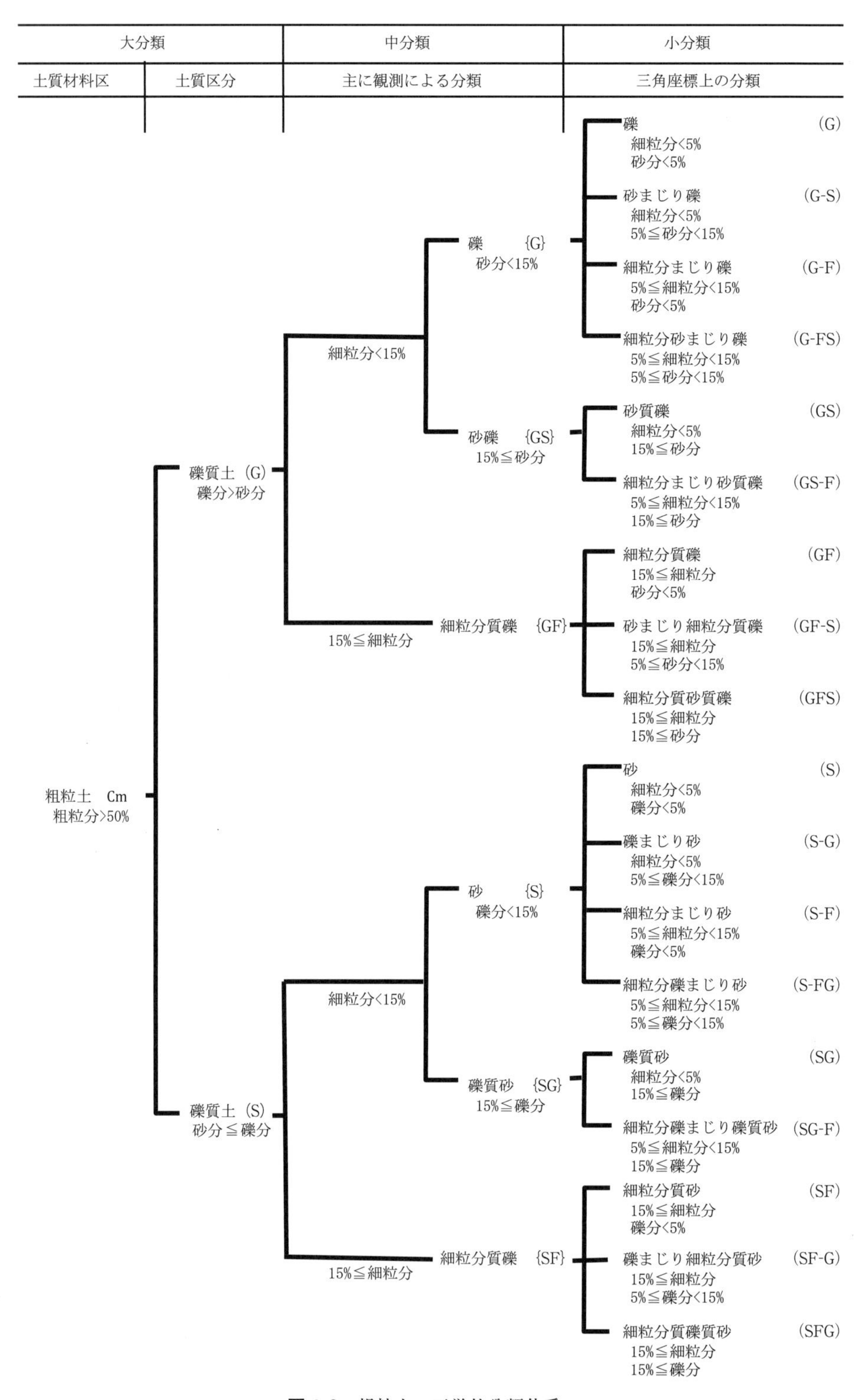

図 4.8　粗粒土の工学的分類体系

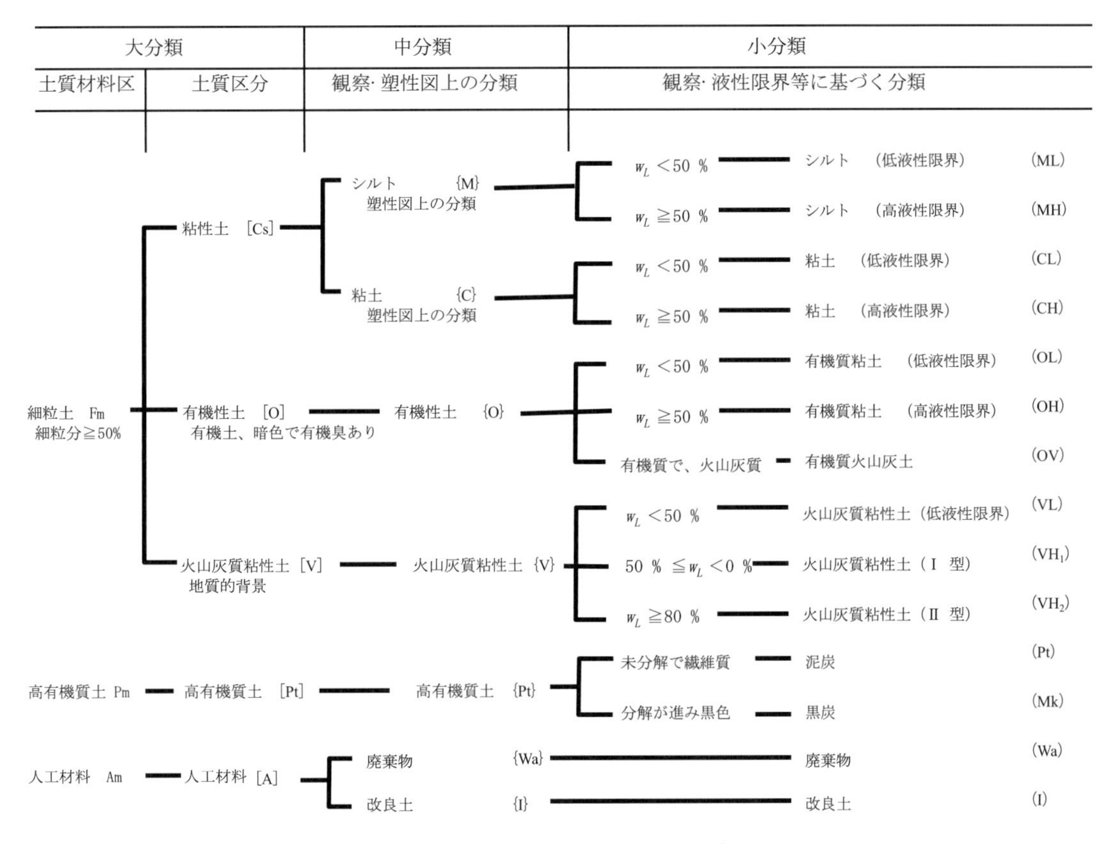

図 4.9 主に細粒土の工学的分類体系

図 4.4 とまったく同じものが使われますので，ここでは改めて表示されていません．

分類は図の左から右に向かって**大分類**，**中分類**，**小分類**とされ，その分類された記号の表記はそれぞれ［　］，{　}，(　) 内に記入され，その分類のレベルが一目して区別されるよう工夫されています．分類の名称はその一番多い成分を持つ物質が日本語名称の最後，英語の表示記号では最初に記されます．15%以上ある場合は“**質**”が付けられ，5%から 15%を含むものは“**まじり**”と呼ばれます．まじりと表す場合は分類記号と分類記号の間にハイホン（-）を挿入します．(G-F)（細粒分まじりの礫），(GF-S)（砂まじりの細粒分質礫），(S-G)（礫まじりの砂）などがそれらの例です．5%未満のものは名称に含まれません．たとえば，細粒分まじり礫質砂（SG-F）は主成分は砂で，礫を 15%以上含み，細粒分を 5%から 15%含みます．

粗粒土の分類

粗粒土の小分類で (G)，(G-S)，(GS)，(S)，(S-G)，(SG) はすべて細粒分は 5%未満ですが，これらの土については表 4.4 に従って，均等係数 U_c（式 (2.19)）によって，

表 4.4 細粒分が 5%未満の粗粒土の細区分

均等係数の範囲	分類表記	記号
U_c≧10	粒径幅の広い	W
U_c<10	分級された	P

"粒径幅の広い"（well graded）と **"分級された"**（poorly graded）に分けられ，それぞれにWとPの記号を第一構成分記号の次に付けて記されます．たとえば，GPは粒径幅の広い礫で，SW-Gは礫まじり分級された砂となります．

細粒土の分類

細粒土は細粒土分が50%以上ある場合で，図4.9と塑性図（図4.4）によって分類されます．まず大分類［Cs］，［O］，［V］，［Pt］，［A］は観察などによってなされ，小分類はUSCS法と同様に土の液性限界値と塑性指数値を塑性図にプロットして，その落ちる点で（CL），（CH），（ML），（MH）を分類します．もし細粒土「Cs」に大分類されたもので粗粒分が5%以上混入する場合，表4.5に基づいて，さらに細区分することができます．

表4.5 粗粒分が5%以上混入した細粒土の細区分

砂分混入量	礫分混入量	土質名称	分類記号
砂分 <5%	礫分 <5%	細粒土	F
	5% ≦ 礫分 <15%	礫まじり細粒土	F-G
	15% ≦ 礫分	礫質細粒土	FG
5% ≦ 砂分 <15%	礫分 <5%	砂まじり細粒土	F-S
	5% ≦ 礫分 <15%	砂礫まじり細粒土	F-SG
	15% ≦ 礫分	砂まじり礫質細粒土	FG-S
15% ≦ 砂分	礫分 <5%	砂質細粒土	FS
	5% ≦ 礫分 <15%	礫まじり砂質細粒土	FS-G
	15% ≦ 礫分	砂礫質細粒土	FSG

例題 4.2

図4.10の粒径加積曲線は例題4.1と同じものです．JGS分類法に基づいて土を分類してください．F_{40}の試料に対してw_L=46%，w_p=35%が得られました．

解：

粒径加積曲線より次の値が求められます．

4番ふるい（4.75 mm）通過分 =92%

10番ふるい（2.0 mm）通過分 =87%

40番ふるい（0.425 mm）通過分 =63%

200番ふるい（0.075 mm）通過分 =28%

F_4=92%で，R_4=8%

$D_{10}=0.01$ mm

$D_{60}=0.39$ mm

$U_c=D_{60}/D_{10}=0.39/0.01=39$

$w_L=46$

$I_p=46-35=11$

F_{200}=28%で，粗粒土Cmです．図4.8を用いて，

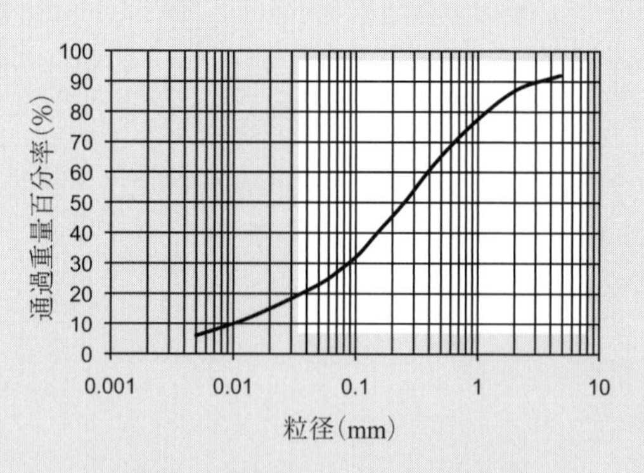

図4.10 例題4.2の粒径加積曲線

砂分 =59%，礫分 =13%で，砂分 ≧ 礫分より，[S]
細粒分（28%）≧15%で，細粒分質砂 {SF}
細粒分（28%），5% ≦ 礫分（13%）<15%より，礫まじり細粒分質砂　(SF-G)

4.5　章の終わりに

本章では世界中で広く使われている土質分類法，すなわち USCS と AASHTO，それと日本で一般に使用されている JGS 法が紹介されました．土質分類法は，比較的簡単なふるい分析試験とアッターベルグ限界試験の結果に基づいています．長年にわたって蓄積されたデータに基づいて，分類された土のグループと種々の工学的特性の間に存在する便利な関係がいくつか用意されています．表 4.1 はそのような例の 1 つです．地盤工学のエンジニアは必要に応じてそれらの値を初期の設計と解析に使用できます．しかしながら，詳細な最終設計の段階では，現場での試料採集，現場試験，室内実験等により信頼性の高い設計値を取得しなければなりません．

参考文献

1）日本地盤工学会（2009）．地盤材料試験の方法と解説, JGS, pp. 53-59.
2）AASHTO（1995）. *Standard Specifications for Transportation Materials and Methods of Sampling and Testing*, 17th Ed., Part I Specifications, Designation M 145.
3）Casagrande, A.（1948）. "Classification and Identification of Soils", *Transaction of ASCE*, Vol. 113, pp. 901-991.
4）US Air Force Engineering Support Agency/Civil Engineering Squad（AFCESA/CES）(1997). "Criteria and Guidance for C-17 Contingency and Training on Semi-Prepared Airfields," *Engineering Technical Letter*, 97-9.

問　　題

4.1-4.4　図 4.11 は試料 A，B，C，D の粒径加積曲線を示しています．また，得られた w_L と w_p の値も下表に与えられています．それぞれの試料に対して，

(a)　USCS 分類法に基づいて分類してください．
(b)　AASHTO 分類法に基づいて分類してください．GI 値も報告してください．
(c)　JGS 分類法に基づいて分類してください．
(d)　路床材料としての評価を下してください．

問題	試料	w_L	w_p
4.1	A	55	25
4.2	B	45	26
4.3	C	25	19
4.4	D	42	33

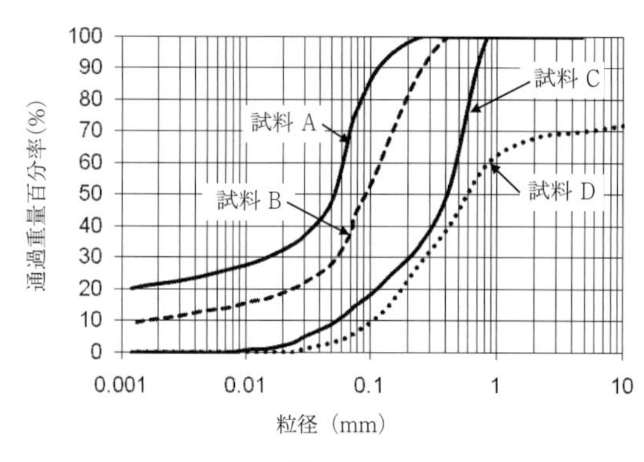

図 4.11

4.5-4.8 図 4.12 は試料 E，F，G，H の粒径加積曲線を示しています．また，得られた w_L と w_p の値も下表に与えられています．それぞれの試料に対して，

(a) USCS 分類法に基づいて分類してください．

(b) AASHTO 分類法に基づいて分類してください．GI 値も報告してください．

(c) JGS 分類法に基づいて分類してください．

(d) 路床材料としての評価を下してください．

問題	試料	w_L	w_p
4.5	E	55	27
4.6	F	43	22
4.7	G	46	28
4.8	H	41	32

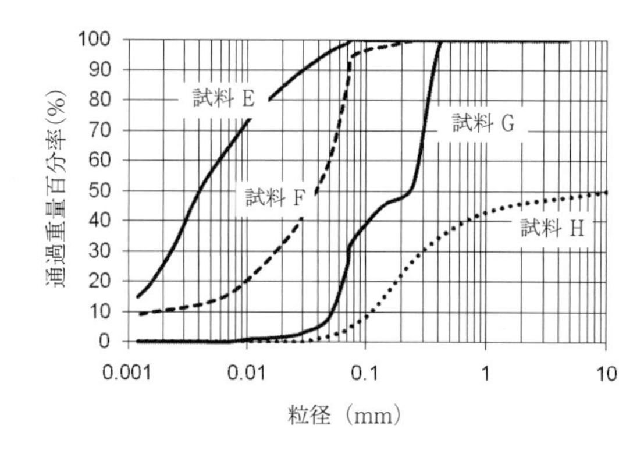

図 4.12

第5章 土の締固め

5.1 章の始めに

土質力学の重要な課題である土基礎の支持力（bearing capacity），沈下（settlement），せん断強度（shear strength），土の透水性（permeability）等は土がいかに適切に締固められているかが重要なポイントとなります．強く締固めることによって，土の強度は増加し，沈下量と透水性は低下します．締固め（compaction）はまた，膨潤（swelling）と収縮（shrinking），土の凍上（frost）にも深く関与します．締固めは静的にまたは動的に土に負荷をかけることによって土の間隙を減少させる物理的なプロセスです．たとえば，粒状土（granular soil）では振動によって容易に締固めを促進することができますが，飽和した粘性土（cohesive soil）では動的負荷によって過剰間隙水圧（excess pore water pressure）が発生し，それがクッションになって振動だけではうまく締固めることができません．本章ではまず土の締固め特性が室内実験結果に基づいて説明され，続いて現場での締固め工法，仕様（specificaion），およびその検査（inspection）方法が示されます．締固めに関連する相対密度（relative density）と CBR（California Bearing Ratio）についてもこの章で提示されます．

5.2 相 対 密 度

締固め工法では土がどの程度に締固められたかを知ることが重要です．単に土の単位体積重量の値（乾燥でも湿潤でも）の比較だけでは締固め度を正確に評価することはできません．なぜなら，種々の土の単位体積重量の範囲はそれぞれの土によって大きく変わるからです．たとえば，粒度分布の良い礫土ではその範囲は 18 から 20 kN/m^3（または 115 から 127 lb/ft^3）であるのに対し，粘性土のそれは 15 から 18 kN/m^3（または 96 から 115 lb/ft^3）となります．その締固めの程度を的確に比較するために，特に粒状土に対して，**相対密度**（relative density）（D_r）の概念が導入されました．それは次式で定義されます．

$$D_r=\frac{e_{\max}-e}{e_{\max}-e_{\min}}\times(100\%) \tag{5.1}$$

上式で $e_{\max}$，$e_{\min}$，e はそれぞれ，その土の**最大間隙比**（maximum void ratio），**最小間隙比**（minimum void ratio），現場の土の**間隙比**（void ratio）と定義されます．式より土の間隙比がその最大間

表 5.1　相対密度と土の特性の関係

相対密度 D_r（%）	締め固め度	SPT 値，N_{60}（Terzaghi and Peck 1967）	有効摩擦角，ϕ'（度）（Peck et al. 1974）
＜20	非常にゆるい	＜4	＜29
20-40	ゆるい	4-10	29-30
40-60	中位	10-30	30-36
60-80	密な	30-50	36-41
＞80	非常に密な	＞50	＞41

（US Corps of Engineers 1992 による）

隙比と一致するとき（$e=e_{\max}$），$D_r=0\%$ となります．また，土の間隙比 e がその最小間隙比と一致するとき（$e=e_{\min}$），$D_r=100\%$ となります．現場の土の D_r は 0 と 100％の間の値をとります．表 5.1 は相対密度と，締固め度，**標準貫入試験**（standard penetration test）の **N 値**（N_{60}）（第 13 章），および土の有効摩擦角 ϕ'（第 11 章）とのおおよその関係を示しています．N_{60} 値は標準貫入試験で 60％のハンマー打撃エネルギーに修正された N 値です．標準貫入試験 N 値は基礎工学の多くの実用的な設計値に関連付けられる便利な値です．

ASTM（ASTM D-4253）による $e_{\min}$ と $e_{\max}$ の決定法では，図 5.1 に見られるように乾燥した粒状体の試料に対しての室内実験より得られます．漏斗に入れられた試料は約 25.4 mm（1 インチ）の均一な落下高を保ちながら，優しく，振動を与えることなく均等にモールドに移されます．その後試料はモールドの上面端で剛な直棒を用いて正確な体積に成形され，そのときの試料の重量が測られ，それをモールドの内体積で除したものが試料の最小単位体積重量 $\gamma_{\min}$ として報告されます．

そうして得られた $\gamma_{\min}$ から最大間隙比 $e_{\max}$ は，試料は乾燥しているために式（2.9）に $S=0$ を挿入することによって，次式から得られます．

$$\gamma_{\min}=\frac{G_s\gamma_w}{1+e_{\max}} \quad \text{で，} \quad e_{\max}=\frac{G_s\gamma_w}{\gamma_{\min}}-1 \tag{5.2}$$

最小間隙比 $e_{\min}$ の決定は，$\gamma_{\min}$ 決定後その同じ試料を用いて行われます．試料上に錘によって 13.8 kN/m^2（または 2 psi）の上載荷重が加えられ，モールド全体が振動台上にボルトで固定されま

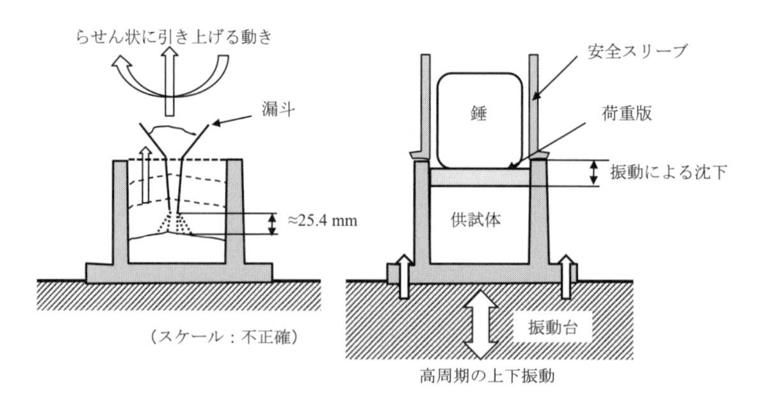

(a)　最大間隙比の決定法　　(b)　最小間隙比の決定法

図 5.1　最大間隙比と最小間隙比の決定法

す．振動台は，60 Hz（サイクル/秒）で 0.33 mm の両幅振幅量で 8 分間垂直方向に加振されます（または 50 Hz（サイクル/秒）で 0.48 mm の両幅振幅量で 12 分間）．振動終了後，試料の収縮はモールドの側に取り付けられたダイヤルゲージで正確に計測されます．収縮量より試料の体積が計算され，γ_{max} はその重量を体積で割って求められます．したがって，e_{min} は次式より得られます．

$$e_{min} = \frac{G_s \gamma_w}{\gamma_{max}} - 1 \tag{5.3}$$

同じ試料に対していくつかの試験が行われ，その平均値が γ_{min}（または e_{max}）と γ_{max}（または e_{min}）として報告されます．

日本では，粒径 2 mm 以下の砂質土に対しては **JIS A 1224 規格**が適応し，内径 60 mm，内深さ 40 mm の剛なモールドを用い，ASTM 法と同様に γ_{min}が求められます．γ_{max} の決定では JIS 法では，10 層に分けられた試料を 1 層ごとに木づちでモールドの側壁を 100 回打撃して締固め，最大単位体積重量を求めます．粒径 53 mm 以下の礫を含む粗粒土に対しては，**JGS 0162-2009 基準**が適応され，大きめなモールド（A モールド：内径 200 mm，深さ 200 mm，または，B モールド：内径 300 mm，深さ 300 mm）を用いて，同様に γ_{min} を求め，γ_{max} の決定では試料を 5 層に分けて，各層ごとに電動のバイブレーターを用いての締固めが行われます．

式（5.2）と式（5.3）を式（5.1）に挿入して，上記で求めた γ_{min} と γ_{max} を用いて，相対密度 D_r は次式より得ることもできます．

$$D_r = \frac{\gamma - \gamma_{min}}{\gamma_{max} - \gamma_{min}} \cdot \frac{\gamma_{max}}{\gamma} (\times 100\%) \tag{5.4}$$

なお，これらの試験で求められた γ_{min}，γ_{max} は試料の持つ絶対的な最小値と最大値ではないことに注意してください．あくまでも規格，基準法に基づいて得られた値です．

5.3 室内締固め試験

締固めの室内実験では，同じ締固めエネルギーのもとで試料の含水比を変えてその効果を観察します．含水比と土の乾燥単位体積重量がプロットされて，締固めのための最適な試料の含水比が決められます．1930 年代初頭に，プロクター（**Proctor 1933**）がアースダム（earth dam）の建設計画中に標準的な締固め試験法を開発し，この方法は今日**標準プロクター法**（standard Proctor method）と呼ばれています．その方法と少し修正された方法は現在 ASTM（D-698 と D-1557）と AASHTO（T-99 と T-180）で採用されています．日本の規格（**JIS A 1210**）もプロクター法を基にしたものです．

5.3.1 標準プロクター試験に基づいた JIS 法の手順

JIS A 1210 法は標準プロクター試験に基づいて以下の手順に従って行われます．

(1) 乾燥した（乾燥法），または湿潤な（湿潤法）試料に水を加え，あらかじめ設定した含水比を持つ均一な試料を作成します．

(2) 図 5.2（a）に見られるように，試料を標準サイズのモールド（直径 100 mm，高さ 127.3

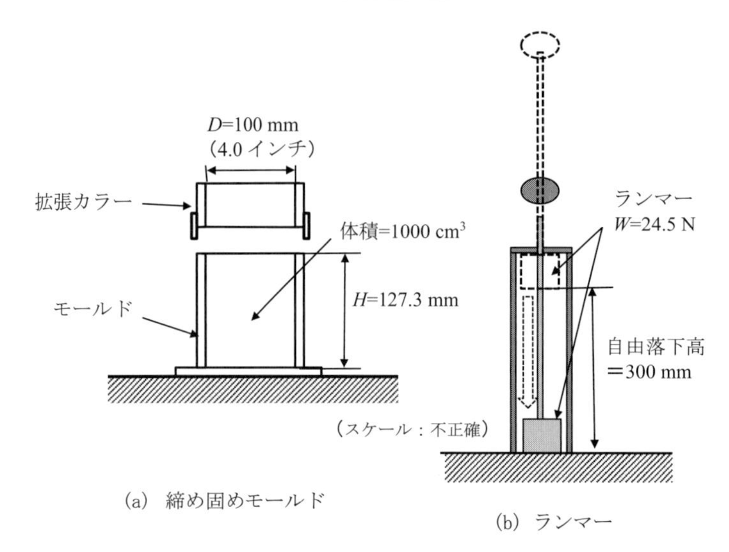

図5.2 標準プロクター締固め試験装置

mm，体積1000 cm^3）のおおよそ3分の1の深さより少し多い目に入れます．

(3) 次に図5.2（b）に見られるように，ランマー（rammer）（W=2.5 kgf（24.5 N））を25回300 mmの高さから自由に落下（free drop）させます．モールドは，ランマー（rammer）の落下による締固めエネルギーが試料に十分に伝達されるように，硬い平らな床上に置く必要があります．

(4) 上記のステップ（1）-（3）を2層目，3層目の試料に対して繰り返します．特に第3層目の締固め時はモールド上に拡張カラーを取り付け，締固められた土の上層がモールドの少し上まで満たされることが必要です．

(5) 拡張カラーを取り除き，剛な直棒で試料表面をモールドの上端に沿って成形し，正確に1000 cm^{3}の試料を作成します．

(6) モールド内の試料の総湿潤重量を計量します．

(7) 試料をモールド内から押し出し，その一部を代表的試料として取り出し，その含水比を測定します．

(8) ステップ（1）-（7）をいくつかの異なる含水比に対して繰り返します．順次の試験では2から3%の含水比の増加が一般的です．一般に前回の試験で使われた試料がほぐされ，少量の水を加えられ次の試験の試料として再使用（繰返し法）することができます．土粒子の破砕が生じやすい試料では，各含水比の試験に対して新しい試料を使うことが理想的です（非繰返し法）．

5.3.2 締固め曲線（compaction curve）

締固め実験の終了後，一連の湿潤体積単位重量（γ_t）と含水比（w）の関係が得られます．しかしながら，締固めの効果は，湿潤単位体積重量（γ_t）ではなくて**乾燥単位体積重量**（γ_d）の比較によって評価されます．式（2.10）（下に式（5.5）として再登場）がその説明に使われます．

表 5.2　締固め試験のデータとその解析例

A	B	C
含水比，w（%）	全単位重量，γ_t (kN/m^3)	乾燥単位体積重量，γ_d (kN/m^3) $(=\gamma_t/(1+w))$
2.3	15.80	15.45
4.5	17.27	16.53
6.7	19.13	17.93
8.5	21.41	18.81
10.8	21.41	19.32
13.1	21.73	19.22
15	21.48	18.68

$C(i)=B(i)/(1+A(i)/100)$

$$\gamma_t=(1+w)\frac{G_s\gamma_w}{1+e}=(1+w)\gamma_d,\quad \text{または}\quad \gamma_d=\frac{G_s\gamma_w}{1+e}=\frac{\gamma_t}{1+w} \tag{5.5}$$

上の γ_t 式の第 1 項に注目して，同じ間隙比 e に対して w が増加すれば γ_t も増加します．これは γ_t の変化が締固め度に直接反映しないことを意味します．なぜなら，e が減少しなければ，締固め度は高まらないからです．したがって，**γ_t は締固めの効果を評価するために使用することはできません．一方，式（5.5）の γ_d の表示では e と γ_d の間には直接的な関係が存在することがわかります．それにより，式（5.5）の $\gamma_d=\gamma_t/(1+w)$ の関係が締固め実験の解析に使用されます**．しかし，その得られた γ_d は単に数学的に乾燥させた単位重量であることに注意してください．それは三相図〔図 2.4 参照〕で全体積 V を変化させないで水分 V_w を抜き取ったものです．ちなみに物理的な土の乾燥過程では必ず何らかの体積収縮が伴います．

表 5.2 は締固め実験から得られたデータとその解析例です．図 5.3 にその γ_d と w の関係がプロットされ，その関係は**締固め曲線**（compaction curve）と呼ばれます．

図 5.3 を参照して，含水比が少ないときは w の増加に伴って γ_d は増加します．そして $w\approx 11.3\%$ でピークに達し，その後 γ_d は低下します．ピークの γ_d は**最大乾燥単位体積重量**（maximum dry unit weight）$\gamma_{d,\max}$ と定義され，それに対応する含水比は**最適含水比**（optimum water content）w_{opt} と呼ばれます．含水比の少ないときは水分は粒子間の潤滑剤として働き，間隙が減少しやすく乾燥単位体積重量を増やします．しかし，そのうち，間隙は水で飽和され始め，水分は締固めのエネルギーに対してクッションとして動作するようになり，もはや土の乾燥単位体積重量を増やすためには働きません．むしろその段階での増加した水分は土の骨格に作用する締固めエネルギーを減少する働きをし，乾燥単位体積重量は減り続けます．このように，効率よく締固めるには最適含水比が存在することを理解するこ

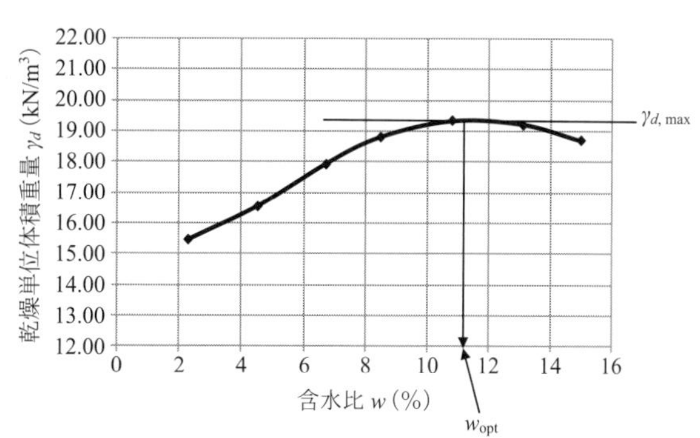

図 5.3　締固め曲線の一例

とが重要です．実験の過程で，最適含水比は親指で締固められた土の表面を押すことによって感じることができます．最適含水比を超えた試料では表面が柔らかくスポンジ状になってきます．

5.3.3　ゼロ空気間隙曲線（zero air void（ZAV）curve）

式（5.5）と式（2.17）の $Se=G_s w$ の関係を用いて，γ_d は次式に書き換えることができます．

$$\gamma_d = \frac{G_s \gamma_w}{1+e} = \frac{G_s \gamma_w}{1+\frac{G_s w}{S}} \tag{5.6}$$

式（5.6）はある G_s の値に対して，S（飽和度）値を固定すると，γ_d と w 間にはユニークな関係が存在することを示しています．図5.4は式（5.6）に基づいて $G=2.7$ の場合のさまざまな S 値（40, 60, 80, 100%）に対する γ_d と w の関係をプロットしたものです．

図5.4で含水比 w が増加するとともに試料の飽和度 S が増加することがよくわかります．$\gamma_{d\,\max}$ 当たりでは S は90%近くに達し，それ以上に水分が増加すると S はほぼ100%（完全飽和）近くまで増加します．S=100%の曲線は**ゼロ空気間隙曲線**（zero air void（ZAV）curve）と呼ばれ，その曲線上では試料の間隙が完全に水で飽和されていることを意味します．図より含水比が高くなれば締固め曲線はゼロ空気間隙曲線に限りなく近づくことがわかります．そのため，この曲線はしばしば高い含水比の領域での締固め曲線を構築する際の手助けとして使用されます．

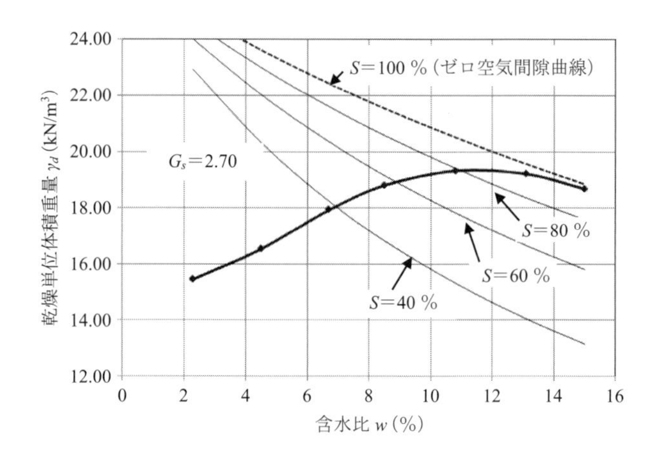

図5.4　さまざまな S（飽和度）値と締固め曲線

5.3.4　締固めエネルギー（compaction energy）

JIS A 1210 A 法による締固め標準試験での締固めエネルギーは次式で求められます．

$$\begin{aligned} E_c &= \Sigma[W\text{（ランマーの重量）}\times h\text{(落下高)}/\text{試料の体積}] \\ &= 24.5\,\text{N}\times 0.30\,\text{m}\times 3\text{(層数)}\times 25\text{(落下回数)}/1000\times 10^{-6}\,\text{m}^3 \\ &= 551\,\text{kN-m/m}^3 \end{aligned} \tag{5.7}$$

締固め試験には標準試験以外に種々の修正された試験が採用されています．それらはモールドの大きさ，ランマーの重量，落下高，落下回数，および層の数を変えることによって，種々の締固めエネルギーを得ることができます．表5.3には標準プロクターと修正されたいくつかのJISによる締固め法が示されています．

図5.5は同じ土に対して締固めエネルギーが増加したときの締固め曲線の変化を示します．図に見

表 5.3 修正締固め実験法での締固めエネルギー

締固め試験法	モールドの大きさ ($D \times H$) (mm)	モールドの体積 (cm^3)	ランマーの重量 (N)	落下高 (m)	落下回数/層	層の数	エネルギー/体積 (kN-m/m^3)
標準プロクター	101.6×116.4	944	24.5	0.3048	25	3	593≈600
JIS A 1210 A 法	100.0×127.3	1000	24.5	0.30	25	3	551
JIS A 1210 B 法	150.0×125.0	2209	24.5	0.45	55	3	824
JIS A 1210 C 法	100.0×127.3	1000	44.2	0.30	25	5	1658
JIS A 1210 D 法	150.0×125.0	2209	44.2	0.45	55	5	2476
JIS A 1210 E 法	150.0×125.0	2209	44.2	0.45	92	3	2485

られるように，締固めエネルギーが増加したとき，$\gamma_{d\,\max}$ 値も増加します．しかしそのときの $w_{\rm opt}$ は少しだけ減少します．なぜなら，締固め曲線はゼロ空気間隙曲線によってその上限を決められているからです．このことによって，現場でより高い単位体積重量が求められたとき，現場の締固めエネルギーを増加すると同時に現場の含水比を少し下げる工夫が必要とされます．このことによって，締固めエネルギーの増加による最適の効果を得ることができます．

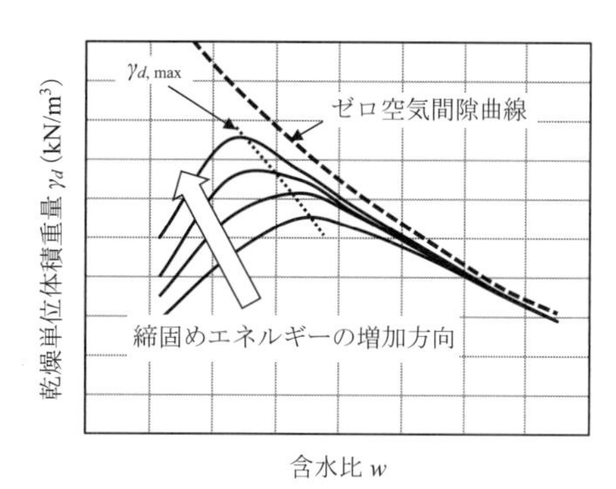

図 5.5 締固めエネルギーの増加による締固め曲線の変化

5.4 現場での締固め度の規準

室内実験で締固め曲線が得られた後，現場での**締固め比**（relative compaction）(D_c) は次式で定義されます．

$$D_c = \frac{\gamma_{d,\text{field}}}{\gamma_{d,\max}} (\times 100\%) \tag{5.8}$$

上式で $\gamma_{d,\text{field}}$ は，現場で達成しなければならない設計上の乾燥単位体積重量です．$\gamma_{d,\max}$ は室内締固め実験より得られた最大乾燥単位体積重量です．ここで $\gamma_{d,\max}$ は締固めエネルギーのレベルによって変化することに注意してください．もし室内締固め実験のエネルギーのレベルが低かった場合要求される D_c 値は100%以上になることもあります．そのような場合，現場での締固めエネルギーは室内実験のそれよりもより高いことが要求されます．表 5.4 は USCS 分類によるさまざまな土のタイプと土工の重要性（表では土工クラス）に基づいた D_c 値の一例です．

表 5.4 で見られるように，軟弱な土のグループほど，そして重要性の高い土工ほど，より高い D_c 値が求められることがわかります．この表は，標準プロクター試験に基づいたもので，もし別のエネルギーの締固め試験法が使用されればその必要とされる D_c 値は違ったものになることに注意してください．

日本での D_c 値の基準は各機関によって表 5.5 のように規定されています．この表でも土構造部の重要性が増せば増すほど，より高い D_c 値が求められていることがわかります．

最後にもう 1 つの注意点は**相対密度 D_r と締固め度 D_c を混同してはいけないことです．** 式 (5.1)

表 5.4 USCS 分類による土のタイプと土工の重要性に基づいた D_c 値の例

USCS グループ名	必要とされる D_c 値-標準プロクター $\gamma_{d,\max}$ に対する％		
	土工クラス 1	土工クラス 2	土工クラス 3
GW	97	94	90
GP	97	94	90
GM	98	94	90
GC	98	94	90
SW	97	95	91
SP	98	95	91
SM	98	95	91
SC	99	96	92
ML	100＋	96	92
CL	100	96	92
OL	–	96	93
MH	–	97	93
CH	–	–	93
OH	–	97	93

土工クラス 1：1，2 階の建物基礎の上部 8 フィート分の埋め戻し土
舗装の路床の上部 3 フィート分の埋め戻し土
床下の路床の上部 1 フィート分の埋め戻し土
100 フィートより高いアースダム
土工クラス 2：建物基礎のより深い部分の埋め戻し土
舗装の路床と床下の路床の深部の埋め戻し土（30 フィートまで）
100 フィートより低いアースダム
土工クラス 3：何らかの強度と非圧縮性を必要とされるその他の埋め戻し土

（Sowers 1979 による），1 フィート = 0.3048 m

（または式（5.4））の $\gamma_{\max}$ と式（5.8）の $\gamma_{\max}$ は同じではありません．前者は乾燥粒状試料に対して最大単位体積重量決定の標準試験（5.2 節）から得られたもので，後者は締固め試験での最適含水比時での $\gamma_{d,\max}$ だからです．

例題 5.1

試料は標準プロクター法で試験され，図 5.3 に示された締固め曲線が得られました．仕様では，現場の土は標準プロクター試験値に対して相対締固め比度 D_c＝95％が要求されます．この条件を満たす現場での含水比の範囲を求めてください．

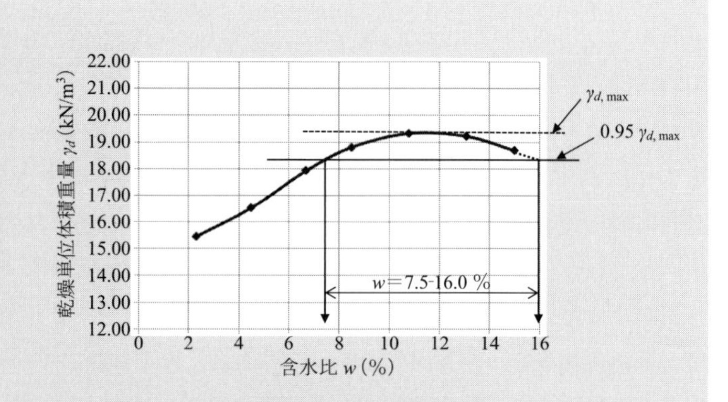

図 5.6 例題 5.1 の解

解：

図 5.6 から，$\gamma_{d,\max}$＝19.3 kN/m^3

によって，$\gamma_{d,\mathrm{field}}$＝0.95×19.3 kN/m^3＝18.3 kN/m^3.

図 5.6 に，水平線 $\gamma_{d,\mathrm{field}}$＝18.3 kN/m^3 が引かれ，締固め曲線上でそれに対応する含水比の範囲が 7.5 から 16.0％として得られます．

表 5.5 各機関による締め方め度 D_c の規定値

<table>
<tr><th>機関</th><th>土構造物の種類</th><th>突固め試験名</th><th>D_c 値</th></tr>
<tr><td>国土交通省</td><td>盛土路体・路床</td><td>JIS A 1210</td><td>90 以上（＊1）</td></tr>
<tr><td rowspan="4">東・中・西日本
高速道路（株）</td><td>下部路体</td><td rowspan="4">JIS A 1210</td><td rowspan="3">92 以上（＊2）</td></tr>
<tr><td>上部路体</td></tr>
<tr><td>下部路床</td></tr>
<tr><td>上部路床</td><td>97 以上（＊2）</td></tr>
<tr><td rowspan="2">都市再生機構</td><td>盛土</td><td rowspan="2">JIS A 1210</td><td>一般施工：87 以上（＊2）
85 以上（＊5）
重要な部位：90 以上（＊2）
88 以上（＊5）</td></tr>
<tr><td>路体・路床</td><td>路体：90 以上（＊2）
85 以上（＊5）
路床：90 以上（＊2）
90 以上（＊5）</td></tr>
<tr><td rowspan="2">国土交通省鉄道局</td><td>下部盛土</td><td rowspan="2">JIS A 1210
（礫：E 法）
（砂：B 法）</td><td>性能ランク I
礫：90 以上（87）（＊3）
砂：95 以上（92）（＊3）
性能ランク II：90 以上（87）（＊3）
性能ランク III：90 以上（＊4）</td></tr>
<tr><td>上部盛土</td><td>性能ランク I：95 以上（92）（＊3）
性能ランク II：90 以上（87）（＊3）
性能ランク III：90 以上（＊4）</td></tr>
<tr><td>国土開発技術研究センター</td><td>堤防</td><td>JIS A 1210（A 法）</td><td>A：90 以上（＊5）</td></tr>
</table>

＊1：砂置換法による方法
＊2：RI（radioisotope）計器による方法の 15 点の平均
＊3：RI（radioisotope）計器，砂置換，突砂のいずれかによる方法の平均
＊4：RI（radioisotope）計器，砂置換，突砂のいずれかによる方法
＊5：砂置換法による方法の平均
#表中カッコ内の数字は下限値
（地盤材料試験の方法と解析，地盤工学会，2009，表 5.2.3 より抜粋）

5.5 現場での土の締固め法

5.5.1 機械による締固め

現場での締固めの仕様（specification）が決められると，施工業者は，適切な締固め機械をもってその仕様，またはそれ以上の乾燥単位体積重量を達成する必要があります．掘削した溝の埋め戻しのような小さい規模の工事では図 5.7（a）に見られるような手動振動タンパー等が用いられます．大規模な工事では種々のタイプの大型締固めローラーが使われます．図 5.7 には一般によく使われるいくつかの締固め機械が示されています．

タイヤローラー（pneumatic rubber tire roller（図 5.7（b））：この機械は砂質土にも粘性土にも使用することができます．土はタイヤの圧力と混ぜ粉ね（kneading）作用によって，締固められます．

シープフートローラー（sheep's foot roller）（図 5.7（c））：このユニークな羊の足と称される車輪は初期の時点での締固めで粘性土や深い部分の土の締固めに適しています．

ロードローラー（smooth wheel（drum）rollers）（図 5.7（d））：これは主に砂質土や粘性土の

(a) 手動の振動タンパー

(b) 空気圧ゴムタイヤローラー

(c) シープフートローラー

(d) ドラムローラー

図 5.7 現場の締固め機械

表面仕上げ段階で使用されます．機械による圧力は他の2つローラーに比べて低く，厚い層の締固めには使用されません．

振動車輪（vibratory wheel）：上記のすべてのローラーには，通常，車輪に振動装置が付けられています．振動は特に粒状土の締固めに効果があります．

表5.6には盛土の種類に応じてそれぞれに適した締固め機械が示されています．

また，現場での締固めにはその締固めエネルギーのレベルと含水比の調節の他にいくつかの重要なパラメータがあります．それらは次に示される**転圧の回数**（number of passes）と**リフト量**（amount of lift）です．

転圧の回数（number of passes）：一般に現場では，指定された乾燥単位体積重量を得るために複数回のローラーによる転圧が必要です．転圧の回数が多いほどより高い単位体積重量が得られます．図5.8に現場実験で得られたγ_dと転圧回数（2回から45回）とその深さの関係が示されています（D'Appolonia et al. 1969）．締固めは2.44 m（8 ft）のリフトに対して，55.6 kN（12.5 kips）の滑らかなロードローラーで行われました．5回の転圧の後は，それ以上にγ_dを増加させるには大幅に転圧回数を増加させなければならないことがわかります．一般に10から15回以上の転圧は経済的にその効果が少ないとされています．

リフト量（amount of lift）：締固められる前に敷き広められた一層の緩い土の高さが**リフト量**（lift）です．リフト量も締固めの効果に大きな影響を及ぼします．図5.8には層の上部の0.3から

表 5.6 土質と盛土の構成部分に応じた締固め機種（**日本道路協会，道路土工，盛土工指針，2010**）

盛土の構成部分	土質区分	締固め機械									備考
		ロードローラ	タイヤローラ	振動ローラ	自走式タンピングローラ	被けん引式タンピングローラ	ブルドーザ 普通型	ブルドーザ 湿地型	振動コンパクタ	タンパー	
盛土路床	岩塊等で掘削締固めによっても容易に細粒化しない岩			◎					※	※大	硬岩
	風化した岩，土丹等で部分的に細粒化して良く締め固まる岩等		○大	◎	○	○			※	※大	軟岩
	単粒度の砂，細粒度の欠けた切込砂利，砂丘の砂等			○					※	※	砂 礫まじり砂
	細粒分を適度に含んだ粒度の良い締固めが容易な土，まさ，山砂利等		◎大	○	○				※	※	砂質土 礫まじり砂質土
	細粒分は多いが鋭敏性の低い土，低含水比の関東ローム，砕き易い土丹等		○大		◎	◎				※	粘性土 礫まじり粘性土
	含水比調整が困難でトラフィカビリティーが容易に得られない土，シルト質の土等						●				水分を過剰に含んだ砂質土
	関東ローム等，高含水比で鋭敏性の高い土						●	●			鋭敏な粘性土
路床	粒度分布の良いもの	○	◎大	◎					※	※	粒調材料
	単粒度の砂及び細粒の悪い礫まじり砂，切込砂利等	○	○大	◎					※	※	砂 礫まじり砂
裏込め			○	◎小					※	※	ドロップハンマを用いることもある
のり面	砂質土			◎小					◎	※	
	粘性土			○小			○		○	※	
	鋭敏な粘土，粘性土							●		※	

◎：有効なもの
○：使用できるもの
●：トラフィカビリティーの関係で他の機械が使用できないのでやむを得ず使用するもの
※：施工現場の規模の関係で，他の機械が使用できない場所でのみ使用するもの
大：大型のもの
小；小型のもの

0.5 m（1 から 1.5 ft）の深さの土が効果的に締固められていることがわかります．したがって全体の深さを仕様どおりに締固めるにはリフト量が十分に小さくなくてはなりません．しかし極端に小さすぎるのも問題です．あまり小さいと層の上部の粒子が振動のため分離し，あまり締固めができません．一般に一層のリフト量は約 0.5 m（20 インチ）程度に制限されます．

5.5.2 ダイナミックコンパクション（dynamic compaction）

最近，非常に簡単ながら効果のある新しい締固め工法が導入されました．**ダイナミックコンパクション**（dynamic compaction）は図 5.9 に見られるように重い錘が地盤上に落とされるだけの簡単なものです．通常，錘は 80 kN から 360 kN で，地上 10 m から 30 m の高さから自由落下されます．衝突のインパクトは土中に応力波を生み出し，かなり深所の土も締固められます．この工法は主に砂質土に効果的に使われますが，シルト質土や粘性土にも使われます．振動や騒音などの問題がないところでは非常に経済的な工法です．

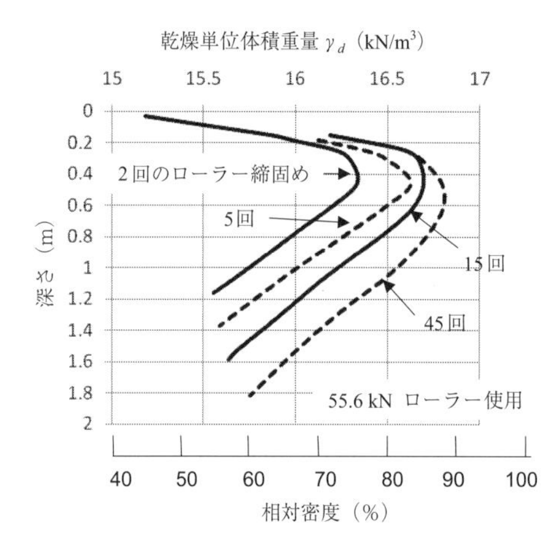

図 5.8　転圧回数と深さの締固めに及ぼす影響
（D'Appolonia et al. 1969 より）

図 5.9　ダイナミックコンパクション
（写真提供：Terra Systems, Inc.）

5.6　現場での土の単位体積重量測定法

締固めのプロセスで最後の重要な工程は，現場での施工の監視（monitoring）と締固め度の検査（inspection）です．締固め作業がすべて終了した後では締固めが仕様どおりに施工されかどうかをチェックするのはとても困難です．したがって，施工中の監視とその時々の締固め度の検査が必要です．

予備チェックとして監視官が探査棒（probe）（通常径 13 mm 程度の鋼棒）を自身の体重をもって地上に突き刺し，その貫入量の異常性で締固めに疑問のあるスポットを見つけることができます．しかし，ほとんどの場合，締固めの各段階で現場の土の単位体積重量を測定することによって施工が仕様どおりに行われたかどうかを確認します．これにはいくつかの方法があり，**砂置換法**（sand cone method）（**JIS A 1214**，ASTM D-1556，および AASHTO T-191），**ゴム風船法**（rubber balloon method）（ASTM D-2167，および AASHTO T-205），**核密度法**（**JGS 1614-2012**，unclear density method）（ASTM D-2922，および AASHTO T-238）があります．この中で砂置換法は広く使用され以下に説明されます．

5.6.1　砂置換法（sand cone method）

この方法は図 5.10 に示すように，地表面に穴を掘りその穴のスペースを標準砂で置き換えてその穴の体積を間接的に測り，その全単位体積重量と含水比を知るというものです．標準砂は乾燥した均一な粒径で自由に流れるきれいな砂で，0.075 mm（200 番ふるいに残ったもの）と 2 mm（10 番ふるいを通過したもの）の間の砂が用いられます．現場試験に先だって，あらかじめ室内実験でこの砂の緩い状態（自由落

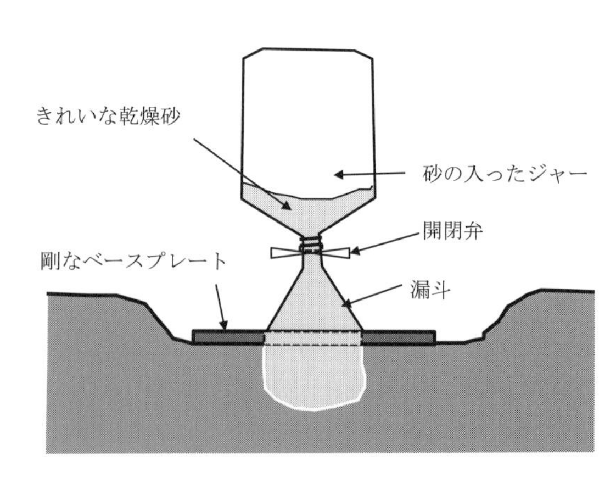

図 5.10　砂置換法

下）での乾燥単位体積重量 $\gamma_{d,\mathrm{sand}}$ を検定しておく必要があります．

現場での手順は次のようです．

(1) 現場に向かう前に標準砂の $\gamma_{d,\mathrm{sand}}$ を検定で求めます．必要な数のジャー（jar）に標準砂を詰めてそのジャーごとの全重量をあらかじめ測り，記録しておきます．

(2) 現場の単位体積重量測定に選ばれた地点で，剛なベースプレートの端面で地面の表面を平坦にします．代表的な締固め度を知るために，測定の表面レベルは通常，締固められた表面より少し掘り下げた深さにとります．

(3) ベースプレートの中心の円形の開口部を通して，スプーンで慎重に地中に穴を掘り，取り出したすべての土は注意深くビニール袋に採集します．

(4) 標準砂で満たされたジャーの上部に漏斗（cone）を取り付け，逆さまにし，その漏斗の先端をベースプレートの開口部の内側にしっかりと固定します．この段階では，ジャーの開閉弁（valve）は閉じたままです．

(5) ジャーをしっかり固定して，開閉弁を慎重に開くと標準砂が流れ出し，掘削された穴と漏斗の部分を満たします．

(6) 砂が穴と漏斗の部分を完全に満たしたのを確認した後，開閉弁を慎重に閉じます．後に，残った砂の入ったジャーの総重量を測ります．試験前のその総重量から試験後の総重量を差し引くことで，穴と漏斗部を満たした標準砂の重量 $W_{\mathrm{sand,cone+hole}}$ を得ます．

(7) ステップ（3）で穴より採集された試料の湿潤重量は $W_{t,\mathrm{hole}}$ として計測し，その含水比は w として計測します．これらの計測は現場であればバランスと電子レンジを使い，また実験室ではバランスとオーブンを用いて行います．

以上の現場計測に基づいて単位体積重量の計算は次のようになります．

$$\gamma_{d,\mathrm{sand}} = W_{\mathrm{sand,cone+hole}}/V_{\mathrm{hole+cone}} \text{ により，} \tag{5.9}$$

$$V_{\mathrm{hole+cone}} = W_{\mathrm{sand,cone+hole}}/\gamma_{d,\mathrm{sand}} \tag{5.10}$$

$$V_{\mathrm{hole}} = V_{\mathrm{hole+cone}} - V_{\mathrm{cone}} \tag{5.11}$$

$$\gamma_{t,\mathrm{hole}} = W_{\mathrm{t,hole}}/V_{\mathrm{hole}} \tag{5.12}$$

$$\gamma_{d,\mathrm{hole}} = \gamma_{t,\mathrm{hole}}/(1+w) = \gamma_d \tag{5.13}$$

上記の γ_d 計算では，V_{cone} と $\gamma_{d,\mathrm{sand}}$ は使われた漏斗と標準砂に対して，あらかじめ検定された値で，$W_{\mathrm{sand,cone+hole}}$ と $W_{t,\mathrm{hole}}$ は現場計測から得られたものです．測定された γ_d 値が仕様で定められた $\gamma_{d,\mathrm{field}}$ 値と比べられ，もし測定値が仕様値より小さいことが判明すれば，現場監督は施工業者にその場所の締固めのやり直しを指示しなくてはなりません．

例題 5.2

次のデータが現場の砂置換法より得られました．$\gamma_{d,\mathrm{field}}$ と締固め度 D_c を求めてください．なお，標準プロクター試験より得られた $\gamma_{d,\max}$ は 18.8 kN/m^3 でした．

$\gamma_{d,\mathrm{sand}} = 15.5$ kN/m^3（標準砂に対する検定値）

$W_{\mathrm{sand,cone}} = 1.539$ kgf（漏斗部分を満たすに必要な標準砂の重量）

（ジャー ＋ 漏斗 ＋ 標準砂）の総重量（試験前）＝7.394 kgf

（ジャー ＋ 漏斗 ＋ 標準砂）の総重量（試験後）＝2.812 kgf

$W_{t,\ \mathrm{hole}}=3.512$ kgf（穴から得られた試料の湿潤重量）

$w=10.6\%$（試験室で測られた試料の含水比）（1 kgf＝9.81 N）

解：

$V_{\mathrm{cone}}=W_{\mathrm{sand,cone}}/\gamma_{d,\mathrm{sand}}=1.539\times9.81\times10^{-3}/15.5=0.974\times10^{-3}\ \mathrm{m^3}$

$W_{\mathrm{sand,cone+hole}}=7.394-2.812=4.582$ kgf

$V_{\mathrm{sand,cone+hole}}=W_{\mathrm{sand,cone+hole}}/\gamma_{d,\mathrm{sand}}=4.582\times9.81\times10^{-3}/15.5=2.900\times10^{-3}\ \mathrm{m^3}$

$V_{\mathrm{sand,hole}}=V_{\mathrm{sand,cone+hole}}-V_{\mathrm{cone}}=2.900\times10^{-3}-0.974\times10^{-3}\ \mathrm{m^3}=1.926\times10^{-3}\ \mathrm{m^3}$

$\gamma_{t,\mathrm{hole}}=\gamma_t=W_{t,\ \mathrm{hole}}/V_{\mathrm{sand,hole}}=3.512\times9.81\times10^{-3}/1.926\times10^{-3}=17.89\ \mathrm{kN/m^3}$

$\gamma_d=\gamma_t/(1+w)=17.89/(1+0.106)=16.18\ \mathrm{kN/m^3}$ ⇐

$D_c=\gamma_d/\gamma_{d,\max}=16.18/18.8=0.860=86.0\%$ ⇐

5.6.2 他の現場単位体積重量測定法

その他の現場単位体積重量測定方法については，**ゴム風船法**（rubber balloon method）は砂置換法と原理は同じで，乾燥した標準砂の変わりに，水で満たされた風船を膨らませて穴を完全に埋め，その注入された水の量で穴の体積を測るものです．

近年，**核密度法**（nuclear density method）（**GIS 1614-2012**，ASTM D-2922）がよく使われるようになりました．土の密度測定のためにRI（radioisotope）計器から発せられるガンマ線（gamma radiation）を使用します．ガンマ線の散乱は物質の密度に比例するという性質を利用しています．一方，含水比の測定にはアルファ線（alpha radiation）を利用します．どちらもそれらの相関関係を確立するために事前の検定が必要です．この方法では短時間に結果が得られ，また非破壊試験であるためにとても便利ですが，低レベルの放射能物質（radio active material）を用いるために，特別に訓練された技術者が必要とされ，その取り扱いには特別の注意が必要です．

5.7 CBR 試 験

CBR（California Bearing Ratio）**試験**（**JIS A 1211**）は，道路の路盤や路床材料の強度を評価するための土の貫入試験です．これはもともとカリフォルニア州交通局（California Department of Transportation）によって開発されましたが，後にASTM（D-1883）とAASHTO（T-193）に採用された標準試験です．図5.11に見られるように試験試料は直径152.4 mm（6インチ）のモールドに，24.4 N（5.5ポンド），または44.5 N（10ポンド）のランマーを用いて形成されます．試料はモールド内に現場で必要とされる乾燥単位体積重量を持つように締固められます．

この乾燥単位重量を得るために，落下高，落下数，層の数を調整して適切な締固めエネルギーが選ばれます．水分はその最適含水比か，やや乾燥側の含水比で行われます．またドーナツ状の金属製の荷重板により現場の舗装等による荷重に相当する応力を試料に加えます．現場の状況に応じて試料はあらかじめ水で浸れる（soaked）か，または浸されない（unsoaked）かのどちらかです．その後鉛直荷重がピストンを通じて試料の真中に加えられ，鉛直荷重とピストンの貫入量が記録されます．

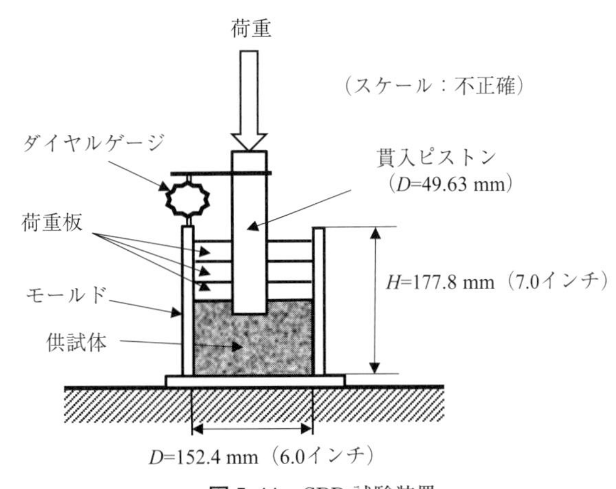

図 5.11 CBR 試験装置

貫入試験データより，CBR 値は次式で定義されます．

$$\mathrm{CBR} = (P/P_s) \times 100 \qquad (5.14)$$

上式で P は貫入量 2.5 mm（0.1 インチ）のときの鉛直荷重の値です．P_s は標準砕石（standard crushed stone）に対する CBR 試験での貫入量 2.5 mm（0.1 インチ）のときの鉛直荷重の値で，それは 6900 kN/m^2 として与えられます．定義に見られるように，CBR 値はその土の 2.5 mm（0.1 インチ）の貫入量での鉛直荷重の値の，標準砕石のそれに対するパーセンテージです．標準砕石は粉砕されたカリフォルニア石灰岩で，その CBR 値は 100 となり，最高の路盤材料ということになります．土の表面が固いほど高い CBR 値が得られます．

CBR の評価は，道路建設のための土の支持力を測定するために開発されましたが，それはまた，舗装されたまたはまったく舗装されない滑走路の土の支持力の評価にも使われます．CBR 値は多くの舗装設計図表に組み込まれており，また他の有用な工学的特性と関連しています．表 4.1 には USCS 分類のグループ名と CBR 値の関係が含まれていました．

5.8 章の終わりに

締固めは埋め戻し，盛土，裏込めの構築などに際して非常に重要な工程です．適切な締固めがなければ，将来地表面は沈下し多くの問題を引き起こします．この章では実験室と現場での締固め法が示されました．実験室のデータが現場の締固めに有効に応用され，使用される締固め機械も示されました．現場の単位体積重量検査の重要性が強調されその方法が紹介されました．最後に一般道路舗装設計に使用される CBR 法も提示されました．

参考文献

1）地盤工学会（2009）．地盤材料試験の方法と解析
2）地盤工学会基準，JGS 0162（2009）．礫の最小密度・最大密度試験方法
3）地盤工学会基準，JGS 1614（2012）．RI 計器による土の密度試験方法
4）日本道路協会（2010）．道路土工，盛土工指針

5）日本工業規格，JIS A 1210．突固めによる土の締固め試験方法
6）日本工業規格，JIS A 1211．CBR 試験方法
7）日本工業規格，JIS A 1214．砂置換法による土の密度試験方法
8）日本工業規格，JIS A 1224．砂の最小密度・最大密度試験方法
9）D'Appolonia, D. J., Whitman, R. V., and D'Appolonia, E. D.（1969）．"Sand Compaction with Vibratory Rollers," *Journal of Soil Mechanics and Foundation Division*, ASCE, Vol. 95, No. SM1, pp. 263-284.
10）Peck, R. B., Hanson, W. E., and Thornburn, T. H.（1974）. *Foundation Engineering.* 2nd ed., John Wiley & Sons, New York.
11）Proctor, R.R.（1933）．"Fundamental Principals of Soil Mechanics," *Engineering News Record*, Vol.111, Nors. 9, 10, 12 and 13.
12）Sowers, G. F.（1979）. *Introductory Soil Mechanics and Foundations : Geotechnical Engineering*, 4th Ed., MacMillan.
13）Terzaghi, K. and Peck, R. B.（1967）. *Soil Mechanics in Engineering Practice*, 2nd Ed., John Wiley & Sons.
14）US Army Corps of Engineers（1992）. *Engineer Manual*, EM 1110-1-1905.

問　題

5.1 土取り場が掘削され，その土は γ_t=19.3 kN/m³，w=12.3%，G_s=2.66 でした．土が乾燥され，最大間隙比試験と最小空隙比試験が行われ，$e_{\max}$=0.564 と $e_{\min}$=0.497 が得られました．土取り場の土の相対密度を求めてください．

5.2 問題 5.1 の土が，ある土工に用いられ，相対密度 =75%，w=10% が必要とされます．この土工に必要とされる湿潤単位体積重量 γ_t を求めてください．

5.3 ある土で G_s=2.65 が与えられました．この土に対して S=40，60，80，100% のときのそれぞれの γ_d と w の関係を w=0 から 20% の範囲でプロットしてください．

5.4 G_s=2.66 の土に対して標準プロクター試験がなされ次の結果が得られました．

含水比，%	モールド内の湿潤重量，gf
5.6	1420
7.9	1683
10.8	1932
13.3	1964
14.8	1830
16.2	1630

(a) γ_d と w の関係をプロットしてください．

(b) $\gamma_{d,\max}$ と $w_{\rm opt}$ を決定してください．

(c) 最大乾燥単位体積重量をとるときの S 値と e 値を計算してください．

(d) $w_{\rm opt}$ のときの γ_t はいくらですか．

(e) 標準プロクター試験での $\gamma_{d,\max}$ に対して，D_c=90% が求められたときの含水比の範囲はいくらですか．

5.5　G_s=2.70 の土に対して修正プロクター試験（JIS A 1210A 法）が行われ次の結果が得られました．

含水比，%	モールド内の湿潤重量，gf
6.5	3250
9.3	3826
12.6	4293
14.9	4362
17.2	4035
18.6	3685

(a)　γ_d と w の関係をプロットしてください．

(b)　$\gamma_{d,\max}$ と w_{opt} を決定してください．

(c)　最大乾燥単位体積重量をとるときの S 値と e 値を計算してください．

(d)　w_{opt} のときの γ_t はいくらですか．

(e)　この修正プロクター試験での $\gamma_{d,\max}$ に対して，D_c=95%が求められたときの含水比の範囲はいくらですか．

5.6　下記の表は標準プロクター試験の結果を示しています．USCS によって土は SW と分類されました．この土が駐車場に掘られた小さな溝を埋めるのに使われます．表 5.4 のガイドラインを使って，この土の必要とされる γ_d とその含水比の範囲を求めてください．

含水比，%	乾燥単位体積重量 γ_d，kN/m^3
3.5	14.3
6.2	16.8
9.2	18.6
12.5	18.7
15.3	17.6
18.6	14.6

5.7　問題 5.6 と同じ土が道路舗装の路床の土として使われるとき，表 5.4 のガイドラインを使ってこの土の必要とされる γ_d と含水比の範囲を求めてください．

5.8　現場で 2500m^3 の盛土材料が必要とされ，その盛土には γ_t=19.5 kN/m^3，w=16.5%，G_s=2.70 の土取り場の土が使われます．盛土は γ_d=18.5 kN/m^3 の乾燥単位体積重量で w=14%の含水比をもって締固められます．

(a)　どれだけの土取り場の土が必要とされますか．m^3 の単位で答えてください．

(b)　その土の総重量はいくらですか．

（ヒント：盛土側と土取り場に対して別々の三相図を作る．）

5.9　砂置換法により現場の単位体積重量が計測され，下記のデータが得られました．土の乾燥単位重量を計算してください．

γ_{sand}= 標準砂の乾燥単位体積重量 =16.2 kN/m^3

V_{cone}= 漏斗の体積 =0.974×10^{-3} m^3

$W_{\text{wet soil}}$= 穴より得られた試料の総重量 =3.425 kgf

$W_{\text{sand, cone+hole}}$= 穴と漏斗を満たした標準砂の重量 =4.621 kgf

$W_{\text{dry soil}}$= 穴より得られた試料のオーブン乾燥した重量 =3.017 kgf

5.10　図 5.12 に CBR 試験のデータ（貫入応力と貫入量の関係）が示されています．

(a)　CBR 値を決定してください．

（b）　この試料を道路舗装の路床材料として使うときの工学的な評価をしてください．

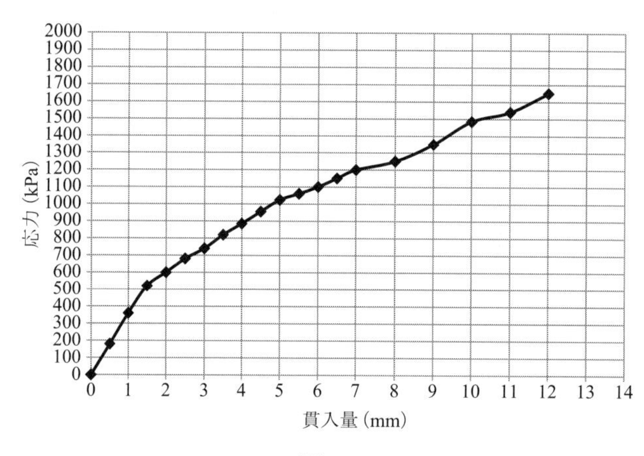

図 5.12

第6章
土中の水の流れ

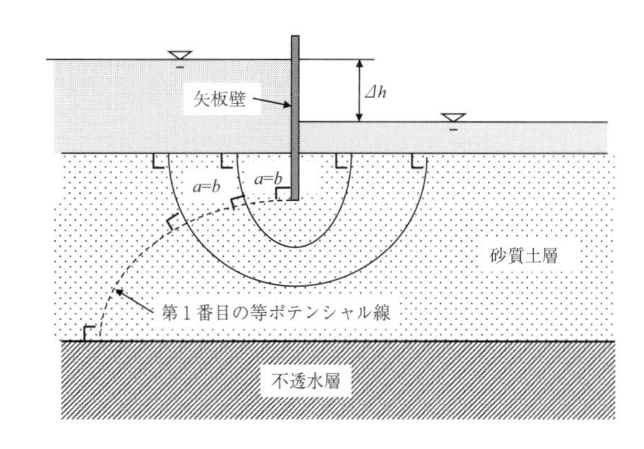

6.1 章の始めに

種々の建設材料の中で土は非常にユニークな性質を持った素材です．その特徴の1つとして，土の大きな間隙（void）のために水が土中を流れることができます．土中の水の流れ（seepage）の特性はアースダム（earth dam），堤防（embankment，levee），地下構造物（underground structure）の建設に，また掘削（excavation）等に大きな影響を与え，その工学的性状を理解することがとても重要になります．

6.2 水頭と水の流れ

図6.1に見られるように，水がきれいな（側壁での摩擦のない）パイプの中に詰められた試料のなかを流れることを想定してください．パイプの左側と右側の水位差のために水は左より右に流れます．この水位差は**全水頭ロス**（total head loss）と呼ばれ，水が流れるためのエネルギー源となります．まず古典的な**ベルヌーイの方程式**（Bernoulli's equation）（式（6.1））が土中を流れる水の原理を定義するために使用されます．

$$h_t = h_z + h_p + h_v = z + \frac{u}{\gamma_w} + \frac{v^2}{2g} \tag{6.1}$$

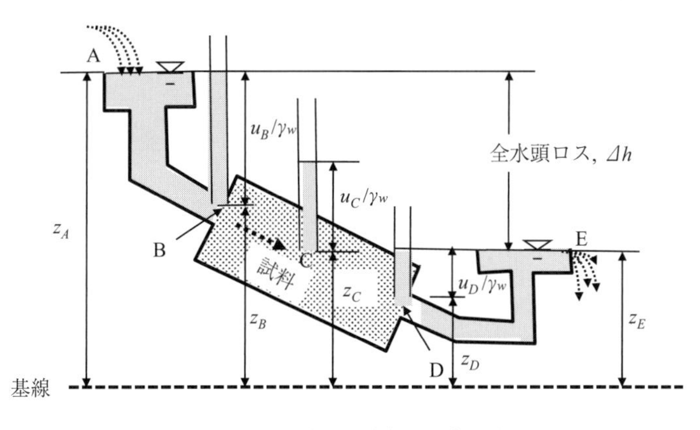

図6.1 パイプ中の土試料での水の流れ

表 6.1　図 6.1 の各点での水頭 h_z，h_p，h_t

図 6.1 での点	h_z	h_p	$h_t=h_z+h_p$
A	z_A	0	z_A（=B 点での h_t）
B	z_B	u_B/γ_w	z_B+u_B/γ_w（=A 点での h_t）
C	z_C	u_C/γ_w	z_C+u_C/γ_w
D	z_D	u_D/γ_w	z_D+u_D/γ_w（=E 点での h_t）
E	z_E	0	z_E（=D 点での h_t）

ここに　　h_t：**全水頭**（total head）
h_z：**位置水頭**（elevation head）
h_p：**圧力水頭**（pressure head）
h_v：**流速水頭**（velocity head）
u：**間隙水圧**（pore water pressure）
v：**流速**（flow velocity）

上式で，ほとんどの土質力学の問題では流速水頭 $v^2/2g$ は他の項の値に比べてきわめて小さい値をとるため省略されます．したがって，式（6.1）は次式になります．

$$h_t=h_z+h_p=z+\frac{u}{\gamma_w} \tag{6.2}$$

式（6.2）を活用するに当たって，基線（datum）を決めることが非常に重要です．基線は任意の位置（高さ）に選ばれ，すべての水頭（全水頭，位置水頭，圧力水頭）はこの基線を基にして決められます．図 6.1 では，各点の位置水頭は基線よりのその点の高さ h_z で，全水頭はこの h_z とその点でのスタンドパイプ（standpipe）の水位高 u/γ_w（$=h_p$）の和として求められます．したがって，全水頭はスタンドパイプの水位面を基線より測った高さとして観察されます．図 6.1 に見られたすべての水頭は表 6.1 にまとめて示されています．

表 6.1 より A 点と B 点では h_z と h_p の値が違うにもかかわらず，その h_t の値は同じであることがわかります．同じことが D 点と E 点に対しても当てはまります．もし h_t に変化がなければ，それは

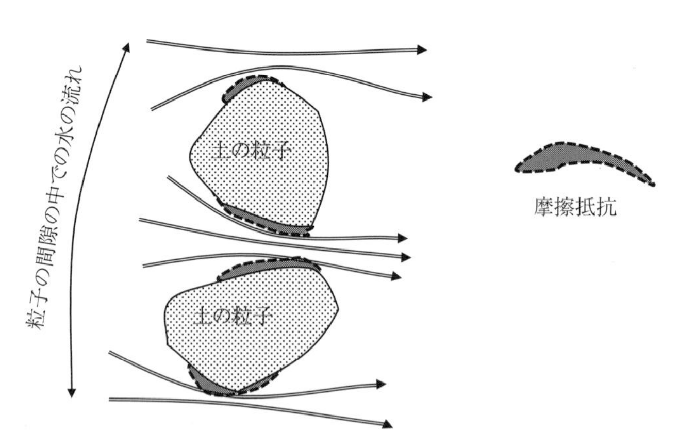

図 6.2　水の流れによる粒子表面での摩擦エネルギーの損失

全水頭ロスゼロ（zero total head loss）を意味し，その間は水は流れません．図6.1と表6.1に見られるように，この場合にはB点からD点のみで全水頭ロスが発生し，その間だけで水が土中を流れることになります．

全水頭ロスはエネルギーの損失です．図6.2に示すように，土中を水が流れる場合は水は土の間隙の非常に狭い通路を流れることとなります．このとき粒子の表面に水の流れに抗する**摩擦抵抗**が生まれます．摩擦抵抗は熱を発生しエネルギーが失われます．これが全水頭ロス（エネルギーのロス）のメカニズムです．

6.3　ダルシーの法則

前節で見たように水が土中を流れるためのエネルギーは全水頭のロスに起因します．そしてそれは式（6.3）に示される**ダルシーの法則**（Darcy's law）に従います．

$$v = ki \tag{6.3}$$

$$q = vA = kiA = k(\Delta h/L)A \tag{6.4}$$

$$Q = qt = kiAt = (k\Delta hAt)/L \tag{6.5}$$

ここに，v：水が多孔質中を流れる**流速**（discharge velocity）（m/sec）

k：**透水係数**（coefficient of permeability）（m/sec）

i：**動水勾配**（hydraulic gradient）（全水頭ロス/流水長 $=\Delta h/L$）

A：水流方向に垂直な試料の断面積（cross-sectional area）（m^2）

q：時間当たりの**単位流量**（flow rate）（m^3/sec）

Q：時間 t（sec）間の**総流量**（total amount of flow）（m^3）

式（6.3）の流速 v は，水が粒子の間隙を流れる真の流速ではなく，むしろそれは総断面積（gross cross-sectional area）を流れる水の**平均流速**（average velocity＝discharge velocity）であること注意してください．しかし，水は土の間隙の部分のみを流れますから**真の流速**（true velocity）は平均流速より速くなります．2つの流速は同じ量の水を流しますから，水の真の流速は次式より得られます．

$$v_s = \frac{v}{n} \tag{6.6}$$

ここに n は土の間隙率で，この真の流速 v_s は平均流速と区別されます．さらに，本当の意味での水分子の真の流速は v_s よりもさらに速くなります．なぜなら，真の水流の経路は複雑に曲りくねっていて，その流路が長くなるからです．しかしながら，**平均流速 v が工学的に意味を持つ流速で，以後流速といえば平均流速を指します．**

例題 6.1

図6.3は水がパイプ内の試料を流れる様子を表しています．試料の透水係数 k は 3.4×10^{-4} cm/sec です．

(a)　A点，B点，C点，D点での圧力水頭を計算し，スタンドパイプでの水位を図に描いてください．

(b)　試料を流れる単位流量 q を計算してください．

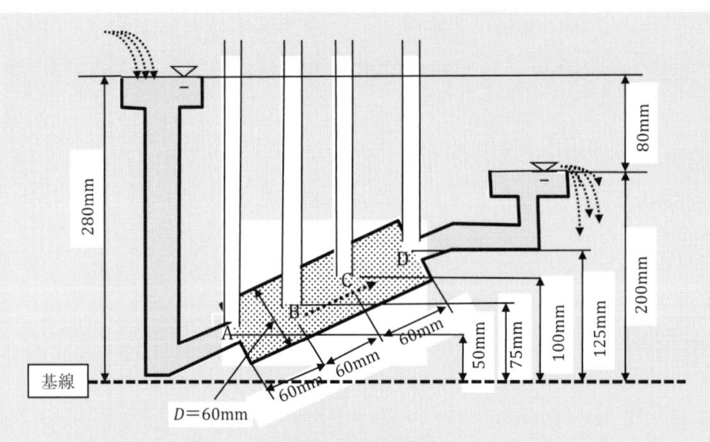

図6.3 例題6.1

解：

(a) 図6.3に選ばれた基線を基にして，式（6.2）を使い表6.2にスプレッドシートが作られました.

表6.2 図6.3の各点での水頭 h_z, h_t, h_pの計算

図6.3での点	h_z（mm）	h_t（mm）	$h_p=h_t-h_z$（mm）
A	50	280	230
B	75	280－80/3＝253.3	178.3
C	100	253.3－80/3＝226.6	126.6
D	125	226.6－80/3＝200	75

表の h_t の計算では，A点からB点の全水頭ロスはA点からD点のロス（80 mm）の3分の1にとられました．同じ量のロスがB点からC点，そして，C点からD点でも起こります．表の h_p の値よりスタンドパイプでの水位が図6.4にプロットされました.

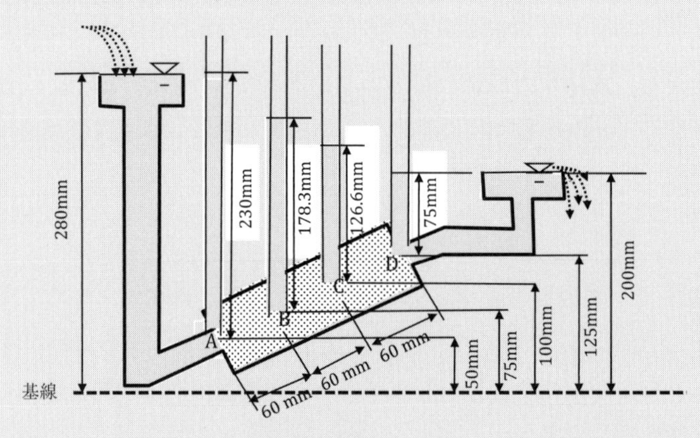

図6.4 例題6.1の解

(b) 式（6.4）より，

$q=k(\Delta h/L)A=3.4\times10^{-4}\times(8/18)\times\pi(6/2)^2=4.27\times10^{-3}\ \mathrm{cm^3/sec}$ ⇐

6.4 透水係数

ダルシーの式（式 (6.3)，(6.4)，(6.5)）で，透水係数 k が唯一の材料のパラメータで，何らかの方法で求めなくてはなりません．k の値は対数的に変化する性格のもので，たとえば，礫の k の値は 1×10^{-1} cm/sec 以上となり，粘土のそれは 1×10^{-7} cm/sec 以下となります．表 6.3 は，種々の土のおおよその目安となる k の値を示しています．

表 6.3 から，粘土は多少，水を通す機能はありますが，実質的にはほとんど不透水です．この性質を利用して**ジオシンセティックス**（geosynthetic）（たとえば Koerner 2005）への応用で，**ベントナイト粘土**（bentonite clay）（モンモリロナイト粘土の一種）は廃棄物の埋立地での汚染水が地下水に染み出さないための不透水層の材料として使用されます．その k の値は 2×10^{-9} から 2×10^{-10} cm/sec と非常に低く実質的には不透水と見なされます．またロックフィルダム（rockfill dam）の芯（core）部でも粘土を締め固めて浸透を制御する遮水層の材料としてその低い透水性を利用します．一方，高透水性の礫や砂はフィルタ材料として多くの土工に使用されます．

研究者達は，k 値を土の容易に得られるパラメータと関係付ける努力をしてきました．次にそれらの代表的な数例が示されます．

表 6.3 種々の土の透水係数 k のおおよその値

相対的な透水性	透水係数，k（cm/sec）	土の種類
高い透水性	$>1\times10^{-1}$	粗い礫
中位の透水性	$1\times10^{-1}-1\times10^{-3}$	砂，細砂
低い透水性	$1\times10^{-3}-1\times10^{-5}$	シルト質砂，汚れた砂
非常に低い透水性	$1\times10^{-5}-1\times10^{-7}$	シルト，細砂岩
不透水性	$<1\times10^{-7}$	粘土

ハーゼンの式（Hazen's formula）

次式のハーゼンの実験式（Hazen 1911）は飽和砂質土に対して広く使用されています．

$$k=C(D_{10})^2 \tag{6.7}$$

ここに，k：透水係数（cm/sec）

D_{10}：土の有効径（mm）

C：ハーゼンの実験係数で，文献（Carrier 2003）によると 0.4 と 10.0 の間の値（主に 0.4 から 1.5）をとり，その平均値は 1.0 と報告されています．

これは非常に簡単で便利な式です．しかしながらこの式は C 値の広い範囲のために，k 値の非常に大まかな見積りの際にのみ使用されます．

シャピュイの式（Chapuis's formula）

同様にシャピュイ（Chapuis 2004）は次式の簡単な実験式を導きました．

$$k=2.4622\left[D_{10}{}^2\frac{e^3}{1+e}\right]^{0.7825} \tag{6.8}$$

ここに，k：透水係数（cm/sec）

D_{10}：土の有効径（mm）

e：間隙比

コゼニーとカーマンの式（Kozeny and Carman's formula）

少し信頼性の高い半実験的理論式はコゼニーとカーマン（Kozeny 1927 と Carman 1938, 1956）によって次式に与えられました.

$$k=\frac{\gamma_w}{\eta_w}\frac{1}{C_{k-c}S_s{}^2}\frac{e^3}{1+e} \tag{6.9}$$

ここに，k：透水係数（cm/sec）

γ_w：水の単位体積重量（9.81 kN/m^3）

η_w：**水の粘性**（viscosity of water）

（t=10℃で 1.307×10^{-3} N sec/m^2，t=20℃で 1.002×10^{-3} N sec/m^2）

C_{k-c}：コゼニー·カーマンの実験定数（均一な球で 4.8±0.3，通常 5.0）

S_s：単位体積当たりの**比表面積**（specific surface per unit volume of particles）（1/cm）

e：間隙比

上式に γ_w=9.81 kN/m^3，η_w=1.0×10^{-3} N sec/m^2，C_{k-c}=5 を挿入したとき，式（6.9）は次のようになります.

$$k=1.96\times10^4\frac{1}{S_s{}^2}\frac{e^3}{1+e} \tag{6.10}$$

S_s 値の推定は簡単ではありません. それは均一な球の集合体でその直径を D としたとき，$6/D$ の値をとります. キャリアー（Carrier 2003）は分布した土の**有効径**（effective diameter）D_{eff} を導入して S_s の決定に次式を与えています. なおこの有効径と 2.5 節で定義された有効径 D_{10} は同じではないので注意してください.

$$S_s=\text{SF}/D_{\text{eff}} \tag{6.11}$$

$$D_{\text{eff}}=\frac{100\ \%}{\sum\left(\dfrac{f_i}{D_{\text{avg},i}}\right)} \tag{6.12}$$

$$D_{\text{avg},i}=D_{l,i}{}^{0.5}D_{s,i}{}^{0.5} \tag{6.13}$$

ここに，f_i：2つのふるい目（大きい目が $D_{l,i}$ で小さいのが $D_{s,i}$）の間の試料の%

SF：**形状係数**（shape factor）

フェアーとハッチ（Fair and Hatch 1933）によると

6.0—球のような（spherical）

6.1—丸い（rounded）

6.4—磨耗した（worn）

7.4—シャープな（sharp）

7.7—角張った（angular）

またはロンドン（**London 1952**）によると

6.6 ― 丸い（rounded）

7.5 ― 中位に角ばった（medium angularity）

8.4 ― 角ばった（angular）

上記のすべての式で，土の粒子径と間隙比は k の値を決定するのに重要な役割を果たしていることがわかります．それらの経験式は礫と砂のみに適用されることに注意してください．また，それらは大まかな k 値の見積りの際に使用されるもので，信頼性の高い k 値が必要とされるときは室内透水試験または現場試験を行う必要があります．

6.5　室内透水試験

実験室で透水係数を計測するのに 2 つの室内試験法が利用されます．それらは**定水位透水試験**（constant head permeability test）（**JIS A 1218**，ASTM D-2434）と**変水位透水試験**（falling head permeability test）です．

6.5.1　定水位透水試験（constant head permeability test）

図 6.5 に見られるように，試料は鉛直に立ったチューブ内に成形され，その両端に定常な水頭が加えられます．水の流れが定常になったとき，排水側で流れ出る水量 Q がある一定時間 t の間集積されます．式（6.5）より k は次のように計算されます．

$$k=\frac{QL}{A\,\Delta h\,t} \tag{6.14}$$

ここに，Q：時間 t の間に集められた水量

L：水の流れ方向の試料の全長

A：試料の断面積

Δh：定水位試験での全水頭ロス

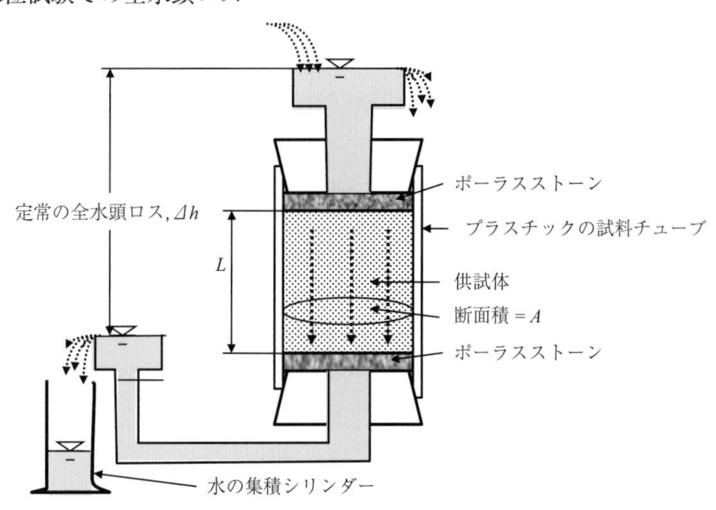

図 6.5　定水位透水試験装置

t：測定時間

1つの試料に対して数回の試験が繰り返され，その平均値が実験 k 値として報告されます．

6.5.2 変水位透水試験（falling head permeability test）

図6.6に見られるように，試料は同様に鉛直のチューブ内に成形されます．高い方の水頭はビュレット内に位置し，その中での水頭は水の流れとともに低下します．排水側の水頭は一定に保たれます．試験開始時（$t=t_1$）で，全水頭ロスは Δh_1 で，時刻 $t=t_2$ で，全水頭ロスは Δh_2 です．単位時間当たりの流量 q は全水頭ロスの変化（$d\Delta h$）とビュレットの断面積 a を掛け，微小時間 dt で除したものとして計算でき，次式を得ます．

$$q=-a\frac{d\Delta h}{dt}=k\frac{\Delta h}{L}A,\ \text{または}\quad dt=\frac{aL}{Ak}\left(\frac{-d\Delta h}{\Delta h}\right) \tag{6.15}$$

式（6.15）を t_1 から t_2 とそれらに対応する Δh_1 から Δh_2 の範囲で積分して，

$$\int_{t_1}^{t_2}dt=(t_2-t_1)=\frac{a\ L}{A\ k}\int_{\Delta h_1}^{\Delta h_2}\left(\frac{-d\Delta h}{\Delta h}\right)=\frac{a\ L}{A\ k}\ln\frac{\Delta h_1}{\Delta h_2} \tag{6.16}$$

が得られ，k 値は次式より得られます．

$$k=\frac{a\ L}{A(t_2-t_1)}\ln\frac{\Delta h_1}{\Delta h_2} \tag{6.17}$$

実験時間を有効に活用するため，そしてより正確な測定のために，通常，定水位試験は礫や砂などの透水性の高い粒状土に使用され，変水位試験は透水性の低い細粒土に用いられます．

室内透水試験は比較的簡単で経済的です．しかし，試料はチューブ内に再構築されなければなりません．粒状土でも再構築によってその粒子配列構造が変化すれば k 値に影響を及ぼします．特に粘性土では現場で採取された試料を乱されないままでチューブの中にぴったりと封入することは簡単では

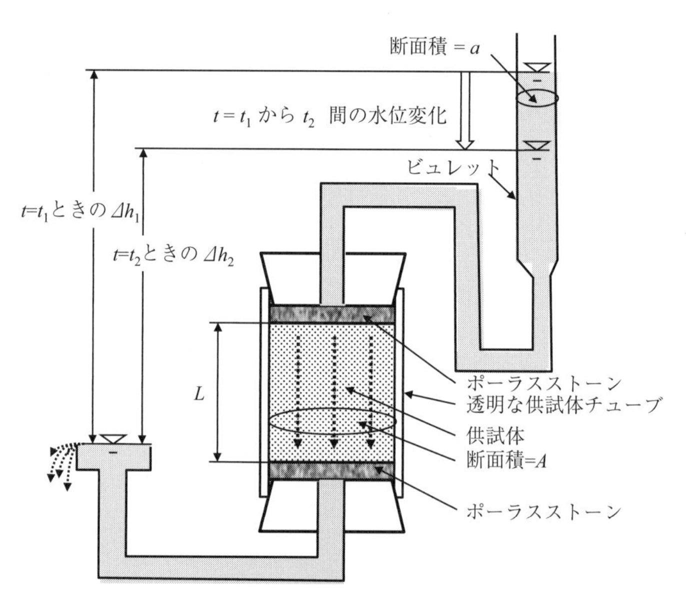

図6.6　変水位透水試験装置

ありません．チューブの内壁と試料の間に隙間が生じれば，そこが水の通路になって正確な k 値の測定は困難になります．そのため，粘性土に対しては，よく試料が三軸試験機（第 11 章）内に形成され，薄いゴム膜を通じて拘束圧が加えられた状態で k 値測定の試験が行われるのは，その理由によるものです．粘性土に対しての圧密試験（第 9 章）結果からも k 値を間接的に求めることができます．

6.6　現場透水試験

上記に述べたように実験室での透水試験は完璧ではありません．試料の再構築と乱れのほかに，その選ばれた小さな試料でもって，不均一で，また時には亀裂も存在する現場の土の真の透水性を代表することは容易なことではありません．

その代わりの方法として現場透水試験があります．現場試験は高価につきますが，土が乱されないままの状態で k 値を測れるという大きな利点があります．よく使われる現場透水試験はその地点に孔を掘り，地下水を汲み上げて，近隣した 2 つの観測井戸で地下水位の変化を観察します．ここではよく使われる 2 つの理想化された現場試験の例を示します．本書では示されませんが理想化された現場の状況では厳密な理論解が存在します．それらについては文献（たとえば Murthy 2003 など）を参照してください．その他の現場透水試験についてはダニエル（Daniel 1989）の著によくまとめられています．参考にしてください．

6.6.1　下層に不透水層を持った透水層での揚水試験

図 6.7 に見られるように，汲み上げ井戸（well）と 2 つの観測井戸（observation well）（中心部から r_1 と r_2 の位置に）が不透水層まで掘られ，地下水が汲み上げられます．汲み上げ量と地下水位が定常になったときの観察井戸での地下水位が測られます．この理想的な場合には次の厳密な理論解が得られています．

$$k=\frac{q}{\pi\left(h_2{}^2-h_1{}^2\right)}\ln\frac{r_2}{r_1} \tag{6.18}$$

ここに，q：単位時間当たりに揚水された水量

　　r_1，r_2：中央からの観測井戸の中心までの水平距離

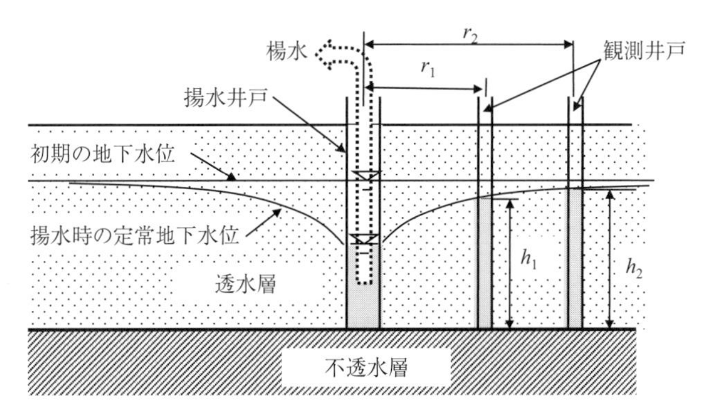

図 6.7　下層に不透水層を持った透水層での揚水試験

h_1，h_2：図6.7で定義される観測井戸での地下水位の高さ

6.6.2　被圧地下水の揚水試験

図6.8は2つの不透水層で挟まれている透水層の場合を示しています．地下水位は上部の不透水層中にあります．このような状況は，**被圧地下水層**（confined aquifer）と呼ばれます．汲み上げ井戸は下の不透水層まで掘られ，2つの観測井戸は透水層まで掘られます．地下水の汲み上げによって定常状態を確立します．このときのk値を計算する厳密解は次のようになります．

$$k=\frac{q}{2\pi H(h_2-h_1)}\ln\frac{r_2}{r_1} \tag{6.19}$$

ここに，q：単位時間当たりに揚水された水量

H：透水層の厚さ

r_1，r_2：中央からの観測井戸の中心までの水平距離

h_1，h_2：図6.8で定義される観測井戸での地下水位の高さ

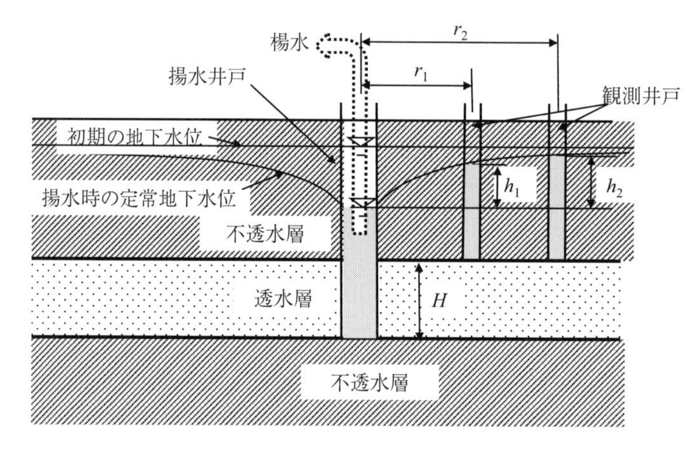

図6.8　被圧地下水の揚水試験

6.7　流線網解析法

流線網（flow net）法は複雑な形状をもった2次元の水理の問題に対して，流量，境界に作用する水圧などを計算するのに非常に便利な図解法です．流線網法の理論は数学的にラプラス方程式（Laplace equation）を使用して実証することができますが（たとえば，Terzaghi 1943），本書では簡単な1次元モデルを利用してその原理を理解することにします．

6.7.1　1次元流線網

図6.9に示すように長さがLで断面積Aの直立したシリンダ内の土中を水が流れることを想定してください．水は全水頭ロスΔhにより下方に流れます．シリンダは流れの方向に均等に3分割され，それぞれに分割された3つの**流路**（flow channel）は同じ量の水を流すことになります．一般に

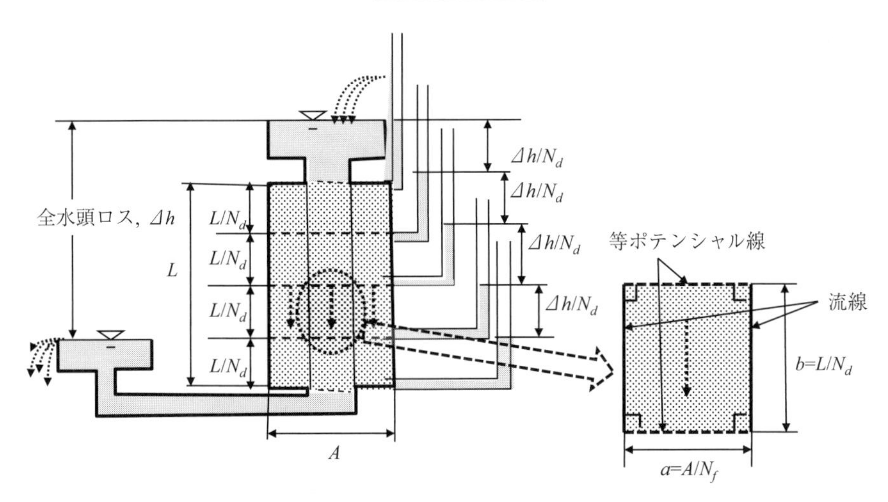

図 6.9 1 次元流線網の概念

分割された流路の数は N_f で表示され，この場合 $N_f=3$ となります．流路に分割する境界線は**流線**（flow line）と呼ばれ，水の流れる方向を示し，水は流線に沿って流れます．次に，図に見られるように，全水頭ロスは Δh で，それは試料の上面と下面の間で起こります．シリンダ内ではどの位置でも等断面であるために，試料の全長 L を 4 等分（一般に分割数 N_d）するとその $L/4$ の試料間では $\Delta h/4$ の全水頭をロスすることになります．この水平方向の分割線（図では破線）は**等ポテンシャル線**（equi-potential line）と呼ばれ，その線上では全水頭はすべて等しいことを意味します．なぜなら，その水平線上では位置水頭は等しく，スタンドパイプに見られる圧力水頭も等しいからです．これらの流線と等ポテンシャル線は互いに直交する網目を作り，**流線網**（flow net）と呼ばれます．

図 6.9 の右側に拡大された 1 つの長方形の網目では，長方形の上部と下部の水平線は 2 つの等ポテンシャル線で，左右両側の鉛直線は 2 つの流線です．水の流れは流線と平行にのみ起こり，また，それは等ポテンシャル線の方向にはけっして流れません．なぜなら，等ポテンシャル線上では全水頭ロスがないからです．これらの条件によって流線網構築の重要な法則のひとつである“**等ポテンシャル線と流線は互いに 90 度で交差する**”が導かれます．

図 6.9 の $a\times b$ の長方形区分を流れる水の単位水量 q_a は式（6.4）を使って，次式より求められます．

$$q_a=kia=k\frac{\frac{\Delta h}{N_d}}{b}a=k\,\Delta h\frac{1}{N_d}\frac{a}{b} \tag{6.20}$$

そして，シリンダ全体の断面 A を流れる単位流量 q_A は，

$$q_A=q_aN_f=k\,\Delta h\frac{N_f}{N_d}\frac{a}{b} \tag{6.21}$$

となります．式（6.21）で等ポテンシャル線の数 N_d と流路の数 N_f は作図時に任意に選ばれた数で，$a=b$ と選んでも何の差しさわりもありません．ここで $\boldsymbol{a=b}$ **と選ぶ**と式（6.21）は式（6.22）のように簡略されます．

$$q_A = k\,\Delta h\frac{N_f}{N_d} \tag{6.22}$$

式（6.22）は，流線網法で単位流量を計算する式として使用されます．N_f/N_d 比は**形状係数**（shape factor）と呼ばれ，土構造物の幾何学形状にのみによる係数です．したがって，流量計算は材料特性の k（透水係数）と，全水頭ロス Δh と，幾何学パラメータの N_f/N_d（形状係数）の積として容易に求めることができます．

6.7.2　等方性土の２次元流線網の構築

上述の１次元流線網の議論から，２次元流線網を構築するため，次の２つの重要な法則の導かれました．

(1)　流線と等ポテンシャル線は互いに 90 度の角度で交差します．

(2)　流線網の網目を $a=b$ の法則（正方形かそれに近い形）で描けば，流量計算には簡単な式（6.22）を用いることができる．

上記の（1）の法則から派生したものとして

(3)　それぞれの流線は交わることがありません．もし交われば，その流路が閉じて水が流れることができないからです．

(4)　等ポテンシャル線も特別な境界線の隅などの場合を除き，お互いに交わることがありません．

(5)　流線と等ポテンシャル線は滑らかな線で描かれねばなりません．

上記の法則に基づいて，流線網の構築手順として次のステップを勧めます．

(1)　まず，問題の土構造物を正確に画面に書くことが必要です．水平および垂直スケールは同じでなければならないことに注意してください．もしそうしないと，上記（2）の正方形の条件を満たすことができなくなるからです．

(2)　適切な N_f の値を選択します．通常は，１回目の計算時 $N_f=3$ または 4 で十分です．

(3)　図面上で境界の流路と等ポテンシャル線を見つけてください．図 6.10 の矢板による水路の締

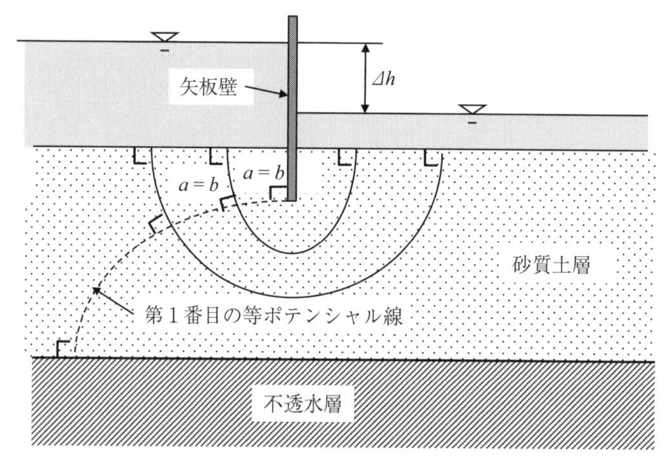

図 6.10　流線網の構築

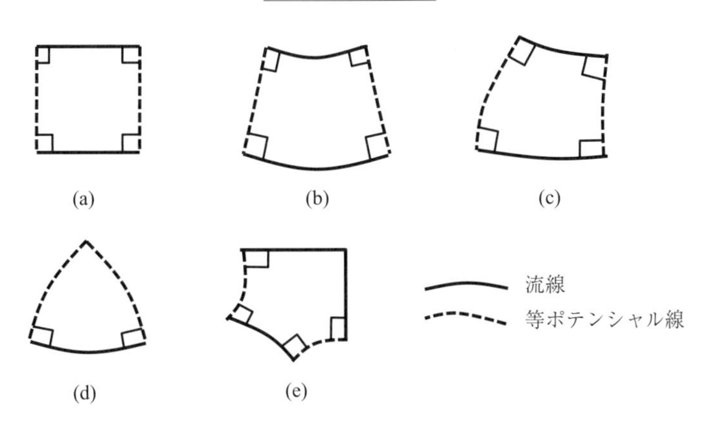

図 6.11 流線網法で使われる正方形またはそれに近い網目の図形

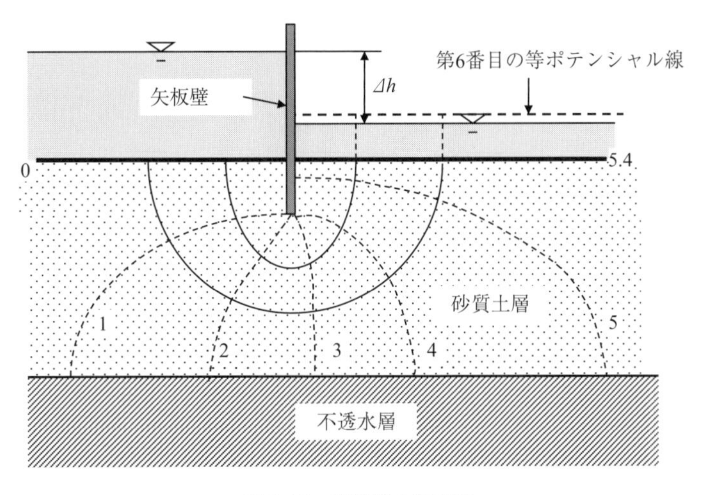

図 6.12 流線網の完成図

め切りの例では，上流側の地表面と下流側の地表面は，それぞれ，最初と最後の等ポテンシャル線となります．また，不透水層の上面は境界の流線で矢板の前面と後面も境界の流線となります．

(4) まず，図 6.10 に示されるように選ばれた N_f で試しの流線を描きます．これはまず水がどのように流れるかを工学的センスをもって直感的に把握しながら適切に行われる必要があります．ここで，すべての流路内を同じ量の水が流れることに注意してください．

(5) 次に，上流側から始めて，第 1 番目の等ポテンシャル線を描いてください．このときの注意点は，すべての網の目はなるべく正方形に近くなるように，そして流線と等ポテンシャル線はお互いに 90 度で交差するように．しかしながら，2 次元の問題ではすべての網目を正方形に描くことは不可能です．したがって．図 6.11 の例に示されるような正方形に近いと見なされる網目になるように根気よく作製する必要があります．図 6.11（d）と（e）にはそれぞれ三角形と五角形の網目が示されていますが，これらは境界の隅などに現れ，例外として許されます．

また図 6.11 (d) では等ポテンシャル線が交わりますが，これもまた構造物の隅での特例です．このようにして正方形と 90° 交差の法則を守りながら，初めに描かれた等ポテンシャル線に順次修正を加え，より良い流線網を作っていきます．図 6.10 の左端と右端の領域ではここもまた正方形法則からの例外の場所となります．しかし，その領域は主要な水の流れが起こりませんのでそれほど問題にはなりません．

(6) ステップ (5) の手順を繰り返し，2番目と3番目の等ポテンシャル線を順次完成させ，最後に図 6.12 に見られるように下流の出口に達します．

(7) 下流出口点では，その最終の等ポテンシャル線上（下流の地表面）で網目の正方形を形成できる保障はありません．このような場合には，最終の等ポテンシャル線を通り越し，最終の網目が正方形になるように架空の等ポテンシャル線を引きます（図では第6番目の等ポテンシャル線）．そして，実際の最終の等ポテンシャル線の番数をその架空の正方形の端数として読み取ります．図 6.12 の例ではその番数は 5.4 となります．

図 6.12 の例では，まず $N_f=3$ が選ばれ，$N_d=5.4$ が作図の結果得られました．したがって，形状係数 N_f/N_d は 0.556 となります．もし大きい N_f 値が選ばれたとき，正方形の法則に従って作図をすれば，N_d 値はそれに比例して大きくなり，同様の形状係数が得られることになります．図 6.13 にいくつかのダム周辺の水の流れの流線網の例が示されています (Terzaghi 1943)．図で正方形法則と 90° 法則の精度を確かめてみてください．

上述した2次元流線網解析法では土は等方性材料であると仮定し，正方形（または $a=b$）法則を適用しました．すなわち，水平方向の透水係数 k_h は垂直方向の透水係数 k_v に等しいという仮定で

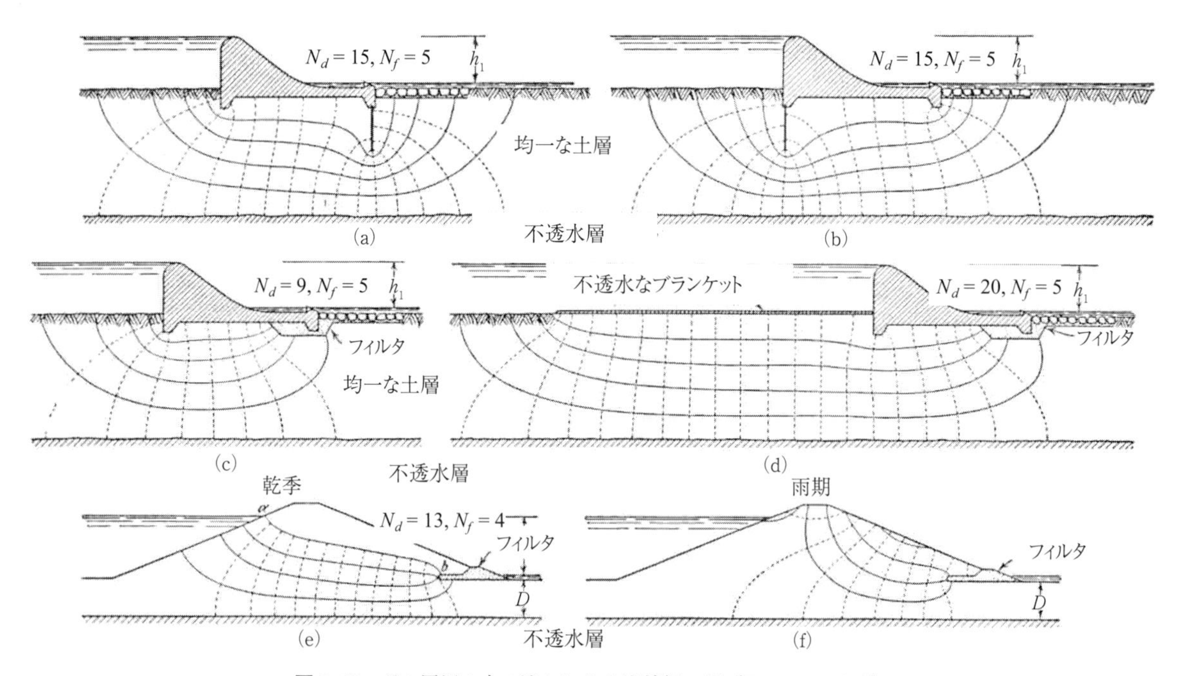

図 6.13 ダム周辺の水の流れによる流線網の例 (Terzaghi 1943)

す．もし k_h と k_v が等しくないとき，水平方向と垂直方向のスケールを修正する必要があります．詳しくは他の文献（たとえば Terzaghi 1943）を参照してください．

6.7.3　流線網法による地中での水圧

1つの等ポテンシャル線上のすべての点では全水頭は同じです．図6.14に見られるように，数個のスタンドパイプが1つの等ポテンシャル線上に立てられたとき，そのパイプ内の水位は同じです．すなわち，式(6.2)よりパイプでの水の高さ（圧力水頭）(h_p)＋位置水頭 (h_z) の和が全水頭となるからです．この原理を用いて，もし流線網が描かれれば地中の任意の点での水圧 u がその位置の等ポテンシャルと位置水頭を知ることによって計算することができます．次節でその方法が示されます．

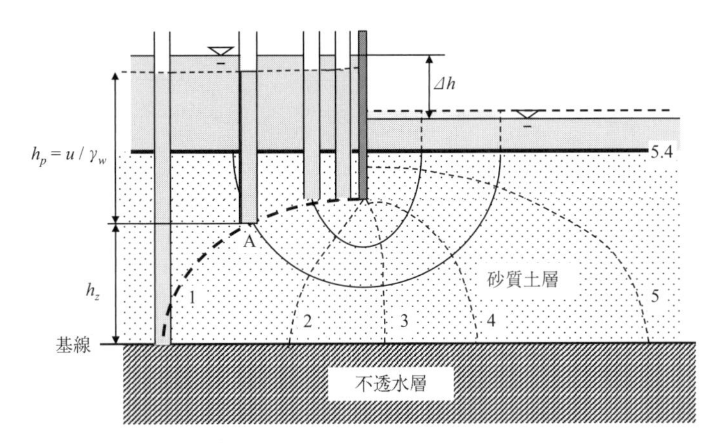

図6.14　1つの等ポテンシャル線上の各点での水圧

6.8　境界に作用する水圧

流線網を利用して構造物の境界に作用する水の圧力を容易に決定することができます．図6.15(a)の例で見られるように，ダムの下を水が流れると，その底面に作用する上向きの水圧のためにダムの安定性が減少します．図6.15(b)では矢板の周りを水が流れるために，矢板の上流側と下流側では，異なった水圧がかかります．この不均等な水圧が矢板設計の1つの重要なパラメータとなりま

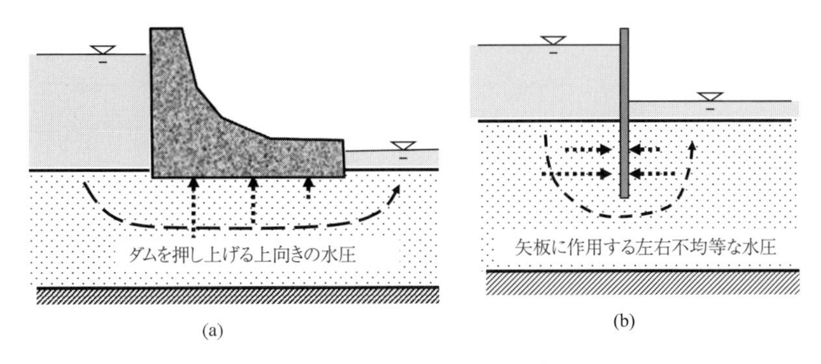

図6.15　構造物の境界に作用する水圧の例

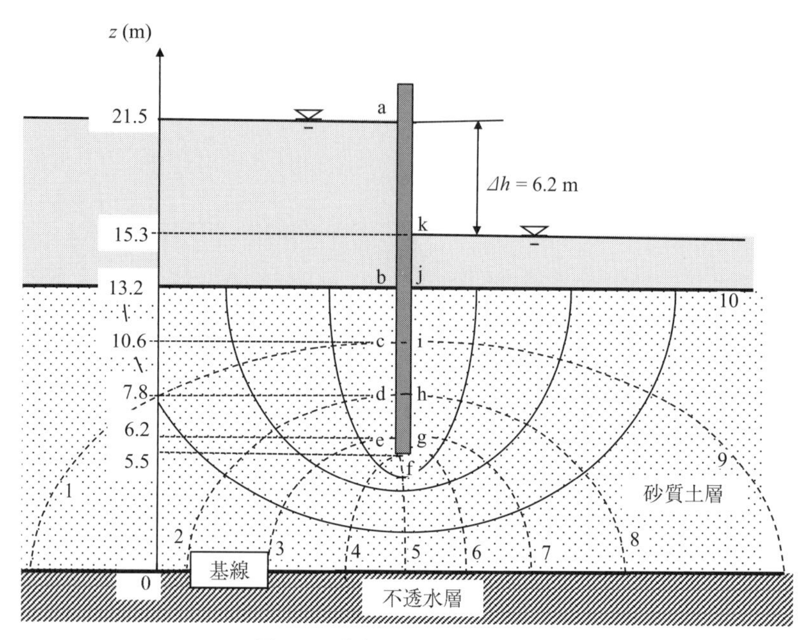

図 6.16 矢板周辺での水圧の計算

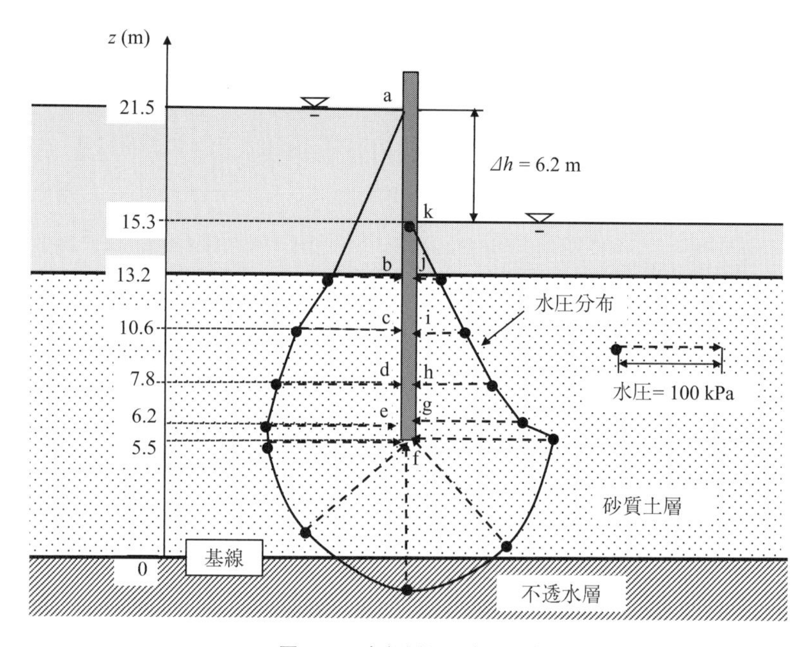

図 6.17 矢板周りの水圧分布

す．

これらの境界に作用する水圧分布は流線網図と式（6.2）の関係（$h_t = h_z + h_p$）を用いて体系的に計算することができます．図 6.16 に矢板の周りの流線網が描かれ，a 点から k 点が矢板の周りに表示されています．またこれらの点の位置水頭は選ばれた基線よりの高さより求められ，それらの点で

表 6.4　図 6.16 の各点に作用する水圧の計算

A	B	C	D	E	F
点	等ポテンシャル線番号 (i)	h_z (m)	h_t (m)	h_p (m)	u kPa(kN/m^2)
a		21.5	21.5	0	0
b	0	13.2	21.5	8.3	81.4
c	1	10.6	21.5−1×0.62=20.88	10.28	100.8
d	2	7.8	21.5−2×0.62=20.26	12.46	122.2
e	3	6.2	21.5−3×0.62=19.64	13.44	131.8
f	5	5.5	21.5−5×0.62=18.4	12.9	126.5
g	7	6.2	21.5−7×0.62=17.16	10.96	107.5
h	8	7.8	21.5−8×0.62=16.54	8.74	85.7
i	9	10.6	21.5−9×0.62=15.92	5.32	52.2
j	10	13.2	21.5−10×0.62=15.3	2.1	20.6
k		15.3	15.3	0	0

C 列：図より読み取る．
D 列：$h_t = h_{t,b} - i \times \Delta h_i$（c 点から j 点での計算に対して）
（$h_{t,b}$：b 点での全水頭）
E 列：(D 列)−(C 列)
F 列：(E 列)×γ_w（γ_w = 9.81 kN/m^3）

の水圧を計算します．

表 6.4 はこの計算を体系的に行うために制作されたスプレッドシートで，次の手順に従います．

(1)　まず，基線が選ばれます．これはどの高さでもよく，この例では不透水層の上面が選ばれました．

(2)　全水頭ロスは Δh=6.2 m．

(3)　流線線図より N_d=10 が読み取られ，隣接する等ポテンシャル線との全水頭の落下量 Δh_i は $\Delta h_i = \Delta h / N_d$=6.2/10=0.62 m となります．

(4)　残りのスプレッドシートの項はシートの下欄の式を挿入して容易に計算できます．

表 6.4 で D 列は，各点は個々の等ポテンシャル線線上にあり，その間の個々の全水頭のロスは Δh_i であることから計算されています．この手順で，j 点での h_t は 15.3 m となりますが，これは当然ながら k 点での h_t と同じ値となります．残りの部分も同じように体系的に計算されています．

図 6.17 は表 6.4 で得られた矢板の両側に沿った水圧分布をプロットしています．a 点と b 点の間と j 点と k 点の間は静水圧分布（hydrostatic water pressure distribution）です．土中では上流側の水圧は静水圧より高くなり，下流側では逆に水圧は静水圧より低くなります．これにより，矢板には合力として左側より余計な水圧がかかり，矢板に余分な曲げモーメントを生じます．矢板の先端 f 点では同じ水圧（126.5 kP$_a$）が半円状に f 点に向かって作用することに注意してください．

例題 6.2

コンクリートダムの下を水が流れるときの流線網が図 6.18 に描かれています．

(a)　ダムの底面に作用する水圧分布を計算してください．

(b)　ダムの底面に作用する水圧合力を計算してください．

(c)　水圧合力の作用点を計算してください．

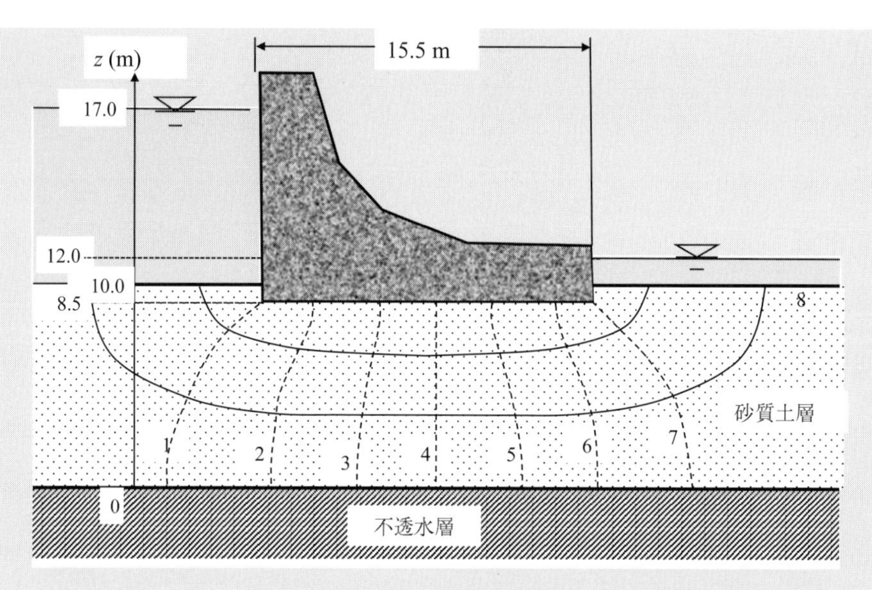

図 6.18　例題 6.2

解：

基線が不透水層の上面に選ばれました．

$\Delta h = 17 - 12 = 5.0\,\mathrm{m}$

$N_d = 8$

$\Delta h_i = \Delta h / N_d = 5.0/8 = 0.625\,\mathrm{m}$

図 6.19 にダムの底面上で a 点から g 点が選ばれました．

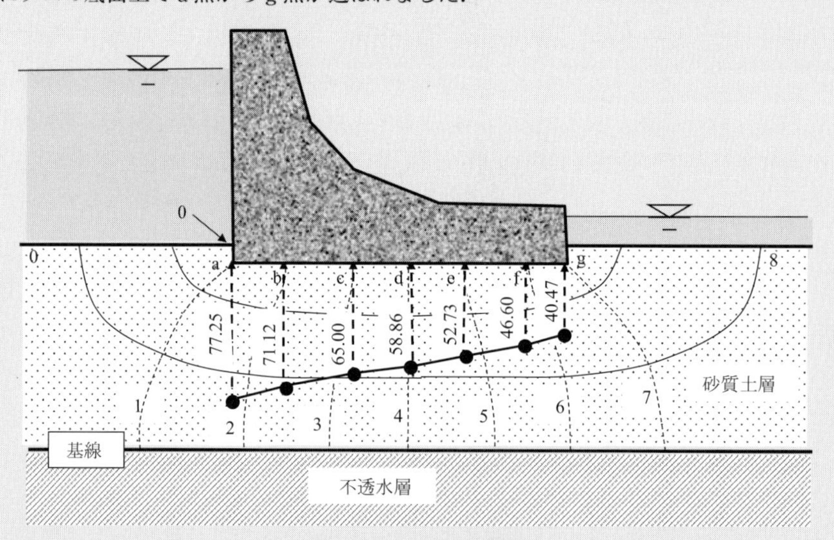

図 6.19　例題 6.2 の解

(a)　ダムの底面での水圧計算が表 6.5 のスプレッドシートに示されています．

表 6.5 図 6.19 の各点の水頭と水圧の計算

A	B	C	D	E	F
点	等ポテンシャル線番号（i）	h_z（m）	h_t（m）	h_p（m）	u kPa(kN/m^2)
a	1	8.5	17−1×0.625=16.375	7.875	77.25
b	2	8.5	17−2×0.625=15.75	7.25	71.12
c	3	8.5	17−3×0.625=15.125	6.625	65.00
d	4	8.5	17−4×0.625=14.5	6	58.86
e	5	8.5	17−5×0.625=13.875	5.375	52.73
f	6	8.5	17−6×0.625=13.25	4.75	46.60
g	7	8.5	17−7×0.625=12.625	4.125	40.47

C 列：流線網図より読み取る．
D 列：$h_t=h_{t,0}-i\times\Delta h_i$（a 点から g 点での計算に対して）
（$h_{t,0}$：0 点での全水頭）
E 列：(D 列)−(C 列)
F 列：(E 列)×γ_w（γ_w=9.81 kN/m^3）

計算結果が図 6.19 にプロットされました．

（b） 各点の a 点よりの水平距離が x としてグラフから読み取られ，表 6.6 の C 列に示されます．隣接する 2 つ圧力値よりその台形の面積がその部分の合力（E 列）として計算され，その台形の重心が a 点よりの距離として F 列に，そしてその合力による a 点に関するモーメントが G 列に計算されています．

表 6.6 図 6.19 の応力分布より求めた合力とその a 点に関するモーメントの計算

A	B	C	D	E	F	G
点	u kPa(kN/m^2)	a 点よりの距離 x (m)	Δx (m)	合力 P_i (kN/m)	a 点よりの重心の距離 (m)	a 点に関するモーメント (kN/m-m)
a	77.25	0				
b	71.12	2.4	2.4	178.04	1.183	211
c	65.00	5.7	3.3	224.60	4.025	904
d	58.86	8.3	2.6	161.02	6.979	1124
e	52.73	10.8	2.5	139.49	9.527	1329
f	46.60	13.8	3	149.00	12.269	1828
g	40.47	15.5	1.7	74.01	14.630	1083
			合計	926.15		6478

D 列：C_i-C_{i-1}（隣接する 2 つの応力間の距離）
E 列：½ $(B_{i-1}+B_i)\times D_i$（隣接する 2 つの応力が作る台形の面積）
F 列：$C_{i-1}+D_i(B_{i-1}+2B_i)/(B_{i-1}+B_i)/3$（a 点よりの台形の重心の距離）
G 列：$E_i\times F_i$（台形の a 点に関するモーメント）

注：台形$(a\times b\times h)$の重心の a 辺側よりの距離 $=h(a+2b)/(a+b)/3$，b は a 辺と反対側の辺長，h は台形の高さ．

表 6.6 の最終行（合計）の値より，

上向きの水圧合力 P=926.15 kN/m（ダムの単位奥行き当たり）⇐

（c） 合力 P の作用点 =∑（モーメント）/P=6478/926.15=6.99 m（a 点よりの距離）⇐

もし，ダム底面での応力分布が 1 つの大きな台形と仮定されたとき，a 点と g 点のみの水圧値を用いて，その合力と作用点は，P=½(77.25+40.47)×15.5=912.3 kN/m^2（上表の解と 1.5% の差）

合力 P の作用点 =15.5×(77.27+2×40.47)/(77.27+40.47)/3=6.94 m（上表の解と 0.7%の差）

6.9 章の終わりに

土中を流れる水のメカニズムはベルヌーイの式とダーシーの式を用いて系統的に説明されました．この問題の唯一の材料特性である透水係数の経験式がまず示され，実験室と現場での決定法が紹介されました．2次元流線網解析法は複雑な形状を持った構造体の中を流れる水の問題を解くのにとても有効で，詳しく説明されました．現代，流量計算には多くの商用コンピュータプログラムの利用が可能ですが，読者はそれらを正しく使用するために，流線網の原理とその構築に必要な法則を十分認識している必要があります．

参考文献

1) 日本工業規格，JIS A 1218（2015）．土の透水試験方法
2) Carman, P. C.（1938）．"The Determination of the Specific Surface of Powders," *J. Soc. Chem. Ind. Trans.*, Vol. 57, 225.
3) Carman, P. C.（1956）．*Flow of Gases through Porous Media*, Butterworths Scientific Publications.
4) Carrier III, W. D.（2003）．"Goodbye, Hazen；Hello, Kozeny-Carman," *Journal of Geotechnical and Geoenvironmental Engineering*, ASCE, Vol. 129, No.11, 1054-1056.
5) Chapuis, R. P.（2004）．"Predicting the Saturated Hydraulic Conductivity of Sand and Gravel Using Effective Diameter and Void Ratio," *Canadian Geotechnical Journal*, Vol. 41, No. 5, 787-795.
6) Daniel, D. E.（1989）．"In Situ Hydraulic Conductivity Tests for Compacted Clay," *Journal of Geotechnical Engineering*, ASCE, Vol. 115, No.9, 1205-1226.
7) Fair, G. M. and Hatch, L. P.（1933）．"Fundamental factors governing the stream-line flow of water through sand," *J. American Water Works Association*, Vol. 25, 1551-1565.
8) Hazen, A.（1911）．'Discussion of "Dams on Sand Foundations" by A. C. Koenig,' *Transactions*, ASCE, Vol. 73, pp. 199-203.
9) Koerner, R. M.（2005）．*Designing with Geosynthetics*, 5th Ed., Pearson/Prentice Hall.
10) Kozeny, J.（1927）．"Ueber kapillare Leitung des Wassers im Boden," *Wien, Akad. Wiss.*, Vol. 136, No. 2a, 271.
11) London, A. G.（1952）．"The computation of Permeability from simple soil tests,' *Geotechniques*, Vol. 3, pp. 165-183.
12) Murthy, V. N. S.（2003）．*Geotechnical Engineering*, Marcel Dekker.
13) Terzaghi, K.（1943）, *Theoretical Soil Mechanics*, John Wiley and Sons.

問　題

6.1 図6.1で，BC=3.0 m，CD=3.0 m，z_A=10.0 m，z_B=6.0 m，z_C=4.0 m，z_D=2.0 m，z_E=5.0 m，試料のパイプの直径 D=2.0 m が与えられました．

(a) A点，B点，C点，D点，E点での h_p と h_t を計算してください．

(b) 透水係数 k は 2.0×10^{-3} cm/sec でした．単位流量 q を m^3/day の単位で計算してください．

6.2 土の粒径加積曲線のデータが下表に得られました．間隙比 e は0.550で，粒形は丸い（round）と観測

されました.

米国標準ふるい番号	D, mm	通過重量百分率
	10	100.00
4	4.75	88.83
10	2	66.92
20	0.85	43.73
40	0.425	26.98
60	0.25	13.45
100	0.15	6.57
140	0.106	2.28
200	0.075	0.13

下の経験式によって，おおよその透水係数の値をそれぞれに求めてください.

(a)　ハーゼンの式

(b)　シャピュイの式

(c)　コゼニーとカーマンの式

6.3　定水位透水試験が行われ次のデータが得られました．この土の透水係数を求めてください.

$L=15$ cm

D（試料の直径）$=7.2$ cm

$\Delta h=30$ cm

$Q=32.5$ cm^3（10 秒間の計測）

6.4　定水位透水試験が行われ次のデータが得られました．この土の透水係数を求めてください.

$L=15$ cm

D（試料の直径）$=7.2$ cm

$\Delta h=45$ cm

$Q=26.5$ cm^3（20 秒間の計測）

6.5　変水位透水試験が行われ次のデータが得られました．この土の透水係数を求めてください.

$L=15$ cm

D（試料の直径）$=7.2$ cm

Δh_1（$t=0$ のとき）$=36.0$ cm

Δh_2（$t=4$ 分のとき）$=28.3$ cm

d（ビュレット径）$=1.2$ cm

6.6　変水位透水試験が行われ次のデータが得られました．この土の透水係数を求めてください.

$L=15$ cm

D（試料の直径）$=7.2$ cm

Δh_1（$t=0$ のとき）$=40.0$ cm

Δh_2（$t=10$ 分のとき）$=22.9$ cm

d（ビュレット径）$=1.2$ cm

6.7　図 6.7 でモデル化された現場（下層に不透水層を持った）で揚水試験が行われ次のデータが得られました．この現場の透水係数を求めてください.

$r_1=3.2$ m

$r_2=6.0$ m

$h_1=6.24\ \mathrm{m}$

$h_2=7.12\ \mathrm{m}$

$q=12500\ \mathrm{cm^3/min}$

6.8 図6.8でモデル化された現場（被圧地下水）で揚水試験が行われ次のデータが得られました．この現場の透水係数を求めてください．

$r_1=3.2\ \mathrm{m}$

$r_2=6.0\ \mathrm{m}$

$h_1=2.34\ \mathrm{m}$

$h_2=2.83\ \mathrm{m}$

$H=6.34\ \mathrm{m}$

$Q=3635\ \mathrm{cm^3/min}$

6.9 図6.20に示されるように矢板が透水性土層に打ち込まれました．その下には不透水性の粘土層があります．

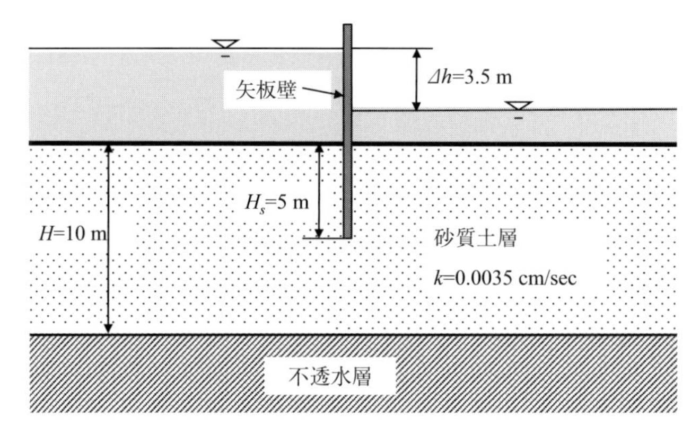

図6.20

(a)　$N_f=3$を用いて流線網を描いてください．

(b)　上の流線網を使って単位流量qを求めてください．

6.10 問題6.9の図で矢板の深さHが7.5 mに変更されたとき，図を書き直して，

(a)　$N_f=3$を用いて流線網を描いてください．

(b)　上の流線網を使って単位流量qを求めてください．

6.11 図6.21に与えられたダムに対して，

(a)　$N_f=3$を用いて流線網を描いてください．

(b)　上の流線網を使って単位流量qを求めてください．

(c)　上の流線網を使ってダムのA点とB点での水圧を計算してください．

6.12 問題6.11で与えられたダムに，4 m長の垂直矢板が図6.22のようにダム底面の左端部（A点）に加えられました．

(a)　$N_f=3$を用いて流線網を描いてください．

(b)　上の流線網を使って単位流量qを求めてください．

(c)　上の流線網を使ってダムのA点とB点での水圧を計算してください．

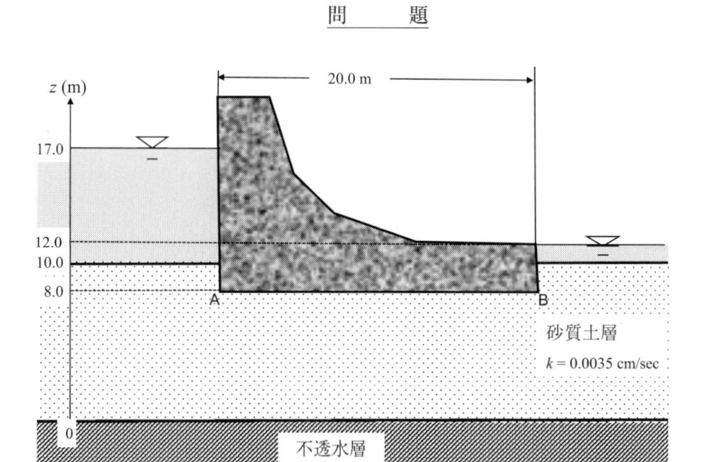

図 6.21

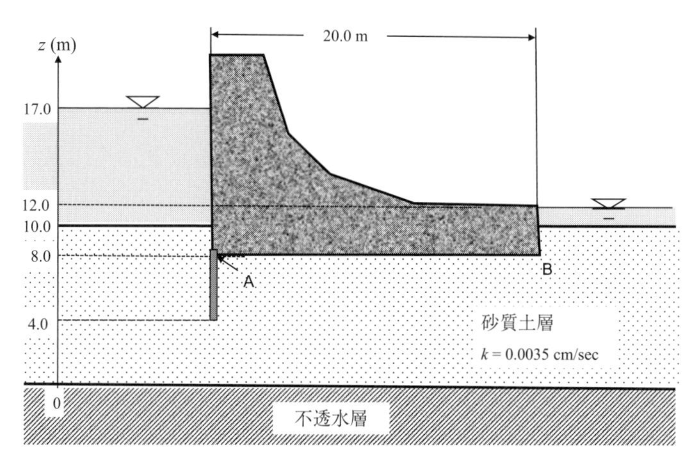

図 6.22

6.13 問題 6.12 のダムに対して，

(a) $N_f=3$ の流線網を描いた後，矢板の上流側に作用する水圧を $z=4.0$ m から $z=17.0$ m の範囲で計算しその結果をプロットしてください．

(b) 上で求めた水圧分布より矢板をも含めたダムの前面に作用する水圧の合力を求めてください．

6.14 問題 6.12 のダムに対して，

(a) $N_f=3$ の流線網を描いた後，ダム底面に上向きに作用する水圧分布を計算し，その結果をプロットしてください．

(b) 上で求めた水圧分布よりダム底面に作用する上向きの水圧の合力を求めてください．

第7章
有効応力

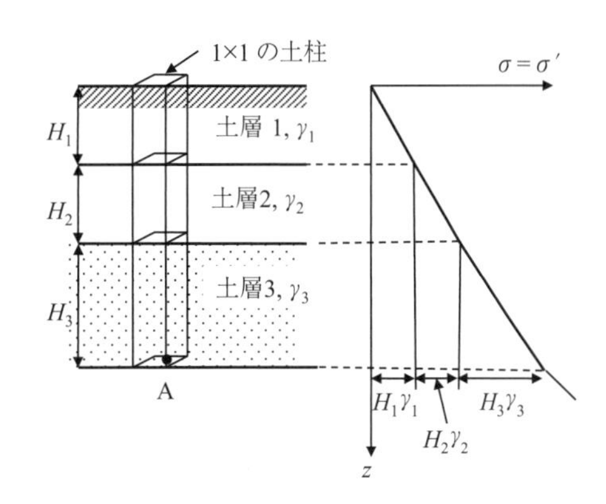

7.1　章の始めに

テルツァーギは近代土質力学の最も重要な概念の１つである**有効応力**（effective stress）の概念を1925 年に出版された本 **Erdbaumechanik**（**Terzaghi 1925**）で発表しました．土に加わる有効応力は，土の強度，体積変化に深く関与する需要な応力で，また，毛管上昇（capillary rise），水の流れによる浸透水圧（seepage pressure），クイックサンド（quicksand），掘削の底面でのフクレ上がり（swelling）にも関係します．本章では有効応力の定義から始まり，それに影響されるさまざまな現象が取り扱われます．

7.2　全応力と有効応力

図 7.1 に見られるように土は粒子の集合体で，その粒子の骨格構造が外力に抵抗する主要な要素です．図の両側に矢印を持ったベクトルは粒子の接点で働く粒子間の力を示し，それは**接点垂直応力**（contact normal stress）と**接点せん断応力**（contact shear stress）を含みます．土が乾燥している状況では，図のように粒子間の力と外力が均衡を保ちますが，土が飽和している場合は間隙水圧（pore water pressure）が発生し，粒子間力と間隙水圧が外力に抵抗することになります．

図 7.2 はテルツァーギによる粒子間応力 σ' と間隙水圧 u が外部応力（全応力）σ に対抗するモデ

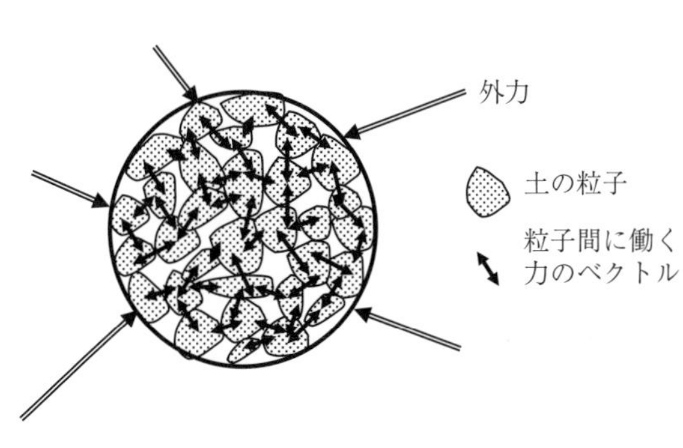

図 7.1　粒子の集合体に働く粒子間力と外力

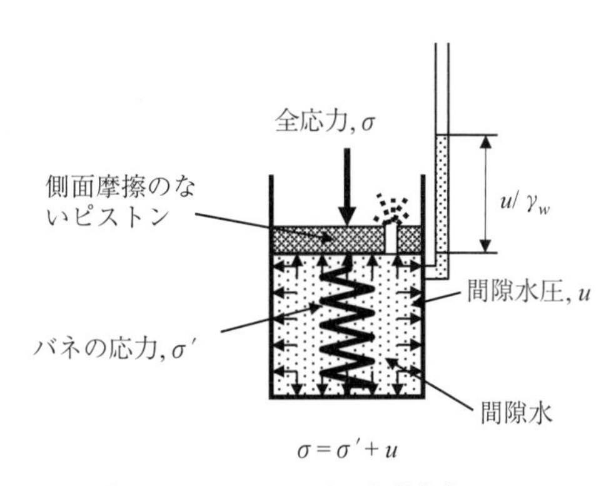

図 7.2　テルツァーギの有効応力モデル

ルです．モデルは水で満たされたシリンダ内でピストンがバネ（spring）で支えられている様子を示します．ピストンの側壁は摩擦がないと仮定され，そこには土の透水性を反映する小さな排水孔が開けられています．バネは土の骨格（skeleton）を表し，水は飽和した土の間隙水を表します．テルツァーギは**有効応力**（effective stress）σ' を次のように定義しました．

$$\sigma' = \sigma - u \tag{7.1}$$

ここに，σ は**全応力**（total stress），u は**間隙水圧**（pore water pressure）です．モデルでは外力（すなわち，全応力，σ）がバネの応力 σ_{spring} と間隙水圧 u によって支えられます．土の骨格での応力は有効応力とほぼ等しく，それはバネの応力で表されます．土の体積が減少すればバネが圧縮され，σ_{spring}（＝有効応力）が増えることが，また体積が膨張すれば，その逆の現象がモデルより容易に理解することができます．このことより，**全応力は，土の体積変化には何ら関係せず，むしろ有効応力が土の体積変化に貢献する応力です．**

7.3　地中での有効応力の計算法

特定の地中深さでの土は通常は現在の**土被り圧**（overburden stress）のもとで，今ある粒子骨格を形成し安定を保っています．地表面下深くなれば，より高い土被り圧のためにより密な粒子骨格を構成します．**有効応力の概念によれば，現在の土の粒子骨格を決定する応力はその有効応力です．**次にさまざまな状況での地中の有効応力の計算法が示されます．

7.3.1　乾燥した土層の場合

乾燥した数層の土堆積物の場合が図7.3に示されています．A点での全鉛直応力はその点より上部の底面積1×1の土柱の重量より計算されます．すなわち

$$\sigma = H_1\gamma_1 + H_2\gamma_2 + H_3\gamma_3 = \sum(H_i\gamma_i) \tag{7.2}$$

図の右側に垂直応力分布 σ がプロットされています．この場合は $u=0$ で，したがって，すべての深さで $\sigma'=\sigma$ となります．

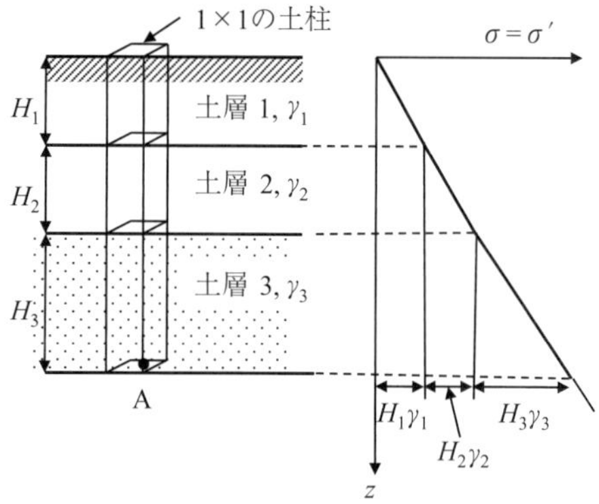

図7.3　乾燥した土層での有効応力の計算

7.3.2　定常の地下水位の土層の場合

図7.4は定常の地下水位を持つ土層の状況です．地下水位は土層2の中ほどにあります．この例では，まず最初にA点での鉛直全応力 σ が1×1の土柱の総重量として計算され，別に静水圧（hydrostatic water pressure）u が計算されます．最後に鉛直有効応力 σ' が $\sigma-u$ として次のように計算されます．

$$\sigma = H_1\gamma_1 + H_2\gamma_2 + H_3\gamma_3 + H_4\gamma_4 = \sum(H_i\gamma_i) \tag{7.3}$$

$$u = (H_3 + H_4)\gamma_w \tag{7.4}$$

$$\sigma' = \sigma - u = [H_1\gamma_1 + H_2\gamma_2 + H_3\gamma_3 + H_4\gamma_4] - [(H_3 + H_4)\gamma_w]$$

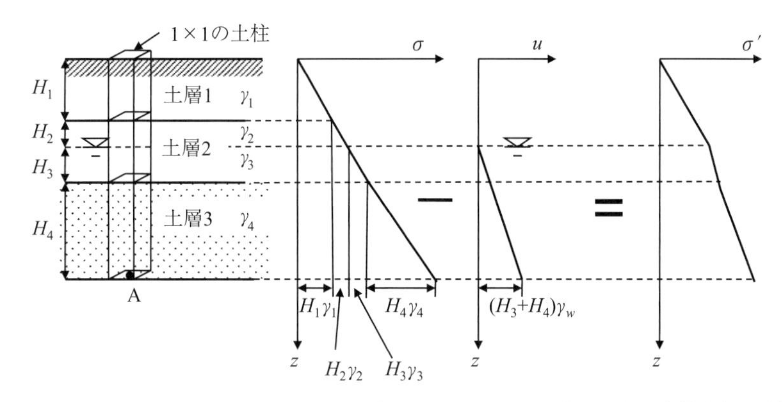

図7.4　上部に乾燥した土層を，下部に水で飽和した土層を持つ場合の有効応力の計算

$$=H_1\gamma_1+H_2\gamma_2+H_2(\gamma_3-\gamma_w)+H_4(\gamma_4-\gamma_w)$$
$$=\sum(H_i\gamma_i)_{\text{above W.T.}}+\sum[H_j(\gamma_j-\gamma_w)]_{\text{below W.T.}} \tag{7.5}$$

上式で，i と j は，それぞれに地下水位より上部と，下部の土層を意味します．図7.4の右側に全応力，水圧，有効応力のそれぞれの分布がプロットされています．図の有効応力分布曲線と式（7.5）により，**σ' の計算は直接各層の厚さとその単位体積重量を掛け合わせた値の総和として求められることがわかります．ただし単位体積重量は地下水位より上部では湿潤単位体積重量 γ_t を，そして，地下水位の下部では水中単位体積重量 γ'（$=\gamma_t-\gamma_w$）を用いることが必要です．**

例題7.1

図7.5は土層と地下水位の状態を示しています．A点での有効応力を次の2つの方法で計算してください．(a) σ と u を個別に計算した後，σ' を求める．(b) 地下水位の上部では γ_t を，下部では γ' を土の単位体積重量として用いて直接 σ' を求める．

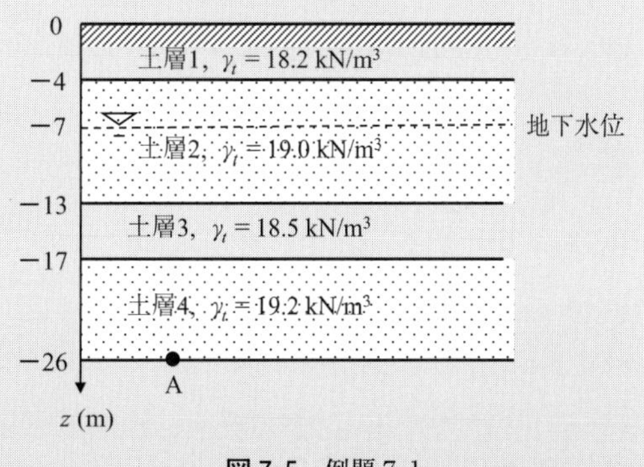

図7.5　例題7.1

解：

土層2に対して地下水位の上と下で γ_t の値は同じと仮定する．

(a) 法：

$\sigma_A=\sum(H_i\gamma_t)=4\times18.2+9\times19.0+4\times18.5+9\times19.2=490.6\ \text{kN/m}^2$

$u_A=(6+4+9)\times9.81=186.4\ \text{kPa}\ (\text{kN/m}^2)$

$\sigma'_A=\sigma_A-u_A=490.6-186.4=304.2\ \text{kN/m}^2$ ⇐

(b) 法：

$\sigma'_A=\sum(H_i\gamma_i)+\sum(H_j\gamma'_j)$

$=4\times18.2+3\times19.0+6\times(19.0-9.81)+4\times(18.5-9.81)+9\times(19.2-9.81)=304.2\ \text{kN/m}^2$ ⇐

両法で同じ結果が得られました．

7.3.3 全土層が完全に水面下のとき

湖や海の底での土の有効応力 σ' を計算するには，前と同じ原則を使用します．それは水面下では γ' を土の単位体積重量として用いることです．したがって次式を使います．

$$\Sigma = \sum (H_j \gamma'_j)_{\text{below W.T.}} \tag{7.6}$$

図7.6にこの場合の σ'，σ，u の分布が示されています．σ' は水の深さにまったく影響されないことがわかります．

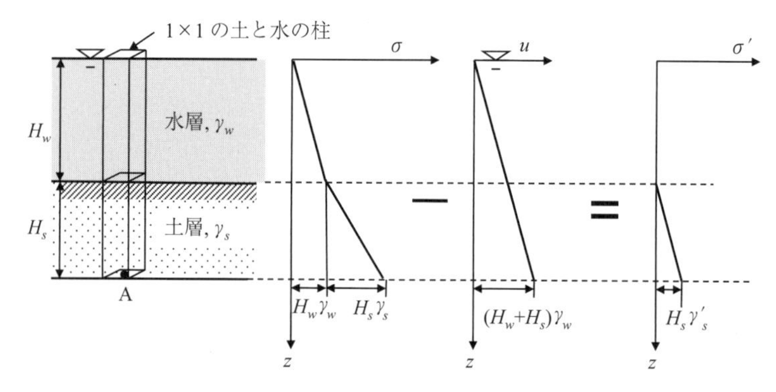

図7.6 完全に水中にある土層での有効応力の計算

例題7.2

300 m の海底でその海底面から 2 m 下の土層での σ，u，σ' を計算してください．この土の湿潤単位体積重量は 17.5 kN/m^3 です．また，この海底での高い水圧は土の粒子構造を圧縮しますか．

解：

$\sigma = H_w\gamma_w + H_{\text{soil}}\gamma_{\text{soil}} = 300\times 9.81 + 2\times 17.5 = 2978\ \text{kN/m}^2$

$u = H_w\gamma_w = (300+2)\times 9.81 = 2963\ \text{kPa}\ (\text{kN/m}^2)$

$\sigma' = \sigma - u = 2978 - 2963 = 15\ \text{kN/m}^2$

計算より，全応力と間隙水の圧力は非常に高いですが，有効応力は非常に低いことがわかります．土の骨格はその粒子間応力（= 有効応力）によって決まり，海底の表面近くでは，むしろその小さな有効応力のために土はあまり圧縮されていません．

上の例題の例では，深い海底では非常に高い水の圧力にさらされているにもかかわらず，そこでの土は非常に柔らかいことを示しています．**高い水圧は，それぞれの粒子の表面に静水圧的に作用するために粒子間応力の増加に貢献せず，その土の粒子構造に変化を及ぼしません．**

7.4 地下水位の上下変動による有効応力の変化

地下水位が上下に変動すると有効応力も変化します．なぜなら，有効応力の計算では前節で示されたように，地下水位の上か下かによって，単位体積重量として γ_t か，または，γ' かを使い分けるからです．特に，地下水位が低下する場合，有効応力は増加します．有効応力の増加は，粒子骨格構造へのより高い応力を意味し，それは体積収縮，または，沈下を引き起こします．近現代史では，多くの工業都市が大量の工業用地下水を汲み上げたために地下水位を恒久的に下げ，結果として世界中の多くの都市では過剰な地盤沈下が起こり問題となりました．

例題 7.3

図 7.7 に示された現場（例題 7.1 と同じ現場）で，初期の地下水位は −7 m にありました．その後，工業用水の使用によって 6 m も地下水位を下げ，現在 −13 m となりました．A 点での有効応力の変化を計算してください．また，この地下水位の下降は現場にどのような影響を及ぼしますか．

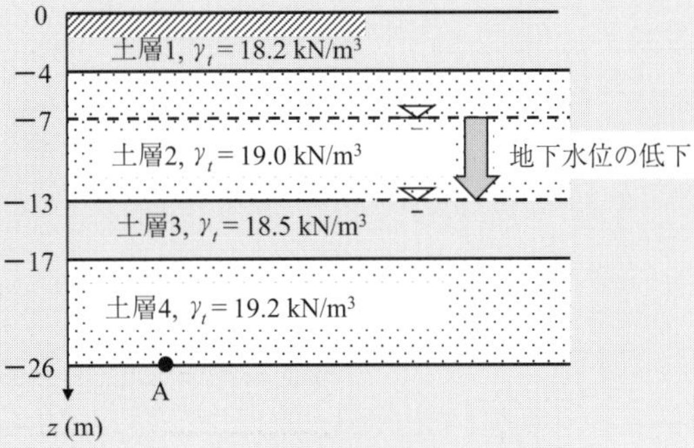

図 7.7 例題 7.3

解：

土層 2 に対して地下水位の上と下で γ_t の値は同じと仮定する．

地下水位が下がる以前，例題 7.1 の結果を使い，

$$\sigma'_A = \Sigma(H_i\gamma_i) + \Sigma(H_j\gamma'_j)$$
$$= 4\times18.2 + 3\times19.0 + 6\times(19.0-9.81) + 4\times(18.5-9.81) + 9\times(19.2-9.81) = 304.2\ \mathrm{kN/m^2}$$

地下水位が −13 m に下がった後，

$$\sigma'_A = \Sigma(H_i\gamma_i) + \Sigma(H_j\gamma'_j) = 4\times18.2 + 9\times19.0 + 4\times(18.5-9.81) + 9\times(19.2-9.81) = 363.1\ \mathrm{kN/m^2}$$

したがって，σ' の変化は　$\Delta\sigma' = 363.1 - 304.2 = +58.9\ \mathrm{kN/m^2}$　増加　⇐

この有効応力の増加は近い将来この土地で地盤沈下を引き起こす可能性があります．⇐

地下水位の下降に反して，地下水位の上昇は有効応力の減少を引き起こします．このような場合には，土地は多少隆起しますが，それは沈下の場合のように激しいものではありません．この場合，1 つの起こりうる重要な問題として，埋設管や，また，大規模な地下構造物が地下水位上昇のために，増大した浮力を受け上方に押し上げられることがあります．近年，東京近辺ではその地域の工業用地下水利用の制限により，元の地下水位に徐々に回復しつつあり，上昇し始めました．東京駅の大地下部でこの増大した浮力（buoyancy force）のために地下構造物に余計な負担がかかり，何らかの対策が必要であると警告されています．

7.5 毛管上昇と有効応力

図 7.8（a）に見られるように，土が地下水位より上にあっても**毛管上昇**（capillary rise）のために完全には乾燥してはいません．毛管上昇によって影響を受ける領域は主に土の間隙の大きさに依存し

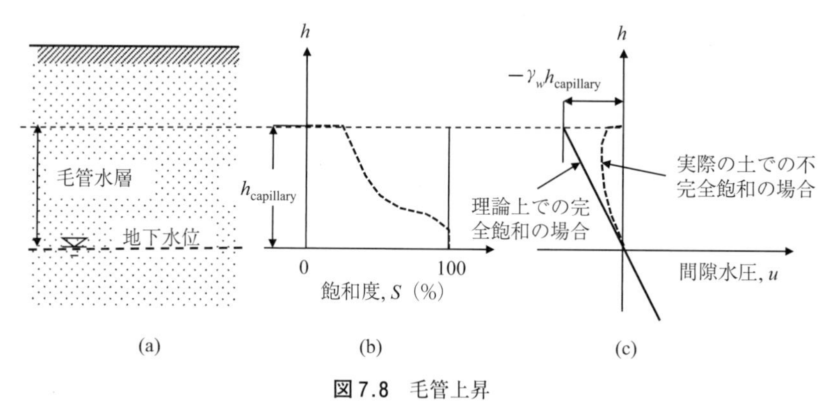

図 7.8　毛管上昇

表 7.1　各種の土のおおよその毛管上昇の高さ

土の種類	ゆるい（loose）	密な（dense）
粗い砂（coarse sand）	0.03-0.12 m	0.04-0.15 m
中位の砂（medium sand）	0.12-0.50 m	0.35-1.10 m
細砂（fine sand）	0.30-2.0 m	0.40-3.5 m
シルト（silt）	1.5-10 m	2.5-12 m
粘土（clay）	≥10 m	

（Hansbo 1975 より）

ます．

土の間隙が狭ければ狭いほど，その上昇量は高くなります．土の粒子間の小さな間隙が毛管として働くからです．ハーゼン（Hazen 1930）は経験的におおよその毛管上昇の最大の高さを，土の有効径 D_{10} の関数として次式で与えました．

$$h_{capillary}\,(\mathrm{mm})=\frac{C}{e\,D_{10}} \tag{7.7}$$

ここで，D_{10} は mm で与えられ，e は土の間隙比で，C は 10 から 50 の値を持つ実験係数です．表 7.1 はさまざまな土に対しておおよその毛管上昇の高さを与えています．

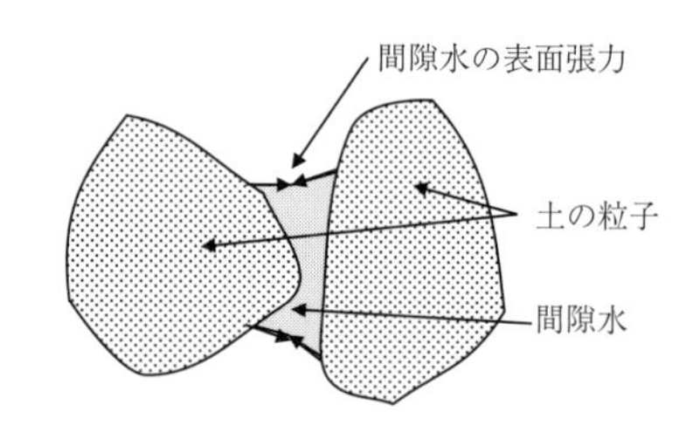

図 7.9　粒子間に働く表面張力

毛管上昇は図 7.9 に見られるように粒子間に働く間隙水の水膜の**表面張力**（surface tension）によって生じる吸引力（suction）によるものです．この吸引力は粒子と粒子を引き付ける力として働き，負の間隙水圧（negative pore water pressure）として作用します．

式（7.1）によれば負の間隙水圧は有効応力を増加させます．図 7.8（c）に見られるように，この間隙水圧 u は理論的には完全飽和した毛管上昇域で $-\gamma_w h$ ですが，その領域では土は完全に飽和しておらず，図 7.8（b）に見られるようにその飽和度 S は地下水位面での 100% から毛管上昇の最高点でのゼロと変化します．したがって実際の u の分布は次式で近似されます．

$$u=-\left(\frac{S}{100}\right)\gamma_w h_{capillary} \tag{7.8}$$

上式で $h_{capillary}$ は毛管上昇の地下水位からの高さです．図 7.8（c）の点線で示された分布は毛管上昇部での実際の間隙水圧 u の分布を示しています．毛管上昇部での負の間隙水圧のために，その部分での有効応力の計算は修正される必要があります．例題 7.4 にその一例が示されています．

例題 7.4

図 7.10 に示された土の条件に対して毛管上昇を考慮して σ，u，σ' の分布を計算し，その結果をプロットしてください．毛管上昇部全域での飽和度 S の平均値は 50% であると仮定してください．

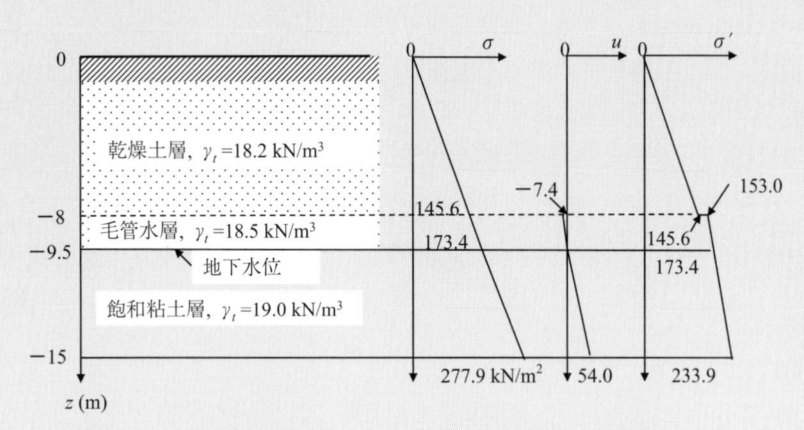

図 7.10　毛管上昇を考慮した場合の有効応力の計算

解：

深さ −8 m で毛管上昇を考慮しない場合，

$\sigma=8\times18.2=145.6\ \mathrm{kN/m^2}$

$u=0$

$\sigma'=145.6\ \mathrm{kN/m^2}$

深さ −8 m で毛管上昇を考慮した場合，

$\sigma=8\times18.2=145.6\ \mathrm{kN/m^2}$

$u=-(S/100)\gamma_w h_{capillary}=-0.5\times9.81\times1.5=-7.4\ \mathrm{kPa}\ (\mathrm{kN/m^2})$

$\sigma'=145.6-(-7.4)=153.0\ \mathrm{kN/m^2}$

深さ −9.5 m で，

$\sigma=8\times18.2+1.5\times18.5=173.4\ \mathrm{kN/m^2}$

$u=0$

$\sigma'=173.4\ \mathrm{kN/m^2}$

深さ −15 m で，

$\sigma=8\times18.2+1.5\times18.5+5.5\times19.0=277.9\ \mathrm{kN/m^2}$

$u=5.5\times9.81=54.0\ \mathrm{kPa}$

$\sigma'=277.9-54.0=223.9\ \mathrm{kN/m^2}$

上の計算結果は図 7.10 の右側にプロットされています．

例題7.4で，毛管上昇域の最上部で有効応力の分布曲線が不連続であることに注意してください．これは毛管帯でのS値を全域にわたって50%と仮定したからで，もしS値の変化が適切になされれば分布はスムーズなものになります．しかしこの域でのS値の正確な推定は容易ではありません．

7.6 地中の水の流れによる有効応力の変化

図7.11に見られるように，水が土の間隙を流れるとき，水流が粒子の表面を引張ります．この引張り（dragging action）は水分子と粒子表面の間の生じる**摩擦力**（frictional force）で水流の方向に働きます．この粒子表面に働く水流による摩擦力を**浸透圧**（seepage force）と呼び，有効応力を変化させます．

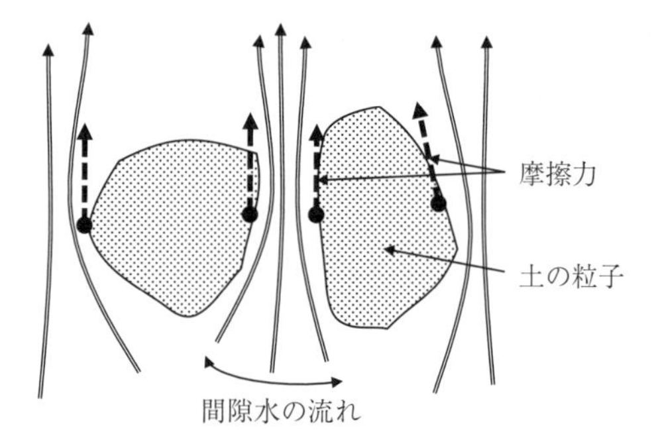

図7.11 水の流れによる上向きの浸透圧

図7.12は，シリンダに詰められた土柱内を両端の全水頭差Δhのために水が上向きに流れる状況を示し，図の右側に土柱の各点での水圧をプロットしています．E点は水の供給側の水圧で，F点は水の吐出し側での水圧です．

圧力分布AEBは左側の最大水頭を基にして描いた静水圧によるもので，CFD分布は，右側の最小水頭を基にした静水圧分布です．これらの静水圧分布はともに$1/\gamma_w$の傾きを持って分布します．分布線上で実線で示されたEB部とCF部のみが実際の水圧分布図で，点線で示されたAE部とFD部は単にEB部とCF部の延長線にすぎず，真の水圧分布ではありません．

水圧の変化は土中を通じて滑らかで，また，上向きの浸透圧は全水頭のロスに比例して変化するために，F点とE点を直線で結ぶことができます．したがって，その間の真の水圧分布図はCFEBで表されることになります．

図7.12を参照しながら，土柱の底点（E点）では，全水圧は$\gamma_w(\Delta h+H_1+H)$で，これは上向きの水流のない場合の静水圧$\gamma_w(H_1+H)$より$\gamma_w\Delta h$だけ高くなります．この水圧の差$\gamma_w\Delta h$は**浸透水圧**（seepage pressure）と呼ばれ，水が土中を流れるときに生じる引張り力により引き起こされたものです．図の三角形FEDは上向きの水流によって生じた浸透水圧の深さzによる変化を示しています．任意の深さzでの浸透水圧は，三角形FEDと深さzに対応する相似の三角形との相似関係によって$\gamma_w(\Delta h/H)z$と計算されます．したがって，深さzでの水圧u_zは，

$$u_z=\gamma_w(H_1+z)+\gamma_w(\Delta h/H)z \tag{7.9}$$

そして，深さzでの全応力σ_zは，

$$\sigma_z=\gamma_w H_1+\gamma_t z=\gamma_w H_1+(\gamma'+\gamma_w)z=\gamma_w(H_1+z)+\gamma' z \tag{7.10}$$

によって，深さzでの鉛直有効応力σ'_zは，

$$\begin{aligned}\sigma'_z&=\sigma_z-u_z=[\gamma_w(H_1+z)+\gamma' z]-[\gamma_w(H_1+z)+\gamma_w(\Delta h/H)z]\\&=\gamma'_z-\gamma_w(\Delta h/H)z\end{aligned} \tag{7.11}$$

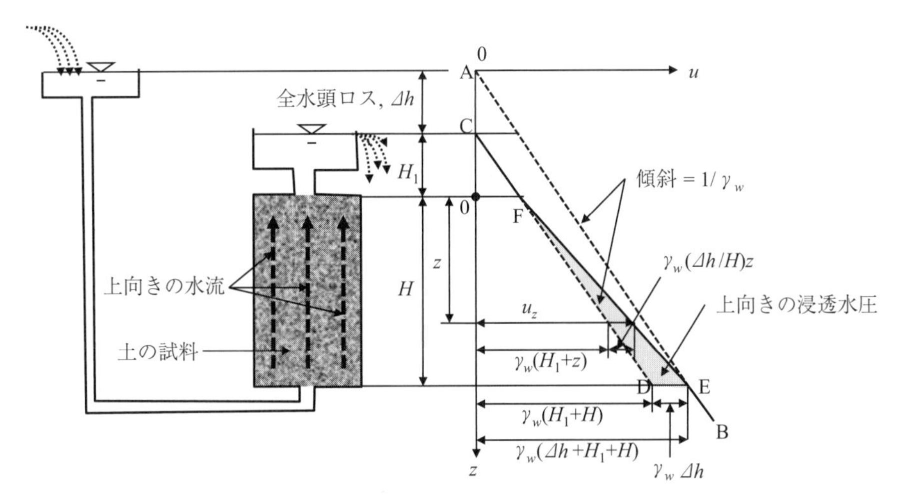

図7.12 土柱内での上向き浸透流と水圧分布

ここで**有効応力 $\sigma'=0$ の条件**を式（7.11）に当てはめると次式が得られます．

$$\frac{\Delta h}{H}=\frac{\gamma'}{\gamma_w}=i_c \tag{7.12}$$

ここで i_c は**限界動水勾配**（critical hydraulic gradient）と呼ばれ，式（7.12）により，もし，$\Delta h/H$ 比が $i_c(=\gamma'/\gamma_w)$ と等しいか，または，それ以上になると有効応力はゼロか負になることを意味します．有効応力は粒子間応力とほぼ等しいため，ゼロ，または，負の粒子間応力は，粒子は互いに分離する状態にあることを示唆します．この状態は粒状土では**クイックサンド**（quicksand），またの名で**砂のボイリング**（sand boiling）を，また，粘性土では**フクレ上がり**（heave）を引き起こします．

多くの土ではその水中単位体積重量 $\gamma'(=\gamma_t-\gamma_w)$ は，おおよそ水の単位体積重量 γ_w に等しいので（すなわち，γ_t=18〜20 kN/m^3 で γ_w=9.81 kN/m^3），i_c の値は 1.0 に近くなります．したがって，式（7.12）より**全水頭ロス Δh が試料長 H を超すとき，上記のクイックサンドやフクレ上がりが起こりやすい状況が整います．**

7.7 クイックサンド

クイックサンド（quicksand），または，砂のボイリング（sand boiling）は図 7.13 に見られるような河川の締め切り矢板の場合に顕著に見られます．図では左右の全水頭差のために，水は左から右に流れます．したがって，矢板の下流側の BC 部の近くで上向きの浸透流が起こりクイックサンドの危険箇所となります．**クイックサンドに対する安全率**（factor of safety against quick sand）は次式で定義されます．

$$\mathrm{F.S.}=\frac{i_c}{i_{B\to C}} \tag{7.13}$$

上式で i_c は式（7.12）で定義された限界動水勾配で，$i_{B\to C}$ は B 点と C 点間の動水勾配で，次式より計算されます．

$$i_{B\to C}=\frac{\Delta h_{B\to C}}{\mathrm{BC}}=\frac{h_B-h_C}{\mathrm{BC}} \tag{7.14}$$

ここで h_B と h_C は，それぞれB点とC点での全水頭値で，BCはその間の流線に沿った距離の平均値です．h_B と h_C の値は第6章で学んだ流線網の等ポテンシャル線より読み取ることができます．図7.13のBC領域は矢板面沿いに等ポテンシャル線が一番狭まる場所で，式(7.12)によれば，同じ全水頭ロスに対して，流線距離 H が最小になり，最も危険な場所となります．

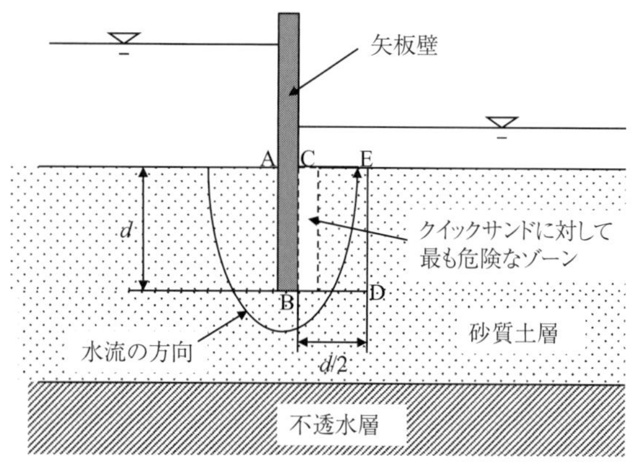

図7.13　締め切り矢板でのクイックサンドの危険箇所

テルツァーギ（Terzaghi 1922）は実験結果に基づいて下流側の矢板近辺で $d\times d/2$（図7.13のBDEC）の領域を観察し，その地域での平均動水勾配を計算し，それの限界動水勾配に対する安全率を求めることを提案しました．図7.13のBD面からCE面での平均全水頭ロスは流線網の等ポテンシャル線より読み取られ，その平均流線距離を d としてクイックサンドに対する安全率が計算されます．次の例題7.5にはこのテルツァーギの方法による解法も示されています．

例題7.5

図7.14に締切り矢板周辺の流線網が示されています．次の2つの方法で矢板周辺でのクイックサンドに対する安全率を計算してください．図で，全水頭ロス Δh=7 m，矢板深さ d=10 m，γ_t=19.0 kN/m^3 としてください．

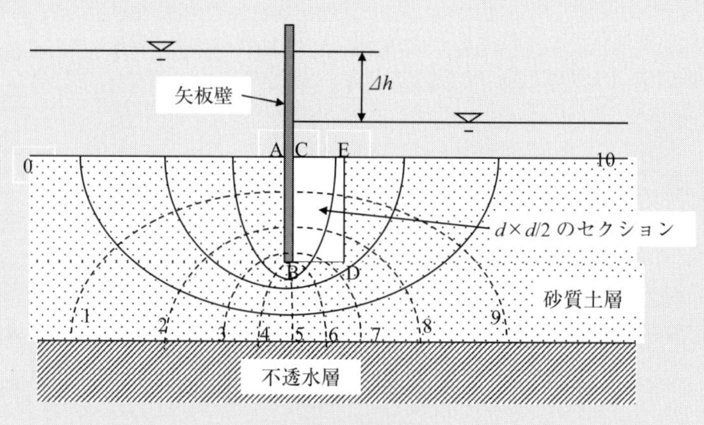

図7.14　例題7.5

(a) 矢板下流表面での最も危険な場所での安全率

(b) テルツァーギの方法のよる安全率

解：

図 7.15 は矢板面近郊で最もクイックサンドの起こりやすい箇所を拡大した図です．

(a) $N_d=10.0$，$\Delta h_i=\Delta h/n_d=7/10=0.7$ m，BC 面に沿って，B 点から C 点で 5 個の等ポテンシャル線のドロップが見られます．したがって，

$i_{B\to C}=\Delta h_i\times(10-5)/d=0.7\times5/10=0.35$

$i_c=\gamma'/\gamma_w=(19-9.81)/9.81=0.937$

よって，F. S.$=i_c/i_{B\to C}=0.937/0.35=2.68$（$>1.0$，クイックサンドに対して安全）．⇐

(b) テルツァーギによる BDEC 領域（$d\times d/2$）に対して，図 7.15 より，B 点から C 点で，5 個の等ポテンシャル線のドロップがあります．D 点は第 7.3 番目の等ポテンシャル上にあり，D 点から E 点で 2.7 個の等ポテンシャル線のドロップがあります．したがって，BD 線から CE 線の平均的等ポテンシャル線のドロップ量は $(5+2.7)/2=3.85$ となり，BD 線から CE 線の平均全水頭ドロップ $\Delta h_{BD\to CE}$ は，

$\Delta h_{BD\to CE}=\Delta h_i\times3.85=0.7\times3.85=2.695$ m

$i_{BD\to CE}=\Delta h_{BD\to CE}/d=2.695/10=0.270$

よって，F. S.$=i_c/i_{BD\to CE}=0.937/0.270=3.47$（$>1.0$，クイックサンドに対して安全）．⇐

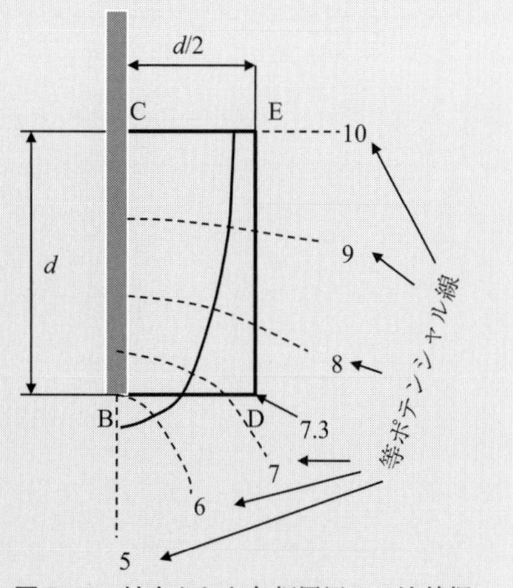

図 7.15 拡大された矢板周辺での流線網

例題 7.5 で，テルツァーギの $d\times d/2$ 域での評価は最も危険な矢板下流表面での評価に比べて，より高い安全率を与えることに注意してください．ただし，実際の設計では安全率は 1.0 よりかなり高い値を用いるので，その安全率のとり方によって，クイックサンドに対する安全性は調節されます．

7.8 掘削溝底面でのフクレ上がり

粘性土に対して土層がある深さまで掘削されるとき，その掘削底面では粘土のフクレ上がり（smelling）の危険性があり，掘削現場ではその評価をする必要があります．この底面でのフクレ上がりは有効応力の減少によるものです．以下に，この問題は掘削の手順に応じて**乾燥掘削**（dry excavation）と**湿潤掘削**（wet excavation）に分けて議論されます．

7.8.1 乾燥掘削（dry excavation）

粘性土での掘削で，もし掘削が迅速に行われ，または溝内に染み出す地下水が連続的にくみ出されたときが**乾燥掘削**（dry excavation）の状況です．このとき，図 7.16 に示されるように掘削溝での地下水位はその溝の底面になります．この状態での A 点での水圧は透水層を通じて近くの河川や湖につながる**被圧地下水**（artesian water pressure）となり，よって，そのときの全応力，間隙水圧，有効応力は次式で計算されます．

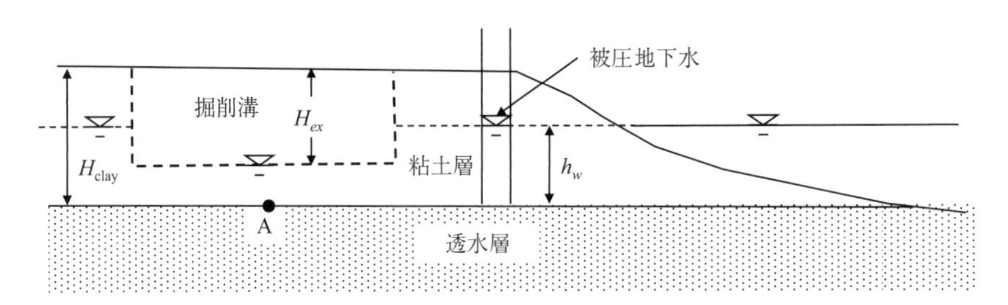

図7.16　粘土層の掘削時の底面のフクレ上がり（乾燥掘削）

$$\sigma = (H_{\mathrm{clay}} - H_{ex})\gamma_{\mathrm{clay}} \tag{7.15}$$

$$u = h_w \gamma_w \tag{7.16}$$

$$\sigma' = \sigma - u = (H_{\mathrm{clay}} - H_{ex})\gamma_{\mathrm{clay}} - h_w \gamma_w \tag{7.17}$$

上式の H_{clay}，H_{ex}，h_w は図7.16に示されています．

上記の状態でA点の間隙水圧は（$H_{\mathrm{clay}} - H_{ex}$）$\gamma_w$ ではなく，被圧地下水のために $h_w\gamma_w$ であることに注意してください．式（7.17）で $\sigma' > 0$ の場合は掘削は安全ですが，もし，$\sigma' < 0$ の状態になると負の有効応力のために掘削底面でのフクレ上がりが生じ，現場は危険な状況にさらされます．

例題7.6

図7.16で掘削溝は水のくみ出しによって，乾燥した状態に保たれました．粘土層の厚さ H_{clay} は15 mで被圧地下水の状況にあり，h_w は10 mです．そして，γ_{clay} は18.0 kN/m^3 です．この状態での底面のフクレ上がりが生じない最大の掘削深さ H_{ex} を求めてください．

解：

粘土層の下部A点で式（7.17）より，有効応力 σ' の計算は，

$\sigma' = \sigma - u = (H_{\mathrm{clay}} - H_{ex})\gamma_{\mathrm{clay}} - h_w\gamma_w = (15 - H_{ex}) \times 18.0 - 10 \times 9.81 > 0$

上式より H_{ex} を求めると，$H_{ex} < 9.55$ m が得られ，フクレ上がりが起こらない最大掘削深さは9.55 mとなります．⇐

7.8.2　湿潤掘削（wet excavation）

粘土層での掘削が非常にゆっくり行われると，掘削溝に地下水が染み出し溝底にたまり，図7.17で見られるような**湿潤掘削**（wet excavation）となります．このとき，h_{ex} は掘削溝での水の深さで，A点での有効応力は次式で計算されます．

$$\sigma = h_{ex}\gamma_w + (H_{\mathrm{clay}} - H_{ex})\gamma_{\mathrm{clay}} \tag{7.18}$$

$$u = h_w \gamma_w \tag{7.19}$$

$$\sigma' = \sigma - u = h_{ex}\gamma_w + (H_{\mathrm{clay}} - H_{ex})\gamma_{\mathrm{clay}} - h_w\gamma_w \tag{7.20}$$

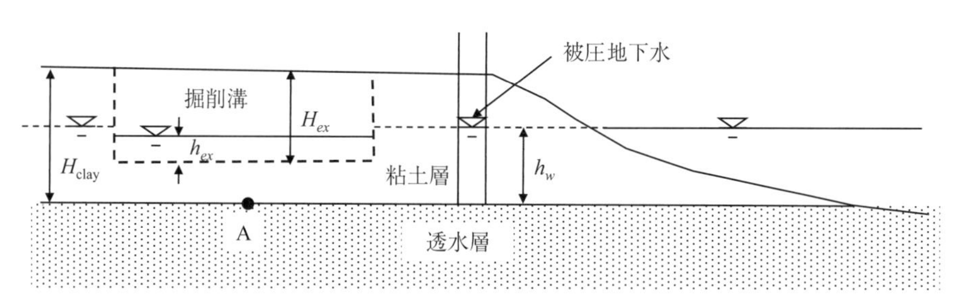

図 7.17　粘土層の掘削時の底面のフクレ上がり（湿潤掘削）

A 点での水圧は，被圧地下水のために乾燥掘削の場合と同様に $h_w\gamma_w$ であることに注意してください．式（7.20）で $\sigma' > 0$ が底面のフクレ上がりのない安全な掘削の条件となります．

例題 7.7

図 7.17 を参照して，$H_{\text{clay}}=15$ m，$H_{ex}=10$ m，$h_w=10$ m，$\gamma_{\text{clay}}=18.0$ kN/m^3 が与えられました．

（a）掘削溝での水位 h_{ex} が 5 m のときのフクリ上がりに対する安全性を評価してください．

（b）もし（a）での掘削が安全な場合，ポンプによって穴の水位をさらにどれくらい下げてもフクレ上がりが起こりませんか．その最大の水位の下げ量を計算してください．

解：

（a）　式（7.20）より，A 点での有効応力は

$\sigma'=\sigma-u=h_{ex}\gamma_w+(H_{\text{clay}}-H_{ex})\gamma_{\text{clay}}-h_w\gamma_w=5\times9.81+(15-10)\times18-10\times9.81=+40.95\ \text{kN/m}^2$

この σ' 値は正値ですので，フクレ上がりに対して安全です．⇐

（b）　溝での水位がさらに Δh_{ex} だけ下げられたとき，$(h_{ex}-\Delta h_{ex})$ が式（7.20）の h_{ex} の項に挿入され，A 点での有効応力が計算されます．

$$\sigma'=\sigma-u=(h_{ex}-\Delta h_{ex})\gamma_w+(H_{\text{clay}}-H_{ex})\gamma_{\text{clay}}-h_w\gamma_w$$
$$=(5-\Delta h_{ex})\times9.81+(15-10)\times18-10\times9.81$$

上式を $\sigma' > 0$ の条件で解いて，$\Delta h_{ex} < 4.15$ m が得られます．これにより，溝での水位は，$5.0-4.15=0.85$ m となります．⇐

これが底面でのフクレ上がりの起こらない最大の水位の下げ量です．

例題 7.6（乾燥掘削）と例題 7.7（湿潤掘削）の解を比べて，湿潤掘削の方が少しだけ深くまで掘削できることがわかります（乾燥掘削の 9.55 m に対して湿潤掘削の 10 m）．上記の限界掘削深さ計算法は理論的なもので実際の設計では水位の変動や土の諸係数の不確実性等のために，それよりかなり小さくする必要があることに注意してください．

7.9　章の終わりに

有効応力の概念はテルツァーギによる最も重要な貢献の 1 つです．この応力は現在の土の形成を決定するもので，それは土の体積変化（第 9 章），せん断強度（第 11 章）に深く関与し，また，毛細上

昇，浸透水圧，クイックサンド，掘削溝底でのフクレ上がりにも影響を与えるものです．**有効応力の概念の把握は近代土質工学を学ぶ上でなくてはならないもので，正しく理解する必要があります．**

参考文献

1) Hansbo, S. (1975). *Jordmateriallara*, Almqvist & Wiksell Forlag AB, Stockholm, 218 pp.

2) Hazen, A. (1930). "Water Supply," in *American Civil Engineering Handbook*, Wiley, New York.

3) Terzaghi, K. (1922). "Der Groundbruch an Stauwerken und seine Verhutung," *Die Wasserkraft*, Vol. 17, pp. 445-449.

4) Terzaghi, K. (1925). *Erdbaumechanik*, Franz Deuticke.

問題

7.1 有効応力を定義して，その土質力学における重要性を議論してください．

7.2 図7.18に示された土の柱状図（boring log）に対してA点，B点，C点 およびD点での鉛直全応力σ，間隙水圧u，鉛直有効応力σ'を計算し，それらをその深さzの関数としてプロットしてください．

7.3 図7.19に示された土の柱状図（boring log）に対してA点，B点，C点およびD点での鉛直全応力σ，間隙水圧u，鉛直有効応力σ'を計算し，それらをその深さzの関数としてプロットしてください．

7.4 図7.20に示された土の柱状図（boring log）に対してA点，B点，C点 およびD点での鉛直全応力σ，間隙水圧u，鉛直有効応力σ'を計算し，それらをその深さzの関数としてプロットしてください．

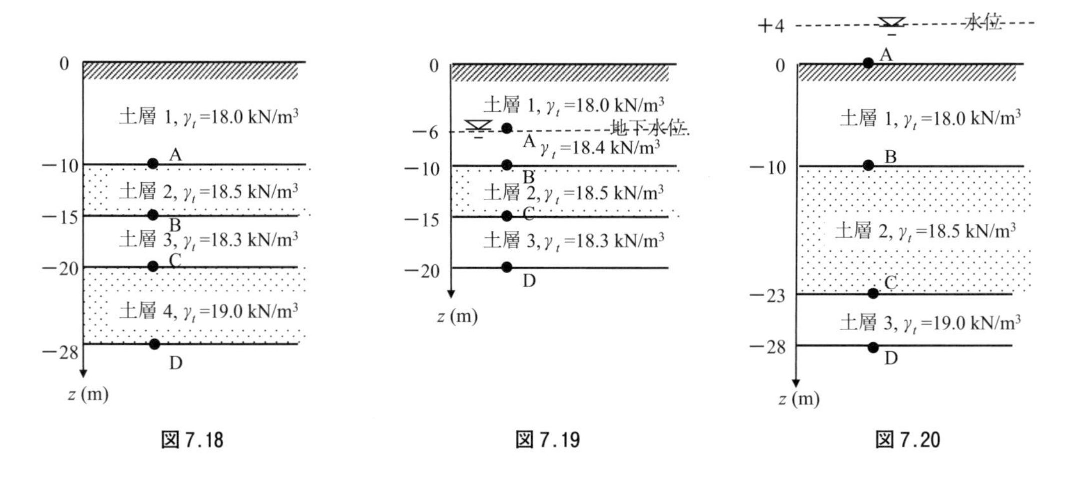

図7.18　　図7.19　　図7.20

7.5 図7.21に示された土の柱状図（boring log）に対してA点，B点，C点 およびD点での鉛直全応力σ'を土の水中単位体積重量を用いて直接求め，それらをその深さzの関数としてプロットしてください．

7.6 図7.22に示された土の柱状図（boring log）に対してA点，B点 およびC点での鉛直有効応力σ'を土の水中単位重量を用いて直接求め，それらをその深さzの関数としてプロットしてください．

7.7 図7.23に示された土の柱状図（boring log）に対してA点，B点，C点およびD点での鉛直有効応力σ'を土の水中単位体積重量を用いて直接求め，それらをその深さzの関数としてプロットしてください．

7.8 図7.24の柱状図で，地下水位が−8 mから−15 mに下げられたとき，

(a) A点での有効応力の変化を計算してください．

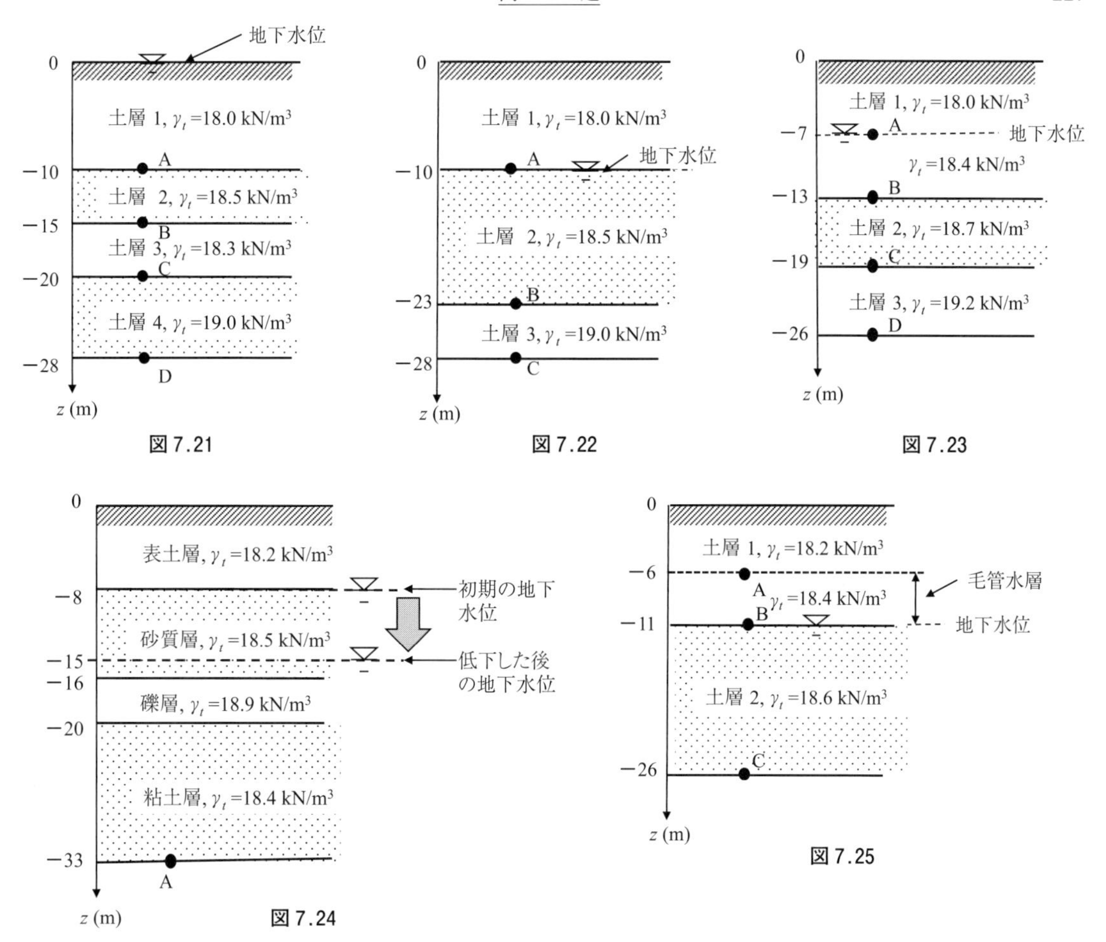

図 7.21　　図 7.22　　図 7.23

図 7.24　　図 7.25

(b)　(a) による現場での工学的意味を議論してください．

注：砂質層の全単位体積重量 γ_t は地下水位の下降後にその上部で 5% 減少すると仮定してください．

7.9　問題 7.8 の柱状図（図 7.24）において，地下水位が −8 m から地表面（0 m）に上昇したとき，

(a)　A 点での有効応力の変化を計算してください．

(b)　(a) による現場での工学的意味を議論してください．

注：砂質層の全単位体積重量 γ_t は地下水位の上昇後にその下部で 5% 増加すると仮定してください．

7.10　次の土に対してハーゼンの式（7.7）を使って，それぞれに毛管上昇の範囲を計算してください．

(a)　D_{10}=0.1 mm で e=0.50　の砂

(b)　D_{10}=0.01 mm で e=0.50　のシルト

(c)　D_{10}=0.001 mm で e=0.50　の粘性土

7.11　図 7.25 に示された柱状図に対して，毛管上昇層を考慮して，A 点，B 点，C 点での鉛直全応力 σ，間隙水圧 u，鉛直有効応力 σ' を計算し，それらの値を深さ z の関数としてプロットしてください．なお，毛管上昇域での飽和度 S は 60% と仮定してください．

7.12　問題 7.11 の柱状図（図 7.25）に対して，毛管上昇層を考慮して，A 点，B 点，C 点での鉛直全応力 σ，間隙水圧 u，鉛直有効応力 σ' を計算し，それらの値を深さ z の関数としてプロットしてください．なお，毛管上昇域での飽和度 S は 40% と仮定してください．

7.13　図7.12において，$H=300$ mm，$\Delta h=200$ mm，$H_1=100$ mm，$\gamma_t=18.5$ kN/m^{3}が与えられました．試料のシリンダの最下部（D，E点）で次の値を計算してください．

(a)　試料側（低い全水頭側）からの静水圧値

(b)　浸透水圧

(c)　全間隙水圧

(d)　限界透水勾配 i_c

(e)　クイックサンドに対する安全率

(f)　この条件はクイックサンドに対して安全ですか．

7.14　図7.26のようにクイックサンドのデモンストレーションのための水のタンクが計画されました．$H_2=50$ cm，$H_3=55$ cm，$\gamma_t=16.8$ kN/m^{3}が選ばれたとき，クイックサンドを起こすための最低のH_1を決めてください．

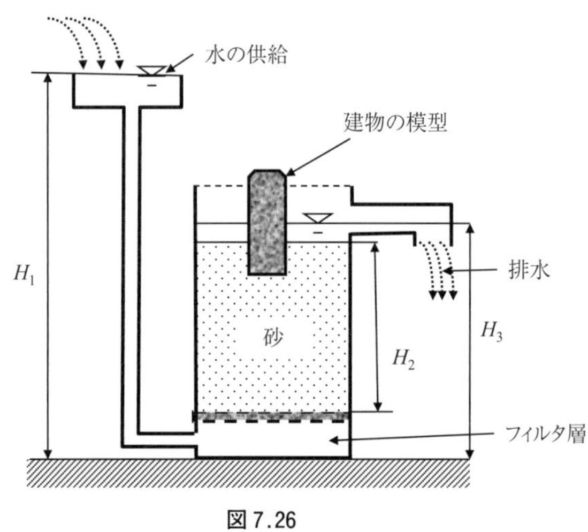

図7.26

7.15　図7.27は締め切り矢板周りの流線網を示しています．次の値を決定してください．

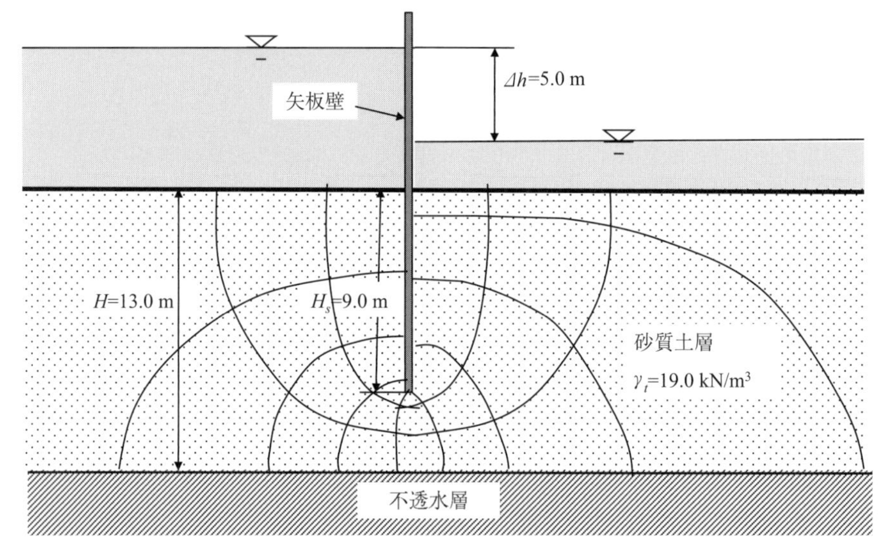

図7.27

(a)　テルツァーギの方法によるクイックサンドに対する安全率

(b)　最も危険な箇所（下流側の矢板面に沿って）でのクイックサンドに対する安全率

7.16　図7.28は地下水は被圧地下水の状態を示しています．粘土層が迅速掘削されたとき（乾燥掘削），底面のフクレ上がりなしに掘削できる最大の深さを求めてください．

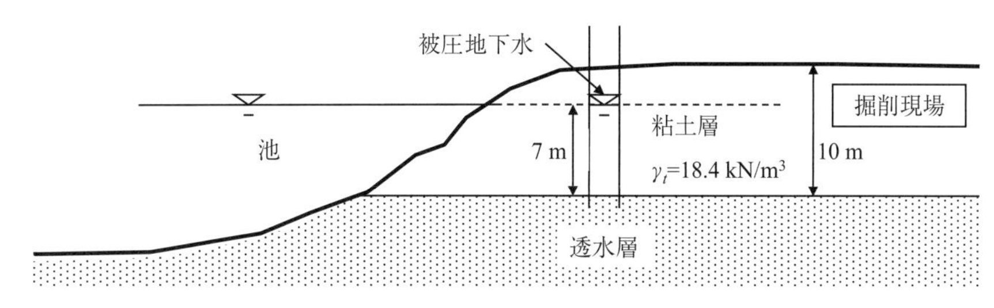

図7.28

7.17　問題7.16の図（図7.28）において，地下水の掘削溝への染み出しを許しながらゆっくりと掘削されたとき（湿潤掘削），溝の中の水位は池の水位と同じでした．この状態で底面のフクレ上がりなしに掘削できる最大の深さを求めてください．

7.18　問題7.16の図（図7.28）において，掘削は8 mの深さまで完了しました．そのとき溝の中の水位は池のそれと同じでした（湿潤掘削）．その後，溝の中の水をポンプでくみ出し水位を低下させたとき，底面のフクレ上がりなしにくみ出せる最小の溝の中の水の深さを求めてください．

第8章

地表面荷重による土中の応力の増加

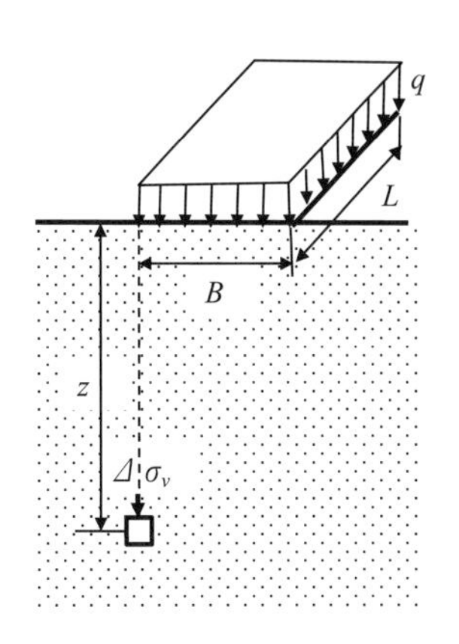

8.1 章の始めに

第7章では土中の各点での現在の鉛直有効応力の計算手法を学びました．そしてその応力は一般的に現在の土の構造を決定づける重要な要素の1つです．土はその有効応力で安定を保っていますが，建物基礎や道路荷重が地表面上に加えられたとき，土中では応力の増加を引き起こします．そしてこの応力増加は地盤の沈下を引き起こす原因となります．この章では，種々の荷重が地表面に加えられたときに発生する地盤内での応力増加を求める方法が示されます．そしてこの章の結果は第9章での地盤沈下の計算に直接使用されます．

8.2 2：1傾斜法

図8.1は，地表面上の $B\times L$ の長方形基礎がその中央点に**点荷重**（point load）P を受けたときの様子を示しています．基礎直下での鉛直応力の増分 $\Delta\sigma_v$ は，$P/(B\times L)$ となります．この応力増分は土中深くなればなるほど，より広い領域に再分配されていきます．そして深さが無限になればその増分は無限に小さくなります．この方法ではその再分配は深さ z で $(B+z)\times(L+z)$ の領域に均等に分布すると仮定され，その分布域は図に見られるように2：1の傾斜をもって広がった面で決定されます．したがって，深さ z での鉛直応力の増分 $\Delta\sigma_v$ は次式より計算されます．

$$\Delta\sigma_v=\frac{P}{(B+z)(L+z)} \qquad (8.1)$$

しかしながら，実際の任意点 z での分布は均等ではなく，荷重 P 直下で最大

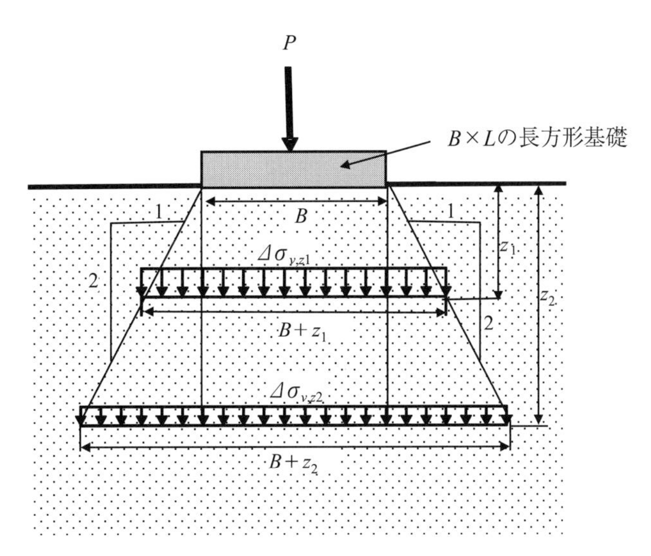

図8.1 2：1傾斜法による鉛直応力の増加

となり，周辺に広がって，緩やかに減少するもので，この解は最も簡単な略解といえます．

例題 8.1

地表面の1 m×1 mの基礎の中央に5 kNの点荷重が加えられました．2：1傾斜法を用いて基礎中央点直下2，4，6，8，10 mでの鉛直応力の増分を計算し，その結果を深さzに対してプロットしてください．

解：

P=5 kN，B=L=1 mを用いて，式（8.1）によって，$\Delta\sigma_v$を計算するスプレッドシートが表8.1に用意され，図8.2にその結果がプロットされました．

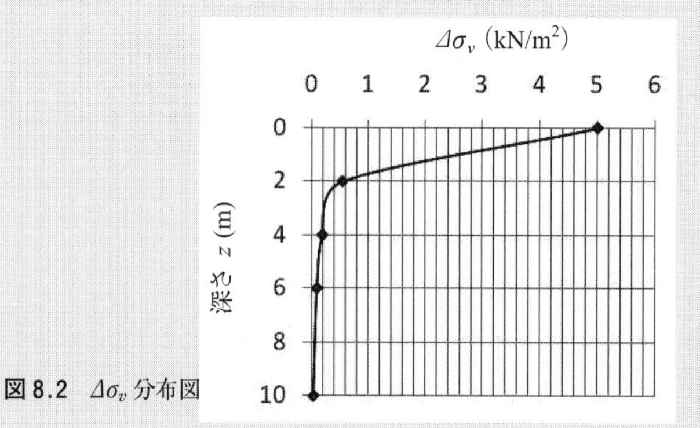

図8.2 $\Delta\sigma_v$分布図

表8.1 2：1傾斜法による$\Delta\sigma_v$の計算

A	B
z(m)	$\Delta\sigma_v$(kN/m^2)
0	5.00
2	0.56
4	0.20
6	0.10
8	0.06
10	0.04
$B_i=P/(1+A_i)(1+A_i)$	

8.3 点荷重による地中鉛直応力の増分

ブシネスク（Boussinesq 1885）は図8.3に示される場合の，均一な弾性地盤上に加えられた点荷重Pによる地中の任意の点（z，r）での鉛直応力増分の厳密解を式（8.2），式（8.3）に得ました．

$$\Delta\sigma_v=\frac{3}{2\pi}\frac{P}{z^2}\cos^5\theta=\frac{3Pz^3}{2\pi(r^2+z^2)^{\frac{5}{2}}}=\frac{P}{z^2}\frac{3}{2\pi}\frac{1}{\left[1+\left(\frac{r}{z}\right)^2\right]^{\frac{5}{2}}}=\frac{P}{z^2}I_1 \tag{8.2}$$

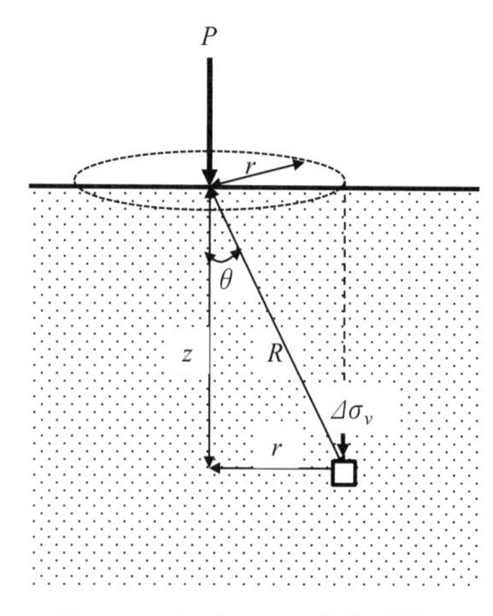

図8.3 ブシネスクの点荷重問題

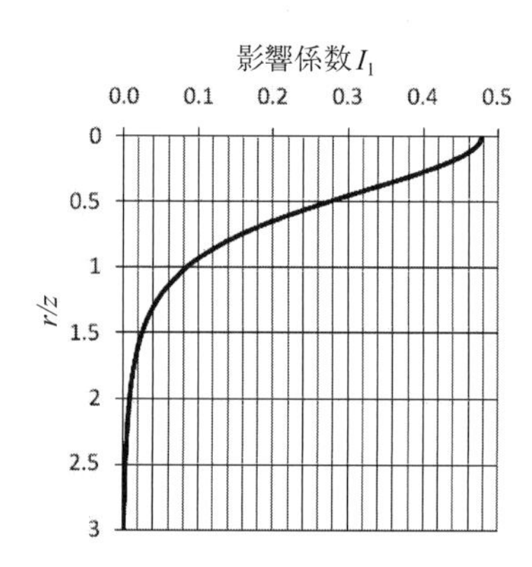

図8.4 影響係数I_1とr/zの関係（ブシネスクの点荷重問題）

表 8.2　式 (8.3) による影響係数 I_1 の値（ブシネスクの点荷重問題）

r/z	I_1	r/z	I_1	r/z	I_1
0	0.4775	0.32	0.3742	0.85	0.1226
0.02	0.4770	0.34	0.3632	0.9	0.1083
0.04	0.4756	0.36	0.3521	0.95	0.0956
0.06	0.4732	0.38	0.3408	1	0.0844
0.08	0.4699	0.4	0.3295	1.2	0.0513
0.1	0.4657	0.42	0.3181	1.4	0.0317
0.12	0.4607	0.44	0.3068	1.6	0.0200
0.14	0.4548	0.46	0.2955	1.8	0.0129
0.16	0.4482	0.48	0.2843	2	0.0085
0.18	0.4409	0.5	0.2733	2.2	0.0058
0.2	0.4329	0.55	0.2466	2.4	0.0040
0.22	0.4243	0.6	0.2214	2.6	0.0028
0.24	0.4151	0.65	0.1978	2.8	0.0021
0.26	0.4054	0.7	0.1762	3	0.0015
0.28	0.3954	0.75	0.1565	4	0.0004
0.3	0.3849	0.8	0.1386	5	0.0001

$$I_1=\frac{3}{2\pi}\frac{1}{\left[1+\left(\frac{r}{z}\right)^2\right]^{\frac{5}{2}}} \tag{8.3}$$

上式で I_1 は**影響係数**（influence factor）と呼ばれ，応力増分計算に用いられます．R，r，z，θ は図 8.3 に定義され，それらの値を変数とした I_1 の値は表 8.2 に示され，図 8.4 にプロットされます．

例題 8.2

5 kN の点荷重が地表面に加えられました．ブシネスクの式を使って，次の地点での鉛直応力の増分を計算し，プロットしてください．(1) 荷重直下の深さ 0 m から 10 m で，(2) 荷重点より水平に 1.0 m 外れた地点の直下で (1) と同じ深さでの鉛直応力の増分．

解：

(1) $r/z=0$ で $I_1=0.4775$ が式 (8.3)，または，表 8.2 より得られます．

表 8.3　点荷重による $\Delta\sigma_v$ の計算例（例題 8.2）

A	B	C	D	E	A	B	C	D	E
(1) $r=0$ m					(2) $r=1$ m				
z, m	r, m	r/z	I_1	$\Delta\sigma_v$	z, m	r, m	r/z	I_1	$\Delta\sigma_v$
0	0	0	0.4775	∞	0	1	∞	0	0
0.3	0	0	0.4775	26.53	0.3	1	3.33	0.0009	0.05
0.5	0	0	0.4775	9.55	0.5	1	2.00	0.0085	0.17
1	0	0	0.4775	2.39	1	1	1.00	0.0844	0.42
2	0	0	0.4775	0.60	2	1	0.50	0.2733	0.34
4	0	0	0.4775	0.15	4	1	0.25	0.4103	0.13
6	0	0	0.4775	0.07	6	1	0.17	0.4459	0.06
8	0	0	0.4775	0.04	8	1	0.13	0.4593	0.04
10	0	0	0.4775	0.02	10	1	0.10	0.4657	0.02
E_i 列 $=P/z^2\times D_i$（式 (8.2)）									

(2) r=1 m で r/z は深さによって変化します．

表 8.3 のスプレッドシートが作成され，その結果が図 8.5 にプロットされています．式 (8.2) で r=0 で z=0 の場合は $\Delta\sigma_v$ は無限大の値をとります．また上記の (2) の場合（r がゼロ以外の値をとるとき）z=0 で $\Delta\sigma_v$ がゼロ値をとることに注意してください．

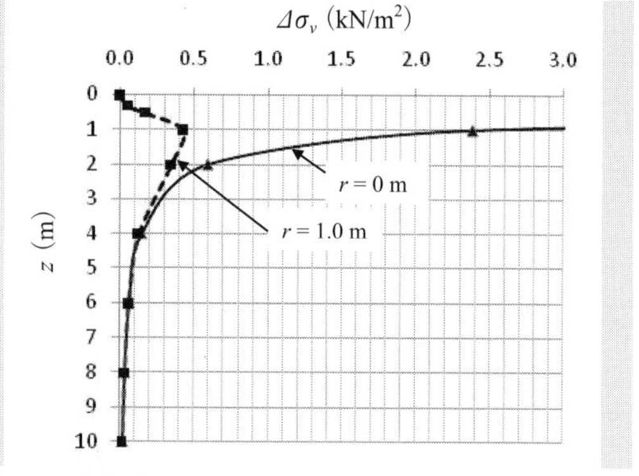

図 8.5　点荷重下での $\Delta\sigma_v$ の深さ z による分布（例題 8.2）

8.4　線基礎荷重による地中鉛直応力の増分

この章での以下のすべての解は，ブシネスクの点荷重解（式 (8.2)）をその荷重領域で積分した解として得られます．この節では図 8.6 に見られるように，線荷重 q が無限に長い領域（$-\infty$〜$+\infty$）に加えられたときの地中の任意点 (z, r) での $\Delta\sigma_v$ の解が示されます．ここで r は線荷重直下より垂直に測られたその応力点への水平距離です．式 (8.2) が荷重領域 $-\infty$ から $+\infty$ で積分され，次式が得られます．

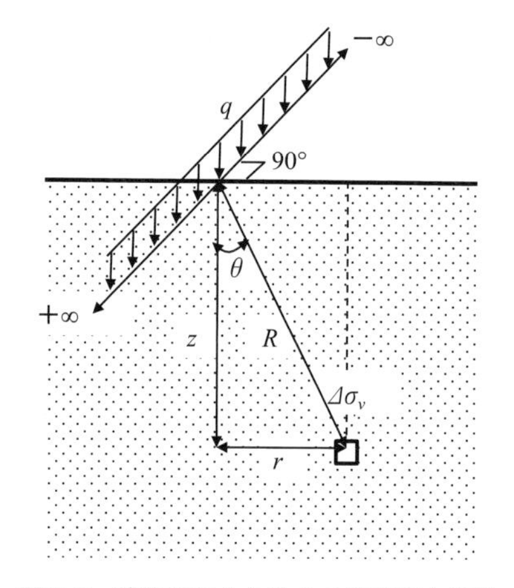

図 8.6　線荷重による地中の鉛直応力増分

$$\Delta\sigma_v=\frac{2qz^3}{\pi R^4}=\frac{2q}{\pi z\left[\left(\frac{r}{z}\right)^2+1\right]^2}=\frac{q}{z}\frac{2}{\pi\left[\left(\frac{r}{z}\right)^2+1\right]^2}=\frac{q}{z}I_2 \qquad (8.4)$$

$$I_2=\frac{2}{\pi\left[\left(\frac{r}{z}\right)^2+1\right]^2} \qquad (8.5)$$

表 8.4　式 (8.5) による影響係数 I_2 と r/z の関係（線荷重）

r/z	I_2	r/z	I_2	r/z	I_2
0	0.637	1.1	0.130	2.2	0.019
0.1	0.624	1.2	0.107	2.4	0.014
0.2	0.589	1.3	0.088	2.6	0.011
0.3	0.536	1.4	0.073	2.8	0.008
0.4	0.473	1.5	0.060	3	0.006
0.5	0.407	1.6	0.050	3.2	0.005
0.6	0.344	1.7	0.042	3.4	0.004
0.7	0.287	1.8	0.035	3.6	0.003
0.8	0.237	1.9	0.030	3.8	0.003
0.9	0.194	2	0.025	4	0.002
1	0.159			5	0.001

表 8.4 はこの場合の影響係数 I_2 値を r/z の関数としてまとめたものです．

8.5　帯状基礎荷重による地中鉛直応力の増分

図 8.7 に見られるように，均等な荷重 q が無限に長い地表面上の帯状基礎に加えられたのがこの場合の状況です．このときもやはりブシネスクの点荷重解（式（8.2））を $x=-B/2$ から $+B/2$ と $y=-\infty\sim+\infty$ の領域で積分して，次式が得られます．

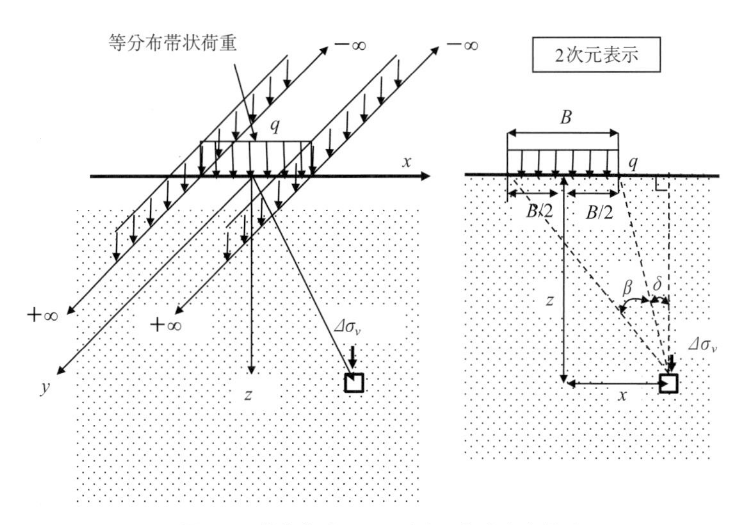

図 8.7　帯状荷重による地中の鉛直応力増分

$$\Delta\sigma_v=\frac{q}{\pi}\left[\beta+\sin\beta\cos(\beta+2\delta)\right]$$

$$=\frac{q}{\pi}\left\{\left[\tan^{-1}\left(\frac{\frac{2z}{B}}{\frac{2x}{B}-1}\right)-\tan^{-1}\left(\frac{\frac{2z}{B}}{\frac{2x}{B}+1}\right)\right]-\frac{\frac{2z}{B}\left[\left(\frac{2x}{B}\right)^2-\left(\frac{2z}{B}\right)^2-1\right]}{2\left[\frac{1}{4}\left\{\left(\frac{2x}{B}\right)^2+\left(\frac{2z}{B}\right)^2-1\right\}^2+\left(\frac{2z}{B}\right)^2\right]}\right\}=qI_3 \quad (8.6)$$

式（8.6）で $2x/B<1$（すなわち，$(x,\ z)$ 点が地表面での基礎幅 B の内側にある）のとき，式の 2 行目の第 1 項の値が負の値になります．この場合，次式に示されるようにこの 2 行目の式の第 1 項に π の値を加える必要があります．

したがって，$2x/B<1$ のとき，式（8.6）の 2 行目の式の第 1 項は，次式となります．

$$\tan^{-1}\left(\frac{\frac{2z}{B}}{\frac{2x}{B}-1}\right)+\pi \quad (8.7)$$

表 8.5 はこの場合の影響係数 I_3 を示し，$2x/B$ と $2z/B$ の関数として求められています．図 8.8

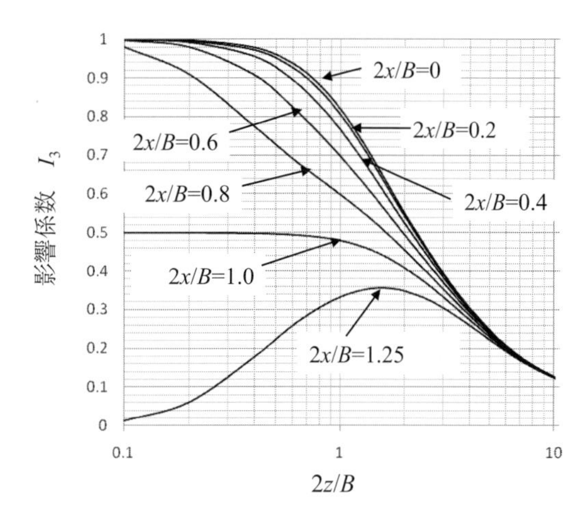

図 8.8　影響係数 I_3（帯状荷重）

表8.5　式（8.6）による影響係数 I_3（帯状荷重）

$2z/B$	$2x/B$											
	0	0.2	0.4	0.6	0.8	1	1.25	1.5	2	3	5	10
0	1	1	1	1	1	0.5	0	0	0	0	0	0
0.1	1.000	0.999	0.999	0.997	0.980	0.500	0.011	0.002	0.000	0.000	0.000	0.000
0.2	0.997	0.996	0.992	0.979	0.909	0.500	0.059	0.011	0.002	0.000	0.000	0.000
0.4	0.977	0.973	0.955	0.906	0.773	0.498	0.178	0.059	0.011	0.001	0.000	0.000
0.6	0.937	0.928	0.896	0.825	0.691	0.495	0.258	0.120	0.030	0.004	0.000	0.000
0.8	0.881	0.869	0.829	0.755	0.638	0.489	0.305	0.173	0.056	0.010	0.001	0.000
1	0.818	0.805	0.766	0.696	0.598	0.480	0.332	0.214	0.084	0.017	0.002	0.000
1.2	0.755	0.743	0.707	0.646	0.564	0.468	0.347	0.243	0.111	0.026	0.004	0.000
1.4	0.696	0.685	0.653	0.602	0.534	0.455	0.354	0.263	0.135	0.037	0.005	0.000
1.6	0.642	0.633	0.605	0.562	0.506	0.440	0.356	0.276	0.155	0.048	0.008	0.001
1.8	0.593	0.585	0.563	0.526	0.479	0.425	0.353	0.284	0.172	0.060	0.010	0.001
2	0.550	0.543	0.524	0.494	0.455	0.409	0.348	0.288	0.185	0.071	0.013	0.001
2.5	0.462	0.458	0.445	0.426	0.400	0.370	0.328	0.285	0.205	0.095	0.022	0.002
3	0.396	0.393	0.385	0.372	0.355	0.334	0.305	0.274	0.211	0.114	0.032	0.003
3.5	0.345	0.343	0.338	0.329	0.317	0.302	0.281	0.258	0.210	0.127	0.042	0.004
4	0.306	0.304	0.301	0.294	0.285	0.275	0.259	0.242	0.205	0.134	0.051	0.006
5	0.248	0.247	0.245	0.242	0.237	0.231	0.222	0.212	0.188	0.139	0.065	0.010
6	0.208	0.208	0.207	0.205	0.202	0.198	0.192	0.186	0.171	0.136	0.075	0.015
8	0.158	0.157	0.157	0.156	0.155	0.153	0.150	0.147	0.140	0.122	0.083	0.025
10	0.126	0.126	0.126	0.126	0.125	0.124	0.123	0.121	0.117	0.107	0.082	0.032
15	0.085	0.085	0.085	0.084	0.084	0.084	0.083	0.083	0.082	0.078	0.069	0.041
20	0.064	0.064	0.064	0.063	0.063	0.063	0.063	0.063	0.062	0.061	0.056	0.041
50	0.025	0.025	0.025	0.025	0.025	0.025	0.025	0.025	0.025	0.025	0.025	0.024
100	0.013	0.013	0.013	0.013	0.013	0.013	0.013	0.013	0.013	0.013	0.013	0.012

はこの I_3 がプロットされたものです．

例題 8.3

帯状荷重 $q=100\ \mathrm{kN/m^2}$ が荷重幅 $B=5\ \mathrm{m}$ で地表面上の基礎に加えられました．深さ $z=5\ \mathrm{m}$ と $z=10\ \mathrm{m}$ でそれぞれ，鉛直応力の増分を $x=0$ から $x=12.5\ \mathrm{m}$ の範囲で計算し，その結果をプロットしてください．

解：

$z=5\ \mathrm{m}$ で，$2z/B=2\times5/5=2$

$z=10\ \mathrm{m}$ で，$2z/B=2\times10/5=4$

上の $2z/B$ 値に対して，I_3 の値が表（8.5）より読み取られ，式（8.6）により種々の x に対して表 8.6 に $\Delta\sigma_v$ の値が計算され，図 8.9 にプロットされました．この問題は左右対称のため，x が正の領域のみの解が示されています．

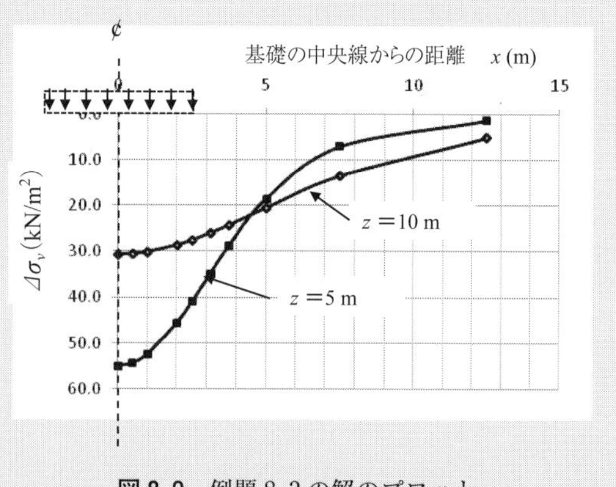

図 8.9　例題 8.3 の解のプロット

表 8.6　例題 8.3 の計算

z=5 m で，2 z/B=2										
x，m	0	0.5	1	2	2.5	3.125	3.75	5	7.5	12.5
2 x/B	0	0.2	0.4	0.8	1	1.25	1.5	2	3	5
I_3	0.550	0.543	0.524	0.455	0.409	0.348	0.288	0.185	0.071	0.013
$\Delta\sigma_v$，kN/m^2	55.0	54.3	52.4	45.5	40.9	34.8	28.8	18.5	7.1	1.3
z=10 m で，2 z/B=4										
x，m	0	0.5	1	2	2.5	3.125	3.75	5	7.5	12.5
2 x/B	0	0.2	0.4	0.8	1	1.25	1.5	2	3	5
I_3	0.306	0.304	0.301	0.285	0.275	0.259	0.242	0.205	0.134	0.051
$\Delta\sigma_v$，kN/m^2	30.6	30.4	30.1	28.5	27.5	25.9	24.2	20.5	13.4	5.1
I_3 値は表 8.5 より得る． $\Delta\sigma_v=q\times I_3$										

8.6　円形基礎荷重による地中鉛直応力の増分

この節は一般によく見られる円形の基礎の場合の応力増分の計算です．図 8.10 に見られるように，やはり，ブシネスクの点荷重解の積分として得られ，次式は円形基礎の中央点直下の解を示しています．

$$\Delta\sigma_v=q[1-\frac{1}{\left[\left(\frac{r}{z}\right)^2+1\right]^{\frac{3}{2}}}]=q\ I_4 \qquad (8.8)$$

$$I_4=1-\frac{1}{\left[\left(\frac{r}{z}\right)^2+1\right]^{\frac{3}{2}}} \qquad (8.9)$$

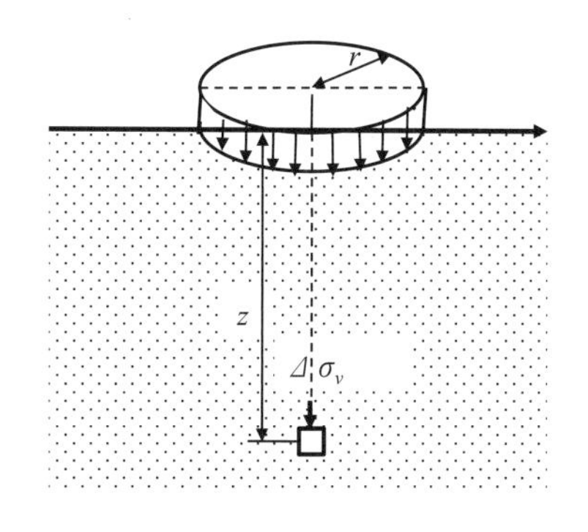

図 8.10　円形基礎の中央点直下での鉛直応力増分

影響係数 I_4 値が z/r の関数として表 8.7 と図 8.11 に示されています．

表 8.7　影響係数 I_4（円形荷重の中央点直下）

z/r	I_4	z/r	I_4
0	1.000	1.2	0.547
0.1	0.999	1.4	0.461
0.2	0.992	1.6	0.390
0.3	0.976	1.8	0.332
0.4	0.949	2	0.284
0.5	0.911	2.5	0.200
0.6	0.864	3	0.146
0.7	0.811	3.5	0.111
0.8	0.756	4	0.087
0.9	0.701	4.5	0.070
1	0.646	5	0.057

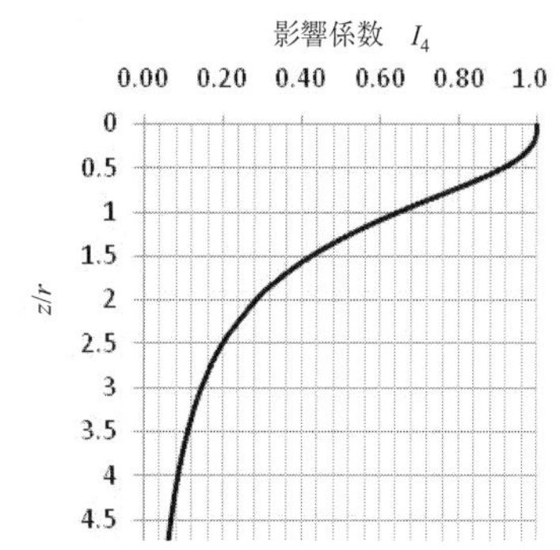

図 8.11　影響係数 I_4 と z/r の関係（円形荷重の中央点直下）

8.7　堤状荷重による地中鉛直応力の増分

盛土（embankment）下での応力増分計算もよく使われる例で，図8.12はその盛土の半分の部分を示しています．ブシネスク解の積分の結果，次式が得られます．

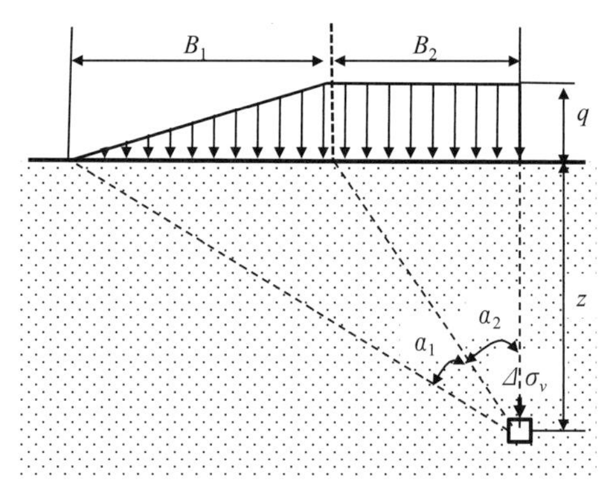

図8.12　半分盛土下での応力増分

$$\Delta\sigma_v=\frac{q}{\pi}\left[\frac{B_1+B_2}{B_1}(\alpha_1+\alpha_2)-\frac{B_2}{B_1}\alpha_2\right]=qI_5 \qquad (8.10)$$

$$I_5=\frac{1}{\pi}\left[\frac{B_1+B_2}{B_1}(\alpha_1+\alpha_2)-\frac{B_2}{B_1}\alpha_2\right] \qquad (8.11)$$

$$\alpha_1=\tan^{-1}\left(\frac{B_1+B_2}{z}\right)-\tan^{-1}\left(\frac{B_2}{z}\right) \qquad (8.12)$$

$$\alpha_2=\tan^{-1}\left(\frac{B_2}{z}\right) \qquad (8.13)$$

表8.8はこの場合の影響曲線I_5をB_1/zとB_2/zの関数として示し，図8.13はその結果をプロットしています．この半分盛土の解は一般の形状を持った盛土下の応力増分を計算する際に便利な式で，解の**重ね合わせ原理**（principle of superposition）を利用します．ブシネスクの解は弾性解（elastic solution）であるために，重ね合わせの原理は数学的に正しいものです．例題8.4にその解法の例が示されています．

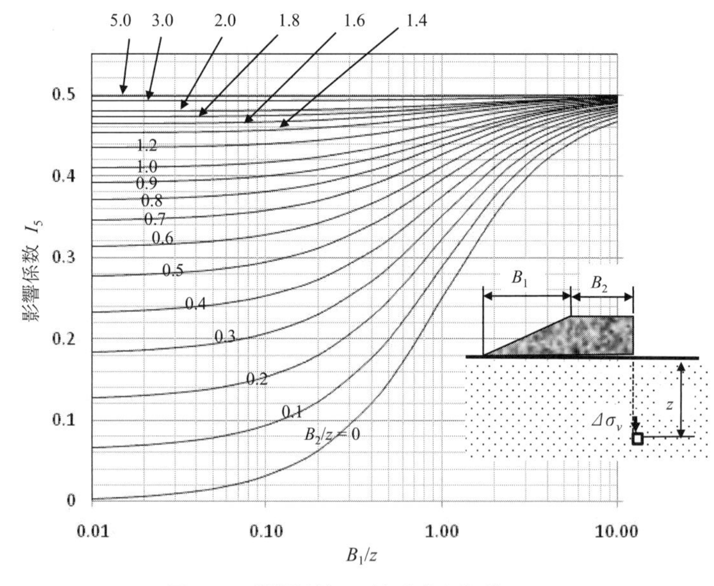

図8.13　影響係数I_5（半分盛土荷重）

表 8.8　式（8.11）による影響係数 I_5（半分盛土荷重）

B_2/z	B_1/z														
	0.01	0.02	0.04	0.06	0.1	0.2	0.4	0.6	0.8	1	2	4	6	8	10
0	0.003	0.006	0.013	0.019	0.032	0.063	0.121	0.172	0.215	0.250	0.352	0.422	0.447	0.460	0.468
0.1	0.066	0.069	0.076	0.082	0.094	0.123	0.176	0.221	0.258	0.288	0.375	0.434	0.455	0.466	0.473
0.2	0.127	0.130	0.136	0.141	0.153	0.179	0.227	0.265	0.297	0.322	0.394	0.444	0.462	0.471	0.477
0.3	0.183	0.186	0.191	0.196	0.206	0.230	0.271	0.303	0.330	0.351	0.411	0.452	0.468	0.476	0.480
0.4	0.233	0.235	0.240	0.245	0.253	0.274	0.308	0.336	0.358	0.375	0.425	0.459	0.472	0.479	0.483
0.5	0.277	0.279	0.283	0.287	0.294	0.311	0.340	0.363	0.381	0.395	0.437	0.466	0.477	0.482	0.486
0.6	0.314	0.316	0.319	0.322	0.329	0.343	0.367	0.386	0.400	0.412	0.446	0.471	0.480	0.485	0.488
0.7	0.345	0.347	0.349	0.352	0.357	0.369	0.389	0.404	0.416	0.426	0.454	0.475	0.483	0.487	0.489
0.8	0.371	0.372	0.375	0.377	0.381	0.391	0.407	0.419	0.429	0.437	0.461	0.478	0.485	0.489	0.491
0.9	0.392	0.393	0.395	0.397	0.401	0.408	0.422	0.432	0.440	0.447	0.467	0.481	0.487	0.490	0.492
1	0.410	0.411	0.412	0.414	0.416	0.423	0.434	0.442	0.449	0.455	0.471	0.484	0.489	0.491	0.493
1.2	0.436	0.436	0.437	0.438	0.440	0.445	0.452	0.458	0.463	0.466	0.478	0.488	0.491	0.493	0.495
1.4	0.453	0.454	0.454	0.455	0.456	0.459	0.464	0.469	0.472	0.475	0.483	0.490	0.493	0.495	0.496
1.6	0.465	0.466	0.466	0.467	0.467	0.470	0.473	0.476	0.478	0.480	0.487	0.492	0.495	0.496	0.497
1.8	0.474	0.474	0.474	0.475	0.475	0.477	0.479	0.481	0.483	0.485	0.489	0.494	0.496	0.497	0.497
2	0.480	0.480	0.480	0.480	0.481	0.482	0.484	0.485	0.487	0.488	0.491	0.495	0.496	0.497	0.498
3	0.493	0.493	0.493	0.493	0.493	0.494	0.494	0.494	0.495	0.495	0.496	0.498	0.498	0.499	0.499
5	0.498	0.498	0.498	0.498	0.498	0.498	0.498	0.498	0.499	0.499	0.499	0.499	0.499	0.499	0.499

例題 8.4

図 8.14 に示される堤防が構築されました．地表面下 z=12 m での盛土荷重による $\Delta\sigma_v$ を次の各場合に求めてください．(1) 盛土の中央線の直下で，(2) 堤防の斜面先 (toe of the embankment) の直下で．盛土の単位体積重量は γ_t=19.5 kN/m^3 としてください．

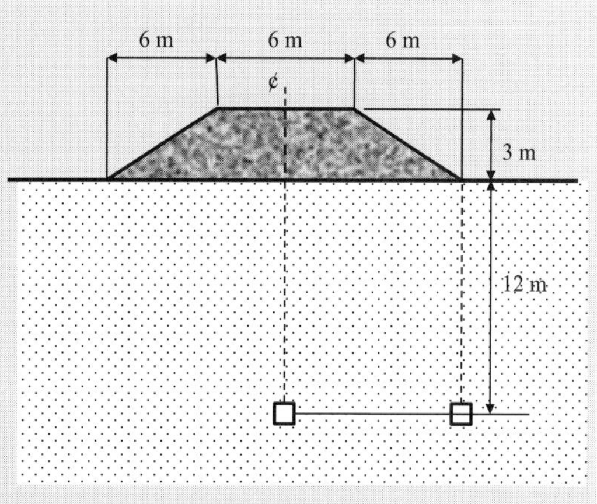

図 8.14　例題 8.4

解：

$q=\gamma_t H=19.5\times3=58.5$ kN/m^2

(1)　盛土の中央線の直下では，2 つの等しい半分盛土解の重ね合わせとして求められます．1 つの半分盛土に対して，

B_1=6 m で B_2=3 m

$B_1/z=6/12=0.5, B_2/z=3/12=0.25$

図 8.13 より，I_5=0.268 が読み取られ，式（8.10）より，

$\Delta\sigma_v=2\times q\times I_5=2\times58.5\times0.268=31.36$ kN/m^2　⇐

(2)　斜面先直下では次の重ね合わせがなされます．すなわち，図 8.15 で，

(a)＝(b)－(c)

図 8.15（b）に対して，B_1=6 m，B_2=12 m

$B_1/z=6/12=0.5$，$B_2/z=12/12=1.0$

表 8.8 より，I_5=0.438 が得られます．

図 8.15（c）に対して，B_1=6 m，B_2=0 m

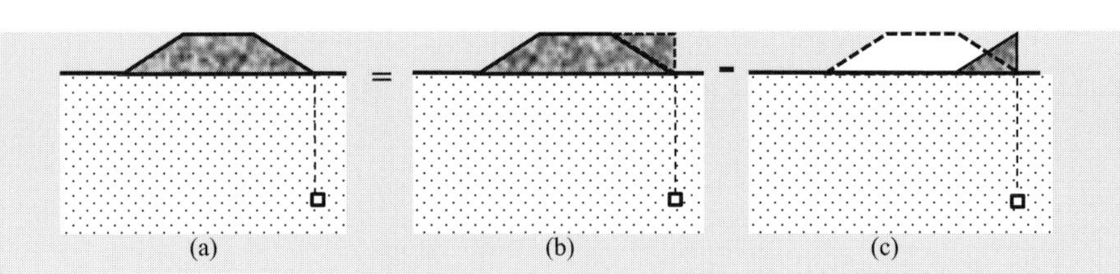

図 8.15 例題 8.4（2）の重ね合わせ解

$B_1/z=6/12=0.5$，$B_2/z=0/12=0$

図 8.13 より，$I_5=0.148$ が得られます．

式（8.10）と重ね会わせの原理を用いて，すなわち，(a)＝(b)－(c) より，

$\Delta\sigma_v=q\times(I_5(\mathrm{b})-I_5(\mathrm{c}))=58.5\times(0.438-0.148)=16.97\,\mathrm{kN/m^2}$ ⇐

8.8 長方形基礎荷重による地中鉛直応力の増分

ニューマーク（Newmark 1935）はブシネスクの点荷重解を図 8.16 に見られるように，長方形基礎（$B\times L$）域で積分して，基礎の隅直下での鉛直応力増分を得る次式を導きました．

$$\Delta\sigma_v=qI_6 \tag{8.14}$$

$$I_6=\frac{1}{4\pi}\left[\frac{2mn\sqrt{m^2+n^2+1}}{m^2+n^2+m^2n^2+1}\cdot\frac{m^2+n^2+2}{m^2+n^2+1}+\tan^{-1}\left(\frac{2mn\sqrt{m^2+n^2+1}}{m^2+n^2-m^2n^2+1}\right)\right] \tag{8.15}$$

ここに，$m=B/z$ で $n=L/z$ です．

式（8.15）で $\tan^{-1}$(**) 項が負の値をとるとき，その項に π 値を加える必要があることに注意してください．また，式（8.15）よりわかるように B と L はお互いに交換可能な変数のため，どちらの基礎の一片を B と採っても，または，

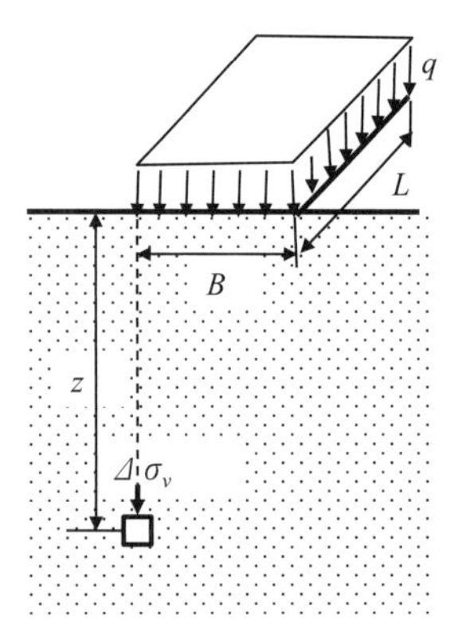

図 8.16 長方形基礎の隅直下の鉛直応力の増分

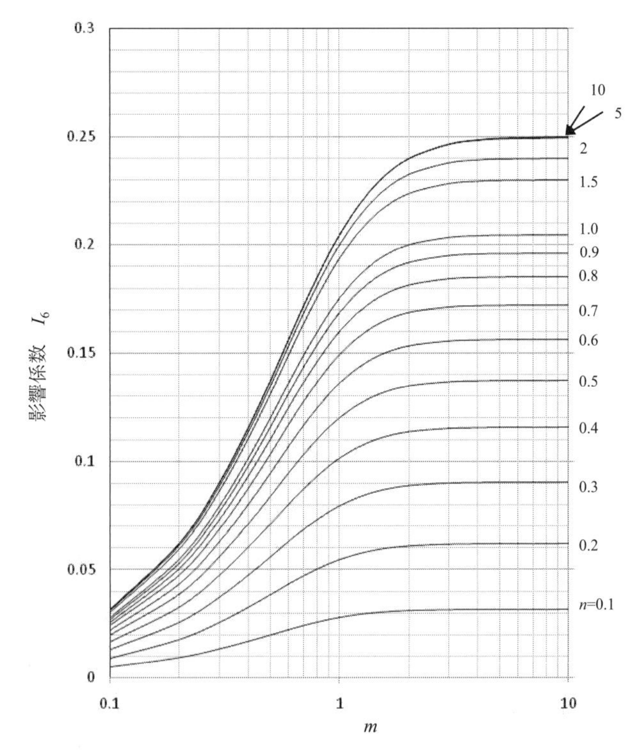

図 8.17 影響係数 I_6（長方形基礎荷重の隅直下）

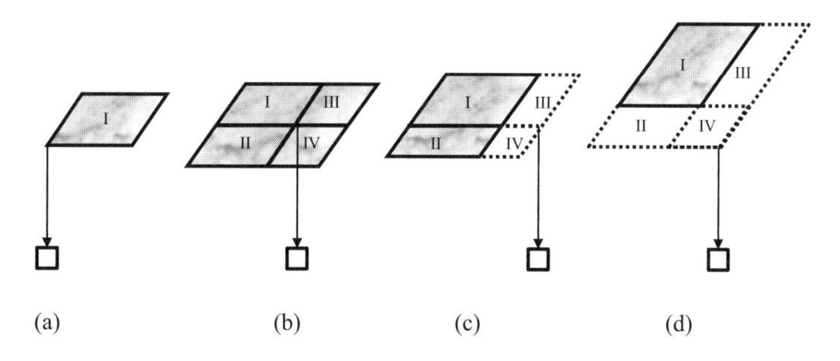

図 8.18　長方形基礎の種々の点の下での $\Delta\sigma_v$ の計算

表 8.9　式（8.15）による影響係数 I_6（長方形基礎荷重の隅直下）

n	m													
	0.1	0.2	0.3	0.4	0.5	0.6	0.7	0.8	0.9	1	1.5	2	5	10
0.1	0.005	0.009	0.013	0.017	0.020	0.022	0.024	0.026	0.027	0.028	0.030	0.031	0.032	0.032
0.2	0.009	0.018	0.026	0.033	0.039	0.043	0.047	0.050	0.053	0.055	0.059	0.061	0.062	0.062
0.3	0.013	0.026	0.037	0.047	0.056	0.063	0.069	0.073	0.077	0.079	0.086	0.089	0.090	0.090
0.4	0.017	0.033	0.047	0.060	0.071	0.080	0.087	0.093	0.098	0.101	0.110	0.113	0.115	0.115
0.5	0.020	0.039	0.056	0.071	0.084	0.095	0.103	0.110	0.116	0.120	0.131	0.135	0.137	0.137
0.6	0.022	0.043	0.063	0.080	0.095	0.107	0.117	0.125	0.131	0.136	0.149	0.153	0.156	0.156
0.7	0.024	0.047	0.069	0.087	0.103	0.117	0.128	0.137	0.144	0.149	0.164	0.169	0.172	0.172
0.8	0.026	0.050	0.073	0.093	0.110	0.125	0.137	0.146	0.154	0.160	0.176	0.181	0.185	0.185
0.9	0.027	0.053	0.077	0.098	0.116	0.131	0.144	0.154	0.162	0.168	0.186	0.192	0.196	0.196
1	0.028	0.055	0.079	0.101	0.120	0.136	0.149	0.160	0.168	0.175	0.194	0.200	0.204	0.205
1.5	0.030	0.059	0.086	0.110	0.131	0.149	0.164	0.176	0.186	0.194	0.216	0.224	0.230	0.230
2	0.031	0.061	0.089	0.113	0.135	0.153	0.169	0.181	0.192	0.200	0.224	0.232	0.240	0.240
5	0.032	0.062	0.090	0.115	0.137	0.156	0.172	0.185	0.196	0.204	0.230	0.240	0.249	0.249
10	0.032	0.062	0.090	0.115	0.137	0.156	0.172	0.185	0.196	0.205	0.230	0.240	0.249	0.250

L と採っても同じ結果が得られます．表 8.9 と図 8.17 に，この場合の影響係数 I_6 が m と n の関数として示されています．

式（8.14）による解は，均等に載荷された長方形基礎の隅の直下での地中の鉛直応力増分を与えます．しかしながら，この解は**重ね合わせの原理**（principle of superposition）を使うことによって，長方形基礎の下のいかなる点での地中応力増分を求めることができます．図 8.18 はその応用原理を示すもので，実際に載荷された基礎部は実線と濃い色で示され，何も載荷されていない架空の基礎部は破線と無色で描かれています．図（a）は単純に長方形基礎の隅直下の場合で式（8.14）の解がそのまま当てはまります．図（b）は長方形基礎内の任意の一点の直下の場合で 4 つの長方形基礎解の重ね合わせにより解が得られます．図（c）は長方形基礎の外にある任意の一点の直下の場合で，解は正と負の解の重ね合わせとして得られます．図（d）は図（c）と同様，基礎外の一点の直下での計算で最も一般的な解を示します．これらの解法は次の手順にまとめられています．

図（a）：載荷基礎 ＝I で，式（8.14）を直接使用．

図（b）：載荷基礎 ＝I＋II＋II＋IV

$\Delta\sigma_v(\text{I}+\text{II}+\text{III}+\text{IV})=\Delta\sigma_v(\text{I})+\Delta\sigma_v(\text{II})+\Delta\sigma_v(\text{III})+\Delta\sigma_v(\text{IV})$

図（c）：載荷基礎 ＝I＋II

$\Delta\sigma_v(\text{I}+\text{II})=\Delta\sigma_v(\text{I}+\text{III})+\Delta\sigma v_v(\text{II}+\text{IV})-\Delta\sigma_v(\text{III})-\Delta\sigma_v(\text{IV})$

図（d）：載荷基礎 ＝I

$\Delta\sigma_v(\text{I})=\Delta\sigma_v(\text{I}+\text{II}+\text{III}+\text{IV})-\Delta\sigma v_v(\text{II}+\text{IV})-\Delta\sigma_v(\text{III}+\text{IV})+\Delta\sigma_v(\text{IV})$

上記の表示で，たとえば，$\Delta\sigma_v(\text{I}+\text{II})$ は（I＋II）で定義された長方形基礎での載荷によるその隅直下での解を意味します．実基礎の解，または，架空の基礎の解のすべてはその計算する点を基礎の隅に持ってくることによって，式（8.14）を使用することが可能になります．図（d）の場合では架空基礎（IV）は基礎（II＋IV）と基礎（III＋IV）に2度含まれ，その $\Delta\sigma_v$ 値が余計に差し引かれているために，最後に一度 $\Delta\sigma_v(\text{IV})$ が加えられています．一般に個々の実基礎，または，架空基礎は，B と L の値は異なる値をとり，それぞれの B と L に対しての I_6 の値を求めることになります．

例題 8.5

図8.19の長方形基礎ABCDに等分布荷重 $q=200\ \text{kN/m}^2$ が加えられました．地表面よりの深さ5mでE，F，B，G点での鉛直応力増分を求めてください．

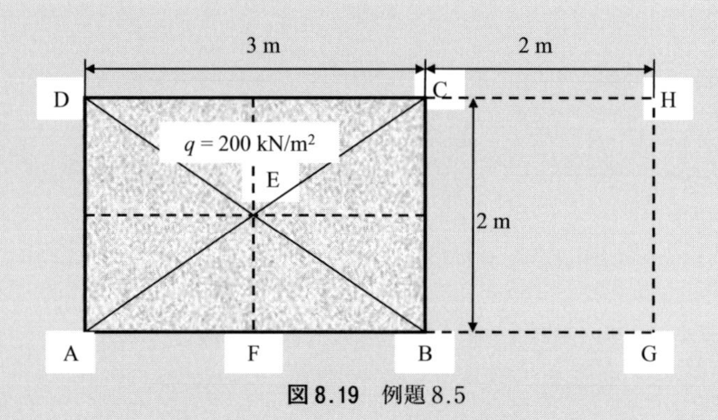

図 8.19　例題 8.5

解：

(1) E点では4つの等しい大きさの基礎がE点をその隅に持つことになり，

$B=1.5$ m で $L=1$ m．したがって，$m=B/z=1.5/5=0.3$ で $n=L/z=1/5=0.2$

図8.16より，$I_6=0.026$

式（8.14）より，$\Delta\sigma_v=4\times q\,I_6=4\times200\times0.026=20.8\ \text{kN/m}^2$ ⇐

(2) F点では2つの等しい大きさの基礎がF点をその隅にもつことになり，

$B=1.5$ m で $L=2$ m．したがって，$m=B/z=1.5/5=0.3$ で $n=L/z=2/5=0.4$

図8.16より，$I_6=0.047$

式（8.14）より，$\Delta\sigma_v=2\times q\,I_6=2\times200\times0.047=18.8\ \text{kN/m}^2$ ⇐

(3) B点はその点が基礎ABCDの隅になるために，

$B=3$ m で $L=2$ m．したがって，$m=B/z=3/5=0.6$ で $n=L/z=2/5=0.4$

図 8.16 より，$I_6=0.080$

式（8.14）より，$\Delta\sigma_v=q\,I_6=200\times0.08=16.0\,\mathrm{kN/m^2}$ ⇐

(4) G 点では 2 つの仮想基礎（AGHD と BGHC）が G 点をその隅にもつことになり，AGHD に対して，$B=5\,\mathrm{m}$ で $L=2\,\mathrm{m}$．したがって，$m=B/z=5/5=1.0$ で $n=L/z=2/5=0.4$

図 8.16 より，$I_6=0.101$

BGHC に対して，$B=2\,\mathrm{m}$ で $L=2\,\mathrm{m}$．したがって，$m=B/z=2/5=0.4$ で $n=L/z=2/5=0.4$

図 8.16 より，$I_6=0.060$

式（8.14）より，$\Delta\sigma_v(\mathrm{ABCD})=\Delta\sigma_v(\mathrm{AGHD})-\Delta\sigma_v(\mathrm{BGHC})=q\Sigma I_6$

$=200\times(0.101-0.060)=8.2\,\mathrm{kN/m^2}$ ⇐

8.9 不規則な形の基礎荷重による地中鉛直応力の増分

ニューマーク（Newmark 1942）は不規則な形状を持った基礎下の応力増分を計算するための便利な図解法を開発しました．この図は**ニューマークの応力影響図**（Newmark's influence chart）と呼ばれ，その作図の原理は図 8.20 に示されます．

ニューマークの応力影響図は，まず，図 8.20 に示されるようにいくつかの同心円が描かれます．これらの同心円で囲まれた面積 A_1，A_2，A_3，… 上に等分布荷重 q が加えられたとき，それらの円の中心直下の任意深さの z での鉛直応力増分 $\Delta\sigma_v$ がすべて等しくなるように，これらの同心円は描かれました．したがって，これらの円で囲まれた個々の面積はすべて，円の中心点下の地中応力増分に同じ影響を持つことになります．ブシネスクの点荷重解の積分を利用して，それらの円の大きさは理論的に決定することができます．

この中心円群はさらに中心より放射状に伸びた直線で等分割され，こうして構築された応力影響図

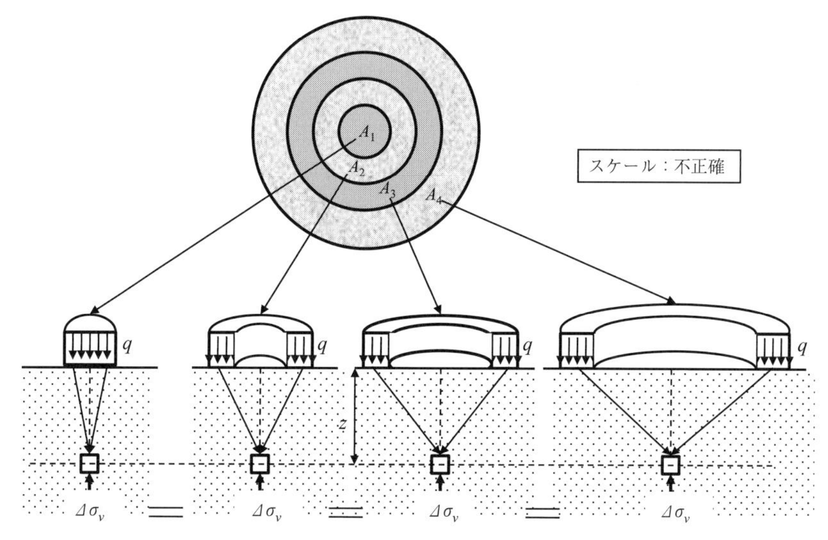

図 8.20　ニューマークの応力影響図の構築原理

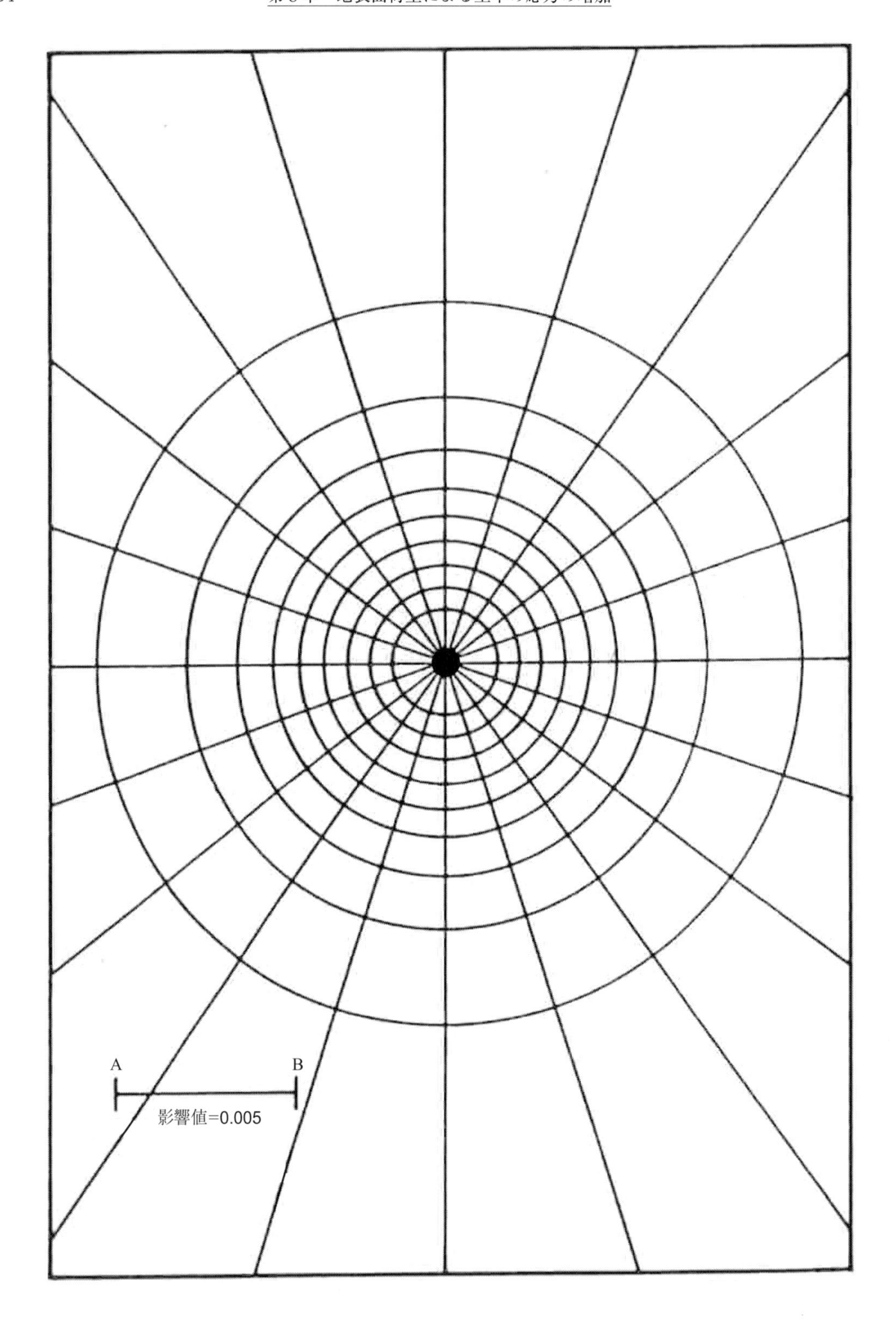

図8.21　応力影響図（Newmark 1942）

の一例が図 8.21 に示されています．この図では円群は 20 等分（18 度ごとに）されています．図で分割されたすべての個々の面積は円の中心直下の応力増加に等しい影響を持つことになります．したがって，円の中心に近ければ近いほど，その面積は小さくなることが図よりわかります．またその逆に，中心から遠くなればなるほど，その面積は大きくなります．

個々の応力影響図はその作図時の条件によって，固有の**影響値**（influence value）と固有の深度スケール AB を持つことになります．図 8.21 では影響値 ＝0.005 で AB の深度スケールは図に明確に示されています．別の応力影響図では異なった影響値と深度スケール AB を持つことがあるので注意してください．

ニューマークの応力影響図を使っての地中の鉛直応力増分 $\Delta\sigma_v$ を求める手順を次に示します．

(1) $\Delta\sigma_v$ を求める基礎底面よりの地中深度 z を決定する．

(2) 基礎の平面図で $\Delta\sigma_v$ を求める点を決定する．

(3) 応力影響図上に（2）で設定した **$\Delta\sigma_v$ を求める点を応力影響図の中心点に来るように作図し**，（1）の**深度 z を距離 AB に等しく**なるようにして，基礎の図形を描く．

(4) 描かれた基礎の形状で覆われた応力影響図での要素数を数える．要素が完全に基礎で覆われた要素数を，N_{full} とし，部分的に覆われた要素の数を N_{partial} とし，**有効要素数**（number of full equivalent elements）を $N=N_{\mathrm{full}}+\frac{1}{2}N_{\mathrm{partial}}$ より計算する．

(5) 鉛直応力増分 $\Delta\sigma_v$ は次式より求める．

$$\Delta\sigma_v=qN(\mathrm{INV}) \tag{8.16}$$

式（8.16）で q：基礎上の等分布荷重強度

N：基礎の図形で覆われた有効要素数

INV：使用した応力影響図の影響値（Influence value）

例題 8.6

図 8.22 に地表面上の基礎の形が示されています．等分布荷重 q=200 kN/m^2 が基礎上に加えられました．A 点下，深さ z=20 m での $\Delta\sigma_v$ を計算してください．

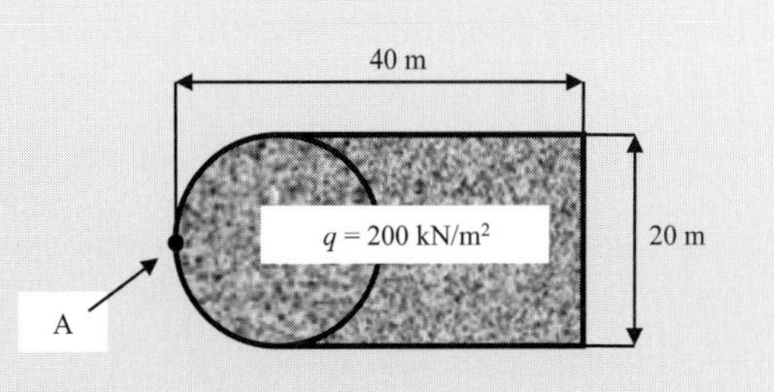

図 8.22　等分布荷重で載荷された基礎（例題 8.6）

解：

図 8.21 の応力影響図上に AB=z=20 m のスケールで，A 点が図の中央に来るようにして，基礎の図形が描かれました（図 8.23）．

図 8.23 より，

$N_{\mathrm{full}}=32$ と $N_{\mathrm{partial}}=22$ が読み取られ，

$N=N_{\mathrm{full}}+(1/2)N_{\mathrm{partial}}$

$=32+(1/2)(22)=43$

式 (8.16) を使って，

$$\Delta\sigma_v = qN(\mathrm{INV})$$
$$= 200 \times 43 \times 0.005$$
$$= 43\ \mathrm{kN/m^2} \quad \Leftarrow$$

図 8.23　例題 8.6 の解

8.10　地中の応力球根

本章では地表面の種々の基礎荷重による地中での鉛直応力の増加 $\Delta\sigma_v$ 値を計算する方法を学びました．すべて，載荷点近くではその応力が大きく，遠くなればなるほど，その値は小さくなります．そして，ついにはその値は無視できるほどに小さくなります．この載荷点からの距離が鉛直応力増加に及ぼす影響をみるために**応力球根**（stress bulb または isobar）の表示がよく使われます．これはブシネスク式による弾性解を用いて，それぞれの地表面荷重に対して地中の各点での鉛直応力増分 $\Delta\sigma_v$ を計算し，その値の地表面荷重 q に対する比を**等応力線**（stress contour）として描くものです．図 8.24 に（a）帯状基礎荷重の場合と（b）円形基礎荷重の場合の例が示されています．その形が植物の球根に似ているために応力球根と呼ばれています．図で応力球根の $\Delta\sigma_v/q$ の比が 0.1（地中鉛直応力の増加が地表面荷重の 10%）の等応力線の場合，帯状基礎荷重では約 6.3 B の深さに，そして円形基礎荷重では約 1.8 D の深さに達していることがわかります．**これらの表面荷重が影響を与え**

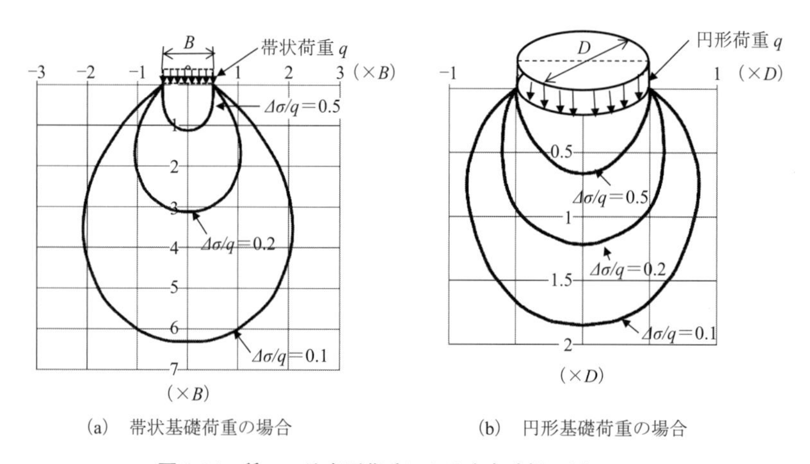

(a)　帯状基礎荷重の場合　　(b)　円形基礎荷重の場合

図 8.24　種々の地表面荷重による応力球根の例

るおおよその土層の深さを知ることは基礎の計画と設計で大切なことです．たとえば小さい基礎幅を持つ建物では地表面近くの土層の変形と強度特性が重要な要素となります．また第1章でみた関西国際空港の人口島の建設では飛行場の面積が広大なため，その盛土による荷重は地下深くまで影響を及ぼし，深層での土層の特性をも的確に把握する必要があります．

8.11 章の終わりに

本章で示された地中の鉛直応力増分 $\Delta\sigma_v$ の計算は，土の沈下の要因となるもので，第9章で有効に使用されることとなります．これらの応力増分計算はほとんどがブシネスクの点荷重の弾性解に基づいたもので，重ね合わせの原理（principle of superposition）の応用が可能で，複雑な形状をした基礎上の荷重にも便利に利用されます．応力球根の表示により，地表面の荷重が影響を与えるおおよその土層の深さを推測することができ，それらの理解は基礎の計画と設計に生かされます．

参考文献

1) Boussinesq, J. (1885). *Application des Potentiels á L'Étude de L'Équilibre et due Mouvement des Solides Élastiques*, Gauthier-Villars, Paris.
2) Newmark, N. M. (1935). "Simplified Computation of Vertical Pressures in Elastic Foundations," *Circular* 24, University of Illinois Engineering Experiment Station.
3) Newmark, N. M. (1942). "Influence Chart for Computation of Stresses in Elastic Soil," *Bulletin No.* 338, University of Illinois Engineering Experiment Station.

問　　題

8.1 10 kN の点荷重が地表面上の 1.5 m×2 m の長方形基礎の中心点に加えられました．2：1 傾斜法を用いて，その地中 z=0 から 10 m までの，2 m ごとの深さでの鉛直応力の増分を計算し，その結果を深さ z とともにプロットしてください．

8.2 図 8.25 に見られるように，100 kN と 120 kN の点荷重が地表面に加えられました．A 点直下で，z=0 から 20 m での鉛直応力の増加を計算し，その結果を深さ z とともにプロットしてください．

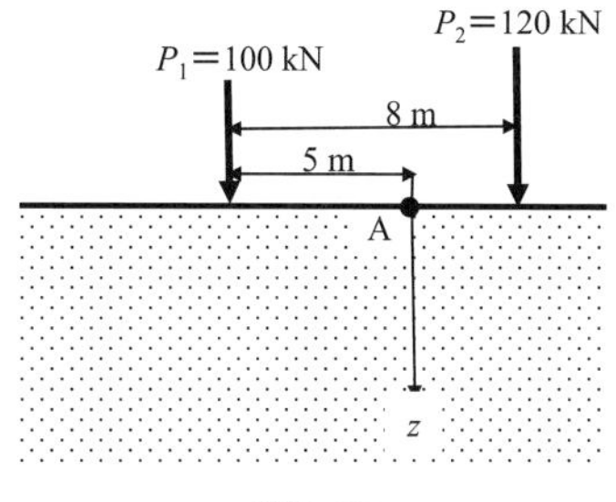

図 8.25

8.3 図 8.26 に見られるように地表面上のA点，B点，C点にそれぞれに，50 kN，100 kN，150 kN の点荷重が加えられました．D点直下で，z=0 から 20 m での鉛直応力の増加を計算し，その結果を深さ z とともにプロットしてください．

8.4 図 8.27 に見られるように，50 kN/m と 100 kN/m の線荷重が地表面上に加えられました．A点直下で，z=0 から 30 m での鉛直応力の増加を計算し，その結果を深さ z とともにプロットしてください．

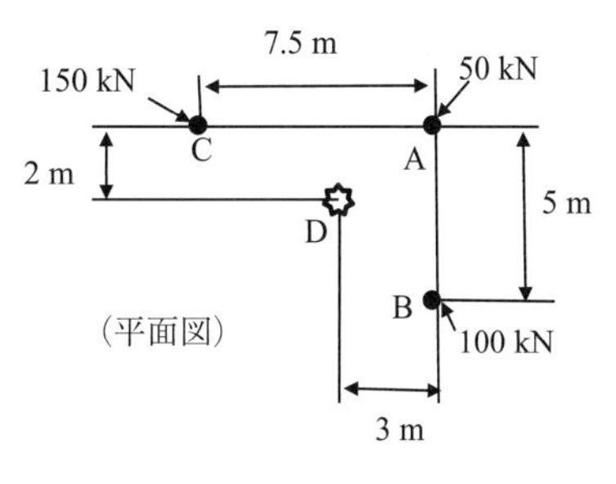

図 8.26

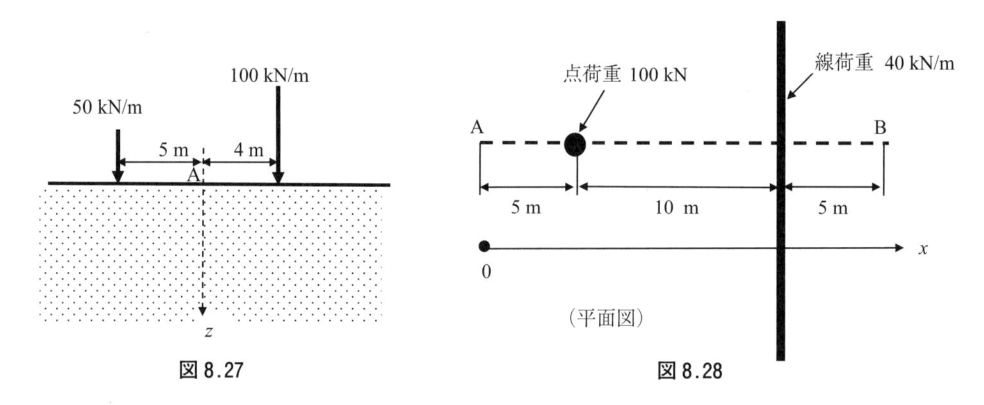

図 8.27　　　　図 8.28

8.5　図 8.28 に見られるように，100 kN の点荷重と 40 kN/m の線荷重が地表面上に加えられました．地表面でのＡＢ線の直下で，深さ z=5 m での鉛直応力の増加を計算し，その結果を AB 線沿い x の変化とともにプロットしてください．

8.6　地表面上の 4 m 幅の帯状基礎に 50 kN/m^2 の帯状荷重が加えられました．帯状基礎の中央線直下で，z=0 から 20 m の深さでの鉛直応力の増分を計算し，その結果を深さとともにプロットしてください．

8.7　問題 8.6 と同じ帯状荷重で，帯状基礎の隅直下で，z=0 から 20 m の深さでの鉛直応力の増分を計算し，その結果を深さ z とともにプロットしてください．

8.8　地表面上の直径 0.8 m の円形基礎に q=50 kN/m^2 の等分布荷重が加えられました．基礎の中央点直下で，z=0 から 10 m の深さでの鉛直応力の増分を計算し，その結果を深さ z とともにプロットしてください．

8.9　地表面に建築物の柱より 100 kN の荷重が加えられました．次のおのおの場合を仮定して，基礎の中央点直下で，z=0 から 10 m の深さでの鉛直応力の増分を計算し，その結果を深さ z とともにプロットしてください．

(a)　100 kN の点荷重として加えられたとき．

(b)　100 kN が 2.0 m×2.0 m の正方形基礎上に加えられたとして，2：1 傾斜法を用いて，

(c)　100 kN が直径 2.257 m の円形基礎に加えられたとき．

注：上の（b）と（c）の基礎では地表面での荷重応力は等しい．

8.10　図 8.29 の盛土は地表面に築造されました．次のそれぞれの場合に盛土下で，z=0 から 10 m の深さでの鉛直応力の増分を計算し，その結果を深さ z とともにプロットしてください．

(a)　盛土の中央線 A 点の直下で．

(b)　盛土の斜面のつま先 C 点の直下で．

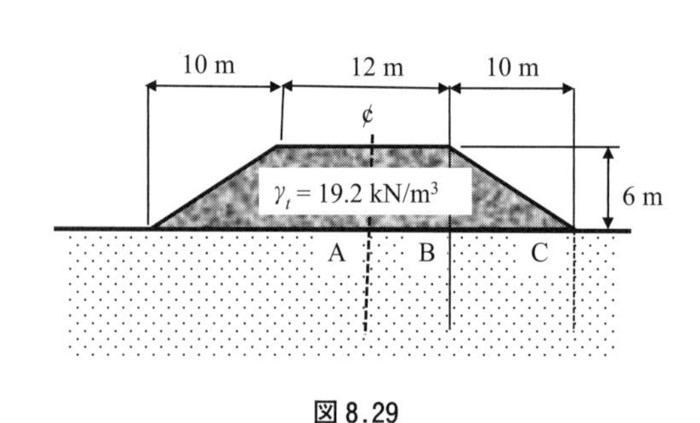

図 8.29

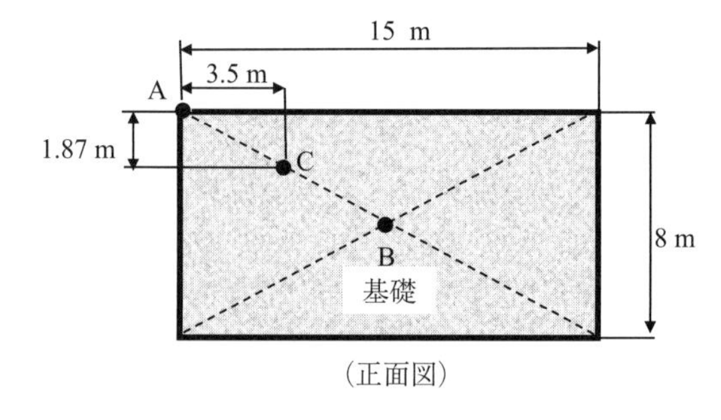

図 8.30

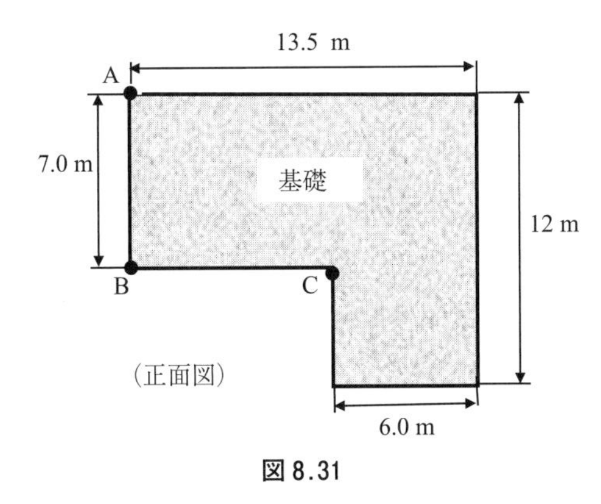

図 8.31

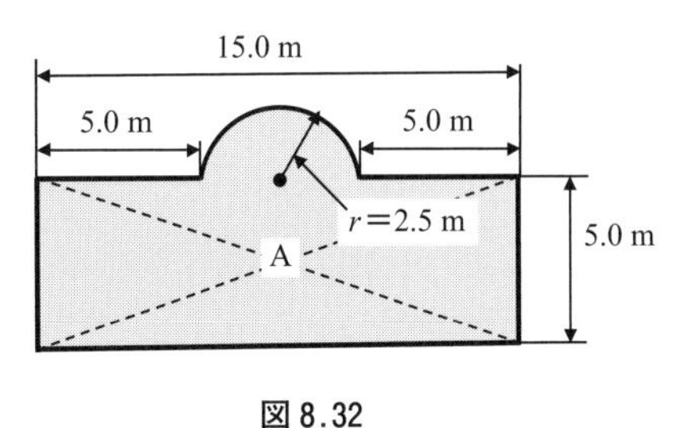

図 8.32

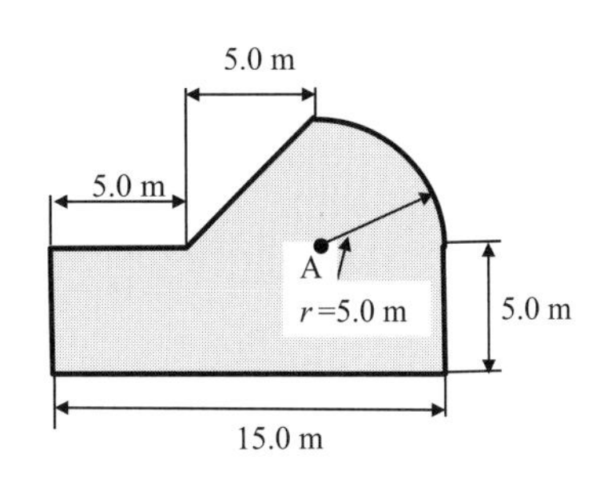

図 8.33

8.11 問題 8.10 と同じ盛土で，A 点，B 点，C 点の直下 z=10 m での鉛直応力の増分を計算し，結果を A 点からの水平距離とともにプロットしてください.

8.12 図 8.30 に見られるように地表面上の長方形基礎に q=75 kN/m^2 の等分布荷重が加えられました．A 点，B 点，および C 点直下の深さ z=5 m での鉛直応力の増分を計算してください.

8.13 図 8.31 に見られるように地表面上の基礎に q=100 kN/m^2 の等分布荷重が加えられました．A 点，B 点，および C 点直下の深さ z=10 m での鉛直応力の増分を計算してください.

8.14 直径 1.0 m の地表面の円形基礎に q=80 kN/m^2 の等分布荷重が加えられました．ニューマークの応力影響図を用いて，円形基礎の外端部の直下で，深さ z=1 m での鉛直応力の増分を求めてください.

8.15 図 8.32 の不規則な形をした地表面上の基礎に q=80 kN/m^2 の等分布荷重が加えられました．A 点直下での深さ z=5 m での鉛直応力の増分を求めてください.

8.16 図 8.33 の不規則な形をした地表面上の基礎に q=60 kN/m^2 の等分布荷重が加えられました．A 点直下での深さ z=4 m での鉛直応力の増分を求めてください.

第9章

地盤の沈下

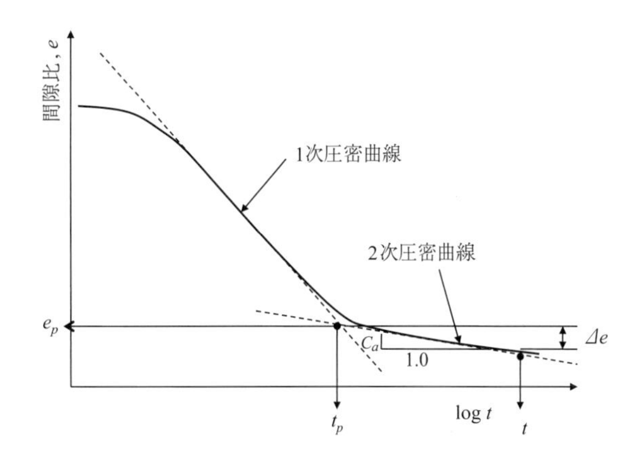

9.1 章の始めに

土は今ある応力状態が保たれたとき，そして，含水量が一定のとき一般に安定です．しかし，その応力が変化したとき，土は変形し，沈下，または膨張を引き起こします．応力変化の主な原因は地上に新たに加えられた基礎の荷重によるもので，それは第8章で詳しく学びました．土は，ある程度は弾性体（elastic body）として挙動しますが，同時に，塑性体（plastic body）として反応します．弾性体として働くとき，その反応は瞬時的（instantaneous）であり，塑性体としては時間に依存する（time dependent）反応を示します．前者は砂，礫などの粒状体に見られ，後者は粘性土に見られる現象です．瞬時の弾性変形による沈下は**瞬時沈下**（immediate settlement）と呼ばれ，その沈下量を S_i とします．時間とともに進行する沈下は主に**圧密現象**（consolidation phenomena）によるものです．さらに圧密沈下（consolidation settlement）は**1次圧密沈下**（primary consolidation settlement）量 S_c と**2次圧密沈下**（secondary consolidation settlement）量 S_s に分けられ，本章で詳しく述べられます．したがって地盤の**全沈下量**（total settlement）S_t はそれらの合計として求められます（すなわち，$S_t = S_i + S_c + S_s$）．

9.2 弾性沈下

図9.1に見られるように理想化された円形基礎が半無限の弾性体（infinite elastic half space）上に

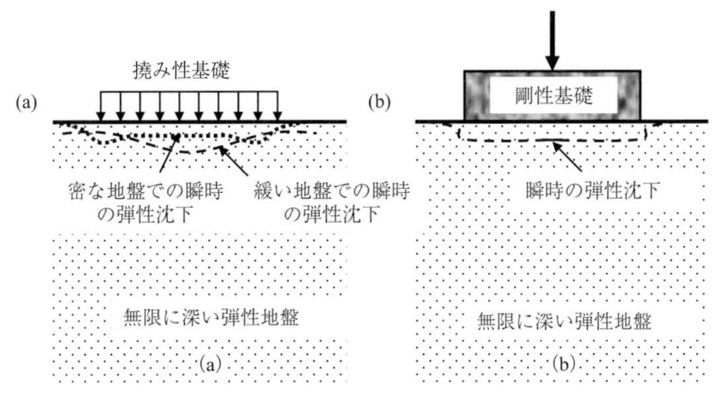

図9.1 半無限弾性地盤上の撓み性基礎下と剛性基礎下での沈下

表 9.1 式(9.1)での補正係数 C_d の値

基礎の形状	L/B	撓み性基礎		剛性基礎
		中心点下で	基礎隅の下で	
円形基礎	-	1.00	0.64	0.79
長方形基礎	1(正方形)	1.12	0.56	0.88
	1.5	1.36	0.67	1.07
	2	1.52	0.76	1.21
	3	1.78	0.88	1.42
	5	2.10	1.05	1.70
	10	2.53	1.26	2.10
	20	2.99	1.49	2.46
	50	3.57	1.8	3.0
	100	4.00	2	3.43

(Winterkorn and Fang 1975 より)

表 9.2 土のポアソン比 μ の範囲

土の種類	ポアソン比 μ
ほとんどの粘性土(most clay soils)	0.4-0.5
飽和した粘性土(saturated clay soils)	0.45-0.50
中位から密な粒状土(cohesionless soils-medium and dense)	0.3-0.4
ゆるいから中位の粒状土(cohesionless soils-loose to medium)	0.2-0.35

(Bowles 1996 より)

表 9.3 土の弾性係数 E_s の範囲

土の種類		弾性係数,MN/m^2
粘土(clay)	非常に柔かい(very soft)	2-15
	柔かい(soft)	5-25
	中位の硬さ(medium)	15-50
	硬い(hard)	50-100
	砂混じりの(sandy)	25-250
氷河堆積土(glacial till)	ゆるい(loose)	10-150
	密な(dense)	150-720
	非常に密な(very dense)	500-1440
レス(loess)		15-60
砂(sand)	シルト質の(silty)	5-20
	ゆるい(loose)	10-25
	密な(dense)	50-81
砂と礫(sand and gravel)	ゆるい(loose)	50-150
	密な(dense)	100-200
頁岩(shale)		150-5000
シルト(silt)		2-20

(Bowles 1996 より)

置かれたときの瞬時沈下量の弾性解(Schleicher 1926)は次式で得られます.

$$S_i = C_d B\left(\frac{1-\mu^2}{E_s}\right)q \tag{9.1}$$

ここに B は円形基礎の直径で,μ は土の**ポアソン比**(Poisson's ratio),E_s は土の**弾性係数**(modulus of elasticity)です.q は基礎上に加えられた等分布荷重で,**剛な基礎**(rigid footing)の場合はその平均の等分布荷重をとります.C_d は円形基礎以外の長方形($B\times L$)基礎に対する補正係数で,そして，また，基礎の剛性に対しても沈下計算箇所に対しても補正がなされ，表9.1にそれらの値が示されています．

土のポアソン比μと弾性係数E_sの値の範囲は，表9.2と表9.3に示されています．

例題9.1

地表面上の2 m×4 mの長方形基礎が200 kN/m^{2}の等分布荷重を受けます．基礎下の土は，中位の密度の砂のとき，次の場合の基礎中心下での瞬時弾性沈下量を推定してください．(a) 撓み性基礎の場合，そして．(b) 剛体基盤の場合．

解：

表9.2と表9.3より，中位の密度の砂に対して，$\mu=0.3$と$E=40$ MN/m^{2}が選ばれました．
表9.1より$L/B=2.0$に対して，(a) 撓み性基礎の場合，$C_d=1.52$，(b) 剛体基礎の場合，$C_d=1.21$が得られます．式 (9.1) より，

(a) 撓み性基礎，$S_i=1.52\times2\times\left(\dfrac{1-0.3^2}{40000}\right)\times200=0.0138\text{ m}=13.8\text{ mm}$　⇐

(b) 剛体基礎，$S_i=1.21\times2\times\left(\dfrac{1-0.3^2}{40000}\right)\times200=0.0110\text{ m}=11.0\text{ mm}$　⇐

上記の解は剛性基礎の方が少し小さい瞬時沈下量を示し，妥当だといえます．

式 (9.1) は，荷重が地表面に加えられたときの解です．一般に基礎は地表面からある深さに埋め込まれている場合が多くあり，そのときは式 (9.1) は安全側の解を提供します．また，半無限の弾性地盤は理想的な状況で，地盤下方にある深さで，より硬い地層が存在する場合がよくあり，その場合，瞬時沈下量は減少します．それらの種々の場合の解に対しては，読者は他の文献を参照してください（たとえばJanbu et al. 1956，Mayne and Poulos 1999）．

式 (9.1) に見られるように，土の瞬時沈下量は，主に土のポアソン比と弾性係数に大きく影響されます．特に，土の弾性係数E_sの推定は容易ではありません．したがって計算された沈下量は，E_s値が室内実験か，または，現場試験によって適切に決定されない限り，おおよその値であるといわざるを得ません．しかしながら，幸いにも，瞬時沈下は基礎建設中，またはその直後に起こり，観察されやすく，工事施工者はその沈下に対して適切な補正措置を行うことが可能で，時間とともに発生する圧密沈下と比べて，一般にはそれほど大きな問題とはなりません．

9.3　1次圧密による地盤沈下

粘性土の要素に加えられた応力が増加するとき，その塑性挙動のために，時間遅れ（time delayed）の沈下が起こります．応力増加によって土は圧縮されます．しかし，粘性土の低い透水性のために，飽和した土の要素内から圧縮によって発生した**過剰間隙水**（excess pore water）は一度には排出されず，それはゆっくりと時間をかけて起こります．最終的にはすべての過剰間隙水は排出され，要素の体積は減少します．この時間遅れの体積変化（沈下）の過程は粘性土の**1次圧密**（primary consolidation）と呼ばれ，次に理論的に説明されます．

9.4 1次元1次圧密モデル

テルツァーギ（Terzaghi 1925）は図9.2（a）に示されるような1次圧密現象を非常にうまく説明する物理的なモデルを提唱しました．モデルはシリンダ（cylinder）内のピストン（piston）とそれを支えるバネ（spring）とで成り立っています．シリンダの内部は水で満たされ，ピストンには水を排出する小さな孔が開けられています．また，シリンダの側壁にはその中での水圧を観測するためのスタンドパイプ（standpipe）が取り付けられています．

モデルでは，応力増分$\Delta\sigma$が時間$t=0+$でピストン上に加えられます．その瞬時では，ピストンの孔から水は排出される時間の余裕がないために沈下は起こりません．沈下がなければバネの応力σ_{spring}はゼロです．したがって図9.2（a）のように，加えられた応力増分$\Delta\sigma$はすべて水圧uで支えられます（すなわち，$\Delta\sigma=u$）．時間が経つにつれて，ピストンの孔から水は徐々に排出され，ピストンの位置が下がり沈下が起こります．同時に応力増分$\Delta\sigma$は図9.2（b）のように，uとσ_{spring}によって支えられるようになります．十分な時間が与えられると（理論的には無限な時間），図9.2（c）のように，すべての過剰間隙水は排出されて（$u=0$）最終的な沈下が得られます．このとき，応力増分$\Delta\sigma$はすべてσ_{spring}で支えられるようになります（$\Delta\sigma=\sigma_{\mathrm{spring}}$）．

このモデルは第7章で示された有効応力のモデルと同一です．土の骨格（skeleton）は，バネで代用され，有効応力σ'はσ_{spring}で表されています．このモデルは時間遅れの体積変化を明確に説明することができます．したがって，**圧密沈下現象は土の要素内よりの過剰間隙水の排出によって起こり，土要素への応力増加$\Delta\sigma$は$t=0+$では完全に間隙水圧uで支えられ，それが$t=\infty$では，完全に有効応力σ'（$=\sigma_{\mathrm{spring}}$）で支えられるという現象で説明されます．**

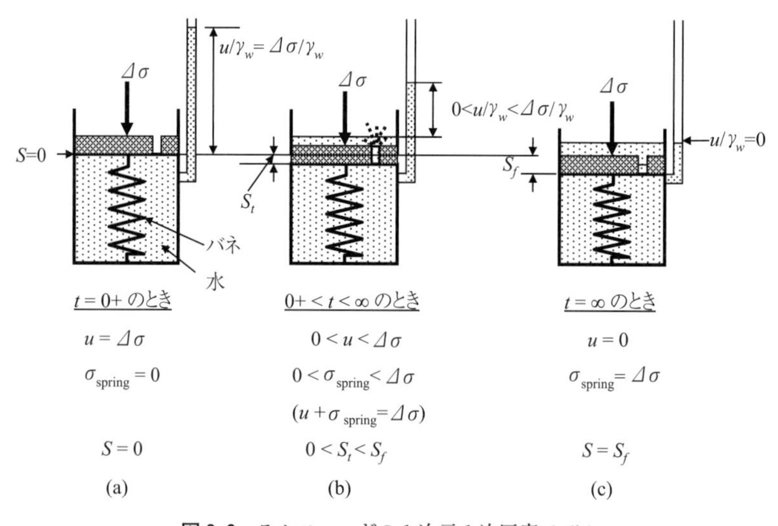

図9.2 テルツァーギの1次元1次圧密モデル

9.5　テルツァーギの1次圧密理論

テルツァーギは上記の圧密モデルに対してその理論を組み立てました．その理論は次の条件を仮定します．

(1) 土の間隙は完全に水で飽和しています（fully saturated）．

(2) 間隙水と固体部分の土要素は非圧縮です（incompressible）．

(3) ダルシーの法則（Darcy's law）が厳密に適用されます．

(4) 水の流れは1次元（one-dimensional）的に起こります．

上記の仮定された条件は，完全飽和土の1次元圧密理論としては，ほぼすべて妥当なものといえます．図9.3は完全飽和土に対する三相図を示し，初期（圧密前）の体積は1.0で，その間隙（水）部の体積はその初期間隙率 n_0 です．圧密過程で，初期有効応力は，σ'_0 から現在の σ' へと変化するとき，Δn の体積の間隙水が排出されて，現代の間隙の体積は n となり次式が得られます．

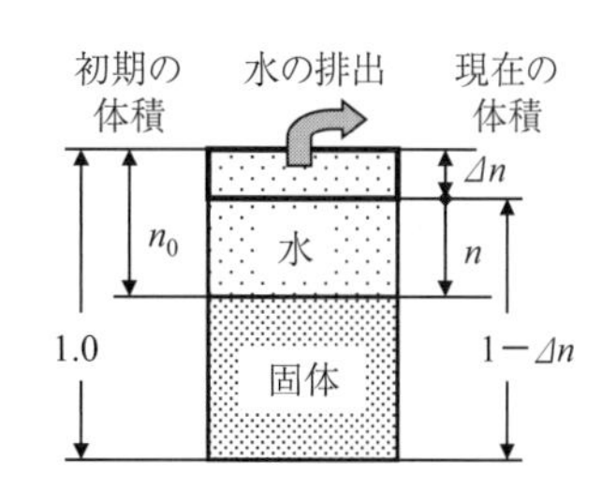

図9.3　圧密過程を示す土の三相図

$$\Delta n = n_0 - n = m_v \Delta\sigma' = m_v(\sigma' - \sigma'_0) \tag{9.2}$$

ここに $\Delta\sigma'$ は有効応力の変化で，m_v は**体積変化係数**（coefficient of volume change）で，この係数は有力応力の変化を体積変化に結び付ける重要な係数です．次に，式（9.2）を時間 t に関して微分して，次式が得られます

$$\frac{\partial \Delta n}{\partial t} = \frac{\partial n_0}{\partial t} - \frac{\partial n}{\partial t} = 0 - \frac{\partial n}{\partial t} = m_v\left(\frac{\partial \sigma'}{\partial t} - \frac{\partial \sigma'_0}{\partial t}\right) = m_v\left(\frac{\partial \sigma'}{\partial t} - 0\right) \tag{9.3}$$

そして，

$$\frac{\partial n}{\partial t} = -m_v \frac{\partial \sigma'}{\partial t} \tag{9.4}$$

図9.4は，$1\times1\times dz$ の体積を持つ立方体要素を示しています．水は下方より z 方向のみに流れ，その流入部での水の速度は v で，微分的表現を用いて流出部では $v+(\partial v/\partial z)dz$ の速度となります．q_{in} と q_{out} はそれぞれ，流入部と流出部での単位時間当たりの水の流量です．もし，q_{in} と q_{out} が等しいとき，立方体の体積変化はありません．もし，q_{out} が q_{in} より大きいとき，立方体の体積は減少し，沈下が起こることを意味します．ここで，$q_{out}-q_{in}$ は初期体積 $1\times1\times dz$ に対しての単位時間当たりの体積変化を示し，式（9.4）の $\partial n/\partial t$ もまた，体積1.0に対する単位時間当たりの体積変化量で，したがって，次式が成立します．

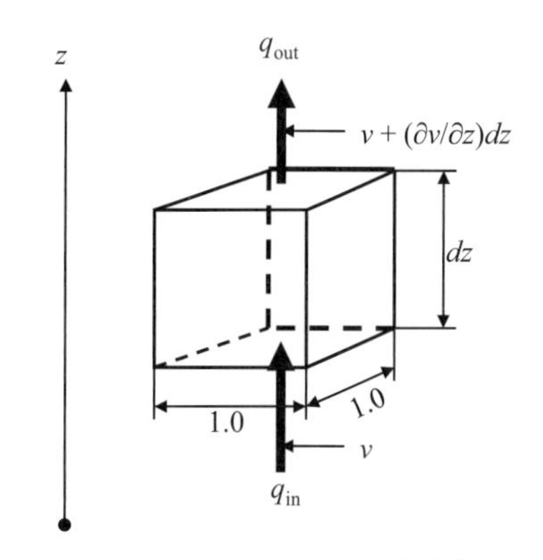

図9.4　$1\times1\times dz$ の立方体内を鉛直方向に流れる水流

$$q_{out} - q_{in} = (v_{out} - v_{in})A = (v_{out} - v_{in})\cdot 1\cdot 1 = \left(v + \frac{\partial v}{\partial z}dz\right) - v$$

$$=\frac{\partial v}{\partial z}dz=-\frac{\partial n}{\partial t}dz=m_v\frac{\partial \sigma'}{\partial t}dz \tag{9.5}$$

ここにAは水流の断面積（すなわち，1×1）です．式（9.5）で，（$q_{\mathrm{out}}-q_{\mathrm{in}}$）の正値は体積減少を意味し，$(-\partial n/\partial t)dz$の正値もまた，体積減少です．式（9.5）より，式（9.6）が得られます．

$$\frac{\partial v}{\partial z}=m_v\frac{\partial \sigma'}{\partial t} \tag{9.6}$$

さて，第7章で，有効応力は$\sigma'=\sigma-u$と定義されました．その両辺を時間tで微分すれば，次式が得られます．

$$\frac{\partial \sigma'}{\partial t}=\frac{\partial \sigma}{\partial t}-\frac{\partial u}{\partial t}=0-\frac{\partial u}{\partial t}=-\frac{\partial u}{\partial t} \tag{9.7}$$

上式で$\partial\sigma/\partial t=0$です．なぜなら，$\sigma$は加えられた外力（全応力）で圧密過程では変化しない値だからです．これより次式が得られます．

$$\frac{\partial \sigma'}{\partial t}=-\frac{\partial u}{\partial t} \tag{9.8}$$

ここで，第6章で学んだダルシーの法則（Darcy's law）が導入されます．

$$v=k\cdot i=k\frac{-\partial h_p}{\partial z}=k\frac{-\partial\left(\frac{u}{\gamma_w}\right)}{\partial z}=-\frac{k}{\gamma_w}\frac{\partial u}{\partial z} \tag{9.9}$$

上式でkは透水係数（coefficient of permeability）で，iは動水勾配（hydraulic gradient）です．∂h_pは圧力水頭差で図9.4の正の流速度vに対して負の値をとります．したがって，式（9.9）より次式が得られます．

$$\frac{\partial v}{\partial z}=-\frac{k}{\gamma_w}\frac{\partial^2 u}{\partial z^2} \tag{9.10}$$

式（9.6）と式（9.10）を等化して，それに式（9.8）を代入すると次式になります．

$$\frac{\partial u}{\partial t}=\frac{k}{m_v\gamma_w}\frac{\partial^2 u}{\partial z^2}=C_v\frac{\partial^2 u}{\partial z^2} \tag{9.11}$$

ここに，

$$C_v=\frac{k}{m_v\gamma_w} \tag{9.12}$$

式（9.11）は**圧密式**（consolidation equation）と呼ばれ，C_vは**圧密係数**（coefficient of consolidation）で，その単位は（長さ）^{2}/(時間)（m^2/sec，または，ft^2/sec等）をとり，圧密理論では土の圧密特性を代表する重要な係数となります．

式（9.11）は，過剰間隙水圧（u）の時間（t）と空間（z）に対する偏微分方程式（partial differential equation）の形をとり，熱拡散方程式（thermal diffusion equation）と同じ形の式で，他の分野でもよく使用されている基本的な微分方程式です．この種の2次の偏微分方程式を解くには4つの境界（または，初期）条件が必要とされます．図9.5（a）には**過剰間隙水圧**（excess pore water pressure）uの分布が，深さ（z）と時間（t）の関数としてプロットされています．上部と下部の境界は砂や礫の排水層（drainage layer）で，それらに挟まれた粘土層の厚さは$2H$として描かれてい

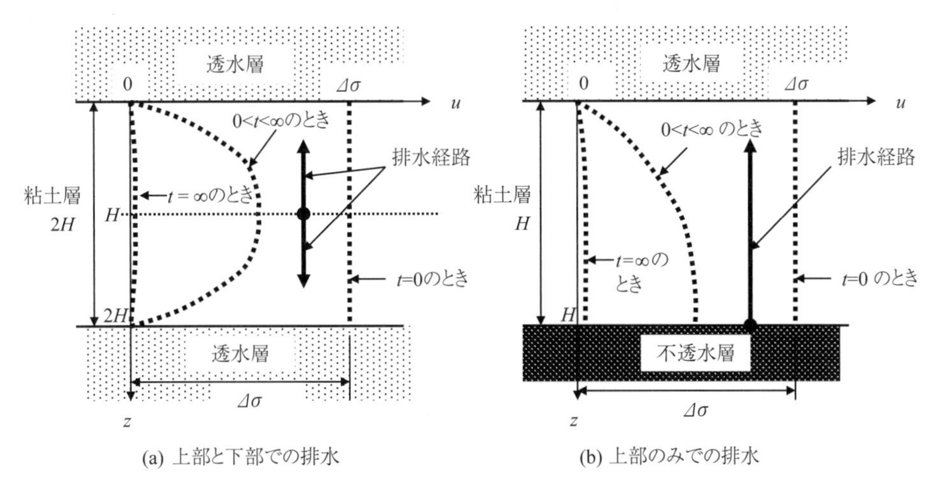

(a) 上部と下部での排水　　(b) 上部のみでの排水

図 9.5　圧密式の初期と境界条件

ます．応力増加 $\Delta\sigma$ によって生じた過剰間隙水は上と下の排水層のみを介して排出されます．したがって，粘土層の中間深さ（$z=H$）では，時間 $0<t<\infty$ を通じて最大の過剰間隙水圧を持つことになります．この場合，初期，および境界条件は下に要約されます．

(1) u（すべての深さ z で，$t=0$ のとき）$=\Delta\sigma$

(2) u（すべての深さ z で，$t=\infty$ のとき）$=0$

(3) u（$z=0$ で，すべての時間 t）$=0$

(4) u（$z=2H$ で，すべての時間 t）$=0$

上記の条件は，図 9.5（b）にも適用することができます．この場合，粘土層の下層は，非排水層で過剰間隙水は上部の排水層のみから排出されます．このとき，粘土層の厚さは H とされ，これによって，図 9.5（a）と図 9.5（b）は数学的に同等なものとなります．図 9.5（a）の上半分（すなわち，$z=0$ から H）の部分は図 9.5（b）の全図（すなわち，$z=0$ から H）と同じとなることに注目してください．

ここで，過剰間隙水圧 u は次式で表されるとします．

$$u(z,t)=Z(z)\cdot T(t) \tag{9.13}$$

$Z(z)$ と $T(t)$ は，それぞれ独立した z と t のみの関数です．式（9.13）を式（9.11）に挿入し，与えられた初期と境界条件を使用して，次の解が得られます．

$$u(z,t)=\frac{4}{\pi}\Delta\sigma\sum_{N=0}^{\infty}\left[\frac{1}{2N+1}\sin\frac{(2N+1)\pi z}{2H}\cdot e^{-\frac{(2N+1)^2\pi^2 C_v}{4H^2}t}\right] \tag{9.14}$$

上式に $N=0$，1，2，3，…等の数項を挿入し計算すれば解は収束し，与えられた z と t に対しての数値解が得られます．ここで，この解をより使いやすくするために，次の**時間係数**（time factor）T_v が導入されます．

$$T_v=\frac{C_v t}{H^2}\quad［無次元値］ \tag{9.15}$$

時間係数 T_v は実時間 t が材料のパラメータである C_v 値と最長排水距離 H で無次元化された係数です．この式で，H は図 9.5 に示されたように**粘土層内での排水層への最長の距離**としてとられます．次に，T_v が式（9.14）に代入されると，次式が得られます．

$$u(z,t)=\frac{4}{\pi}\Delta\sigma\sum_{N=0}^{\infty}\left[\frac{1}{2N+1}\sin\frac{(2N+1)\pi z}{2H}\cdot e^{-\frac{(2N+1)^2\pi^2}{4}T_v}\right]=f\left(\Delta\sigma,\frac{z}{2H},T_v\right) \quad (9.16)$$

式（9.16）では，過剰間隙水圧 u は3つの独立したパラメータ $\Delta\sigma$，$z/2H$，T_v の関数として表されています．

図 9.3 の三相図を参照にしながら，式（9.2）を使用して，厚さの H の粘土層に対しての最終的な圧密沈下量 S_f（時間 $t=\infty$ のとき）は次式で得られます．

$$S_f=\Delta n_f\cdot H=m_v\Delta\sigma_f' H=m_v\Delta\sigma H \quad (9.17)$$

上式で，添字“f”は“最終（final）”を意味します．一方，図 9.6 に見られるように，任意の時間 t での圧密沈下量 S_t は dz 厚の薄い粘土層での沈下量 $\Delta n\times dz$ を全粘土層 H に渡って積分して，次式で求められます．

$$S_t=\int_0^H\Delta n\cdot dz=\int_0^H m_v\Delta\sigma' dz=m_v\int_0^H(\Delta\sigma-u)\,dz=m_v\Delta\sigma H-m_v\int_0^H u dz \quad (9.18)$$

式で $\Delta\sigma$ は深さ z での鉛直応力増分です．u は式（9.16）で与えられているために，式（9.18）は次式となります．

$$S_t=m_v\Delta\sigma H\left[1-\frac{8}{\pi^2}\sum_{N=0}^{\infty}\left(\frac{1}{2N+1}\cdot e^{-\frac{(2N+1)^2\pi^2}{4}T_v}\right]\right. \quad (9.19)$$

ここで，**圧密度**（degree of consolidation）U が任意の時間 t での圧密沈下量のその最終沈下量（時間 $t=\infty$ での）に対する百分率として定義され，それは式（9.17）と式（9.19）より次のように計算されます．

$$U=\frac{S_t}{S_f}=\left[1-\frac{8}{\pi^2}\sum_{N=0}^{\infty}\left(\frac{1}{2N+1}\cdot e^{-\frac{(2N+1)^2\pi^2}{4}T_v}\right)\right]=f(T_v) \quad (9.20)$$

式（9.20）に見られるように，圧密度 U は時間係数 T_v のみの関数となります．このように U と T_v

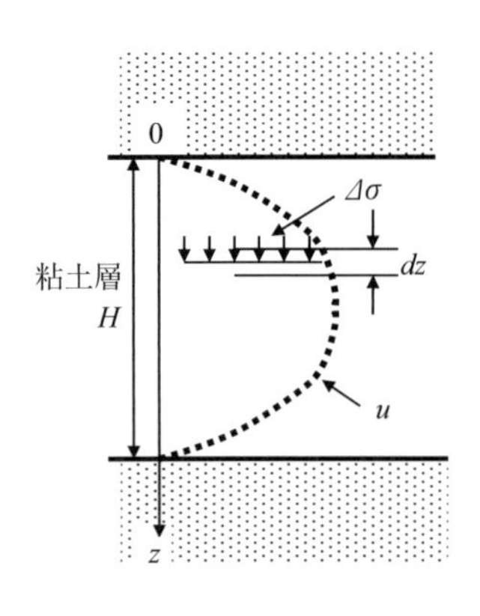

図 9.6　時間 t での dz 層に対する圧密沈下量計算モデル

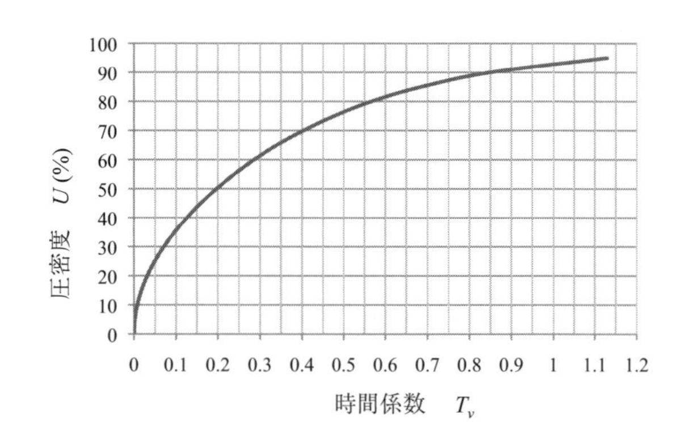

図 9.7　圧密度 U と時間係数 T_v の関係

表 9.4 圧密度 U と時間係数 T_v の関係

U (%)	T_v	U (%)	T_v
0	0	3.751	0.001
5	0.00196	5.665	0.0025
10	0.00785	7.980	0.005
15	0.0177	9.772	0.0075
20	0.0314	11.28	0.01
25	0.0491	17.84	0.025
30	0.0707	25.23	0.05
35	0.0962	30.90	0.075
40	0.126	35.68	0.1
45	0.159	56.22	0.25
50	**0.197**	76.40	0.5
55	0.239	87.26	0.75
60	0.286	93.13	1
65	0.340	99.83	2.5
70	0.403	100	5
75	0.477	100	7.5
80	0.567	100	9.5
85	0.684		
90	**0.848**		
95	1.129		
100	∞		

の間にはユニークな関係が存在し，それらは表 9.4 に示され，また，図 9.7 にプロットされています．

表 9.4 の左の 2 列で，$T_{50}=0.197$ と $T_{90}=0.848$ が，それぞれ，中間（$U=50\%$）時と，最終時近く（$U=90\%$）での圧密時間の推定によく用いられる値です．また，完全に 100%の圧密沈下を達成するには理論的には無限の時間（$t=\infty$）を要しますが，実質的には T_v が 5.0 以上になれば，U は 100.000%に達し，圧密沈下が終了することがわかります．

例題 9.2

12.7 mm の厚さの粘土供試体に対して，上下排水条件のもとで，室内圧密実験が行われ，圧密度 90%が 15.8 分（$t_{90}=15.8$ 分）で達成されました．現場では 6.5 m 厚の同じ粘土による層が上下に礫の排水層で挟まれています．この現場で，50%と 90%の圧密度に達するのに，それぞれ，どのくらいの時間を必要としますか．

解：

室内実験では，供試体の上部と下部は排水層なので，粘土の厚さ 12.7 mm$=2H$ とし，表 9.4 から，$T_{90}=0.848$ を得，これらの値を式（9.15）に挿入すると，

$$C_v=\frac{H^2}{t_{90}}T_{90}=\frac{\left(\frac{12.7}{2}\right)^2}{15.8}0.848=2.164\ \mathrm{mm}^2/\text{分}$$

現場での排水条件から，$2H=6.5$ m で，表 9.4 より $T_{50}=0.197$ を得ます．圧密度 50%に必要な時間は式（9.15）より，

$$t_{50} = \frac{H^2}{C_v}T_{50} = \frac{\left(\frac{6.5\times1000}{2}\right)^2}{2.164}0.197 = 9.615\times10^5 分 = 667.7 日 \quad \Leftarrow$$

同様に，圧密度90%に必要な時間は，$T_{90}=0.848$ を用いて，

$$t_{90} = \frac{H^2}{C_v}T_{90} = \frac{\left(\frac{6.5\times1000}{2}\right)^2}{2.164}0.848 = 41.39\times10^5 分 = 2874 日 = 7.87 年 \quad \Leftarrow$$

または，式（9.15）より圧密度50%と90%の C_v 値を共用して，

$$C_v = \frac{H^2}{t_{50}}T_{50} = \frac{H^2}{t_{90}}T_{90} で，\quad t_{90} = \frac{T_{90}}{T_{50}}t_{50} = \frac{0.848}{0.197}\times667.7 = 4.305\times667.7 = 2874 days = 7.87 年 \quad \Leftarrow$$

例題9.2は無次元の時間係数 T_v の汎用性（versatility）を示しています．式（9.15）は最初，室内実験での C_v 値の決定に用いられ，次に，同じ式が現場での圧密沈下に要する実時間の計算に使用されました．T_v の式を使う上に最も重要なことは，**式（9.15）の H として上下面が排水の場合は粘土層の厚さの半分の値を用い，片面（上，または，下）排水の場合はその粘土層の厚さ全部を H とすることです．** 例題9.2で，もし，間違って，H の値が現場の全粘土層の厚さ（すなわち，$H=6.5$ m）ととられたとき，その解は4倍の値で誤った解となります．

例題 9.3

現場の粘土層は4.5 m の厚さを持っています．6ヶ月間荷重が加えられた後，粘土層の沈下は最終全沈下量の30%を記録し，その沈下量は50 mm に達しました．同様の粘土層と載荷条件で，もし，その粘土層厚が20 m の場合，載荷後3年の終わりでの圧密沈下量を推定してください．4.5 m 厚と20 m 厚の両粘土層ともに，その上面が排水層で，その下面は非排水層と仮定してください．

解：

4.5m 厚の粘土層に対して，30%の圧密度は50mm の沈下量であるために，層の最終沈下量は，

$S_{f,4.5m} = 50/0.30 = 166.7$ mm

この場合，上部のみが排水層のため $H=4.5$ m で，

$$C_v = \frac{H^2}{t_{30}}T_{30} = \frac{(4.5)^2}{6}0.0707 = 0.239\ m^2/月$$

20 m 厚の粘土層に対して，最終沈下量 $S_{f,20m}$ は4.5 m 厚の粘土層のそれと比例するために，

$S_{f,20m} = 166.7\times(20/4.5) = 740$ mm $\Leftarrow$

3年目の終わりでは，

$$T_v = \frac{C_v t}{H^2} = \frac{0.239\times(3\times12)}{20^2} = 0.0215$$

表9.4の右側の2列より，$T_v=0.0215$ に対応する U 値はデータ間の補間法（interpolation）により，$U=16.3\%$ として得られます．したがって，20 m の厚さの粘土層の3年の終わりでの圧密沈下量は，

$S_{3\,yrs,20m} = S_{f,20m}\times U_{3\,yrs} = 740\times0.163 = 120.6$ mm. $\Leftarrow$

例題9.3では，圧密度UがT_v値より得られました．これはT_v式（式（9.15））の広い活用性のもう1つの例です．

9.6 室内圧密試験

粘土試料に対して，C_v値を含めたいくつかの重要な圧密に関する土のパラメータを求めるために**室内圧密試験**（JIS A 1217）が実行されます．まず，将来載荷され圧密沈下が予想される現場から乱されないシンウォールチューブ（undisturbed thin-wall tube）試料が採集されます．次に試料は，図9.8に見られるような剛な圧密リング（consolidation ring）の内部に，乱されないでぴったりと入り込むように慎重に成形されます．

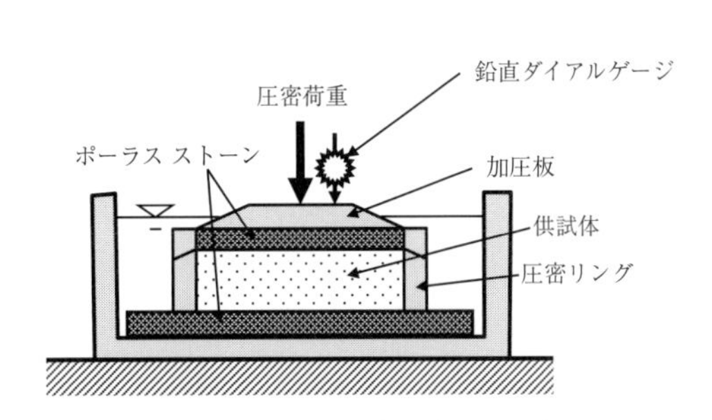

図9.8 1次元室内圧密試験装置

リングの寸法として，JISでは内径60.0 mmで，厚さ20.0 mmのものが標準として使われます．供試体の入った圧密リングは圧密試験装置の中に置かれ，供試体の上部にポーラスストーン（porous stone），載荷板（loading plate）が配置されます．試験装置内は通常，供試体が試験中に乾燥しないように水で満たされます．

その後，試験装置全体が剛なプラットフォーム上に設置されます．圧密荷重が加えられ，鉛直方向の供試体の変形がダイヤルゲージ（dial gauge）で計測されます．この装置では，圧密過程で，過剰間隙水が供試体より抜け出した分だけ，鉛直方向のみに供試体が沈下することになります．

最初の圧密応力σ（圧密荷重を供試体断面積で割った値）が時間がゼロのときに加えられ，鉛直変位（δ_v）は経過時間t=3，6，9，12，18，30，42秒，1，1.5，2，3，5，7，10，15，20，30，40分，そして，1，1.5，2，3，6，12，24時間ごとに読まれます．こうして，1つの圧密応力での圧密試験は丸1日かかることになります．約1日後（必ずしも正確に24時間の終わりでなくてもよいが，その経過時間は記録されねばなりません），圧密応力σは，通常2倍に増やされます．そして，前荷重のときと同様の経過時間でδ_vが記録されます．次の日，3番目の圧密応力σ（前日の2倍）が加えられ，同様な実験がなされます．上記のプロセスは，σが10，25，50，100，200，400，800，1600 kN/m^{2}等の荷重で繰り返されます．最大の圧密応力は通常，沈下計算設計で必要とされる値，または，それ以上に設定されます．この応力増加の過程は圧密の**載荷過程**（loading process）と呼ばれ，約1週間かかります．

通常，最大圧密応力での試験終了後，**除荷過程**（unloading process）の試験が行われます．このとき，σ値は1600，400，100，25 kN/m^{2}等に順次に除荷されます．このとき，供試体の膨張（rebound）が発生します．除荷過程では，刻々のδ_v値の計測は必要なく，その荷重での最終的なδ_vのみが記録されます．また，各荷重の載荷時間は数時間で十分で，この全除荷過程で約丸1日かかることになります．すべての除荷過程終了後，供試体の湿潤重量と，それのオーブン乾燥された乾燥重量が測られ，供試体の含水比が計算されます．

9.7　C_v 値の決定法

それぞれの圧密応力に対する試験から，一連の δ_v と t の測定値が得られます．表9.5はこうして得られたデータの一例です．

これらの圧密試験のデータから圧密係数 C_v 値を決定することができますが，それには2つの方法がよく使われます．それらは，**Log *t* 法**（Log t method）と **$\sqrt{t}$ 法**（$\sqrt{t}$ method）と呼ばれ，次に紹介されます．

表9.5　圧密試験結果の一例，δ_v と t の関係（σ=1566 kN/m^2）

経過時間 elapsed time t（分）	鉛直変位の読み reading in vertical dial gauge δ_v（mm）	$\sqrt{t}$
0	17.74	0.00
0.1	17.56	0.32
0.25	17.47	0.50
0.5	17.33	0.71
1	17.17	1.00
2	16.96	1.41
4	16.76	2.00
10	16.45	3.16
15	16.38	3.87
30	16.25	5.48
120	16.14	10.95
250	16.11	15.81
520	16.10	22.80
1400	16.08	37.42

9.7.1　Log *t* 法

表9.5のデータが図9.9のように δ_v と $\log t$ の半対数（semi-logarithm）上にプロットされます．プロットの中央部では，ほぼ線形な関係が見られ，直線が引かれ，それは**1次圧密曲線**（primary consolidation curve）と定義されます．プロットの後期の部分でも傾斜の小さい線形の関係が表れ，その部分の直線は，**2次圧密曲線**（secondary consolidation curve）と定義されます．これらの2本の直線の交点は，**1次圧密の終了時**（end of primary consolidation）とされ，図ではそのときの変位が δ_{100} として示されています．圧密曲線の初期の部分は放物線状を示し，その部分は放物線曲線（parabolic curve）と仮定されます．対数では，時間ゼロ（t=0.0）のプロットができないために，この放物線仮定に基づき次の方法で時間ゼロ時の δ_0 値が決定されます．まず，その領域で任意の t_1 と $4t_1$ が時間軸に選ばれ，それらに対応する δ_v 値のレベルが，それぞれ，B線，C線とされます．次に，図で $\overline{AB}=\overline{BC}$ としてA線が求められ，A線上の変位が δ_0 として決定されます．この図の例では t_1=0.1分と $4t_1$=0.4分が選ばれています．JIS A 1217では δ_0 値の決定には**曲線定規法**が用いられます．これは上記と同じ原理に基づいて，あらかじめ準備された放物線曲線群を用いてその部分の曲線が描かれます．詳細はJIS法を参照してください．

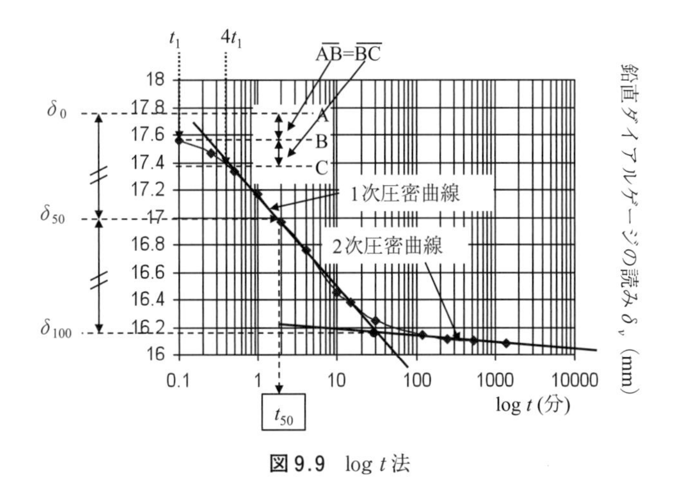

図 9.9　log t 法

このようにして δ_0 と δ_{100} が求められると，δ_{50} はそれらの中間点の変位として決めることができます．こうして，圧密度 50% に対応する実時間 t_{50} が得られます．式 (9.15) の T_v 式を用いて，供試体の C_v 値が次のように求められます．

$$C_v = \frac{H^2}{t_{50}} T_{50} = \frac{H^2}{t_{50}} 0.196 \tag{9.21}$$

式 (9.21) の H は最長の排水距離で，それは一般的な圧密実験（上下面排水）では，試験供試体の高さの半分であることに注意してください．

9.7.2　$\sqrt{t}$ 法

表 9.5 の同じデータがこの方法では $\sqrt{t}$ と δ_v の関係として図 9.10 に描かれます．

この図では，データの初期の部分で線形関係が観測され，その部分で直線が引かれます．そしてその直線と $\sqrt{t}=0$ の縦軸との交差点が δ_0 値として決定されます．δ_0 点から始まって，初期データを通

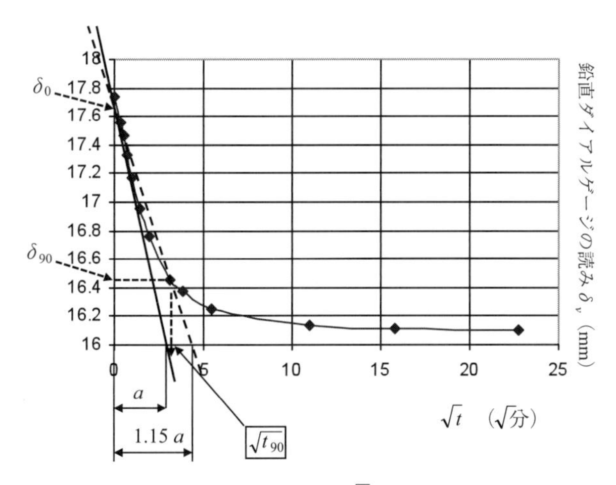

図 9.10　$\sqrt{t}$ 法

る直線と 1.15 倍の逆勾配（inverse slope）を持った2番目の直線（図では点線）が描かれ，その直線とデータ曲線の交点が圧密度 90%の点と決められます．それに対応する時間が $\sqrt{t_{90}}$，そして，それより t_{90} が求められます．式（9.15）より，C_v 値が次式に得られます．

$$C_v = \frac{H^2}{t_{90}} T_{90} = \frac{H^2}{t_{90}} 0.848 \tag{9.22}$$

上記の両方法で，圧密係数 C_v の値は，個々の圧密応力に対して得られます．なぜなら，δ_v と t の関係は個々の圧密応力に対して得られるからです．したがって，実験で得られた C_v 値は一定値ではなく，その圧密応力によって異なる可能性があります．設計者はどのような C_v 値を設計に用いるかを判断する必要があります．すなわち，C_v 値を圧密応力に応じて変化させるか，平均値をとるか，等．

また，Log t 法か，$\sqrt{t}$ 法か，の選択は多分にエンジニアの好みによります．しいていえば，その解析時間の選び方から，Log t 法はその初期段階の圧密を推定するのに適し，$\sqrt{t}$ 法は，最終段階の評価に適しているといえるでしょう．

9.8 e-log σ 曲線

まず，最初に，これまでの諸文献では用語“**e-log p 曲線**”（e-log p curve）が伝統的によく使われてきましたが，本書で，筆者らは“**e-log σ 曲線**”（e-log σ curve）がより適切な用語だと認識し，本書を通じて後者の用語が使われています．

ここで，実験データは各圧密応力 σ での 24 時間後の最終的な鉛直変位量を基にして解析されます．そのデータの一例とそれに基づいた計算例が表 9.6 に示されています．上表で，B列の値は圧密応力 σ_i 下での鉛直ダイヤルゲージの最終の変位の読みで，残りのスプレッドシートの項は表下の式を用いて自動的に計算されます．

例題 9.4

三相図を用いて，表 9.6 に示された完全に飽和された粘土供試体の固体相厚さ H_s を求めてください．この土の比重 G_s は 2.69 です．

解：

図 2.4 の三相図で，W_s=109.68 gf，G_s=2.69．そして式（2.13）より，

$$V_s = \frac{W_s}{G_s \gamma_w} = \frac{109.68\ \text{gf} \times g}{2.69 \times 9.81\ \text{kN/m}^3} = \frac{0.10968\ \text{kgf} \times 9.81\ \text{m/sec}^2}{2.69 \times 9.81 \times 10^3\ \text{N/m}^3} = 4.077 \times 10^{-5}\ \text{m}^3$$

D=76.04 mm で，$V_s = H_s$・（供試体の断面積）より，

$$H_s = \frac{V_s}{\pi \left(\frac{D}{2}\right)^2} = \frac{4.077 \times 10^{-5}}{\pi \left(\frac{76.04 \times 10^{-3}}{2}\right)^2} = 0.00898\ \text{m} = 8.98\ \text{mm}$$

ここで，表 9.6 の結果より圧密応力 σ（log スケールで）とそれに対応する最終間隙比 e の関係が図 9.11 のように半対数図にプロットされます．この曲線は，**e-log σ 曲線**（e-log σ curve）と呼ば

表 9.6 e-log σ 曲線の解析例

土の表示 (soil description)	シルト質の有機質粘土 (silty organic clay)	供試体の直径 (specimen diameter) D	76.04 mm
場所 (location)	Craney Island, VA	初期の供試体の厚さ (initial specimen thickness) H_0	19.06 mm
含水比 (water content) 初期 (全供試体) 初期 (補足供試体) 試験終了時 (全供試体)	 42.3% 42.4% 31.3%		
オーブン乾燥した供試体の全重量 (weight of dry specimen) W_s	109.68 gf	供試体の固体相の厚さ (solid thickness) H_s	8.98 mm

A	B	C	D	E	F
圧密応力 (consolidation stress) σ kN/m^2	最終鉛直変位の読み (final vertical dial reading) δ mm	供試体厚さの変化 (change in specimen thickness) $\Delta\delta$ mm	最終供試体の厚さ (final specimen thickness) H mm	間隙の厚さ (thickness of void) H_v mm	最終間隙比 (final void ratio) e
0.00	22.86	0	19.06	10.08	1.122
14.21	22.71	0.15	18.91	9.93	1.106
28.53	22.34	0.37	18.54	9.56	1.064
53.84	21.76	0.58	17.96	8.98	0.999
107.69	20.82	0.93	17.02	8.04	0.895
215.31	19.41	1.41	15.61	6.63	0.738
430.69	17.74	1.67	13.94	4.96	0.553
861.39	16.08	1.66	12.28	3.30	0.368
430.69	16.17	−0.09	12.37	3.39	0.377
107.69	16.42	−0.25	12.62	3.64	0.405
53.81	16.65	−0.23	12.85	3.87	0.431
28.52	16.82	−0.17	13.02	4.04	0.450

供試体の固体相の厚さ：$H_s = W_s/(\gamma_{\mathrm{wat}}\, G_s\, A_{\mathrm{Specimen}}) = W_s/(\gamma_{\mathrm{wat}}\, G_s\, \pi D^2/4)$
A 列：加えられた圧密応力
B 列：圧密応力 σ_i 下での最終鉛直変位の読み
C 列：$\Delta\delta_i = \delta_{i-1} - \delta_i$（載荷過程では正値，除荷過程では負の値をとる.）
D 列：$H_i = H_{i-1} - \Delta\delta_i$
E 列：$H_{v,i} = H_i - H_s$
F 列：$e_i = H_{v,i}/H_s$

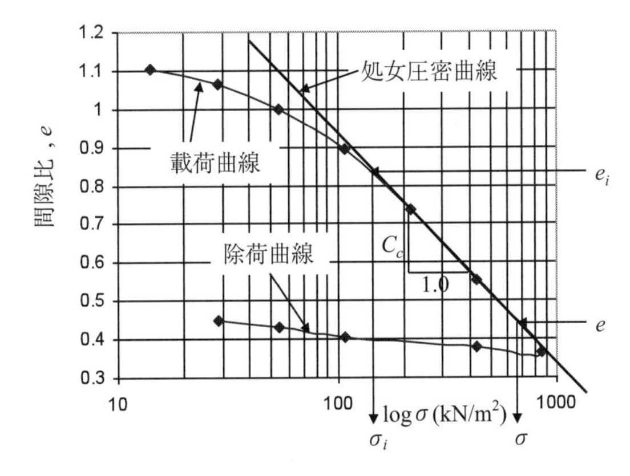

図 9.11 e-log σ 曲線

表9.7　さまざまな土の典型的な C_c の値

土	液性限界 liquid limit	塑性限界 plastic limit	C_c 乱されていない土 undisturbed	C_c 練り返された土 remolded
ボストン粘土 Boston blue clay	41	20	0.35	0.21
シカゴ粘土 Chicago clay	58	21	0.42	0.22
ルイジアナ粘土 Louisiana clay	74	26	0.33	0.29
ニューオーリンズ粘土 New Orleans clay	79	26	0.29	0.26
フォートユニオン粘土 Fort Union clay	89	20	0.26	
ミシシッピ　レス Mississippi loess	23-43	17-29	0.09-0.23	
デラウェア有機シルト性粘土 Delaware organic silty clay	84	46	0.95	
インヂアナ　シルト性粘土 Indiana silty clay	36	20	0.21	0.12
カナダB.C.州の海洋堆積物 Marine sediment, B.C. Canada	130	74	2.3	

（Winterkorn and Fang 1975 より）

れ，最終圧密沈下量を計算する上での重要な図となります．載荷曲線（σ の増加で，e の減少）と除荷曲線（σ の減少で，e の増加）が図に見られます．載荷部の後半で線形に変化する部分が観察され，その部分が直線で近似され**処女圧密曲線**（virgin compression curve）と呼ばれます．処女圧密曲線は，河川や湖の底の堆積物が自分自身の重力の下で圧密されたときの e と σ の関係を意味します．処女圧密曲線の傾斜は，**圧縮指数**（compression index）C_c と呼ばれ，次式で与えられます．

$$C_c=\frac{-(e-e_i)}{\log\sigma-\log\sigma_i}=\frac{-(e-e_i)}{\log\dfrac{\sigma}{\sigma_i}},\quad \text{よって}\quad \Delta e=e_i-e=C_c\log\frac{\sigma}{\sigma_i} \tag{9.23}$$

上式で，$(e_i,\ \sigma_i)$ 点と $(e,\ \sigma)$ 点は処女圧密曲線上の任意の点にとることができます．表9.7はさまざまな土の典型的な C_c の値を示します．次節で示されるように，式（9.23）の Δe 表示は，土が処女圧密曲線上の関係を保つときのみに，圧密沈下量を推定するために使用されます．

スケンプトン（Skempton 1944）は，試料の液性限界値 w_L を用いて，おおよその C_c を得るのに次式を提案しました．

$$C_c'=0.007\ (w_L\text{-}10)\quad \text{（練り返した粘土に対して）} \tag{9.24}$$

後に，テルツァーギとペック（Terzaghi and Peck 1967）は，低い，または，中位の鋭敏比（sensitivity）を持つ乱されない粘土に対して，次式を提案しました．

$$C_c\approx1.3\,C_c'=0.009\ (w_L\text{-}10)\quad \text{（乱されない粘土に対して）} \tag{9.25}$$

上記の便利な式は，設計の初期段階で，おおよその圧密沈下量を評価するために使用することができますが，より正確な C_c の値は，実験室の圧密試験から決定されなければなりません．

9.9 正規圧密と過圧密

室内圧密試験の試料は現場のある深さの層から採取され，実験室に持ち込まれます．したがって，その試料は現場で長い年月の間，その有効応力の下にさらされており，試料採取の折にその応力が一時緩和されたことになります．したがって，圧密実験で得られる e-log σ 曲線はその載荷初期において，処女圧密曲線とは異なる曲線を描きます．載荷初期では圧縮率（σ の増加による e の減少率）が，処女圧密曲線のそれよりかなり小さい値をとります．しかし σ が増加するとその曲線は処女圧密曲線に近づき，最終的にはデータは処女圧密曲線上に乗ることになります．この e-log σ 曲線上の分岐点での応力は**圧密降伏荷重**（consolidation yield stress）と呼ばれます．これは比較的新しい沖積粘土（alluvial clay）では，**以前に現場で経験したことのある歴史的に最大の圧密応力とほぼ等しく，別名，先行圧密応力**（preconsolidation stress）と呼ばれます．厳密には古い洪積粘土（diluvial clay）等では，粘土粒子間に発生する**セメンテーション**（cementation）や**時間効果**（aging）のために，圧密降伏荷重は先行圧密応力より大きい値をとることがありますが，本書では読者の混乱を避けるために，以後この2つの用語を**先行圧密応力** σ_p として表示することとします．

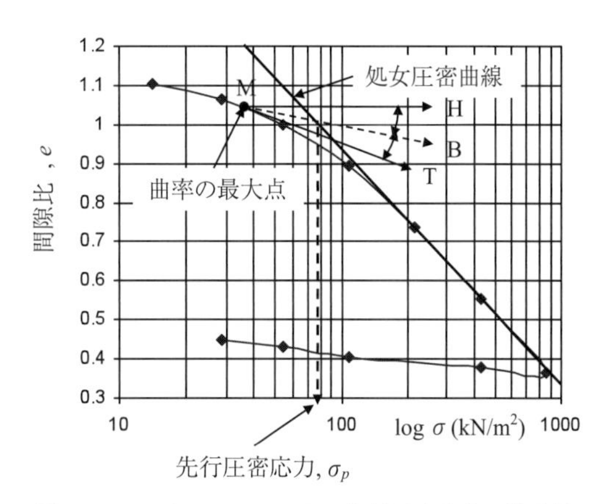

図 9.12 カサグランデによる先行圧密応力の決定法

カサグランデ（Casagrande 1936）は先行圧密応力を決定するための経験的方法を提案しました．図 9.12 を参照して，まず，e-log σ 曲線の載荷曲線上で最大曲率（maximum curvature）（または最小半径）点Mをマークします．M点上で，その接線（tangent）の MT 線と，M点を通る水平な線（MH 線）が引かれます．次に，MT 線と MH 線を二等分する MB 線が引かれます．最後に MB 線と処女圧密曲線の延長線が交差する点が先行圧密応力 σ_p として求められます．

9.9.1 正規圧密土

実験より得られた先行圧密応力が，その試料が採取された現場での現在の有効応力 σ'_0 と等しいとき，その土は**正規圧密土**（normally consolidated soil）と呼ばれます．正規圧密土のサンプリング過程から，室内圧密実験での e-log σ 関係は次のように説明されます．図 9.13 を参照して，ある現場の土はサンプリングがなされるまではその自重で圧密されています（図のA点）．サンプリングの過程で応力は減少し，B点に達します．ここで，供試体は

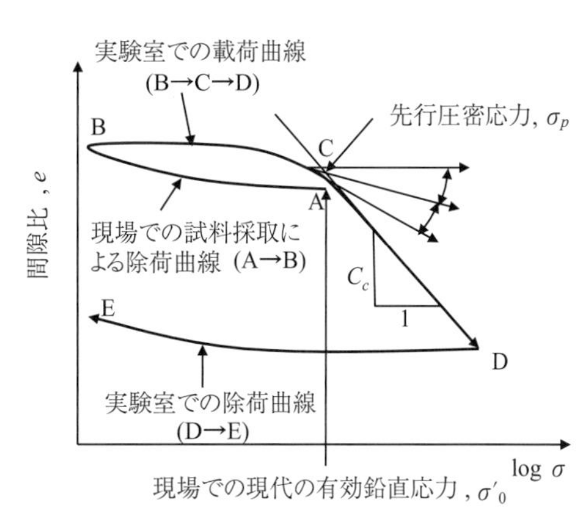

図 9.13 正規圧密土の e-log σ 曲線

室内圧密試験で載荷され，B点からC点に向かいます．このBからCの過程ではその圧密応力はA点での応力より小さいために，再載荷（reloading）の過程となり，その圧縮率は小さいものです．

圧密応力がその先行圧密応力（C点）を超えると，土は初めてA点より大きい応力を経験することになり，それは処女圧密曲線上をとることになります．最大圧密応力点（D点）の後は除荷過程に入り，供試体は少し膨張します．その過程の曲線（DからE）はA点からB点の除荷曲線とよく似た形状をとります．

9.9.2 過圧密土

しかしながら，供試体の現場での現在の有効応力 σ'_0 が，実験で得られた先行圧密応力 σ_p より小さいことがよく起こります．この場合，現場は何らかの理由により，過去に現在より大きい荷重が加えられていたことになります．この状況での土は**過圧密土**（overconsolidated soil）と呼ばれ，正規圧密土とはかなり違った特異な挙動を示します．過圧密土の e-log σ 曲線での過程は図9.14にみられます．

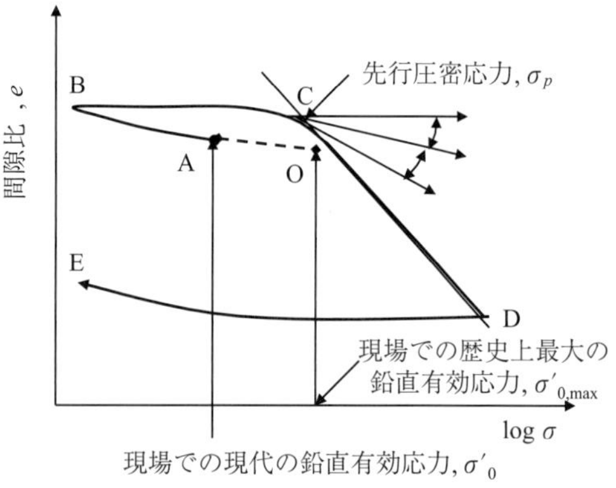

図9.14 過圧密土の e-log σ 曲線

まず，現場では土は現在の有効応力 σ'_0 で存在します（A点）．しかし，土は過去にそれより大きい最大有効応力 $\sigma'_{0,\max}$ のもとで圧密を受けており，図のO点からA点の除荷過程を経ています．その過程は現時点では肉眼で見ることができません．サンプリング過程でA点から，B点に移り，次の室内実験では，正規圧密過程と同様に，B点から，C点，D点，E点と移動します．違いはC点の位置です．この場合は以前のA点近辺ではなく，O点近辺で起こり，それ以後は圧縮率を大きく増加させます．C点は実験より得られた先行圧密応力で，土の e-log σ 曲線は，その土の持つ歴史的に最大の有効応力 σ'_0 を探し当てたことになります．現場での $\sigma'_{0,\max}$ から σ'_0 への変動（O点からA点へ）は次のような原因によるものと考えられます．現場の土が過去に大規模に掘削されたとき，大規模な侵食にさらされたとき，**氷河の氷**（glacial ice）の荷重で圧縮された後，その氷が解けてしまったとき，地下水位が永久的に上昇したとき，等々．特に氷河期後の北米大陸等での氷河の消滅はその多くの地域で過圧密粘土を形成しています．

ここで**過圧密比**（Overconsolidation Ratio）（**OCR**）を次式で定義します

$$\mathrm{OCR} = \frac{\text{歴史上最大鉛直有効応力}}{\text{現在の鉛直有効応力}} = \frac{\sigma'_{0,\max}}{\sigma'_0} \tag{9.26}$$

上式より明らかのように正規圧密土のOCRの値は1.0であり，過圧密土のそれは1.0より大きい値をとります．

例題 9.5

米国の北部のある都市では過去に100 mもの厚さの氷河の氷で覆われていたことがあります．その都市で土試料は 10 m の深さから採集されました．地下水位は地表面近くにありました．その地域は過去に大規模な侵食や掘削はなかったと仮定して，この土試料の OCR の値を求めてください．

解：

土の単位体積重量を 19 kN/m^3 とし，氷のそれは水の単位体積重量 9.81 kN/m^{3}と同じと仮定して，

$\sigma'_{0,\max}=9.81\times100+(19-9.81)\times10=981+91.9=1073\ \mathrm{kN/m^2}$

$\sigma'_0=(19-9.81)\times10=91.9\ \mathrm{kN/m^2}$

したがって，$\mathrm{OCR}=\sigma'_{0,\max}/\sigma'_0=1073/91.9=11.7$　⇐

例題 9.5 の例と同様に，米国とカナダの北部地域では多くの土は歴史的な氷河の荷重によって**高度に過圧密**（heavily overconsolidated）されています．たとえば，そのようにして形成された**氷河堆積土**（glacial till）は礫，砂，シルト，粘土交じりの固く圧縮された堆積土で，構造物の基礎地盤としては優れた支持力を持ちます．しかし，氷が解けて鉛直方向に荷重が除去されても横方向の拘束が緩和されていないために，高い横（水平）応力（lateral stress）が土の要素内に閉じ込められていて，擁壁（retaining wall）などの構造物の側面に高い土圧（earth pressure）を加えることになります．また，斜面が削り取られたり，掘削溝の掘削面近辺では，その応力の除去のためにその閉じ込められた高い横方向の応力が解き放たれます．そして，徐々に要素が膨潤（swelling）し，その要素への間隙水の移動が起こり土の含水量が増加し，その強度が低下します．ついには斜面崩壊，または，掘削面崩壊を起こすことがあり，注意が必要です．

正規圧密土と過圧密土では，そのせん断強度，沈下，膨潤，側方土圧（lateral earth pressure）などに関して，時には著しく異なる挙動を示します．このように，室内圧密試験結果より先行圧密応力 σ_p を，そして，過圧密比 OCR を決定することは非常に重要な意味を持つことになります．

9.10　薄い粘土層の最終圧密沈下量の計算

図 9.15 に見られるように，H の厚さを持った比較的薄い地中の粘土層が地上に建設された新しい基礎により，応力増分 $\Delta\sigma$ を受けるとき，その層の最終圧密沈下量は次のように計算されます．図に

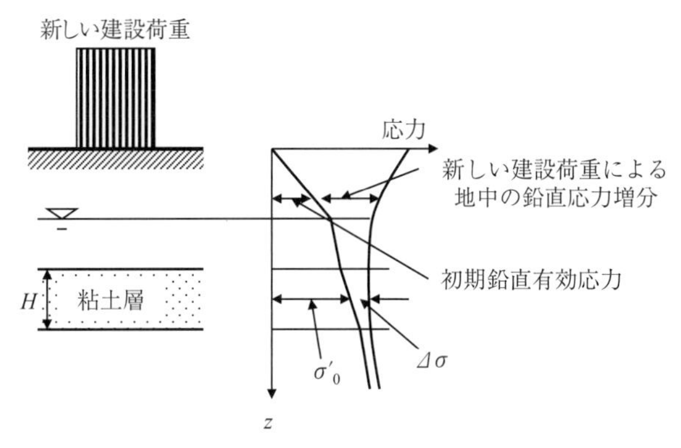

図 9.15　薄い粘土層の圧密沈下量の計算

は初期鉛直有効応力σ'_0と新しい基礎による地中の応力増分$\Delta\sigma$が深さzの関数としてプロットされています．

9.10.1 正規圧密土の圧密沈下量計算

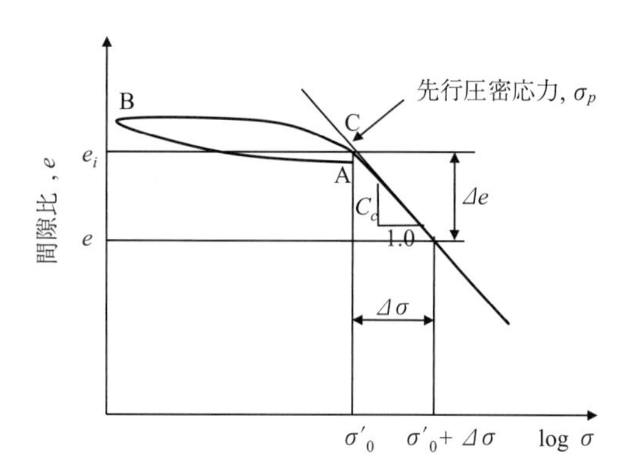

図 9.16 正規圧密土の圧密沈下計算法

図9.16に見られるように，σ'_0と$\sigma'_0+\Delta\sigma$は処女圧密曲線上にあり，その曲線の傾きはC_cです．したがって，この場合，式（9.23）を使って，Δeが式（9.27）より計算されます．

$$\Delta e=e_i-e=C_c\log\frac{\sigma'_0+\Delta\sigma}{\sigma'_0} \tag{9.27}$$

上式の間隙比の変化Δeは初期の土の厚さ（$1+e_0$）に対してのもので，初期粘土層の厚さHに対する最終沈下量S_fは，比例式を用いて次式より求められます．

$$\frac{\Delta e}{1+e_0}=\frac{S_f}{H}\text{，したがって}\quad S_f=\frac{H}{1+e_0}\Delta e=\frac{H}{1+e_0}C_c\log\frac{\sigma'_0+\Delta\sigma}{\sigma'_0} \tag{9.28}$$

もう1つの方法として，実験で得られたe-log σ曲線から，σ'_0と$\sigma'_0+\Delta\sigma$の変化に対応するΔeを直接読み取り，それを式（9.28）の第1項に挿入し，最終圧密沈下量S_fを求めることもできます．

9.10.2 過圧密土の圧密沈下量計算

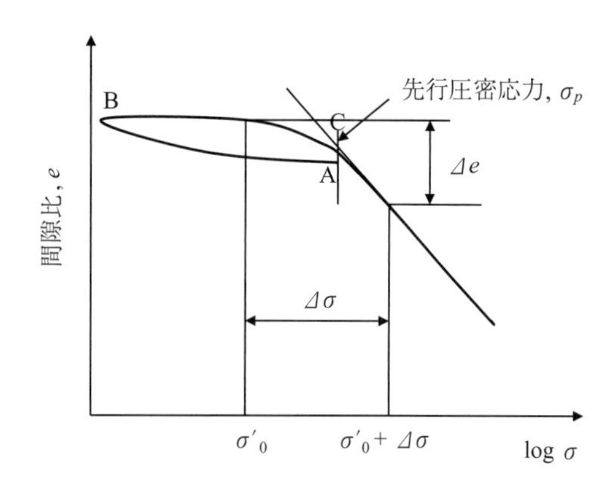

図 9.17 過圧密土の圧密沈下計算法

過圧密粘土では，図9.17に見られるように，圧密応力がσ'_0から$\sigma'_0+\Delta\sigma$に増加するとき，それらはすべての領域で処女圧密曲線上にはありません．したがって，式（9.28）のC_c値のみを圧密沈下量の計算に使用することはできません．この場合には，Δeの値は必ず，直接にe-log σ曲線から読み取り，それを式（9.28）の第1項（すなわち，次式）に代入して，最終沈下量S_f値が求められます．

$$S_f=\frac{H}{1+e_0}\Delta e \tag{9.29}$$

式（9.28），または，式（9.29）を用いての最終圧密沈下量の計算では，**"H"は粘土層の上部と下部の排水条件に関係なく，常に粘土層の全厚をとることです．**これは式（9.15）のT_v式の使用時との大きな違いですので特別の注意が必要です．

例題 9.6

図9.18に見られるように，3 mの厚さの粘土層がその上部の乾燥砂層と下部の飽和した礫層の間の上に挟まれています．土の材料特性も図に与えられています．新しい点荷重1000 kNが砂層上に加えられ

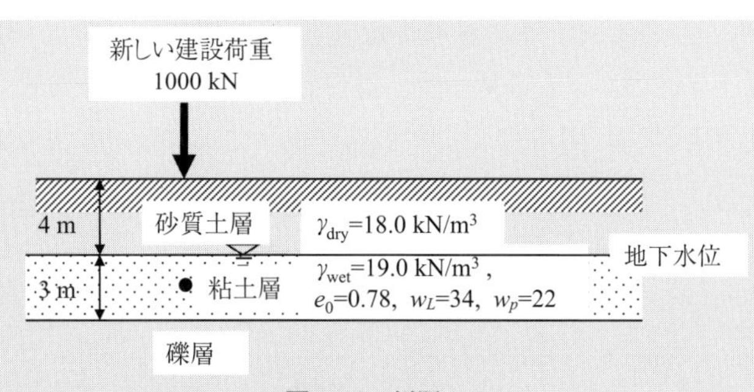

図 9.18 例題 9.6

たとき，荷重点の直下での粘土層の最終圧密沈下を計算してください．なお，粘土層を薄い層として扱い，それは乱されたことのない正規圧密土です．

解：

粘土層の中間点（深度 5.5 m）での初期鉛直有効応力は，

$\sigma'_0=18.0\times4+(19.0-9.81)\times1.5=85.79\ \mathrm{kN/m^2}$

$z=5.5$ m での応力増加 $\Delta\sigma$ は，荷重直下（$r=0$）のブシネスクの点荷重式（式 (8.2)）を用いて，

$$\Delta\sigma=\frac{3}{2\pi}\cdot\frac{P}{z^2}=\frac{3}{2\pi}\cdot\frac{1000}{5.5^2}=15.78\ \mathrm{kN/m^2}$$

式 (9.25) より，乱されない土に対して，$C_c=0.009(w_L-10)=0.009\times(34-10)=0.216$ が得られ，それらを正規圧密土の式 (9.28) に挿入して，

$$S_f=\frac{H}{1+e_0}C_c\log\frac{\sigma'_0+\Delta\sigma}{\sigma'_0}=\frac{3}{1+0.78}0.216\cdot\log\frac{85.79+15.78}{85.79}=0.0267\ \mathrm{m}\quad\Leftarrow$$

9.11 厚いまたは多重粘土層の最終圧密沈下量の計算

粘土層が比較的厚く，または，いくつかの異なる粘土層で構成されている場合，式 (9.28)，または，式 (9.29) を用いての 1 つのステップでの計算は適していません．なぜなら，図 9.19 の右図に

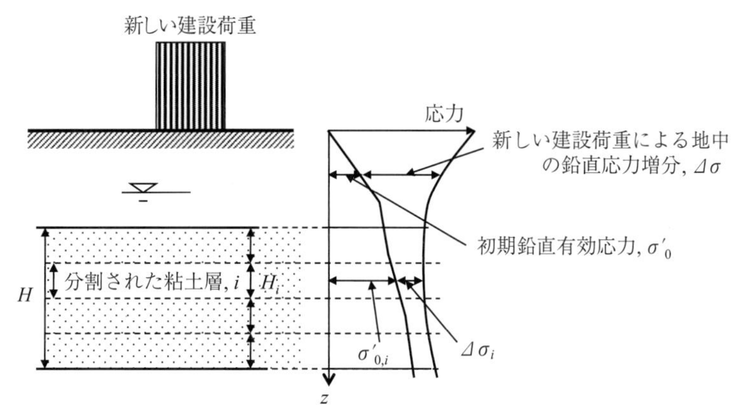

図 9.19 厚い，または多重粘土層の圧密沈下量の計算法

見られるように，σ'_0 や $\Delta\sigma$，そして，土の材料特性値 C_c 値は深さに対して一定ではないからです．図の例では，全体の粘土層はいくつかの薄いサブ層（sub-layer）に分けられています．各サブ層の中間点での最終圧密沈下量 $S_{f,i}$ は H_i，$\sigma'_{0,i}$，$\Delta\sigma_i$ の値を用いて，前節の方法によって計算されます．最終的な総圧密沈下量 S_f はそれらの $S_{f,i}$ の総和として，求めることができます．

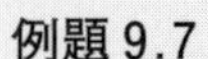

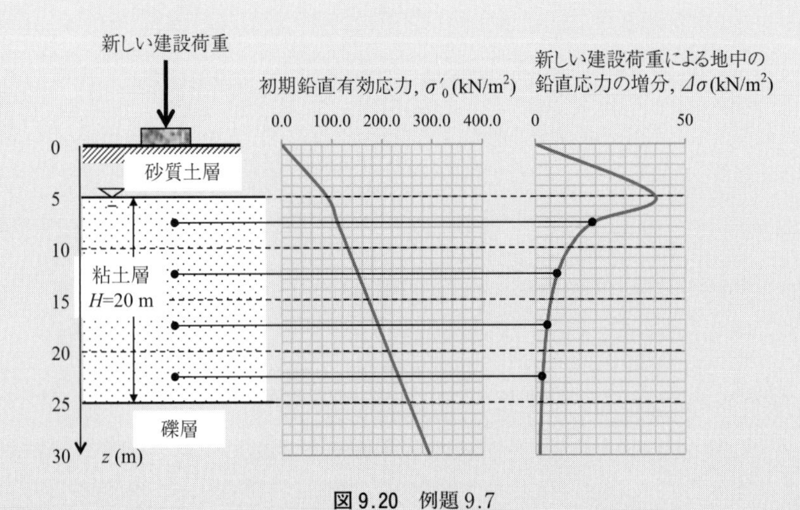

図 9.20　例題 9.7

図 9.20 に見られるように，20 m の厚さの均一な粘土層は基礎上の荷重によって将来圧密沈下が予想されます．初期鉛直有効応力 σ'_0 と基礎荷重による地中の応力増分 $\Delta\sigma$ の分布は，図に示されています．また，この粘土に対して室内圧密試験より得られた e-log σ 曲線も図 9.21 に示されています．基礎の中心の下点での粘土層の最終総圧密沈下量を計算してください．

解：

20 m の厚さの粘土層は 4 つの等しい厚さのサブ層に分割され，各サブ層の中間点での σ'_0 と $\Delta\sigma$ 値が図 9.20 の右側のグラフより読み取られました．それらの応力とそれぞれに対応する e_0 と σ'_0 値が図 9.22（図 9.21 の拡大版）より読まれます．この図にはすべてのサブ層の e_0 値と最上部のサブ層の e_f 値が示されています．その結果は表 9.8 にまとめて示され，式（9.29）により各層の $S_{f,i}$ が計算されました．
ここで，20 m 厚の粘土層の最終総圧密沈下量は 0.273 m.　⇐

表 9.8　厚い粘土層の圧密沈下量の計算

サブ層 i	H (m)	$\sigma'_{0,i}$ (kN/m^2)	$\Delta\sigma_i$ (kN/m^2)	$\sigma'_{0,i}+\Delta\sigma_i$ (kN/m^2)	$e_{0,i}$	$e_{f,i}$	Δe_i	$S_{f,i}$ (m)
1	5	111	20	131	0.89	0.84	0.05	0.132
2	5	151	7	158	0.81	0.79	0.02	0.055
3	5	192	4	196	0.78	0.76	0.02	0.056
4	5	233	2.5	235.5	0.69	0.68	0.01	0.030
Σ	20	-	-	-	-	-	-	**0.273**

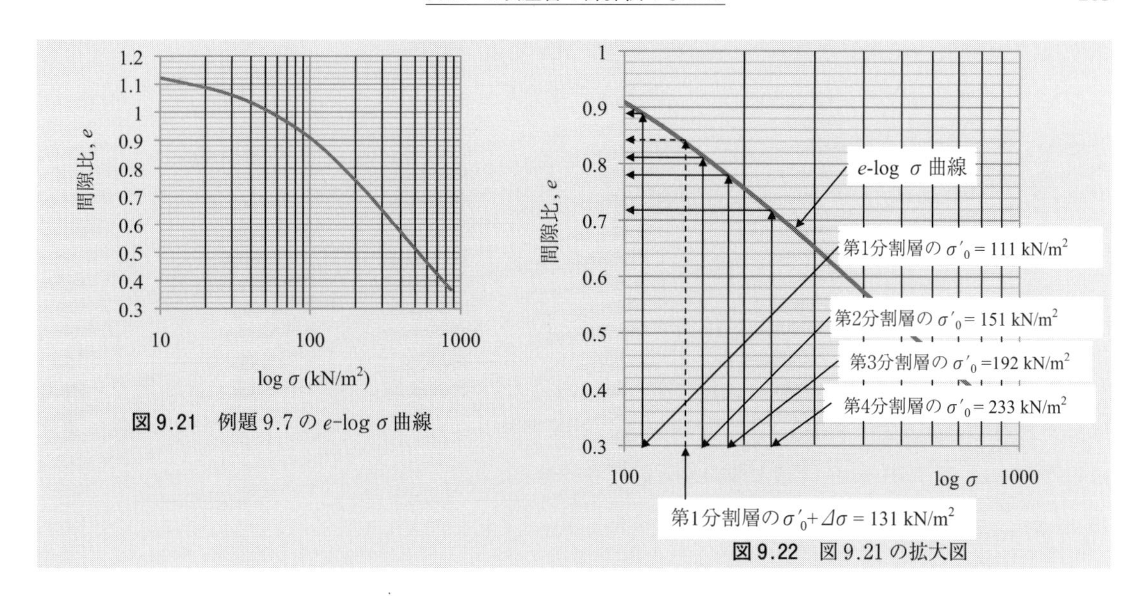

図 9.21　例題 9.7 の e-log σ 曲線

図 9.22　図 9.21 の拡大図

表 9.8 は各サブ層の Δe_i を求めるのに e-log σ 曲線のデータが直接使われました．もし，粘土が正規圧密土であった場合，$S_{f.i}$ 値は式（9.28）より求められます．このような場合では，すべてのサブ層に対して，もしそれらの C_c 値が異なる場合には，それぞれの違った値を用いる必要があります．サブ層の数と厚さの選択は，σ'_0 と $\Delta\sigma$ の変化が十分に小さいと仮定される範囲で，エンジニアの裁量に任されます．

9.12　1次圧密の計算法のまとめ

これまでの1次圧密理論とその応用は，次の2つの異なる種類の計算に分類されます．それらは（1）最終圧密沈下量の計算と，（2）それぞれの圧密度に達する時間の計算です．筆者らはこの2つの問題を混同させないために，すべての圧密問題を以下の2つのカテゴリ（category）に分けて考えることを提案します．それらは（1）**どのくらいの沈下量**（how much）と，（2）**いかに早く沈下するか**（how soon）の問題です．そうすることによって，計算式の選択と，粘土層の厚さ H の選択（H か $2H$）が混乱なく，その処理が容易になります．以下には，これらの2つの異なる手順がまとめられています．

9.12.1　どれくらいの沈下量の問題（How much problem）

正規圧密土か過圧密土かによって，式（9.28），または，式（9.29）が，それぞれ使用されます．

$$S_f=\frac{H}{1+e_0}\Delta e=\frac{H}{1+e_0}C_c\log\frac{\sigma'_0+\Delta\sigma}{\sigma'_0}\quad（正規圧密土に対して）\tag{9.28}$$

または，

$$S_f=\frac{H}{1+e_0}\Delta e\quad（過圧密土に対して）\tag{9.29}$$

式（9.28）では，正規圧密土に対して，Δe 値は直接処女圧密曲線から読み取られるか，C_c，σ'_0，と

$\Delta\sigma$ の値を直接使って式より計算されます．一方，式（9.29）は過圧密土に対するもので，Δe 値を得るのに e-log σ 曲線のみが使用可能です．**どちらの場合も，H は粘土層の上部と下部の排水条件に関係なく，層の全厚をとります．**

9.12.2 いかに早く沈下するかの問題（How soon problem）

この場合には，すべて，T_v（式（9.15））とそれに関係した圧密度 U（表 9.4）を使用します．

$$T_v = \frac{C_v t}{H^2} \tag{9.15}$$

このとき，H は最長排水距離で，したがって，**片方だけの境界層が高い透水性の排水層で，他方は非排水層のとき，式（9.15）の H は粘土層の全厚です．一方，もし上部と下部の両方の層が透水層のときは式（9.15）の H は粘土層の半分の厚さです．**

9.13 2 次 圧 密

以上のテルツァーギの圧密理論では応力増分のために生じた過剰間隙水圧が完全に消去した時点で圧密は完了し，この部分の圧密は 1 次圧密（primary consolidation）と呼ばれました．理論的には，1 次圧密の完了には無限の時間を必要としますが，実質的には図 9.9 の δ_{100} に見られたようにある有限の時間内に完了します．しかしながら，図 9.23（図 9.9 の鉛直変位 δ を間隙比 e に変換した再プロット）で見られるように，1 次圧密の完了後も，土は遅い速度で圧縮し続けます．

この時期での土の変形を **2 次圧密**（secondary consolidation）と呼ばれ，この現象はもはや過剰間隙水圧の減少のためではなく，粘性土の塑性的性質に起因して，時間とともにゆっくりと起こる圧縮変位です．変位量は 1 次圧密量に比べて大きくはありませんが，長期的に続くことに注意する必要があります．

図 9.23 から 2 次圧密曲線の傾斜 C_α が決定され，それは **2 次圧縮指数**（secondary compression in-

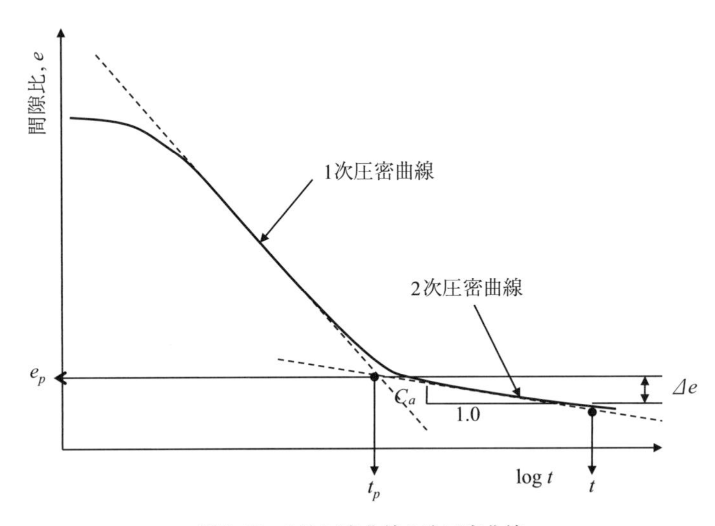

図 9.23　1 次圧密曲線 2 次圧密曲線

dex）と呼ばれます．したがって，図から次式が得られます．

$$C_\alpha=\frac{\Delta e}{\log t-\log t_p}=\frac{\Delta e}{\log\dfrac{t}{t_p}}\text{，　よって}\quad \Delta e=C_\alpha\log\frac{t}{t_p} \tag{9.30}$$

ここに，t は 2 次圧密曲線上の任意の時間で，t_p は 1 次圧密完了時間です．そして e_p は t_p 時の間隙比です．初期体積 $1+e_p$ に対する沈下量 Δe と，初期層厚 H に対する沈下量 S_s との間に成立する相似則を用いて，2 次圧密による沈下量 S_s は次式より，求められます．

$$\frac{\Delta e}{1+e_p}=\frac{S_s}{H}\text{，　よって}\quad S_s=\frac{\Delta e}{1+e_p}H=\frac{H}{1+e_p}C_\alpha\log\frac{t}{t_p}=C'_\alpha H\log\frac{t}{t_p} \tag{9.31}$$

上式で C'_α は $C_\alpha/(1+e_p)$ で，**修正 2 次圧縮指数**（modified secondary compression index）と呼ばれます．いったん C_α 値または C'_α 値が e-log t プロットより決定されると，式（9.31）は任意の時間間隔 t_1 から t_2（$t_1< t_2$）での式（9.32）に書き換えられます．ここで t_1 は t_p より大きいことに注意してください．

$$S_s=\frac{H}{1+e_p}C_\alpha\log\frac{t_2}{t_1}=C'_\alpha H\cdot\log\frac{t_2}{t_1} \tag{9.32}$$

式（9.32）を用いて任意の時間間隔 t_1 から t_2 間での 2 次圧密沈下量 S_s を計算することができます．C_α または C'_α 値は実験室での圧密試験から得られることができます．また，**土の C_α 値と圧縮指数 C_c の比（C_α/C_c）がほぼ一定の値となることが実験的に見つかりました．たとえば，無機質粘土と無機質シルトではその比は約 0.04±0.01 で，自然の有機質粘土と有機質シルトでは約 0.05±0.01 の値をとります（Terzaghi et al. 1996）．**

例題 9.8

例題 9.6（図 9.18）と同じ状況で，載荷後 20 年目から 40 年目の間に起こる 2 次圧密による沈下量を推定してください．土の e-log t 曲線は図 9.24 で与えられるとします．

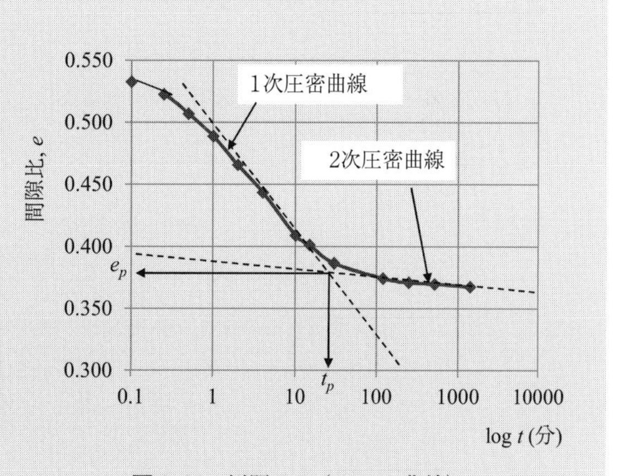

図 9.24　例題 9.8（e-log t 曲線）

解：

図 9.24 より，2 次圧縮指数 C_α は 2 次圧密曲線の傾斜として，

$$C_\alpha=\frac{-(e_2-e_1)}{\log t_2-\log t_1}=\frac{-(0.365-0.395)}{\log\dfrac{10000}{0.1}}=0.006$$

そして，図より e_p=0.378 を読み取り，これらの値を時間間隔 t_1=20 年と t_2=40 年として，式（9.32）に挿入して，

$$S_s=\frac{H}{1+e_p}C_\alpha\log\frac{t_2}{t_1}=\frac{3}{1+0.378}0.006\log\frac{40}{20}=0.00393\ \mathrm{m}\quad\Leftarrow$$

例題9.6では，1次圧密沈下量は0.0267 mでした．したがって，例題9.8で得られた20年間での2次圧密沈下量は0.00393 mで，これは更なる14.7%の沈下を意味し，単純に無視することはできません．

9.14 基礎の許容沈下量

理論的に，もし建物がすべての箇所で均等に沈下すれば，それは構造物への損害を引き起こすことはありません．しかし，実際には，ほとんどの基礎は不均等な荷重条件や地盤材料の不均一性のために**不等沈下**（differential settlement）を起こします．不等沈下が発生すれば，壁には亀裂が生じ，戸や窓の開閉に支障をきたします．高層構造物では第1章のピサの斜塔の例で見たように，建物が傾斜し，崩壊の可能性も生じます．ほかの沈下問題の例として，舗装された駐車場が一様に沈下した場合でも，その**総沈下量**（total settlement）が過大であれば道路や建物へのアクセスに支障をきたすことになります．したがって，建設中そして建築後の不等沈下と総沈下量は制御されなくてはなりません．しかし，沈下をゼロにすることは不可能で，エンジニアは建物の安全性（safety）とその機能

表9.9　建築基礎構造設計指針（2001）による直接基礎の沈下に対する許容値

構造種別		コンクリートブロック造	鉄筋コンクリート造		
基礎形式		連続基礎	独立基礎	連続基礎	べた基礎
許容最大沈下量(mm)	圧密沈下	20(40)	50(100)	100(200)	100～150* (200～300*)
	即時沈下	15(20)	20(30)	25(40)	30～40* (60～80*)
許容相対沈下量(mm)	圧密沈下	10(20)	15(30)	20(40)	20～30* (40-60*)
許容最大変形角(radian)	即時沈下	$0.3 \sim 1.0 \times 10^{-3}$	$0.5 \sim 1.0 \times 10^{-3}$		
許容相対変形角(radian)	圧密沈下	$0.5 \sim 1.0 \times 10^{-3}$	$1.0 \sim 2.0 \times 10^{-3}$		

注：カッコなしは標準値(沈下による亀裂がほとんど発生しない限度地)
　　カッコ内は最大値(幾分かの沈下亀裂が発生するが障害に至らない限度値)
　　*印数字は大きな梁せい，あるいは二重スラブ等で十分剛性が大きい場合

表9.10　許容沈下量のガイドライン

沈下の種類	制限要因	最大沈下量
総沈下量	排水とアクセス	150-600 mm
	不等沈下の可能性	
	石，ブロック積みの壁	25-50 mm
	骨組み構造の建物	50-100 mm
傾き	塔とスタック	0.004B
	トラックの転がり，荷物の積み上げ	0.01S
	クレーンの線路	0.003S
不等沈下	建物のレンガの壁	0.0005S-0.002S
	鉄筋コンクリート建物の骨組み	0.003S
	連続した鋼構造の骨組み	0.002S
	簡単な鋼構造の骨組み	0.005S
最大許容沈下量	100 mm厚のフロント舗装	0.02S

B= 基礎の底面幅（footing base width）
S= 基礎柱の間隔（column spacing）
（Sowers 1979 より）

(functionality) に基づいて**許容沈下量** (allowable settlement) を設定し，それに基づいて基礎地盤を設計する必要があります．表 9.9 には日本建築協会の指針 (2001) による浅い基礎に対する許容値が，また，表 9.10 には理論と過去の被害を受けた構造の観察に基づいて設定された許容沈下量のガイドラインが示されています．

9.15　圧密沈下に対する諸対策工法

設計時に推測された沈下量が許容沈下量を超えるとき，何らかの対策が必要とされます．現場の状況によって，次に示されるいくつかの方法が可能です．

(1) 粘土層の厚さが薄く，そしてそれが経済的に可能な場合，粘土層全体を圧縮性の小さい土材料で置き換える (**置換法** (soil replacement method))．

(2) 粘土層にセメント (cement grouting) や石灰 (lime mixing) などの化学物質を注入 (chemical grouting)，混合して，圧縮性の低い土に変換する (**地盤改良** (ground improvement))．

(3) **ジオシンセティックス** (geosynthetics) 材料を利用して軟弱地盤を強化する (**地盤補強**)．

(4) **ペーパードレイン** (paper drain) や，**ウィックドレイン** (wick drain) や，**サンドドレイン** (sand drain) などの**鉛直ドレイン** (vertical drain) を用いて，粘土層地盤の圧密時間を加速し，事前に圧密を促進する．

(5) 構造物の建築以前に，粘土層を盛土等で載荷し，あらかじめ地盤の沈下を誘導する (**先行載荷法** (preloading method))．

(6) 粘土層中に真空 (vacuum) 圧をかけ，地中に負の間隙水圧を発生させ，有効応力を増加させることによって，前記 (5) のように事前に圧密を誘導する (**真空圧密法** (vacuum consolidation method))．

上記の詳細な手順は，他の文献を参照してください．たとえば，**道路土工–弱地盤対策工指針** (**日本道路協会 2012**)，ハウスマン (**Hausmann 1990**) の地盤改良，コーナー (**Koerner 2005**) のジオシンセティックスによる地盤補強法等．

本書では，この章で学んだ知識に基づいて，上記の (4)，(5)，(6) の方法について，以下に詳しく示されます．

9.15.1　鉛直ドレイン (vertical drain)

時間係数の式 (式 (9.15)) は次のように書き換えられます．

$$t = \frac{H^2}{C_v} T_v \tag{9.33}$$

式 (9.33) によれば，圧密に要する実時間 t は最長排水距離 H の 2 乗 (H^2) に比例します．したがって，この方法では粘土層に透水性の厚紙 (ペーパードレイン) や，ジオシンセティックスのフィルタ材 (ウィックドレイン) を挿入し，または，砂の柱 (サンドドレイン) を構築して，最長排水距離 H を短くする工夫をするものです．

この技術は 1930 年代後半スウェーデンで開発が始まり，1960 年代から日本でも盛んに用いられよ

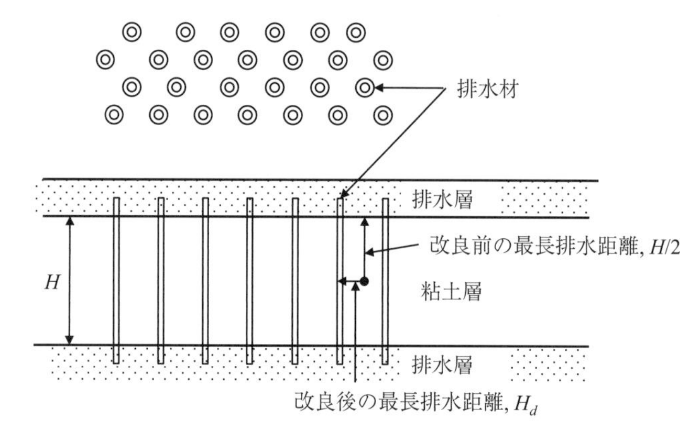

図 9.25 ペーパードレイン，ウィックドレイン，サンドドレインの原理

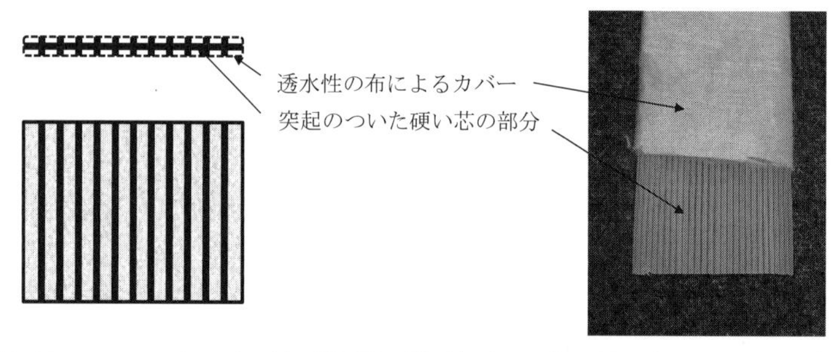

図 9.26 ウィックドレイン材の断面図（左上）と正面図（左下）とその写真（右）

うになりました．当初長いダンボール紙（colligated paper）が軟弱地盤に挿入され，地盤改良に用いられました．図 9.25 に見られるように，地中に排水材（drain material）を挿入することによって，最長排水距離 H_d はそれのない場合の $H/2$ より，はるかに短くなります．たとえば，H_d と $H/2$ の比が 1/5 になったとすれば，式（9.33）よりその圧密時間は 1/25 に短縮されることになります．

現在では，紙の排水材がジオシンセティックスのフィルタ材による排水材に置き換えられ，**ウィックドレイン**（wick drain），または**ファイバードレイン**（fiber drain）と呼ばれてよく使われています．図 9.26 に見られるように，ウィックの芯は硬い合成樹脂材料から作られ，まわりを柔らかいジオシンセティックスのフィルタが取り巻くように作られています．ウィックの先端を硬質の長い棒の先に引っ掛けて，容易に軟弱地盤に押し込むことができます．

サンドドレイン法も同じ原理で使われます．まず，柔らかい粘土層に孔が掘られ，その中に粗い砂が込められます．**関西国際空港プロジェクト**の第一期工事（ブックカバーの写真と図 1.4）では，511 ヘクタール（ha）の人工島を軟弱な海底地盤上に構築するために，直径 400 mm の砂柱 1,000,000 本が，20 m の深さで，2.5 m のピッチ（pitch）に配置され，海底の地盤が改良されました．

9.15.2 先行載荷法（preloading method）

この手**先行載荷法**では，将来の建物の建設予定地に土が数メートルの高さに盛られます．この載荷 $\Delta\sigma_{\mathrm{preload}}$ は数ヶ月から 1 年ほど放置され，圧密沈下を促します．その後土盛は取り除かれ，建物の建設が開始されます．

図 9.27 には盛土の構築，除去，建物の建設の全過程での e-log σ 曲線がプロットされています．

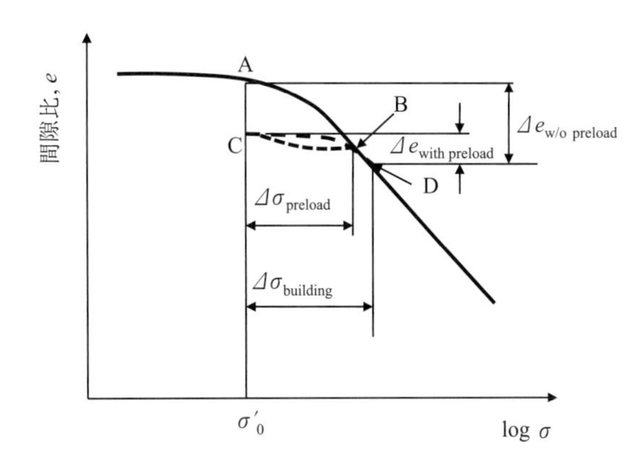

図 9.27 先行載荷法の原理

A 点は建設前の出発点です．盛土過程で A 点から B 点へ移動し，その除荷過程では B 点から C 点へと戻ります．建物の構築では，さらに C 点から D 点に移ります．この過程で，建物の荷重 $\Delta\sigma_{\text{building}}$ による土の間隙比の変化は，もし盛土による先行荷重がない場合には $\Delta e_{\text{w/o preload}}$ であり，先行荷重がある場合では，$\Delta e_{\text{with preload}}$ となり，後者は前者に較べてかなり小さく，その分だけ建設荷重による圧密沈下量を低減することになります．

この比較的低コストな工法は，工期に柔軟性のある小規模のプロジェクト（たとえばオフィスビルやショッピングモールの建設等）によく使われます．また，この工法は鉛直ドレインと同時に使用されると，圧密時間の短縮のみならず，その最終沈下量をも低減する，より効果的な手法となります．

9.15.3 真空圧密法（vacuum consolidation method）

真空圧密法は最近新しく開発された技術で，地表面が不透水性の膜（impermeable membrane）で密閉された環境で軟弱粘土層の土中にパイプを通し真空圧をかけます．通常 80 kPa（kN/m^2）（大気圧の −78%）以上の真空（負の間隙水圧）をかけます．土中に導入された真空圧のために地表面上での大気圧が不透水性膜を介して実荷重として働き，先行載荷法と同じ原理で圧密が促進されます．80 kPa の真空圧は先行載荷法での約 4.0 m の高さの盛土に相当するものです．この工法の詳細については文献を参照してください（たとえば**真空圧密技術協会**，2013，Carter et al. 2005，Chu and Yan 2005 等）．

9.16 章の終わりに

ピサの塔や関西空港の建設例（第 1 章）に示されたように基礎の沈下，特に，圧密沈下は土質力学の主要な問題のひとつです．その理論と実践はこの章で詳しく示されました．正規圧密土か，過圧密土かの判定と，その違いの認識は非常に重要で，それらも詳しく述べられました．また，圧密沈下問題で，粘土層厚 H と粘土層の上下の排水層との関係はよく誤解を招くもので，それを明確に処理するために 9.12 節で，どのくらいの沈下量の問題と，いかに早く沈下するかの問題に分け，その問題がわかりやすく説明されています．

参考文献

1) 真空圧密技術協会（2013）．高真空 N&H 工法技術資料

2) 日本工業規格，JIS A 1217（2009）．土の段階載荷による圧密試験方法

3) 日本建築協会（2001）．建築基礎構造設計指針

4) 日本道路協会（2012）．道路土工―軟弱地盤対策工指針

5) Bowles, J. E.（1996）. *Foundation Analysis and Design* 5th Ed., McGraw-Hill.

6) Carter, J.P., Chai, J.C., and Hayashi, S.（2005）. "Ground Deformation Induced by Vacuum Consolidation," *Journal of Geotechnical and Geoenvironmental Engineering*, ASCE, Vol. 131, No. 12, pp. 187-192.

7) Casagrande, A.（1936）. "Determination of the Preconsolidation Load and Its Practical Significance," *Proceedings, 1st International Conference on Soil Mechanics and Foundation Engineering*, Cambridge, Mass., Vol. 3, pp. 60-64.

8) Chu, J. and Yan, S.W.（2005）. "Estimation of Degree of Consolidation for Vacuum Preloading Projects," International Journal of Geomechanics, Vol. 5, No. 2, pp 187-192.

9) Hausmann, M. R.（1990）. *Engineering Principles of Ground Modification*, McGraw-Hill.

10) Janbu, N., Bjerrum, L., and Kjaernsli, B.（1956）. *Norwegian Geotechnical Institute Publication*, No. 16.

11) Koerner, R. M.（2005）. *Designing with Geosynthetics*, 5th Ed., Pearson/Prentice Hall.

12) Mayne, P. W. and Poulos, H. G.（1999）. "Approximate Displacement Influence Factors for Elastic Shallow Foundations," *Journal of Geotechnical and Environmental Engineering*, ASCE, Vol. 125, No. 6, pp. 453-460.

13) Schleicher, F.（1926）. Zur Theorie Des Baugrundes, *Der Bauingenieur*, No. 48, 49 p..

14) Skempton, A. W.（1944）. "Notes on the compressibility of clays," *Quarterly Journal of the Geological Society of London*, Vol. 100, pp. 119-135.

15) Sowers, G. F.（1979）. *Introductory Soil Mechanics and Foundations: Geotechnical Engineering*, 4th Ed., MacMillan.

16) Terzaghi, K.（1925）. *Erdbaumechanik*, Franz Deuticke.

17) Terzaghi, K. and Peck, R. B.（1967）. *Soil Mechanics in Engineering Practice*, 2nd Ed., Wiley & Sons,

18) Terzaghi, K, Peck, R. B., and Mesri, G.（1996）. *Soil Mechanics in Engineering Practice*, 3rd Ed., John Wiley & Sons.

19) Winterkorn, H. F. and Fang, H. Y.（1975）. *Foundation Engineering Handbook*, Van Nostrand Reinhold.

問　題

9.1 強い粘土（hard clay）層上の円形基礎（2.0 m 直径）に $q=200$ kN/m^2 の等分布荷重が加えられました．次の各場合の瞬時沈下量を推定してください．

(a) 撓み性基礎の中心の下で．

(b) 撓み性基礎の隅下で．

(c) 剛性基礎の下で．

9.2 中位の密度（medium dense）の砂層上の 1 m×1 m の長方形基礎に $q=200$ kN/m^2 の等分布荷重が加えられました．次の各場合の瞬時沈下量を推定してください．

(a)　撓み性基礎の中心の下で．

(b)　撓み性基礎の隅下で．

(c)　剛性基礎の下で．

9.3　テルツァーギの 1 次圧密理論は，(1) 土は完全に飽和している，(2) 水と固体成分は非圧縮，(3) ダルシーの法則が厳密に適用される，(4) 水の流れは 1 次元とする，を仮定しています．もし，この理論解が現場で使用されるとき，これらの前提条件の中で何が最も重要な欠点 (shortcoming) になりえますか．議論してください．

9.4　供試体厚さ 12.7 mm (1/2 インチ) で，上下面排水条件の室内圧密試験が行われました．50%の圧密度に達する時間は 28.4 分として得られました．次の値を決定してください．

(a)　現場でその土の層厚が 2.5 m で，上面のみが排水層であるとき，50%の圧密度に必要な時間．

(b)　現場でその土の層厚が 2.5 m で，上面のみが排水層であるとき，90%の圧密度に必要な時間．

(c)　上記 (b) と同じ現場の条件で，基礎荷重載荷後 1 年の終わりに，どのくらいの 1 次圧密沈下が起こりますか．その最終沈下量との比で答えてください．

(d)　質問 (c) と同じ質問で，5 年目の終わりではどうですか．

9.5　供試体厚さ 25.4 mm (1 インチ) で，上下面排水条件の室内圧密試験が行われました．90%の圧密度に達する時間は 2.2 時間として得られました．次の値を決定してください．

(a)　現場でその土の層厚が 9.6 m で，上下面の両面が排水層であるとき，50%の圧密度に必要な時間．

(b)　現場でその土の層厚が 9.6 m で，上下面の両面が排水層であるとき，90%の圧密度に必要な時間．

(c)　上記 (b) と同じ現場の条件で，基礎荷重載荷後 1 年の終わりに，どのくらいの 1 次圧密沈下が起こりますか．その最終沈下量との比で答えてください．

(d)　質問 (c) と同じ質問で，5 年目の終わりではどうですか．

9.6　現場で 5.5 m 厚の粘土層が上部と下部の両面で排水されているとき，現場先行載荷が加えられ，その沈下曲線から 2.5ヶ月で 20%の圧密度に達することが推定されました．近くの現場で，7.0 m 厚の粘土層が見つかりました．その粘土層に対して，次の値の見積りをしてください．

(a)　50%の圧密量に達するに要する時間．

(b)　90%の圧密量に達するに要する時間．

9.7　室内圧密試験から鉛直変位と時間の関係が下表に得られました．供試体厚さは 12.7 mm で両面排水でした．次の値を求めてください．

(a)　$\log t$ 法で t_{50} と C_v 値．

(b)　$\sqrt{t}$ 法で t_{90} と C_v 値．

経過時間，分	鉛直変位の読み，mm
0	8.54
0.1	8.29
0.25	8.12
0.5	7.92
1	7.56
2	7.12
4	6.78
10	6.63
15	6.59
30	6.52
120	6.44

245	6.42
620	6.38
1420	6.34

9.8 室内圧密試験から鉛直変位と時間の関係が下表に得られました．供試体の厚さは12.7 mmで両面排水でした．次の値を求めてください．

(a) $\log t$ 法で t_{50} と C_v 値．

(b) $\sqrt{t}$ 法で t_{90} と C_v 値．

経過時間，分	鉛直変位の読み，mm
0	7.83
0.1	7.71
0.25	7.52
0.5	7.28
1	6.91
2	6.52
4	6.32
10	6.23
15	6.21
30	6.16
114	6.11
236	6.06
652	6.03
1530	5.98

9.9 室内圧密実験より以下のデータが得られました．

圧密応力，kPa	最終鉛直変位の読み，mm
0	17.53
25	17.42
50	17.22
100	16.84
200	16.38
400	14.76
800	11.38
400	11.46
100	11.92
50	12.25
25	12.53

与えられた条件：

供試体の直径 =76.0 mm

初期供試体厚さ =25.4 mm

供試体の乾燥重量 =192.5 gf

G_s=2.70

(a) 各圧密応力での間隙比を計算し e-$\log \sigma$ 関係をプロットしてください．

(b) カサグランデの方法で先行圧密応力を決定してください．

(c) 圧縮係数 C_c を求めてください．

(d) この土の現在の土かぶり有効応力が150 kN/m^2 のとき，この土は正規圧密土ですか．それとも過圧密土ですか．

9.10 室内圧密実験より以下のデータが得られました．

圧密応力，kN/m²	最終鉛直変位の読み，mm
0	14.02
25	13.94
50	13.78
100	13.47
200	12.70
400	11.18
800	9.10
400	9.32
100	9.60
50	9.79
25	10.02

与えられた条件：

試料の直径 ＝76.0 mm

初期試料厚さ ＝12.7 mm

試料の乾燥重量 ＝50.6 gf

G_s=2.70

(a)　各圧密応力での間隙比を計算し e-log σ 関係をプロットしてください．

(b)　カサグランデの方法で先行圧密応力を決定してください．

(c)　圧縮係数 C_c を求めてください．

(d)　この土の現在の土かぶり有効応力が 150 kN/m² のとき，この土は正規圧密土ですか．それとも過圧密土ですか．

9.11　9.9 節の記述を参考にして次の質問に答えてください．e-log σ 曲線でカサグランデ法により求められた圧密降伏荷重と，その土に対して歴史的に最大の圧密応力として定義された先行圧密応力とは厳密には同じでない場合もあります．それはどのような場合に，どのような原因で起こりうるのでしょうか．考察してください．

9.12　地盤の土のプロファイルが図 9.28 に示されています．新しい基礎が地表面に築かれ，その基盤による地中の粘土層内の中間点での平均鉛直応力の増分は $\Delta\sigma_v$=25.5 kN/m² になることが見積られました．粘土層の最終圧密沈下量を計算してください．この粘土は，正規圧密されていると仮定します．

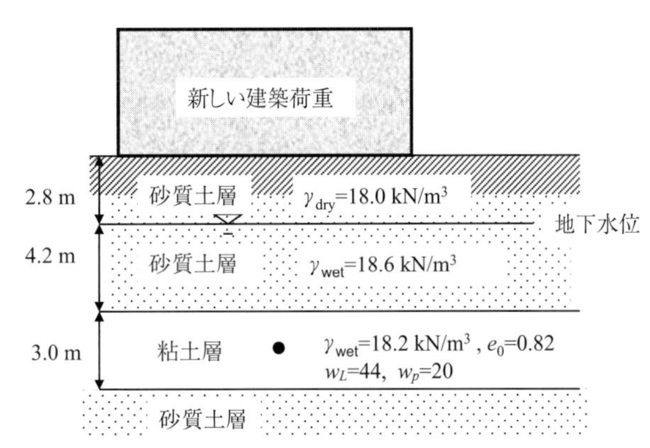

図 9.28

9.13　問題 9.12 で，1 次圧密終了後 10 年間に起こる 2 次圧密量を推定してください．1 次圧密は 4.5 年で終了し，そのときの間隙比 e_p は 0.78 でした．

9.14　問題 9.12 と同じ土のプロファイル（図 9.28）で，粘土層から採取された供試体に対して室内圧密試験が行われ，その e-log σ 曲線は図 9.29 に得られました．粘土層の最終 1 次圧密沈下量を計算してください．

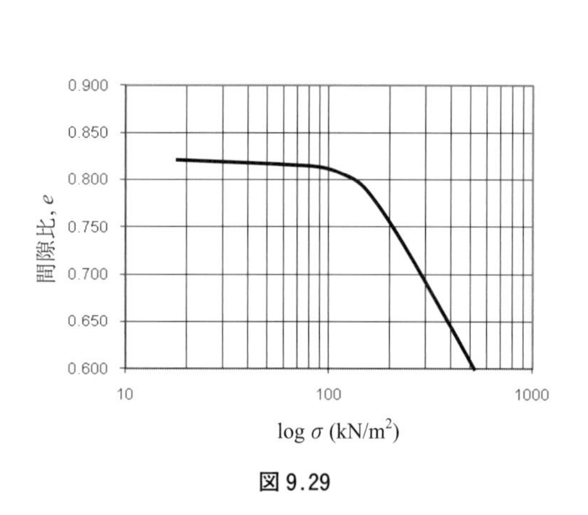

図 9.29

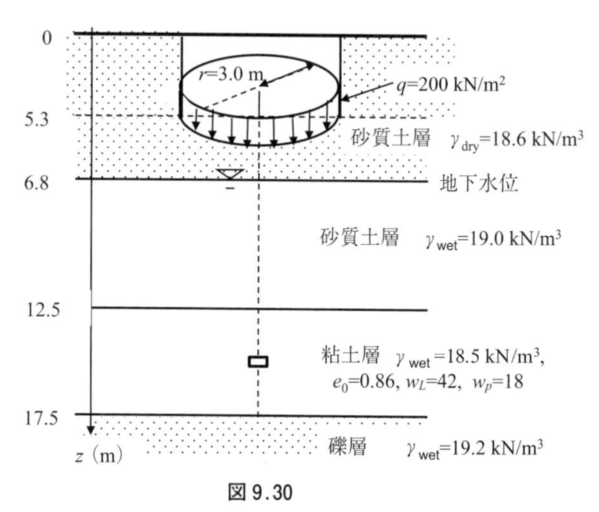

図 9.30

9.15 将来の建物の建設現場の土のプロファイルは図 9.30 に示されています．設計では基礎は直径 6.0 m の円形で，等分布荷重 $q=200$ kN/m^2 が加えられます．5 m 厚の正規圧密された粘土層の最終 1 次圧密沈下量を計算してください．なお図で 5.3 m の基礎面掘削による多少の地面の浮き上がりは無視してください．

9.16 問題 9.15 で，1 次圧密終了後 10 年間に起こる 2 次圧密量を推定してください．1 次圧密は 10.2 年で終了し，そのときの間隙比 e_p は 0.77 でした．

9.17 土のプロファイルと載荷条件は図 9.31 で与えられています．新しい基礎の等分布荷重はその自重を含めて 400 kN/m^2 で，$z=2$ m に加えられました．圧密沈下の推定に当たって，土のプロファイルはかなり厚い粘土層（15 m）なので，いくつかのサブ層に分割しなければなりません．そこで，粘土層厚を 3 つの等しい厚さのサブ層に分け，それぞれの層の中間点で，1 次圧密沈下量を計算し，最終的にそれらの和として総沈下量を求めてください．この粘土は，正規圧密土で，応力増分計算のためにニューマークの長方形の基盤下の解を使用してください．なお図で 2.0 m の基礎面掘削による多少の地面の浮き上がりは無視してください．

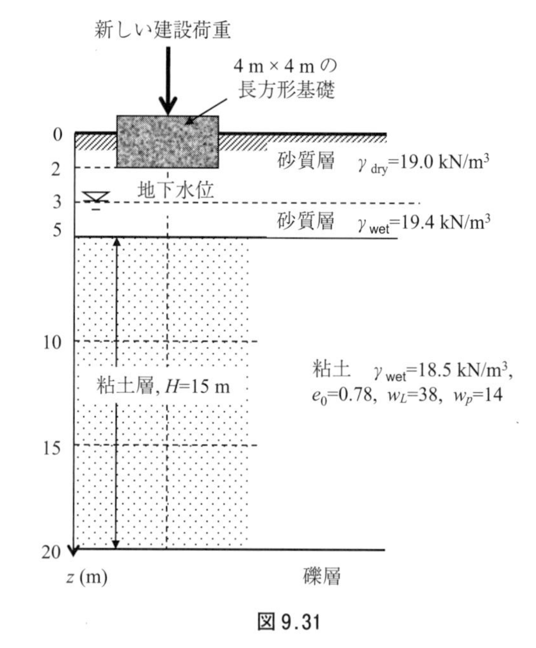

図 9.31

9.18 問題 9.17 と同じ土のプロファイルと載荷条件ですが，その粘土は正規圧密ではないとします．その粘土の e-log σ 曲線は室内圧密試験より得られ，図 9.32 に示されています．右側の図は，左側の図を拡大して，σ は普通のスケールに描かれたよるものです．この粘土層を 3 つの等しい厚さのサブ層に分割し，図の e-log σ 曲線を用い，最終 1 次圧密沈下量を求めてください．なお図 9.31 で 2.0 m の基礎面掘削による多少の地面の浮き上がりは無視

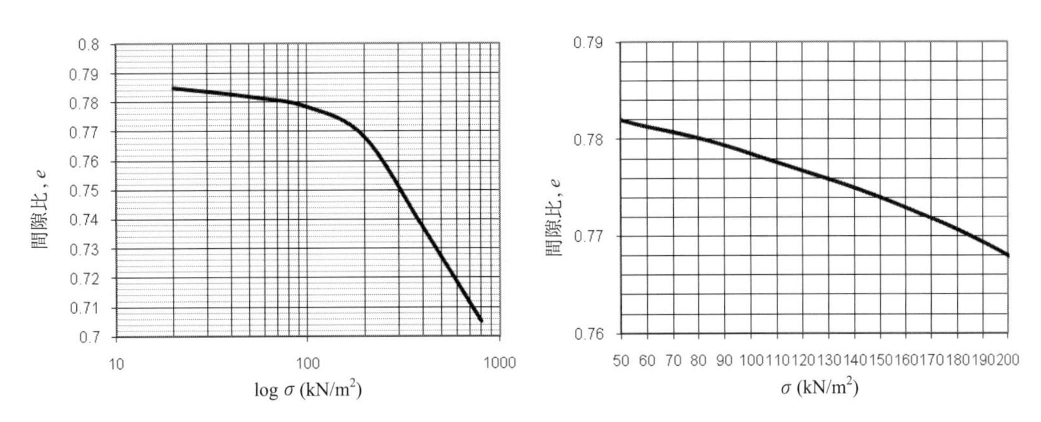

図 9.32

してください.

9.19 鉛直ドレインはどのような原理で圧密時間を短縮することができるのですか.

9.20 先行載荷法はどのような原理で圧密沈下量を減らすことができるのですか.

9.21 先行載荷法の（a）正規圧密土への，および（b）過圧密土への適用性の違いと優位性について論じてください.

第 10 章

モール円の土質力学への応用

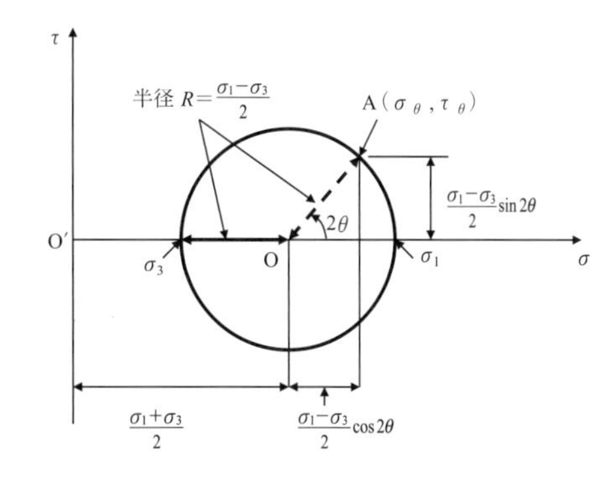

10.1　章の始めに

モール円（Mohr's circle）は，すでに材料力学（strength of materials），または，固体力学（solid mechanics）等の分野で取り扱われ，ほとんどの読者は一度は耳にしたことのある概念です．モール円は土質力学のある分野で非常に便利に，また，有効に使用されるもので，その使用においては，モール円の**極**（Pole）の定義とその応用，せん断応力の方向の規約等を明確に理解する必要があります．モール円を本書で再度取り上げ，モール円の正しい，そして，やさしい使用法を学びます．この結果は第 11 章と第 12 章で，土のせん断による破壊面の決定，ランキン土圧（Rankine's earth pressure）の理論に有効に用いられます．

10.2　モール円の概念

1800 年代の後半に，モール（**Mohr 1887**）は，固体の一要素に加わる応力を便利に決定するための図解法を提案しました．図 10.1 に見られるように，固体内の無限小の要素（infinitesimal element）の境界に外部応力が加えられたとき，その要素に働く応力は，その応力が作用する面が設定されて初めて決定することができます．すなわち，要素での応力はその作用する面の方向によって異なるということです．面に作用する応力には 2 種類あって，任意の θ 面に垂直に働く応力，**垂直応力**（nor-

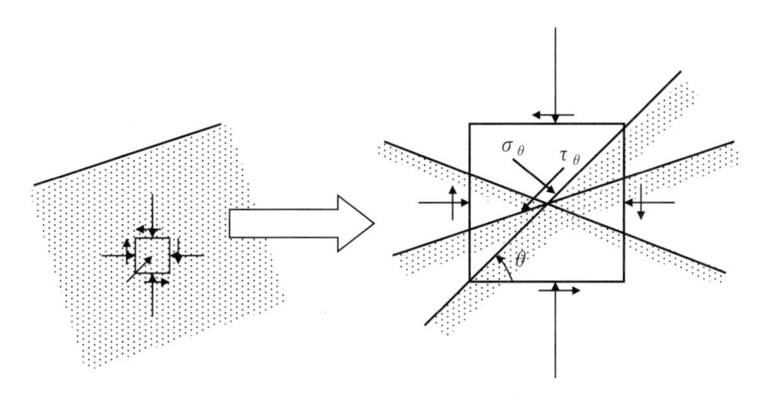

図 10.1　モール円の概念（要素の θ 面に作用する垂直応力とせん断応力）

mal stress）σ_θ と，θ 面上に沿って働く応力，**せん断応力**（shear stress）τ_θ の組み合わせとして作用します．図 10.1 では σ_θ と τ_θ は θ 面に作用し，その面は水平線より**反時計回り（θ の正方向の回転と約束する）**に角度 θ だけ回転した面で定義されます．すなわち，同じ外圧のもとでも，θ 面が変われば，σ_θ と τ_θ の組み合わせは変化するということです．モール円は任意の θ 面での σ_θ と τ_θ を求めるための図解法です．なお，モールの応力は一般的に 2 次元（**平面ひずみ**（plane strain））問題に適応されるものです．

10.3 応力変換

図 10.2（a）は無限小の要素の x 面（x 値が一定）に σ_x と τ_{xy} が，y 面（y 値が一定）に σ_y と τ_{yx} が作用する様子が示されています．これらの応力によって，要素は静的平衡（static equilibrium）を維持しています．τ_{xy} は x 面に y 方向に働くせん断応力で，τ_{yx} は y 面に x 方向に働くせん断応力です．τ_{xy} と τ_{yx} は**共役せん断応力**（conjugated shear stresses）と呼ばれ，要素のモーメントの均衡（moment equilibrium）を維持するために，$|\tau_{xy}|=|\tau_{yx}|$ が成立します．ここで，**x 面は，x 値が一定な面で，x 軸の方向とは直交するものです．**同様のことが y 面についてもいえます．**面と垂直応力の作用方向を混同しない注意が必要です．**また，土質力学の問題では他の分野とは逆に**圧縮垂直応力**（compressive normal stress）**が，正の値ととられます．**

図 10.2（b）は三角形要素 ABE とその境界でのすべての応力を示しています．要素の AE の距離を単位長さ“1”とします．図に示されたすべての垂直応力とせん断応力の方向は正の値を持っているとします．要素 ABE の境界に作用するすべての応力に水平方向，および，鉛直方向の**力の均衡**（force equilibrium）式を当てはめ次式を得ます．

$$\Sigma V = \sigma_y \cos\theta + \tau_{xy} \sin\theta - \sigma_\theta \cos\theta - \tau_\theta \sin\theta = 0 \tag{10.1}$$

$$\Sigma H = (-\tau_{yx})\cos\theta - \sigma_x \sin\theta + \sigma_\theta \sin\theta - \tau_\theta \cos\theta = 0 \tag{10.2}$$

上の 2 式で $\tau_{xy}=\tau_{yx}$ とし，σ_θ と τ_θ に対して解けば次式が得られます．

$$\sigma_\theta = \frac{\sigma_y+\sigma_x}{2} + \frac{\sigma_y-\sigma_x}{2}\cos 2\theta + \tau_{xy}\sin 2\theta \tag{10.3}$$

$$\tau_\theta = \frac{\sigma_y-\sigma_x}{2}\sin 2\theta - \tau_{xy}\cos 2\theta \tag{10.4}$$

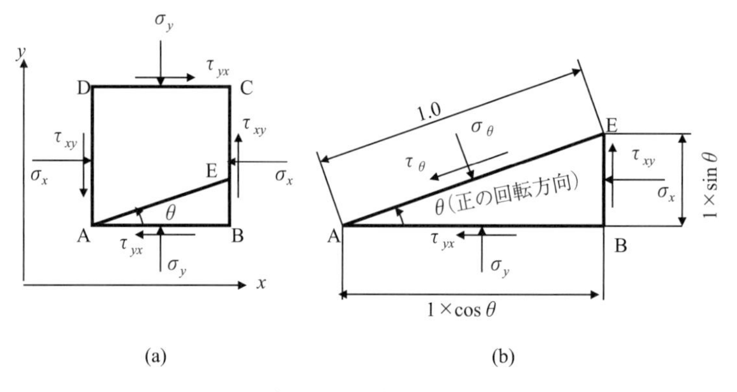

図 10.2　無限小の要素に作用する応力

式（10.3）と式（10.4）に任意のθの値を与えることにより，任意のθ面でのσ_θとτ_θの組み合わせの応力を得ることができます．

式（10.3）で$d\sigma_\theta/d\theta=0$とすると，**σ_θが最大値，または，最小値をとるときのθの値を求めること**になり，式（10.5）が得られます．または，式（10.4）で，$\tau_\theta=0$とすると，せん断応力がゼロになるθの値を求めることになり，これもまた，式（10.5）となります．

$$\tan 2\theta=\frac{2\tau_{xy}}{\sigma_y-\sigma_x} \qquad (10.5)$$

上式で$\tan 2\theta$は与えられたτ_{xy}，σ_x，σ_yの値に対して特定の値をとります．このことは，最大または最小の垂直応力をとる面とせん断応力ゼロの面は，同じθの値（θ面）で満たされることを意味し，また，$\tan 2\theta$の性質からこれらの特別のθ面は90度ごとに繰り返されることになります．この2つの条件を同時に満たすθ面は，**主応力面**（principal stress plane）と定義され，その面上では垂直応力は最大値か，または，最小値をとり，せん断応力はゼロとなります．最大値の垂直応力は**最大主応力**（major principal stress）σ_1と呼ばれ，最小値のそれは，**最小主応力**（minor principal stress）σ_3と呼ばれます．ここに**$\sigma_3 \leqq \sigma_1$と定義**されます．図10.3に見られるように，それらの主応力は，それぞれ，**最大主応力面**（major principal stress plane）と**最小主応力面**（minor principal stress plane）に作用し，それらの面はお互いに90°で交差します．

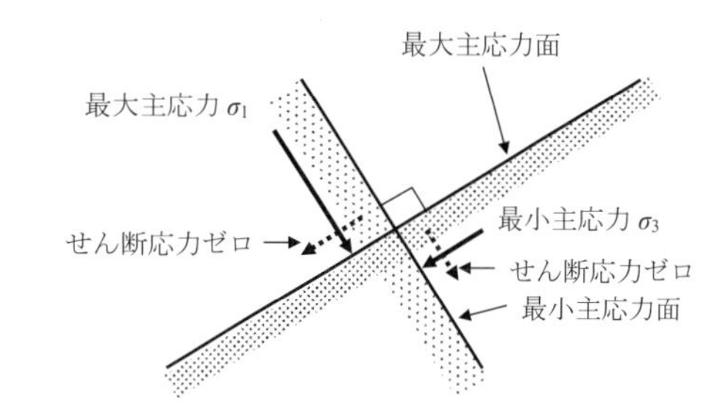

図10.3 最大主応力と最小主応力とそれらの作用する面

式（10.5）を式（10.3）と式（10.4）に代入して，式（10.6）と式（10.7）が得られます．

$$\sigma_\theta=\frac{\sigma_x+\sigma_y}{2}\pm\sqrt{\left(\frac{\sigma_x-\sigma_y}{2}\right)^2+\tau_{xy}{}^2} \qquad (10.6)$$

$$\tau_\theta=0 \qquad (10.7)$$

式（10.6）で，大きい方のσ_θ値がσ_1で，小さい方がσ_3です．したがって，最大主応力と最小主応力は，それぞれ，次式で得られます．

$$\sigma_1=\frac{\sigma_x+\sigma_y}{2}+\sqrt{\left(\frac{\sigma_x-\sigma_y}{2}\right)^2+\tau_{xy}{}^2} \qquad (10.8)$$

$$\sigma_3=\frac{\sigma_x+\sigma_y}{2}-\sqrt{\left(\frac{\sigma_x-\sigma_y}{2}\right)^2+\tau_{xy}{}^2} \qquad (10.9)$$

図10.2で，もし，y面が最大主応力面と一致するとき，x面は最小主応力面となり，$\sigma_y=\sigma_1$で$\sigma_x=\sigma_3$，そして，$\tau_{xy}=\tau_{yx}=0$が成立します．それらを式（10.3）と式（10.4）に代入すれば，次式が得られます．

$$\sigma_\theta=\frac{\sigma_1+\sigma_3}{2}+\frac{\sigma_1-\sigma_3}{2}\cos 2\theta \qquad (10.10)$$

$$\tau_\theta=\frac{\sigma_1-\sigma_3}{2}\sin 2\theta \qquad (10.11)$$

例題 10.1

図 10.4 に示されるように要素の境界での応力 σ_x, τ_{xy} が x 面に，σ_y, τ_{yx} が y 面に加えられています．計算式を用いて，y 面（水平面）から 20 度時計回りの面上での σ_θ と τ_θ の値を求めてください．

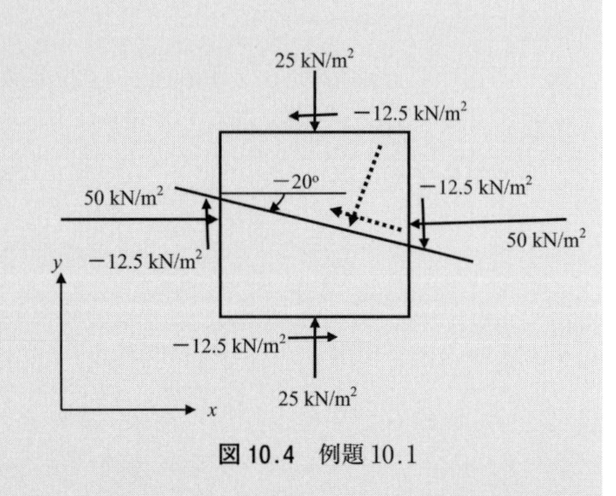

図 10.4 例題 10.1

解：

図 10.2 と図 10.4 の応力の作用方向を比較して，$\sigma_x = 50\,\mathrm{kN/m^2}$，$\sigma_y = 25\,\mathrm{kN/m^2}$，$\tau_{xy} = -12.5\,\mathrm{kN/m^2}$，$\theta = -20°$ が決められます．2つの図でその τ_{xy} の方向と θ の回転方向がそれぞれお互いに反対であることに注意してください．そして，それらには負の値が与えられました．上値を式（10.3）と式（10.4）に代入して

$$\sigma_\theta = \frac{25+50}{2} + \frac{25-50}{2}\cos 2(-20°) + (-12.5)\sin 2(-20°) = 35.95\,\mathrm{kN/m^2}$$

$$\tau_\theta = \frac{25-50}{2}\sin 2(-20°) - (-12.5)\cos 2(-20°) = 17.60\,\mathrm{kN/m^2}$$

これらの解の応力の方向が図 10.4 に点線で描かれています．両方とも正値が得られ，それらの方向は図 10.2 のそれと同じになります．

例題 10.1 でみられたように**数式（式（10.3）と式（10.4））による解法では，応力の方向と面の回転方向が図 10.2 のそれらと一致するとき，正の値を与え，その反対では負の値を与えることが約束となります．**特にせん断応力と応力面 θ の回転方向には特別の注意が必要です．

10.4 モール円の構築

10.4.1 モール円の構築法 1（2 面上での応力が既知のとき）

図 10.5 に描かれたモール円は，式（10.8）と式（10.9）の表現を図に表したものです．モールの円では，垂直応力は横軸に，せん断応力は縦軸にプロットされます．したがって，任意の面での σ と τ の応力の組み合わせは図上の一点として表示されます．円は一要素の任意の面上でのこれらの応力の組み合わせの点の軌跡となります．図 10.5 で，円上の X 点と Y 点は，それぞれ，x 面と y 面の応力点を示します．$|\tau_{xy}| = |\tau_{yx}|$ の関係より，X 点と Y 点を結ぶ線は円の中心点を通過することがわかります．また，σ 軸上での円の接点は σ_1 と σ_3 を与えます．幾何学（geometry）より，式（10.8）と式（10.9）の各項は図上に容易に識別することができます．

10.4.2 モール円の構築法 2（主応力値 σ_1 と σ_3 が既知のとき）

もし，σ_1 と σ_3 が既知の値であるとき，図 10.6 に見られるようにモール円の構築は図 10.5 での方

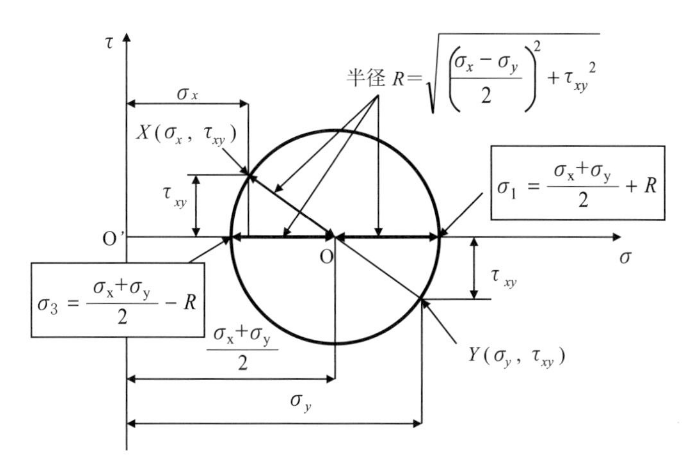

図 10.5　モール円の構築法（1）

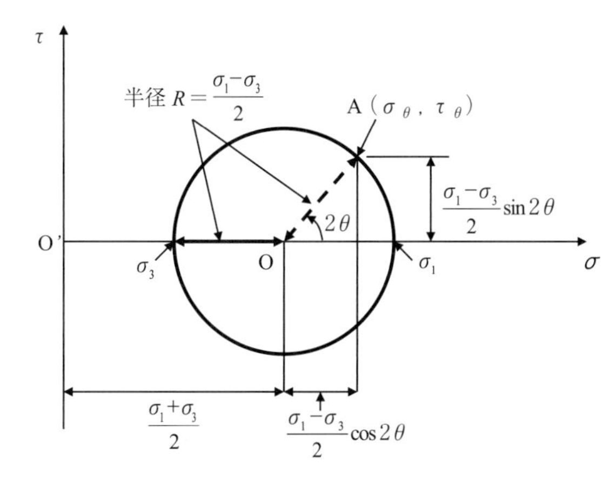

図 10.6　モール円の構築法（2）

法より，はるかに簡単になります．式（10.10）と式（10.11）を参照して，まず，σ_1 値と σ_3 値が σ 軸上にプロットされ，その軸上に中心を持ち，これらの 2 点を通過するモール円が描かれます．円の中心より，σ 軸より測って反時計回りに角度 2θ の半径線を引き，そのモール円との交点を A 点とします．A 点での σ_θ と τ_θ が実要素の A 面（最大主応力面より反時計回りの角度 θ の面上）での応力となります．この図のモール円の各要素と式（10.10）と式（10.11）の各項を対比すれば，このモールの円の構築法は容易に理解することができます．

これらの方法によって，任意の θ 面上の応力の組み合わせをモール円上で容易に読み取ることができます．実際の要素での角度 θ は，同じ方向（反時計回り，または，時計回りに）で，モール円上では 2 倍の角度 2θ として登場することに注意してください．また，角度 θ は図 10.6 に見られたような最大主応力面からの回転角と限定されることなく，一般に，実要素での任意の 2 つの面の間の角度 θ と，その 2 つの面のモール円での応力点の間の角度 2θ に対応するものです．

例題 10.2

図 10.7（a）に示されるように最大主応力と最小主応力がそれぞれ，$\sigma_1 = 120\,\mathrm{kN/m^2}$，$\sigma_3 = 50\,\mathrm{kN/m^2}$ と与えられました．モール円を用いて，水平面から 45° 反時計回りに傾斜した面上での垂直応力とせん断応力を求めてください．

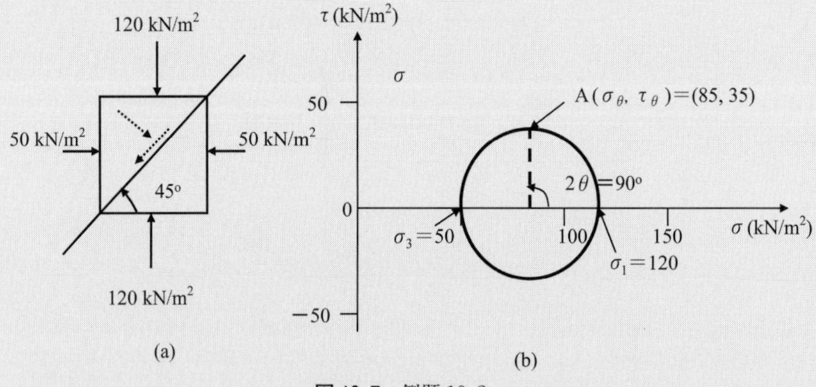

図 10.7 例題 10.2

解：

図 10.7（b）にみられるように，$\sigma_1 = 120\,\mathrm{kN/m^2}$ と $\sigma_3 = 50\,\mathrm{kN/m^2}$ が σ 軸上にとられ，これらの点を通るモール円が描かれました．問題では σ_1 面は水平線であるために $2\theta = 90°$ の半径線が σ 軸の σ_1 点より半時計回りに引かれます．その円との交点の応力は，図より $\sigma_{45} = 85\,\mathrm{kN/m^2}$，$\tau_{45} = 35\,\mathrm{kN/m^2}$ と読み取られました．両値とも正値でその方向が図 10.7（a）に点線で描かれています．

例題 10.2 でなされたように，**モールの円はその横軸（σ）と縦軸（τ）は同じスケールで描かれなくてはならない**ことに注意してください．もし，そうでなければ，モール円はもはや円とはならないからです．図を大きく，鮮明に描くことで，より正確な解を得ることができます．そうすれば 3 桁程度の精度で解が得られることは困難ではありません．

10.5 せん断応力の正負の約束

これまでの議論で，その応力や回転方向の正負に関しては，次の点が明らかにされました．(1) **圧縮垂直応力は正とする**．(2) **面から面の角度 θ は反時計回りを正とする**．しかし，せん断応力の方向はその正負は明確に定義されませんでした．たとえば，図 10.4 で，要素の下面のせん断応力は $-12.5\,\mathrm{kN/m^2}$ とされました．それは図 10.2 との適合性のためでした．それでは，同じ要素の上面のせん断応力 $12.5\,\mathrm{kN/m^2}$ は，下面のそれとは方向がまったく反対ですが，それは正ですか，負ですか．正解は下面のそれと同じく負です．どうして，そうなのでしょうか．モール円の図解法の利用にはせん断応力の正負の明確な定義はなくてはならないものです．**せん断応力の正負は約束事です，しかし，それがいったんなされるとその正負の定義に厳密に従うことが要求されます．**

ここで著者らは次の定義を勧めます．図 10.8（a）に示すように，実際のせん断応力（実線の矢印）が要素体の表面に作用しています．図に同じ大きさで反対方向の架空のせん断応力（点線の矢

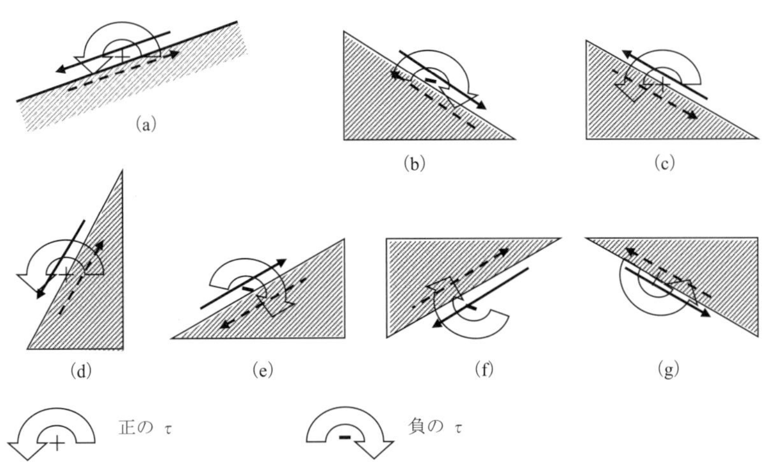

図 10.8　せん断応力の正負の定義

印）を要素体の内側に描きます．この 2 つのせん断応力は回転する**偶力**（couple）を作りその回転方向は図に白抜きの矢印で示されています．この偶力の回転方向で，せん断応力の正負を定義することにします．**偶力が反時計回りのとき，正のせん断応力と定義し，それが時計回りでは，負のせん断応力と定義します．**図 10.8（b）から（g）にいくつかの例が示されています．上記の定義に従えば（a），（c），（d），（g）が正のせん断応力で，（b），（e），（f）が負となります．間違う余地のない明確な定義です．

したがって，図 10.4 で，要素の上下の表面での 12.5 kN/m^2 のせん断応力は両方ともその偶力は反時計回りの回転を行うために，図解法では，正のせん断応力とされます．同じ図で要素の左右のせん断応力の偶力は時計回りの方向にあり，それらは負の値となります．**モール円の作図で σ 軸より上部（$\tau>0$）は正のせん断応力の領域で，下部（$\tau<0$）は負のせん断応力の領域であることを確認してください．**モール円を正しく利用のためにはこれらの規約は厳密に守らなければなりません．

10.6　モール円の極（pole）

この節で紹介されるモール円の**極**（pole），または，**面の起点**（origin of planes）は土質力学の諸問題をモール円を用いて解くうえで，非常に強力な道具となります．特に，それはせん断破壊面の方向の決定（第 11 章）と側方土圧の理論（第 12 章）の展開に有効に用いられます．

図 10.9（a）は，既知の A-A 面上に既知の σ_A と τ_A が作用する様子を示し，この要素のモール円も判明していると仮定します．図 10.9（b）のモール円上に σ_A と τ_A の値が A 点としてプロットされています．図で A 点から出発して，図 10.9（a）の A-A 面と平行な直線を引き，そのモール円との交点を見つけ，それがモール円の“**極**”として決定されます．

極はモール円上のユニークな点で，それを求めるのにモール円上のどの応力点からでも線を引くことができます．図 10.9 で，もし，B 点の（σ_B，τ_B）値とその面の方向が既知ならば，B 点から始まり，B-B 面と平行な線を描けば，それもまた，極を通ることになります．いったん，極が決定されると今度は逆に，極から任意の面（図 10.9 で C-C 面）の方向と平行線を引き，そのモール円での交

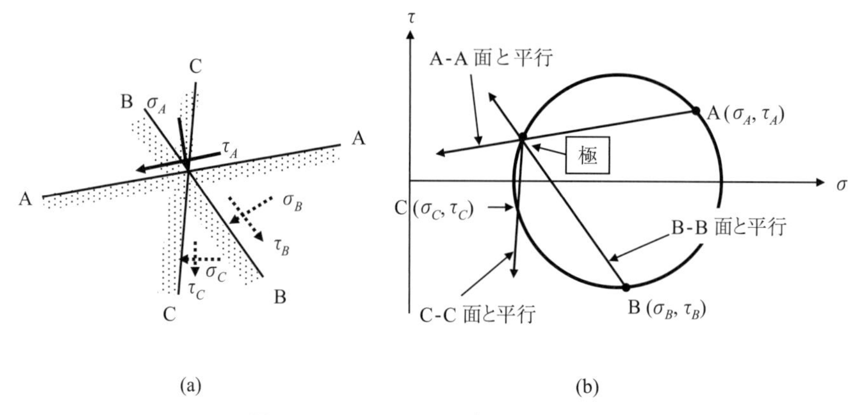

図 10.9　モール円の極（pole）の決定法

点（応力点 C）はその面上での応力点となり，C-C 面上の垂直応力とせん断応力値（σ_C，τ_C）を読み取ることができます．

上記のモール円の極の理論的な正当性は次の例題 10.3 で証明されます．

例題 10.3

図 10.10（a）はある微小の要素での最大と最小主応力面と任意の面 A-A の方向を示しています．図 10.10（b）はそれに対応するモール円を示しています．極の決定手順に基づいて，まず，円の σ_1 点より σ_1 面と平行な線が引かれ，円との交点が極として決定されました．次に，極より A-A 面と平行線が引かれ A 点が求められました．モール円の理論では，σ_1 面と A-A 面の間の角は θ であるために，図 10.10（c）の角度 A$\text{O}\sigma_1$ は 2θ となるはずです．それを証明してください．

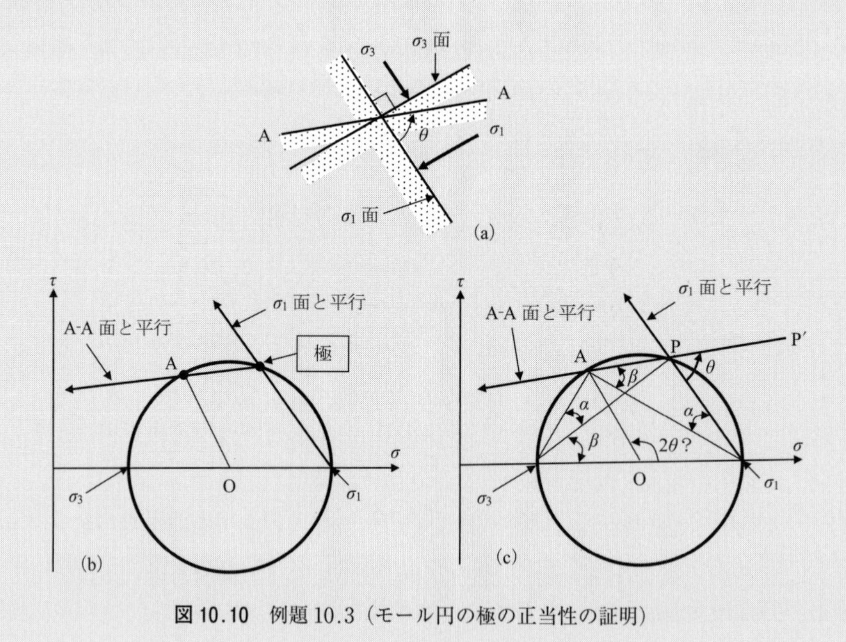

図 10.10　例題 10.3（モール円の極の正当性の証明）

解：

図 10.10（c）で，A-σ_3，A-σ_1，P-σ_3 線を引く．

極の作図より $\angle P'P\sigma_1 = \theta$ が得られ，

幾何学より，$\angle A\sigma_1 P = \angle A\sigma_3 P = \alpha$ と $\angle P\sigma_3\sigma_1 = \angle PA\sigma_1 = \beta$ が得られる．

三角形 $A\sigma_1 P$ で，$(\angle PA\sigma_1)+(\angle A\sigma_1 P)=\beta+\alpha=\angle P'P\sigma_1=\theta$ となり，

$\theta=\beta+\alpha=\angle A\sigma_3\sigma_1$

円上の弦 A-σ_1 に対して，$\angle AO\sigma_1 = 2\times(\angle A\sigma_3\sigma_1) = 2(\beta+\alpha) = 2\theta$ が成立し，

$\angle AO\sigma_1 = 2\theta$ であることが証明されました．

例題 10.3 は極から A-A 面に引いた平行線より求めた A 点が，モール円の理論である実面間の角 θ とモール円での角 2θ との関係を満たし，モール円の極の理論的な正当性が証明されました．

したがって，一度モール円上に極が見つかれば，いかなる面上の応力の組み合わせ（σ，τ）をも見つけることができます．それは，ただ単に極からその求める面と平行線を引き，その線のモール円との交点の応力値を読み取ればよいのです．

例題 10.4

図 10.11（a）は，例題 10.2 と同じ応力状態を示していますが，その全体像は 30 度反時計回りに回転されています．モール円の極を用いて，最大主応力面より反時計回りに 45° 傾いた面上の応力を決定してください．

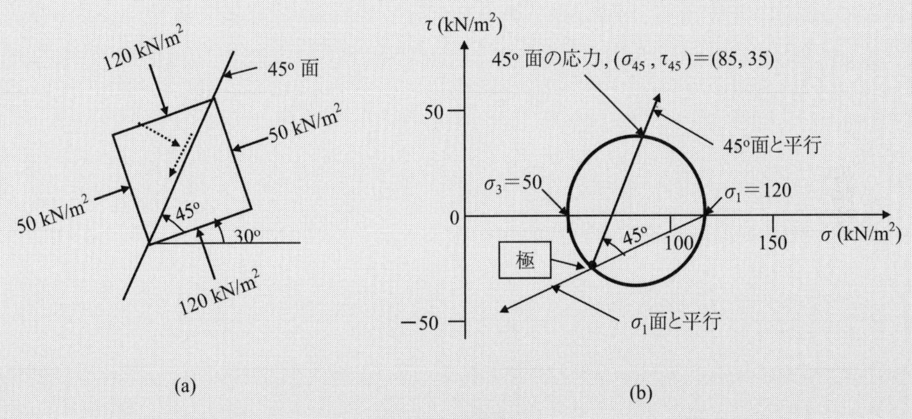

図 10.11　例題 10.4

解：

まず，図 10.11（b）に $\sigma_1 = 120$ kN/m^2 で $\sigma_3 = 50$ kN/m^2 のモール円が描かれました．σ_1 応力点から，σ_1 面と平行線を引き，そのモール円上での交点を極として見つけました．次に，極から，45° 面（この場合水平線より 75° 傾斜）と平行線を引き，その円での交点が求める面での応力となります．図より $\sigma_{45} =$ 85 kN/m^2 と $\tau_{45} = 35$ kN/m^2 が読み取られます．

例題 10.4 の解は例題 10.2 の解と同じです．2 つの例題より，全体像を回転しても，その応力の相

対的な値と方向が一定に保たれれば，結果は同じであることがわかります．

例題 10.5

2つの直交する面上での応力は図10.12に与えられています．これは例題10.1と同じものです．極を使って，−20° 面で作用する応力を求め，次に最大と最小主応力面の方向を求めてください．

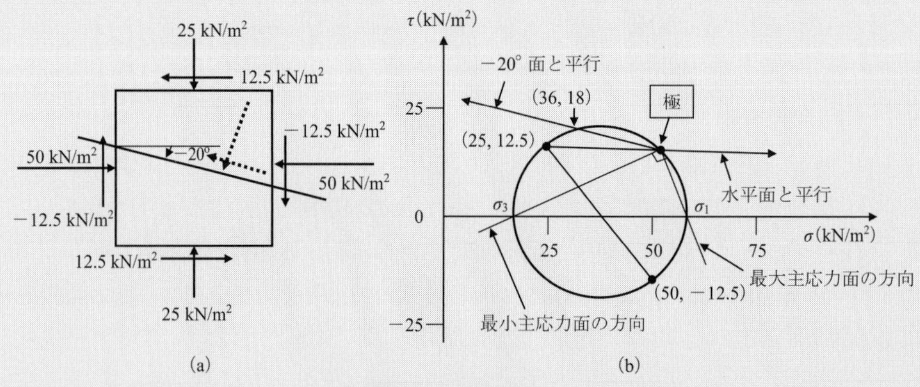

図 10.12 例題 10.5

解：

まず図10.12（b）にモール円が描かれました．鉛直面上のせん断応力はその偶力の回転方向は時計回りのため負の値です．応力（25,12.5）は水平面に働くため，その応力点から，水平線が引かれ，そのモール円での交点が極です．極より，−20° 線を引いて，円との交点（36,18）がその面上の応力として求められました．これは例題10.1の計算法での解とほぼ同じです．次に極と σ 軸上の σ_1 点と σ_3 点をそれぞれに結び，最大主応力面と最小主応力面の方向が決まり図に見られます．これら2つの主応力面は互いに90° で交わることが図よりわかります．

これまでの議論ではモール円は微小の立方体要素に適用されてきましたが，それはまた，次の例題で見られるよう三角形要素にも適用することができます．

例題 10.6

図10.13（a）に，A面とB面に働く応力が示されています．極を使ってC面上に働く応力を求めてください．

解：

図10.13（a）にはせん断応力の正負が，すでに10.5節の約束規定により決められています．図10.13（b）に，A面とB面に作用する応力が，それぞれ，A点とB点として，プロットされました．ここで，A点とB点を通り，なお，中心が σ 軸上に持つモール円を探します．そのためにA点とB点を結び，その中点をDとし，D点よりAB線に垂直線を立て，その線が，σ 軸と交わる点がモール円の中心点Oとなりモール円が求まります．ここで，A点，または，B点より，それぞれの面と平行な線を引き，その線の円との交点で極が決まります．極から，C面と平行線を引いて，円での交点Cの応力を読めば（4,

−3）の応力が得られ，それらの方向は 10.13（a）の C 面上に破線で示されています．

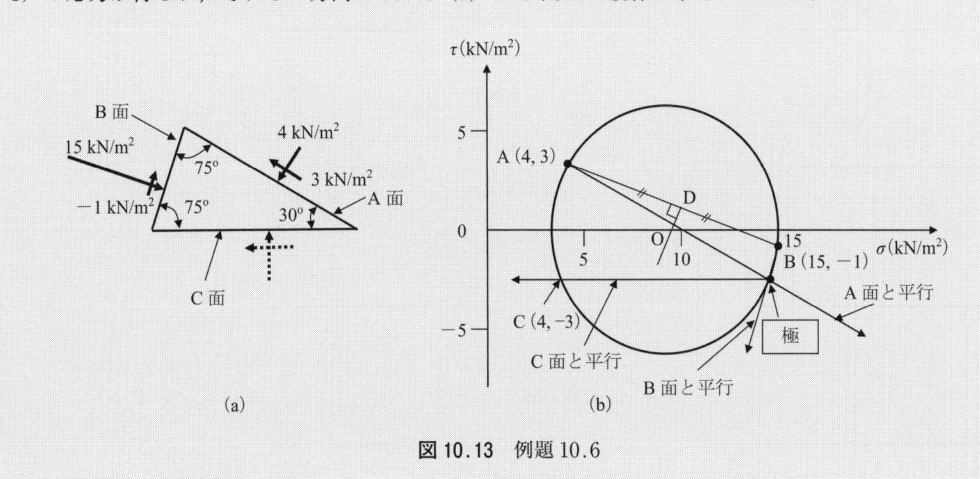

図 10.13　例題 10.6

10.7　モール円とその極の使用についてのまとめ

モール円の極を使った図解法の手順は以下に要約されます．

(1) 10.5 節の規約により，すべての垂直応力とせん断応力の正負を正しく設定する．

(2) 例題 10.2 や例題 10.4 に示されたように σ_1 と σ_3 を使って，あるいは，例題 10.5 や例題 10.6 のように，2 つの既知の面での応力を使って，モール円を描く．

(3) モール円の既知の応力点から，その応力の作用する面との平行線を引き，その線のモール円での交点を極として得る．

(4) 他の面上の応力（σ, τ）を求めるには，極を始点として，求める面の方向に平行線を引き，モール円との交点を求め，その交点での応力（σ, τ）を，その面上の応力として読み取る．

(5) モール円上の特定の応力点の作用する面の方向を求めるには，極とその応力点を結べば，その面の方向となる．

10.8　土質力学でのモール円とその極の応用例

これらは再び第 11 章と第 12 章で詳しく提示されますが，ここでモールの円の極の有効な土質力学での使用例を示します．

10.8.1　土試料のせん断破壊面の方向

図 10.14（a）に見られるように，円筒状の試料が軸応力（axial stress）σ_1 と横応力（lateral stress）σ_3 の状態にあります．通常のせん断試験では，σ_3 は一定に保たれて，σ_1 は試料が破壊するまで増加させます．その過程で，そのモール円の直径は増加し，図 10.14（b）に見られるように，モール円が土の**破壊包絡線**（failure envelopes）に触れるとき，試料は壊れます．破壊包絡線につい

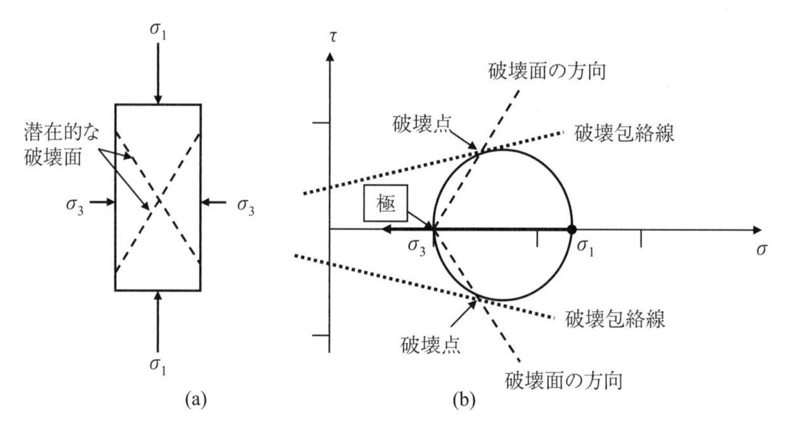

図 10.14 モール円と極による土のせん断破壊面の方向の決定

ては第11章を参照してください．図10.14（b）で，モールの円が破壊包絡線と接触する点として，破壊点が得られます．

破壊時のモール円で，σ_1 からその応力面（水平面）と平行に線が引かれ，その円との交点が極として得られます．この場合は，極と σ_3 点は同じ点となります．次に極と破壊点を結べば，土試料内での破壊面の方向が求められます．この場合破壊点は2点存在し，図10.14（a）に見られるように2つの破壊面が得られます．

10.8.2 ランキン（Rankine）の側方土圧理論での破壊面の方向

図10.15（a）では，擁壁（retaining wall）が図の左方向に移動するとき（**主働土圧**（active earth pressure）状態），背後の**裏込め**（backfill）内で土の破壊が起こります．図にはまた，裏込め内の一要素に σ_1 と σ_3 の応力が加わる様子が示されています．その要素の破壊時のモール円が図10.15（b）に構築されています．このとき，裏込めの内で常に $\sigma_1 > \sigma_3$ の関係が成り立つので，σ_1 面の方向は水平線方向となります．モール円の σ_1 点から水平線が引かれ，そのモール円での交点 σ_3 点が極となります．極と2つのモール円上の破壊点とそれぞれ結べば，破壊線の方向が得られます．図10.15（a）には，それらの潜在的な破壊線が破線で示されています．裏込めでの実際の破壊面は擁壁の底面より

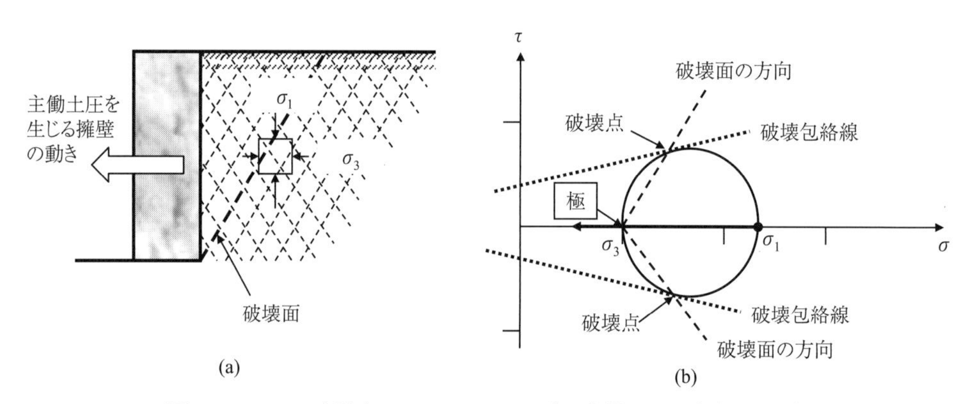

図 10.15 モール円と極によるランキン理論の主働土圧の破壊面の決定

始まる太い破線で見られます．ランキン（Rankine）の土圧理論（第 12 章）ではこの破壊面内の裏込め域を主働土圧破壊域と呼ばれます．

10.9 章の終わりに

モール円とその極は土質力学で非常に便利に用いられます．しかし，その際垂直応力と特にせん断応力の正負が正しく，明確に定義される必要があります．この章では，それらを明確に定義した後，モール円の極の概念が導入されました．モール円と極は土のせん断破壊のその方向を決めるのに，そしてまた，ランキンの側方土圧の理論での破壊面の方向の決定に使われ，そのパワフルな使用例が実証されました．これらの 2 つの議論は，第 11 章と第 12 章で再度詳細になされます．

参考文献

1）Mohr, O.（1887）. "Über die Bestimmung und die graphische Darstellung von Trägheitsmomenten ebener Flächen," *Civilingenieur*, columns 43-68.

問　　題

10.1　土の要素が，図 10.16 に示されるようにその境界に応力を受けています．解析法（図解法ではなく）を用いて，θ 平面上に働く垂直応力 σ_θ とせん断応力 τ_θ を求めてください．図で，せん断応力の値と方向が示されていますが，その正負は図 10.2 との適合性において決定してください．

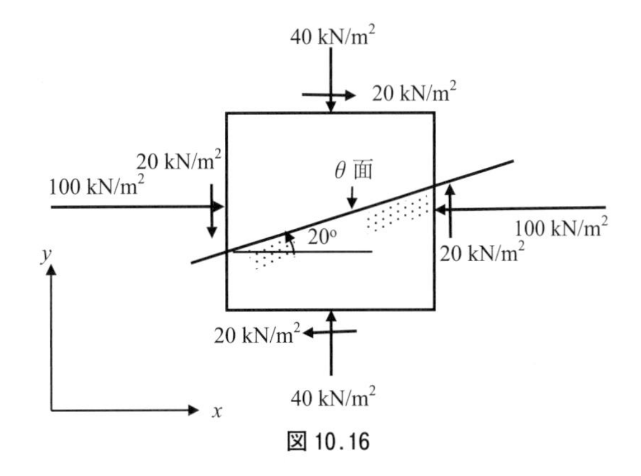

図 10.16

10.2　土の要素が，図 10.17 に示されるようにその境界に応力を受けています．解析法（図解法ではなく）を用いて，θ 平面上に働く垂直応力 σ_θ とせん断応力 τ_θ を求めてください．図で，せん断応力の値と方向が示されていますが，その正負は図 10.2 との適合性において決定してください．

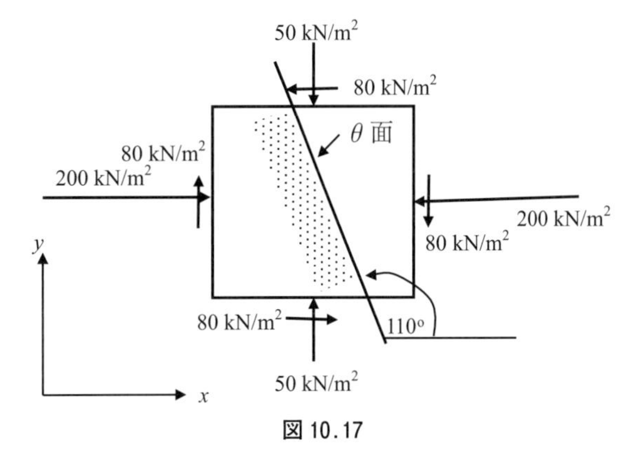

図 10.17

10.3　土の要素が，図 10.18 に示されるようにその境界に応力を受けています．解析法（図解法ではなく）を用いて，θ 平面上に働く垂直応力 σ_θ とせん断応力 τ_θ を求めてください．図で，せん断応力の値と方向が示されていますが，その正負は図 10.2 との適合性において決定してください．

10.4　土の要素が，図 10.19 に示されるようにその境界に応力を受けています．解析法（図

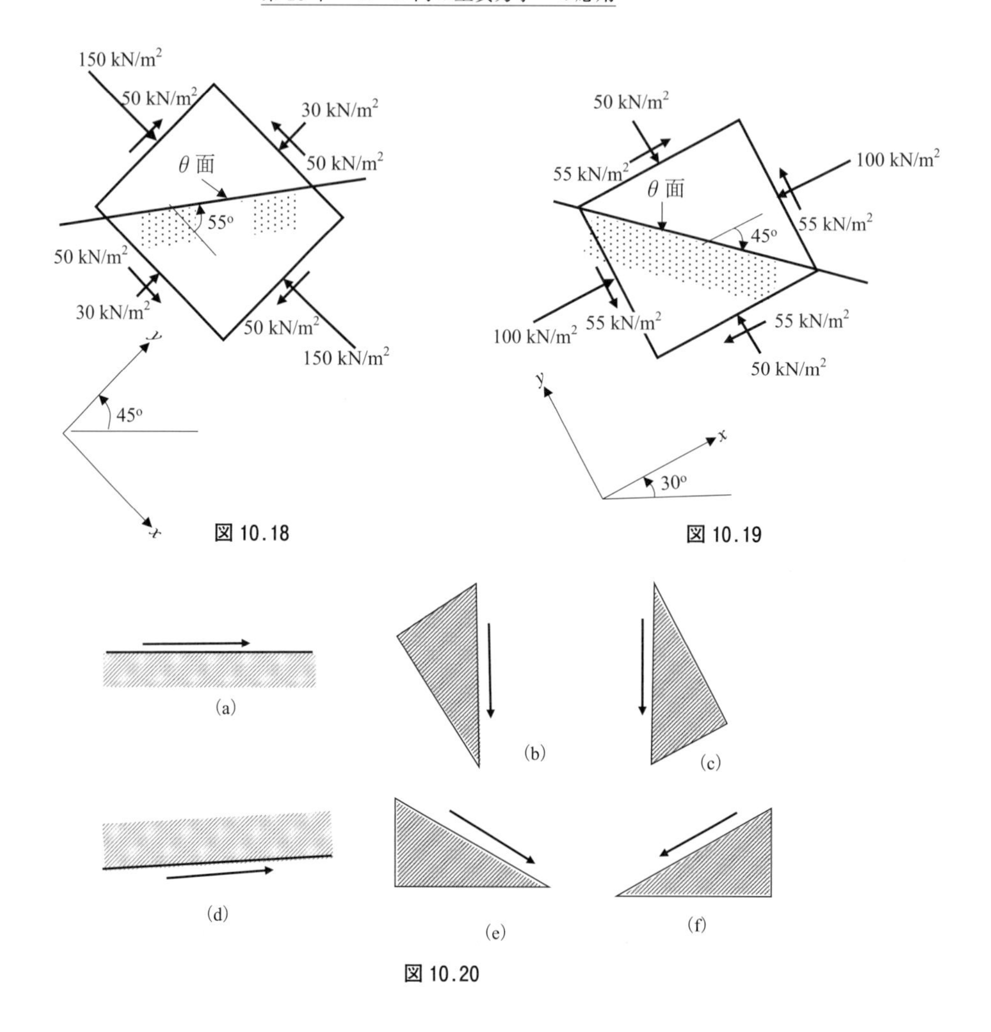

図 10.18

図 10.19

図 10.20

解法ではなく）を用いて，θ 平面上に働く垂直応力 σ_θ とせん断応力 τ_θ を求めてください．図で，せん断応力の値と方向が示されていますが，その正負は図 10.2 との適合性において決定してください．

10.5 モール円の図解法の使用に当たっての本書の定義に基づいて，図 10.20 のそれぞれの場合のせん断応力の正負を決めてください．

10.6 図 10.16 で，次の手順でモール円の図解法による解を求めてください．

(a) モール円を描く．

(b) 極の位置を求める．

(c) モール円上で，問題の θ 面での応力点を求める．

(d) σ_θ と τ_θ の値を読み取る．

(e) 図の θ 面上に（d）の応力が働く方向を示す．

10.7 図 10.17 で，次の手順でモール円の図解法による解を求めてください．

(a) モール円を描く．

(b) 極の位置を求める．

(c) モール円上で，問題の θ 面での応力点を求める．

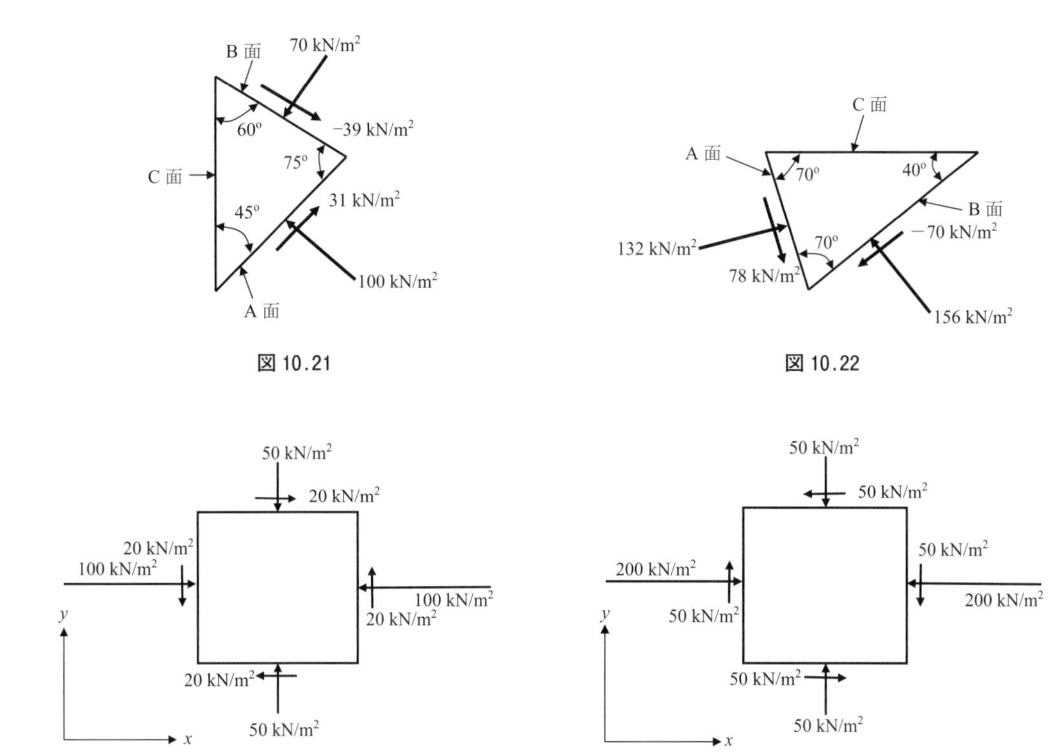

図 10.21　図 10.22

図 10.23　図 10.24

(d)　σ_θ と τ_θ の値を読み取る．

(e)　図の θ 面上に（d）の応力が働く方向を示す．

10.8　図 10.18 で，次の手順でモール円の図解法による解を求めてください．

(a)　モール円を描く．

(b)　極の位置を求める．

(c)　モール円上で，問題の θ 面での応力点を求める．

(d)　σ_θ と τ_θ の値を読み取る．

(e)　図の θ 面上に（d）の応力が働く方向を示す．

10.9　図 10.19 で，次の手順でモール円の図解法による解を求めてください．

(a)　モール円を描く．

(b)　極の位置を求める．

(c)　モール円上で，問題の θ 面での応力点を求める．

(d)　σ_θ と τ_θ の値を読み取る．

(e)　図の θ 面上に（d）の応力が働く方向を示す．

10.10　三角形要素の境界に図 10.21 に示される応力が加えられています．C 面上の垂直応力 σ_c とせん断応力 τ_c を求めてください．

10.11　三角形要素の境界に図 10.22 に示される応力が加えられています．C 面上の垂直応力 σ_c とせん断応力 τ_c を求めてください．

10.12 図10.23の土の要素に対して，以下の問に答えてください．

(a)　最大と最小主応力の値 σ_1 と σ_3 の値を求めてください．

(b)　最大と最小主応力の作用する面の方向をそれぞれに図に示してください．

10.13 図10.24の土の要素に対して，以下の問に答えてください．

(a)　最大（正値）と最小（負値）のせん断応力 $\tau_{\max}$，$\tau_{\min}$ の値を求めてください．

(b)　(a) で得た値の作用する面の方向をそれぞれに図に示してください．

(c)　(b) の2つの面はお互いに何度で交差しますか．

第11章
土の強度

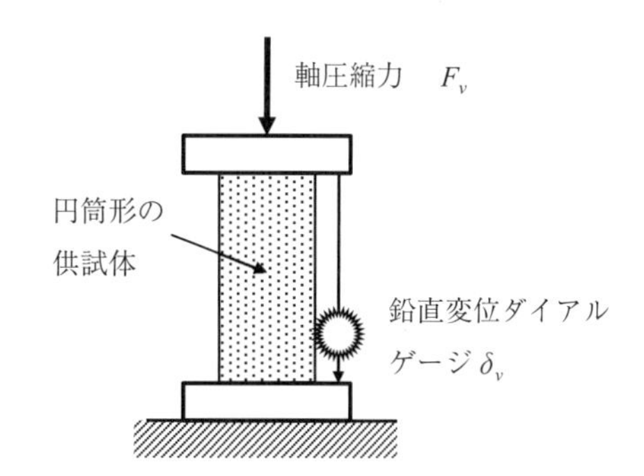

11.1　章の始めに

土の強度は，建物の基礎，堤防，擁壁，そして，その他さまざまな土構造物の設計になくてはならない重要なパラメータです．浅い基礎の設計に必要な**支持力**（bearing capacity）（第14章）そして，**深い基礎**（deep foundation）の設計（第15章）は土の強度のパラメータに基づいて決められます．擁壁の設計に必要な極限の破壊状態（主働，または受働）での**側方土圧**（lateral earth pressure）（第12章）は，せん断強度をパラメータとします．**斜面の安定**（slope stability）（第16章）の解析では，その潜在的なすべり面に沿って作用する抵抗力として，土の強度が必要です．この章では，まず土の強度が定義され，実験によるせん断強度パラメータの決定法が述べられます．そして，これらのパラメータの適切な解釈と現場への応用について，詳しく検証されます．

11.2　破壊基準

土の強さは，2つの異なるメカニズムに起因します．それらは，その破壊面での**摩擦抵抗**（frictional resistance）とせん断面上の**粘着抵抗**（cohesive resistance）です．図11.1に見られるように，図（a）の土要素のせん断応力による破壊は，図（b）のプレート上のブロックでモデル化されます．

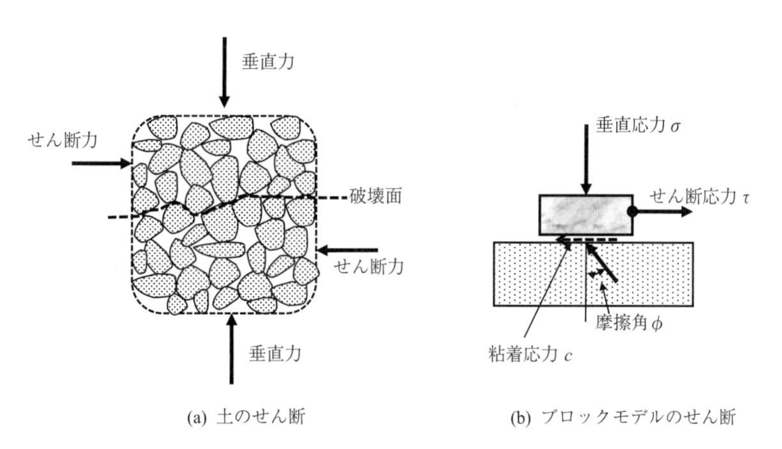

図11.1　土のせん断メカニズム

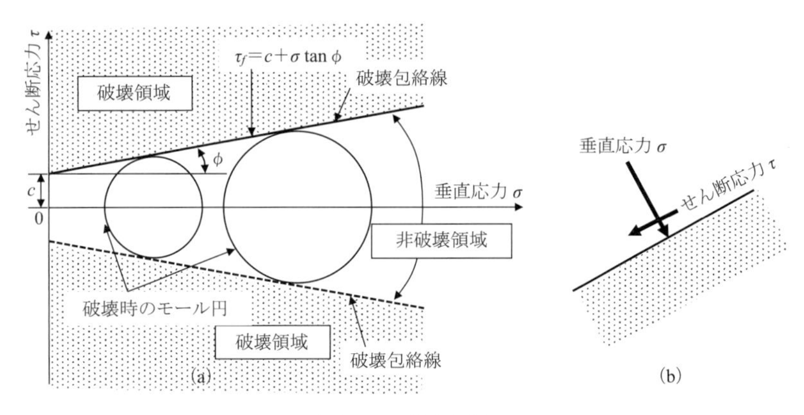

図 11.2　破壊基準

モデルでは，外力のせん断応力 τ がプレートとブロック間に生じる摩擦応力と粘着応力で抵抗されています．摩擦応力 τ_{friction} は，**クーロンの摩擦法則**（Coulomb's friction law）に基づくもので，$\tau_{\mathrm{friction}} = \sigma \tan\phi$ より求められます．ここに σ はブロック斜面に加わる垂直応力で，ϕ は土の**内部摩擦角**（angle of internal friction）と呼ばれ，それは土と土との間のせん断破壊に対する摩擦抵抗角です．そして，粒状体（砂，礫）のせん断強度は主にこの抵抗によるものです．粘着応力は，モデルではブロック間に粘着力の強いグリース（heavy grease）を塗ったときの抵抗のようなもので，垂直応力 σ の値に関係なく一定の値をとります．土のせん断では，それは，第3章で学んだように，微粒子間に作用する電気的干渉力によるもので，**粘着力**（cohesion）c と呼ばれ，粘性土特有のものです．

したがって，土の破壊時の全せん断応力 τ_f は次式で表されます．

$$\tau_f = c + \sigma \tan\phi \tag{11.1}$$

式（11.1）で σ と τ は線形（linear）関係を示し．それは図 11.2（a）に直線としてプロットされています．式（11.1）で示された直線は**破壊包絡線**（failure envelope）と呼ばれます．もし，ある要素の任意の面に作用する σ と τ の応力の組み合わせ（図 11.2（b））がその破壊包絡線の下側にあればその土は破壊しません．一方，もしその応力の組み合わせが，破壊包絡線の上側にくれば，土は破壊状態にあり，実際には応力の組み合わせは，破壊包絡線を超えることができません．したがって，破壊包絡線は，要素の任意の面上の応力の組み合わせが存在できる上限を定義します．図 11.2（a）には破壊包絡線と接点を持つ2つのモール円が描かれています．これらは破壊時のモール円で，その接点の応力点に対応する面での σ と τ の応力の組み合わせが土の破壊を決める応力ということになります．モール円も破壊包絡線を超えることはできません．図 11.2 で，負のせん断応力の領域にもミラーイメージ（mirror image）の破壊包絡線（破線）が存在することに注意してください．クーロンの**摩擦法則**（frictional law）への貢献と，モールの破壊時のユニークな組み合わせ応力（σ, τ）のために，式（11.1）は，**モール・クーロンの破壊基準**（Mohr-Coulomb failure criteria）と呼ばれます．

図 11.2 はまた，土の破壊にとって垂直応力より，せん断応力の重要性を示唆しています．例とし

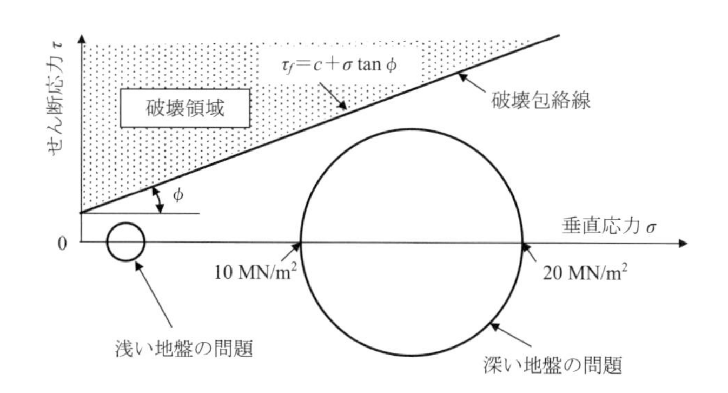

図 11.3 地中深部の土要素での高い垂直応力問題

て，アメリカで核廃棄物（nuclear waste）の永久貯蔵に地中 1000 m 以下の深さにある岩塩鉱山（salt mine）跡の地中空間が使われています．そこでは，その土要素に加わる垂直応力は $\sigma_v = \gamma_{soil} \times$（深さ z）で求められます．ここで，$\gamma_{soil} = 20$ kN/m^3，$z = 1000$ m として，$\sigma_v \approx 20.0 \times 1000 = 20{,}000$ kN/m^2 が得られます．この深部にある土の要素はいかにして，このような高い垂直応力に耐えることができるのでしょうか．その要素では水平方向応力（側方土圧）σ_h は，鉛直応力 σ_v の約半分ぐらいです．この土圧の議論は第 12 章の静止土圧の節を参照してください．

この場合，$\sigma_1 = \sigma_v = 20{,}000$ kN/m^2 で $\sigma_3 = \sigma_h \approx 10{,}000$ kN/m^2 のモール円が図 11.3 に描かれています．円は大きな σ の値を持つにもかかわらず，それは破壊包絡線には達していません．したがって，この要素はどの方向の面でも破壊することはありません．この例のように，垂直応力の増加は破壊に関してはそれほど，重要なファクターではありません．しかしながら，せん断応力 τ を縦軸方向に増加させれば，その垂直応力の大きさにかかわらず，たちまちにして，破壊包絡線に接することになります．これが，土の強度がしばしば**せん断強度**（shear strength）と呼ばれる所以です．

テルツァーギ（Terzaghi 1925）はモール・クーロン式に彼の**有効応力**（effective stress）の概念（第 7 章）を組み入れ，次式を得ました．

$$\tau_f = c' + \sigma' \tan\phi' = c' + (\sigma - u)\tan\phi' \tag{11.2}$$

ここで強度パラメータ c'，ϕ' は有効垂直応力 $\sigma'(=\sigma - u)$ による解析で得られたものです．彼の概念では，土の強さは，全応力ではなくて，有効応力（土の骨格に作用する応力）によって決まるとします．これは，この章の後半で詳細に検討されるように，正しい概念であることが判明します．

強度パラメータ c と ϕ，または，c' と ϕ' を決めるために，多くの種々な室内および現場での試験法があります．次節ではこれらのうち，一般的によく使われるせん断試験方法とその結果の取り扱いについて述べられます．

11.3 一面せん断試験

一面せん断（box shear または通称 direct shear）試験は最も古くから行われ，原理的に最も簡単なせん断試験の1つです．

図11.4に見られるように，それは，上部と下部の2つのせん断箱（shear box）から成り立ち，土の供試体は，その上下一体となったせん断箱内に成形されます．垂直力 F_V，または，垂直応力 σ（F_v/供試体断面積）が鉛直方向に加えられます．地盤工学会基準では試験中，供試体の体積を一定に保ち，粘性土のCU試験（11.5.4項）に対応する結果を求める試験法（JGS 0560）と，試験中，垂直応力 σ を一定に保つ試験法（JGS 0561）の2法がありますが，本書では，通常よく用いられる垂直応力 σ が一定の試験法のみについて記されます．

一般の一面試験機では，上部せん断箱は固定され，下部のせん断箱が基版の上を低摩擦の可動ローラで稼働し，せん断力 T は土が破壊に至るまで加えられます．この試験機では，上下のせん断箱間の狭い隙間で，微小の空間を維持しながら，なおかつ，摩擦を最小にする工夫が必要です．低摩擦のテフロンプッシュボルト（teflon push bolt）が上下の箱の分離に用いられ，滑りやすいプッシュボルト端面と下部せん断箱の表面での摩擦を最小にする方法がよく用いられています．

この試験では，せん断応力 τ（T/供試体断面積）は供試体内の中央の水平面に沿って誘発されます．試験中 σ は一定（JGS 0561）で，τ の変化，鉛直変位 δ_v，そして，水平せん断変位 δ_h が記録されます．試験中，供試体の断面積は一定なので，δ_v の変化は供試体の体積変化 ΔV に直接比例します（$\Delta V = \Delta\delta_v \times$ 供試体断面積）．結果は，図11.5に見られるように，一定の垂直応力 σ のもとで，τ，ΔV，そして間隙比 e と $\Delta\delta_h$ との関係がプロットされます．

図11.5（a）に**ピークせん断強度**（peak shear strength）と**残留せん断強度**（residual shear strength）が定義されています．前者は一般に土のせん断強度（shear strength）τ_f として使用され，密な土では顕著に現れます．緩い土ではピークせん断強度は顕著に現れず，あるせん断変位をもって強度と定義する必要があります．残留せん断強度は大きなせん断変位の後の土の強度で，それは密な土ではピーク強度のひずみを超えてからの強度で，緩い土では強度は徐々にこの値に近づくように変化します．これはピークせん断強度を超えて，さらに大規模な変形が想定される場合の地盤構造の安定性の評価に使用されます．例として，**斜面の安定解析**（slope stability analysis）（第16章）で，す

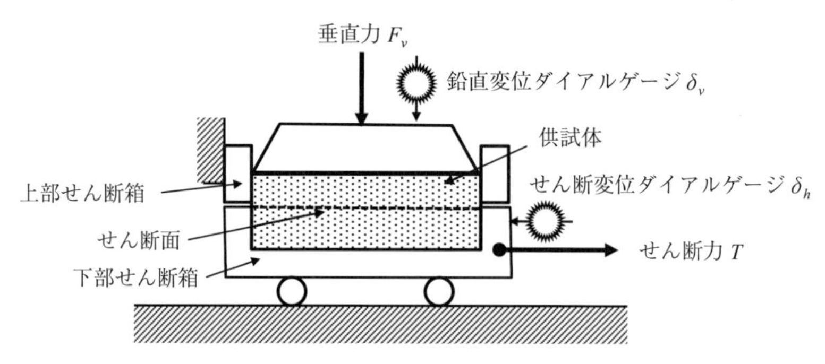

図11.4 一面せん断試験装置

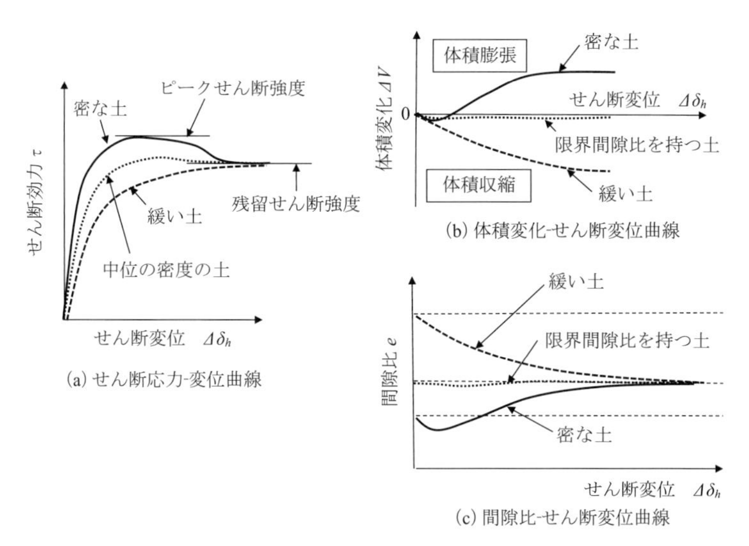

図 11.5　一面せん断試験結果のプロット

べり面（sliding surface）上のすべての点で，同時にピーク強度が発揮されることは少なく，**進行性破壊**（progressive failure）がよく起こります．その場合，すべり面に沿ったある部分では大規模な変形が想定され，ピーク以後の強度が使用されることがあります．

図 11.5（b）と（c）に見られるように，土はせん断中，収縮したり，または，拡張したりします．その体積変化または間隙比 e の形状は主にその土の初期密度によって決まります．図 11.5（a）と（c）で見られるように非常に大きなせん断変位になるとせん断抵抗応力，間隙比がともにそれらの最終値に収斂されてくる様子がわかります．これは，土がせん断されるとき，せん断変位が大きくなるとそのせん断はある面近辺の領域のみに集中してきます．この領域は**せん断帯**（shear zone）と呼ばれ，多くの種類のせん断試験で見られます．せん断変位の増加に伴い，せん断帯では元の粒子骨格構造が徐々に変化し，大変位ではせん断破壊時に最も合った構造にと変化します．そのとき，初期に緩い，中位の，または密な土もすべて同様の定常な粒子骨格構造を持つようになります．これらが図に残留せん断強度と最終の間隙比として表れています．図 11.5（c）には初期の間隙比と最終の間隙比がほとんど変わらない土の曲線（細かい点線）が示されてします．このような供試体は**限界間隙比**（critical void ratio）を持つ土と呼ばれます．

また非常に興味深いことは，密な土で見られるように，土はせん断によって，その体積が増加することがあるという非常にユニークな材料であることです．この体積増加の現象は**ダイレイタンシー**（dilatancy）と呼ばれ，特に，高密度の砂や高い過圧密粘土（heavily overconsolidated clays）で起こります．それは図 11.6 に見られるように，密な粒子がせん断によって相対的な位置を変更するには隣接する粒子を乗り越えなければならないことから起こる現象です．

同様の体積重量を持った供試体に対して，数個の異なった垂直応力 σ のもとで一面せん断試験が行われます．個々の試験でピークせん断強度 τ_f が得られ，σ と τ_f の関係が図 11.7 のようにプロットされます．データを通る直線が描かれ，その直線の傾斜は内部摩擦角 ϕ で，その τ_f 軸上の交点が粘

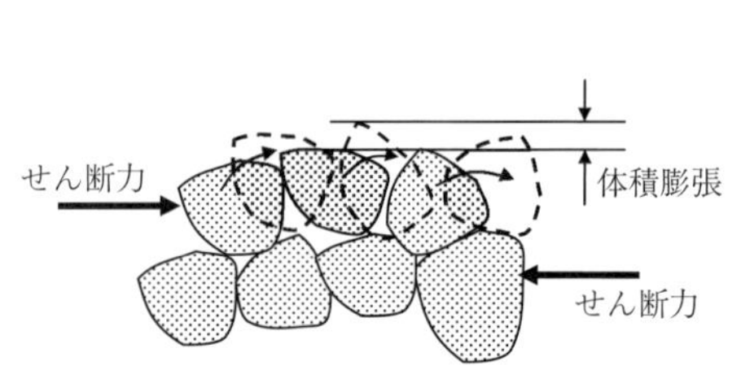

図 11.6 ダイレイタンシーのモデル

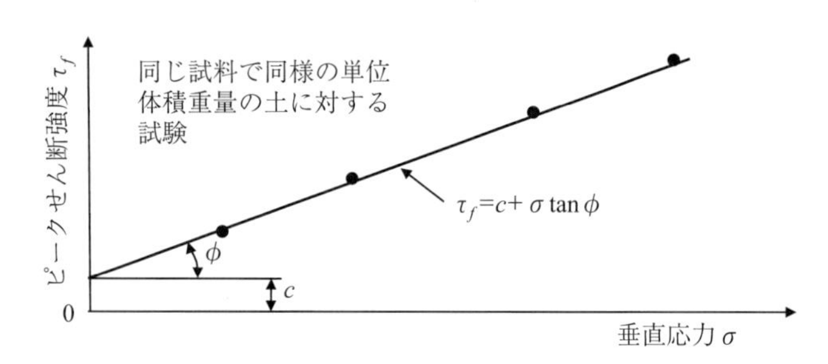

図 11.7 一面せん断試験での ϕ 値と c 値の決定

着力 c として求められます．さまざまな土に対して，またその異なる単位体積重量に対して，それぞれのユニークな ϕ と c の値が土の強度として得られます．

11.4 一軸圧縮試験

この比較的簡単な**一軸圧縮試験**（unconfined compression test）（JIS A 1216）は主に粘性土にのみ用いられます．それは供試体の横方向からの圧力拘束が何もないために，供試体が自立する必要があるためです．図 11.8 に見られるように，供試体は円筒形に成形されそのまま載荷板上に置かれます．

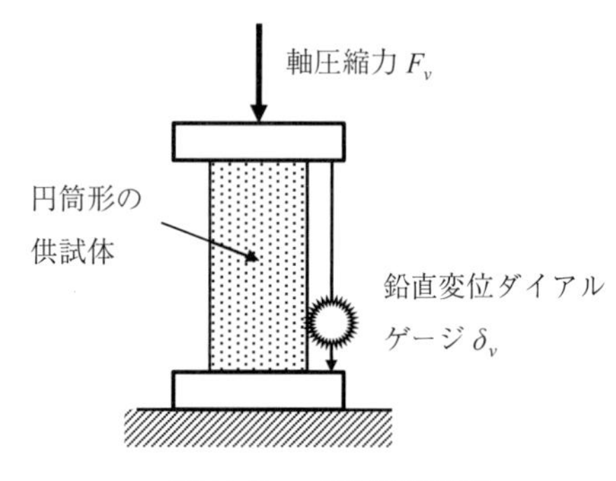

図 11.8 一軸圧縮試験機

せん断中に上下の載荷板近くでは載荷板面での摩擦のために，土粒子の側方への変位はある程度拘束され（**端面拘束**（end restraint）），その周辺では十分なそして自由な土のせん断が起こりません．そのために供試体は十分な高さが必要とされ，供試体の高さと直径の比は，少なくとも 1.8 から 2.5 倍にとらなければなりません．軸圧縮力 F_v は徐々に増加され破壊に至ります．同時に鉛直軸変位 σ_v が記録されます．

通常この試験は毎分 1% の圧縮軸ひずみを生じる割合を標準とし，約 10〜20 分程度の短時間に終了します．間隙水圧は供試体内部で発生しますが，供試体の低い透水性と短い試験時間のために間隙水はほとんど外に排水することはありません．このため，その間，供試体内の含水率はほぼ一定に保たれます．このような試験状態を**非排水せん断試験**（undrained shear test）と呼び，後に詳しく議論されます．

図 11.9 に垂直軸応力 σ_v（$=F_v/$供試体断面積）と軸ひずみ ε_v（$=\Delta\delta_v/$初期供試体高）がプロットされています．図には典型的な 2 つの曲線が見られます．曲線（a）は明確なピーク値を持ち，密な，または，高い過圧密土によく見られます．曲線（b）は明確なピーク値を持たず，緩い，または，乱された土によく見られるものです．後者では，ひずみ量 $\varepsilon_v=10\%$ や 15% のように特定の ε_v で定義された σ_v 値を破壊応力と定義して，土の強度を求めることが必要です．こうして決定された破壊時の σ_v は**一軸圧縮強さ**（unconfined compression strength）q_u と呼ばれます．この実験では，q_u は，破壊時の最大主応力で，最小主応力は水平方向の応力で，それはゼロです．よって，その破壊時のモー

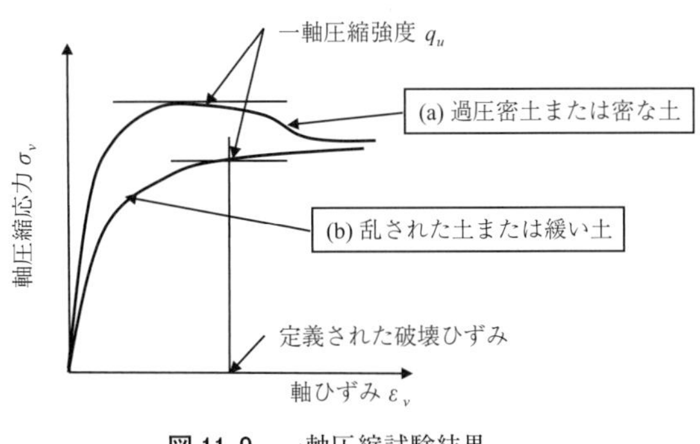

図 11.9　一軸圧縮試験結果

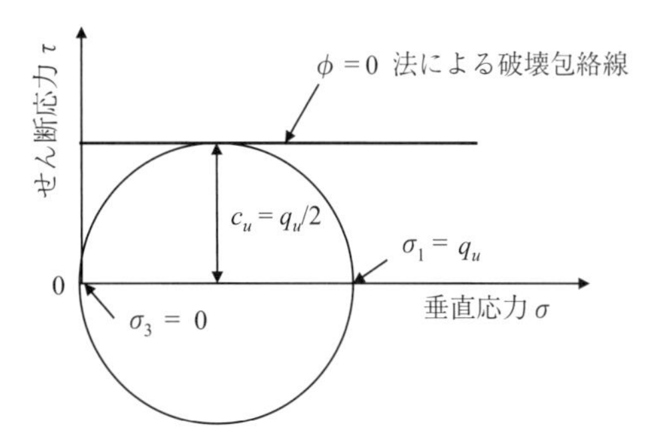

図 11.10　一軸圧縮試験より求める C_u 値

ル円が図 11.10 に描かれています．この図で，破壊包絡線はモール円に接する水平線（ϕ=0）として引かれ，その τ 軸での交点はこの場合の粘着力 C_u で次式より得られます．

$$C_u = q_u/2 \tag{11.3}$$

図 11.10 で，水平の破壊包絡線が引かれました．これは，**ϕ=0 法**（ϕ=0 method）と呼ばれるせん断応力の議論に重要な概念で，後に粘性土の**非圧密非排水せん断試験**（unconsolidated undrained test）の節で詳しく説明されます．

11.5　三軸圧縮試験

11.5.1　三軸圧縮の原理と試験法

三軸圧縮試験（triaxial compression test）は，より一般的な応力状態と排水条件を持ち，土のせん断強度パラメータを決定するために今日最もよく用いられる試験法です．これは原理的には図 11.11 に見られるように，円筒形の供試体（cylindrical specimen）に 3 つの主応力 σ_1，σ_2，σ_3 を独立して加えるものです．しかしながら，図に見られるように**中間主応力**（intermediate principal stress）σ_2 は，供試体の円筒形のために最小主応力 σ_3 に等しいのが一般的です．せん断中，横拘束圧（σ_2 と σ_3）が一定に保たれ，軸応力（σ_1）が供試体が破壊するまで増加されます．この試験では常に σ_2 と σ_3 が等しいために真の意味での三軸試験ではないことに注意してください．

図 11.12 は典型的な三軸圧縮試験装置の概略を示しています．円筒形に成形された供試体は薄いゴム膜（rubber membrane）（0.15-0.3 mm 厚程度）の中に包み込まれて，試験機にセットされ，供試体への横方向拘束圧（σ_3）は薄ゴム膜を介して三軸室圧力により加えられます．

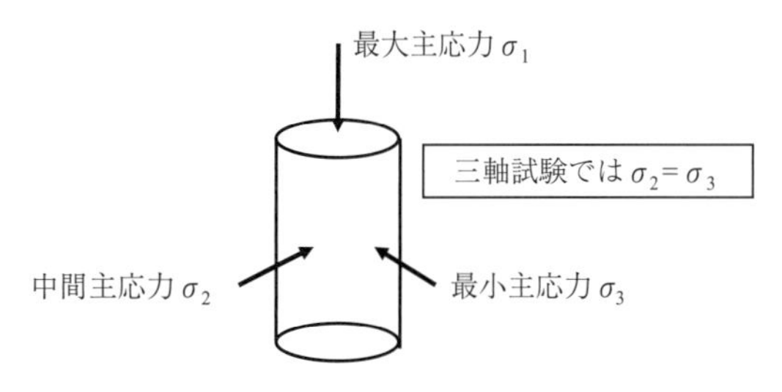

図 11.11　円筒形試料での三軸応力

図 11.13 は三軸試験供試体の上部の切り取られた（sectioned）**自由物体図**（free body diagram）

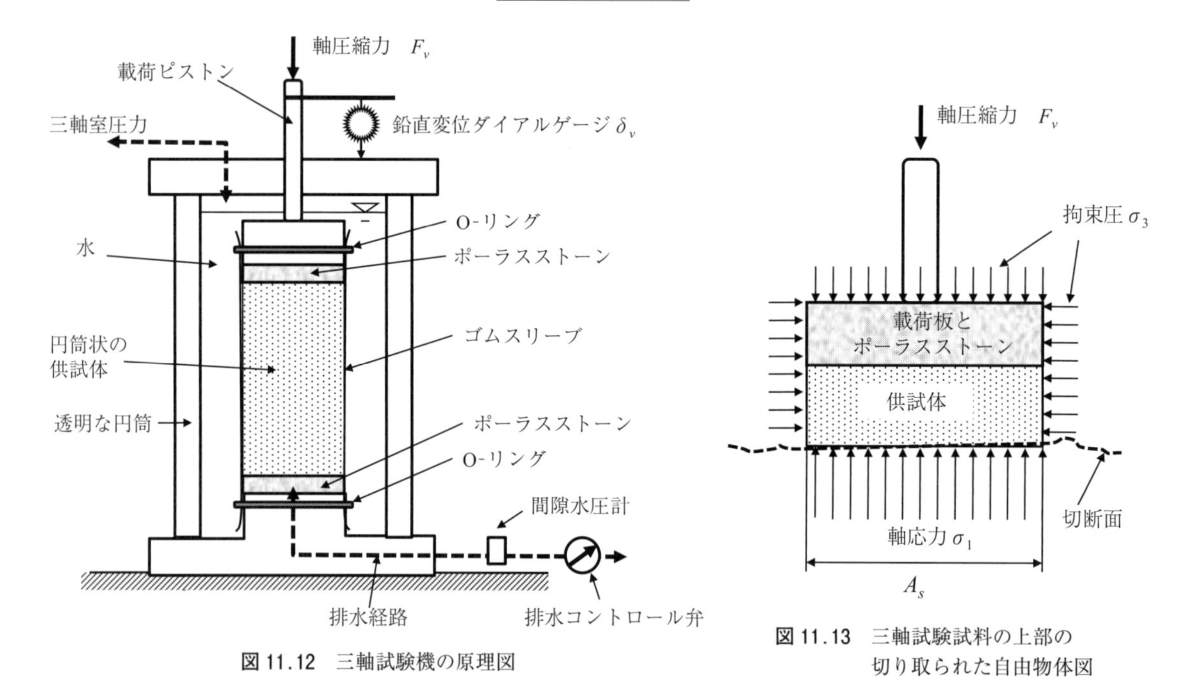

図 11.12 三軸試験機の原理図

図 11.13 三軸試験試料の上部の切り取られた自由物体図

です．図より鉛直方向の力の釣り合い（force equilibrium）が式（11.4）に組み立てられました．式では土の自重，荷重板（loading cap），ピストンの重量は無視されています．

$$F_v+\sigma_3\cdot A_s=\sigma_1\cdot A_s,\quad したがって\quad F_v/A_s=\sigma_1-\sigma_3 \tag{11.4}$$

式（11.4）で．F_V はピストンの上に加わる軸圧縮力で，A_s は供試体の断面積です．$(\sigma_1-\sigma_3)$ は**軸差応力**（deviatoric stress）と呼ばれ，三軸試験では σ_1 値ではなく，$(\sigma_1-\sigma_3)$ の値がゼロから破壊値まで増加することに注意してください．

一般の三軸試験では，側圧 σ_3 は一定に保たれ，軸圧縮力 F_v が供試体の破壊に至るまで増加されます．試験中，軸差応力 $(\sigma_1-\sigma_3)$（$=F_v$/供試体断面積）と軸ひずみ ε_1（$=\delta_v$/初期供試体高）が計測されます．ここで，δ_v は軸変位です．例題 11.1 は三軸試験のデータから，せん断強度パラメータ c と ϕ を求める方法を示しています．

例題 11.1

同様の3つの試料に対して3つの異なる拘束圧のもとで三軸試験が行われ，その試験結果は図 11.14 に得られました．$(\sigma_1-\sigma_3)$ と ε_1 の関係が示され，その破壊時の $(\sigma_1-\sigma_3)_f$ の値が図に示されています．3つの供試体に対して，破壊時のモール円を描き，この土の内部摩擦角 ϕ と粘着力 c を決定してください．

解：

データより，

供試体1に対して，

$\sigma_3=80\ \mathrm{kN/m^2}$

$(\sigma_1-\sigma_3)_f=174\ \mathrm{kN/m^2}$，ゆえに，

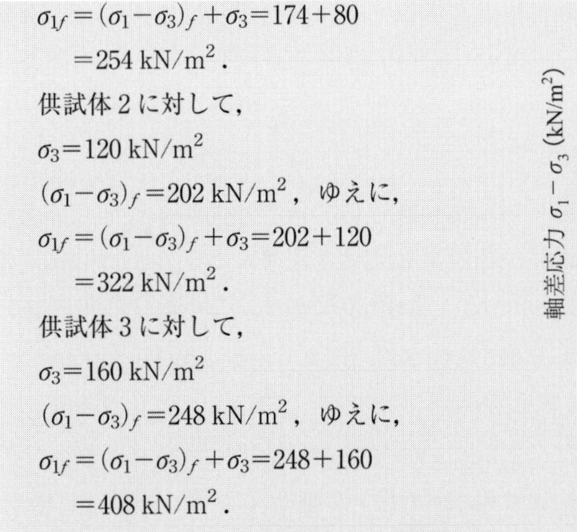

$\sigma_{1f}=(\sigma_1-\sigma_3)_f+\sigma_3=174+80$

$=254\ \mathrm{kN/m^2}$.

供試体 2 に対して，

$\sigma_3=120\ \mathrm{kN/m^2}$

$(\sigma_1-\sigma_3)_f=202\ \mathrm{kN/m^2}$，ゆえに，

$\sigma_{1f}=(\sigma_1-\sigma_3)_f+\sigma_3=202+120$

$=322\ \mathrm{kN/m^2}$.

供試体 3 に対して，

$\sigma_3=160\ \mathrm{kN/m^2}$

$(\sigma_1-\sigma_3)_f=248\ \mathrm{kN/m^2}$，ゆえに，

$\sigma_{1f}=(\sigma_1-\sigma_3)_f+\sigma_3=248+160$

$=408\ \mathrm{kN/m^2}$.

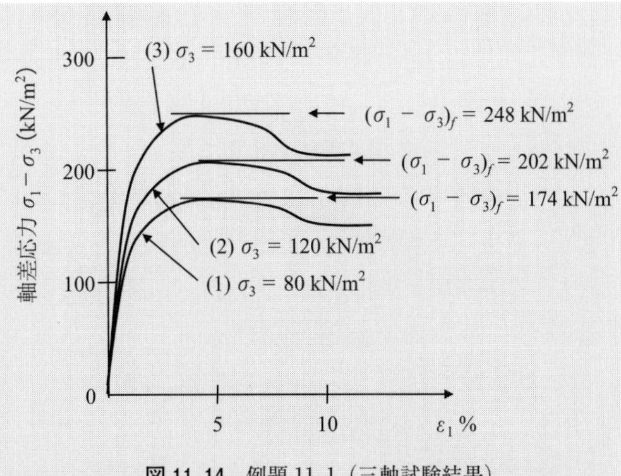

図 11.14　例題 11.1（三軸試験結果）

上で得られた σ_{1f} と σ_3 値を用い，破壊時のモール円が図 11.15 に描かれました．これらのモール円に接する破壊包絡線が描かれ，c と ϕ の値がそれぞれ，36 kN/m^2 と 18.5° と読み取られました．

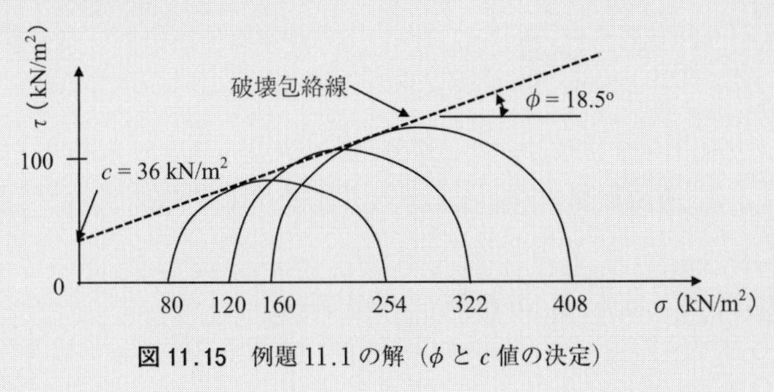

図 11.15　例題 11.1 の解（ϕ と c 値の決定）

11.5.2　初期の圧密課程とせん断時の排水条件

実際の三軸試験では，供試体がせん断試験前にどのように準備されるか，せん断中どのように間隙水圧の排出が処理されるか，等々，詳細なテクニックを必要とします．それらには，図 11.12 に見られる供試体の内部からポーラスストーン（porous stone）を介して接続されている排水管路（drainage line）と排水弁（drainage valve）が重要な役割を果たすことになります．

以下の議論では，その土は完全に水で飽和されていると仮定します．供試体は，一般に現場でシンウォールチューブ（thin wall tube）で採集され実験室にもたらされます．次に，それはチューブから押し出され，高さとその直径の比が約 2 対 1 の供試体に成形されます．そして，三軸室内の荷重板上に固定され，薄いゴム膜を介してあらかじめ決められた**拘束圧**（confining pressure）が加えられます．この拘束圧によって，供試体は圧縮されます，もしこのとき，排水弁が閉じられたままのときは，過剰間隙水が発生しますが，その排出は許されず，供試体の体積は変化せず，圧密は起こりません．よって，この試験は**非圧密せん断試験**（unconsolidated shear test）と呼ばれます．逆にもし排

水弁が開かれていて，供試体内に生じた過剰間隙水の排出は許され，供試体が1次圧密以上に十分に圧密されるとき，その試験は**圧密せん断試験**（consolidated shear test）と呼ばれます．この場合，三軸室内での圧密には，標準の供試体の大きさ（直径70 mm，高さ150 mm程度）の粘性土では丸一日（24時間）程度の時間を要します．

次の**せん断過程**でも排水弁は重要な役割を担います．もしせん断中に，排水弁が閉じられたままのときは，発生した過剰間隙水の排出は許されず，供試体の体積は変化せず，せん断中の圧密は起こりません．この試験は**非排水せん断試験**（undrained shear test）と呼ばれます．この場合は供試体内の過剰間隙水圧が間隙水圧計で測られる（undrained shear test with pore water pressure measurement）ことが一般的です．この非排水せん断試験は普通数時間以内で完了することができます．逆に，もし，せん断中に排水弁が開かれていて，試料内に生じた過剰間隙水の排出は許され，供試体の圧密が起こるとき，その試験は**排水せん断試験**（drained shear test）と呼ばれます．粘性土の排水には時間がかかるので，排水試験では，せん断によって発生した過剰間隙水をその都度ゼロにするのに，**せん断速度**（shearing rate）を非常に遅くする必要があります．したがって，排水せん断試験は通常，数日からそれ以上の時間をかけてゆっくりせん断することになります．このせん断時間の長短のために，非排水せん断試験は**Q試験**（**Q**uick test），排水せん断試験は**S試験**（**S**low test）と略して呼ばれます．

以上の議論から，三軸試験の種類は，せん断前の圧密条件（圧密か非圧密）とせん断中の排水条件（排水か非排水）により，4つの組み合わせの試験が可能です．実際には次の3通りの試験が使用されています．

圧密排水試験（**CD試験**，または，**S試験**）（**JGS 0524**）

圧密非排水試験（間隙水圧力測定を伴う場合（**JGS 0523**）と伴わない場合（**JGS 0522**））（**CU試験**，または，**Q_c試験**）

非圧密非排水試験（**UU試験**，または，**Q_u試験**）（**JGS 0521**）

上記のリストで，S試験かQ試験かの差はせん断時間の長短によりますが，それは粘性土のみに当てはまります．粗い粒状土ではその高い透水性のために排水試験でも短時間のうちに終了することができます．

11.5.3 圧密排水三軸試験（CD試験）

供試体はまず十分に圧密されます．その後，せん断が始まり，発生する過剰間隙水圧が完全に消滅されるようにゆっくりとせん断されます．初期圧密に少なくて，まる一日，そして，せん断に数日を要します．

ここでまず，供試体は十分な水と攪拌され，その液性限界以上の含水比の状態にあると仮定してください．そして，この土が低い圧密荷重で圧密されれば柔らかい供試体しか形成されず，それがせん断されても低い強度しか得られません．もし，圧密荷重が高くなればより硬い供試体が作られ，そのせん断強度も高いものとなります．このようにこの試験では圧密応力と土のせん断強度は，ほぼ比例することが容易に想像されます．したがって，図11.16に見られるように破壊時のモール円の大きさ

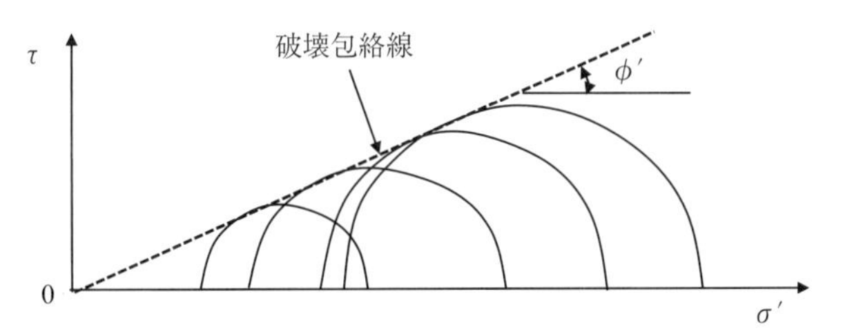

図 11.16　正規圧密粘土の CD 試験で得られる破壊包絡線

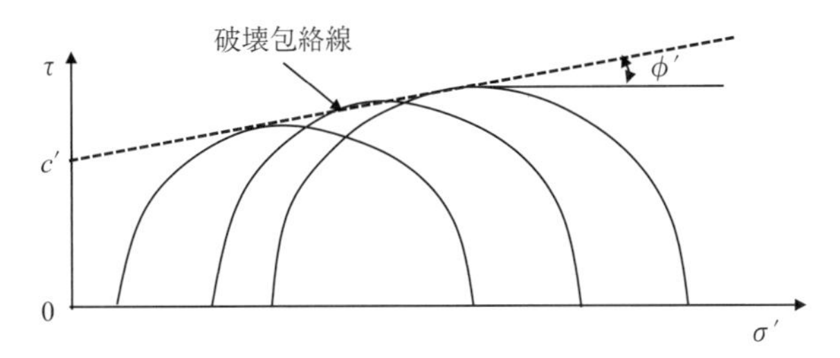

図 11.17　過圧密粘土の CD 試験で得られる破壊包絡線

は圧密応力 σ' に比例し，その破壊包絡線も図の原点を通る直線となります．その液性限界以上の非常に高い水分から始まり，圧密によって徐々に強度を増す過程は湖，河川，海の底で土自身の自重で圧密される自然堆積物と同様で，これらの土は第 9 章で正規圧密土と呼ばれました．したがって，この場合の土のせん断強度（正規圧密土の圧密排水三軸強度）は次式で得られます．

$$\tau_f = \sigma' \tan \varphi' \tag{11.5}$$

式（11.5）は，$c'=0$ とした場合の式（11.2）（テルツァーギの有効応力による破壊方程式）と同じです．排水試験では，間隙水圧はゼロで，したがって全応力と有効応力は同じです．**式の $c'=0$ は必ずしも，その粘土の粘着力による抵抗がゼロで，その土は 100%摩擦力で抵抗していることを意味しません．粘土のせん断に対する抵抗はほとんどがその粘着力によるものです．したがって，その式の表現は，単に圧密応力がゼロのときは，その強度がゼロであることを意味します．**この議論より，式（11.1）と式（11.2）は単にせん断破壊強度 τ_f を示めすための表現式で，**その強度パラメータ（c, ϕ, および c', ϕ'）は本当の意味での材料の粘着力と内部摩擦角ではなく，むしろ，それらは表現上の粘着力コンポーネントと摩擦角コンポーネントと呼ばれるべきものです．**

第 9 章の正規圧密と過圧密の節で議論されたように，現場から持ち込まれた供試体は，少なくともその現場での有効応力あるいはそれ以上の過去の有効応力にさらされたものです．したがって，その土が圧密排水条件で試験されたとき，圧密応力は小さい場合でもその供試体の持つ先行圧密応力のために，ある程度の強度を持ちます．よって，もし CD 試験で，その圧密応力が先行圧密応力より小さいとき，土は過圧密状態で，その破壊包絡線はもはや，原点を通ることなく，図 11.17 のような，粘着力コンポーネント c' と内部摩擦角コンポーネント ϕ' の直線で表されます．

CD 試験で，圧密応力がその土の先行圧密応力を超えると，そのせん断強度は，図 11.16，または，式（11.5）の正規圧密の $c'=0$ の直線に戻ります．したがって，CD 試験の全圧密応力を網羅する破

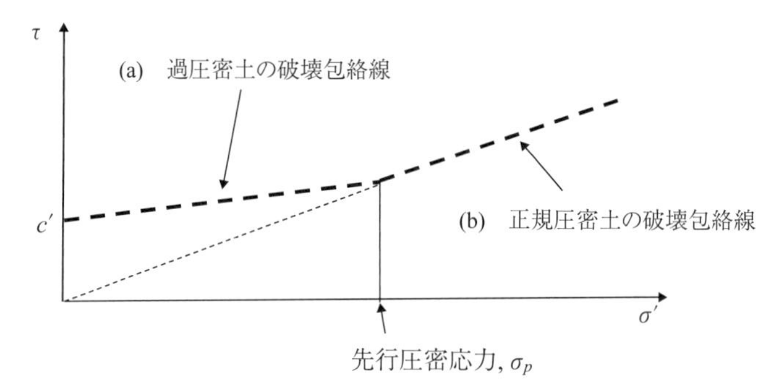

図 11.18 広範囲の圧密応力での CD 試験で得られる破壊包絡線

壊包絡線は，図 11.18 に見られるように，先行圧密応力を境とした 2 つの曲線で示されます．曲線（a），または式（11.2）は過圧密の土に対して，そして，曲線（b），または式（11.5）は正規圧密された土に対して使用されます．この図の関係は図 11.19 に見られるような圧密の e-log σ 曲線と対応されるもので，先行圧密応力の前後では，その体積変化率と同様，せん断強度の変化率も大きく変化します．

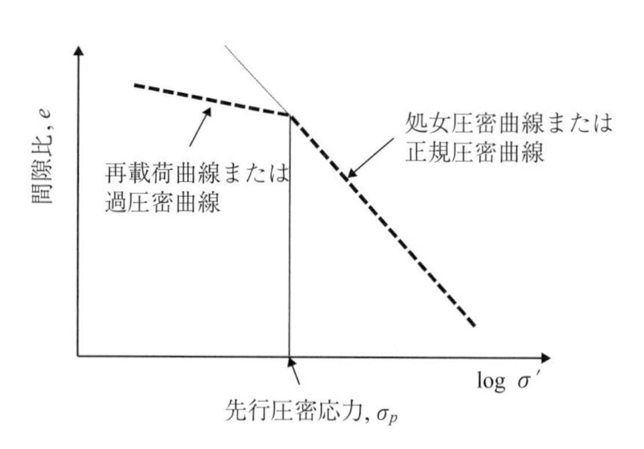

図 11.19 圧密試験での e-log σ' 曲線

11.5.4 圧密非排水試験（間隙水圧力測定を伴う，または，伴わない場合）（CU 試験，または，Q_c 試験）

間隙水圧測定を伴う**圧密非排水試験**（consolidated undrained test with pore water pressure measurement）は，実際に最も広く使われている三軸せん断試験です．供試体は，まず三軸室で圧密拘束圧のもとで，一昼夜かけて十分に圧密されます．その後のせん断試験では，排水バルブが閉じられた状態で，σ_3 が一定に保たれ，軸差応力（$\sigma_1-\sigma_3$）が破壊に至るまで増加されます．同時に，間隙水圧 Δu が測られます．試験中，（$\sigma_1-\sigma_3$）と Δu が垂直ひずみ ε_1 とともに記録されます．

試験結果より，拘束圧 σ_3 と破壊時の σ_{1f}，および Δu_f を得ます．そして，破壊時の有効応力 $\sigma'_3=\sigma_3-\Delta u_f$ と $\sigma'_{1f}=\sigma_{1f}-\Delta u_f$ を計算し，全応力と有効応力での破壊時のモール円が描かれます．これらの円は図 11.20 に示されています．実線は全応力に基づくもので，点線が有効応力に基づきます．この 2 つのモール円の直径は同じで，有効応力の円は全応力の円を Δu_f 量だけ左に水平移動したものです．このときの Δu_f は過剰間隙水圧が正の場合で，もし，それが負のときは，有効応力の円はその分だけ右に水平移動します．

同様にして，圧密応力の異なる供試体 2 に対しても，破壊時の全応力と有効応力のモール円が描かれ，それぞれの円に接する全応力と有効応力の別個の破壊包絡線が得られます．したがって，図 11.20 に見られるように全応力強度パラメータ c と ϕ の値と有効応力パラメータ c' と ϕ' の値がそれ

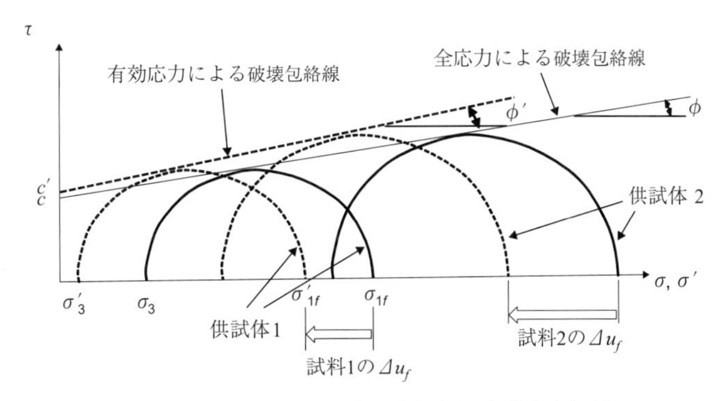

図 11.20　CU 試験での全応力解析と有効応力解析

ぞれの破壊包絡線より得られます.

例題 11.2

2つの類似の供試体に対して，異なる圧密応力のもとで，間隙水圧測定を伴った圧密非排水（CU）三軸試験が行われ，図 11.21 にその結果がプロットされています．破壊時のモールの円を全応力と有効応力に基づいて描き，せん断強度パラメータ c と ϕ を全応力図から，c' と ϕ' を有効応力図から，それぞれ，求めてください.

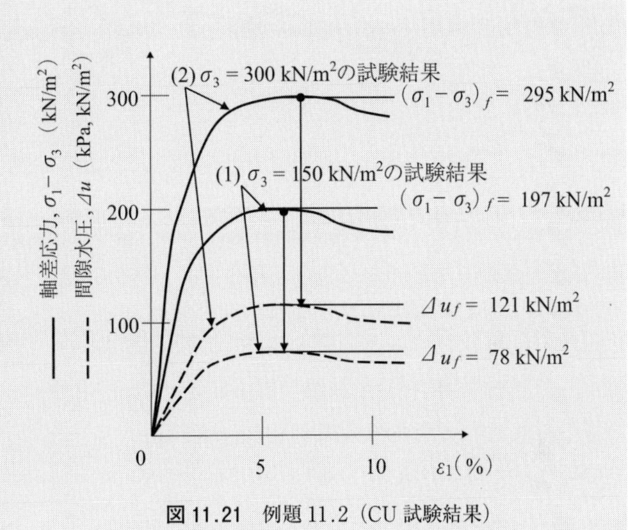

図 11.21　例題 11.2（CU 試験結果）

解：

図のプロットより，

供試体 1 に対して，

$\sigma_3 = 150\ \mathrm{kN/m^2}$

$(\sigma_1 - \sigma_3)_f = 197\ \mathrm{kN/m^2}$

$\Delta u_f = +78\ \mathrm{kPa}$（$\mathrm{kN/m^2}$）

したがって，

$\sigma_{1f} = (\sigma_1 - \sigma_3)_f + \sigma_3 = 197 + 150 = 347\ \mathrm{kN/m^2}$

有効応力は，

$\sigma'_3 = \sigma_3 - \Delta u_f = 150 - 78 = 72\ \mathrm{kN/m^2}$

$\sigma'_{1f} = \sigma_{1f} - \Delta u_f = 347 - 78 = 269\ \mathrm{kN/m^2}$

供試体 2 に対して，

$\sigma_3 = 300\ \mathrm{kN/m^2}$

$(\sigma_1 - \sigma_3)_f = 295\ \mathrm{kN/m^2}$

$\Delta u_f = 121\ \mathrm{kPa}$（$\mathrm{kN/m^2}$）

したがって，

$\sigma_{1f}=(\sigma_1-\sigma_3)_f+\sigma_3=295+300=595\ \mathrm{kN/m^2}$

有効応力は，

$\sigma'_3=\sigma_3-\Delta u_f=300-121=179\ \mathrm{kN/m^2}$

$\sigma'_{1f}=\sigma_{1f}-\Delta u_f=595-121=474\ \mathrm{kN/m^2}$

これらの値から，破壊時のモールの円が図11.22に描かれました．全応力破壊包絡線は全応力のモール円（実線）に接するように，有効応力破壊包絡線は有効応力のモール円（破線）に接するように描かれました．その両線より，全応力に対して，$c=42\ \mathrm{kN/m^2}$，$\phi=14°$ が，および有効応力に対して，$c'=53\ \mathrm{kN/m^2}$，$\phi'=18°$ が得られました．

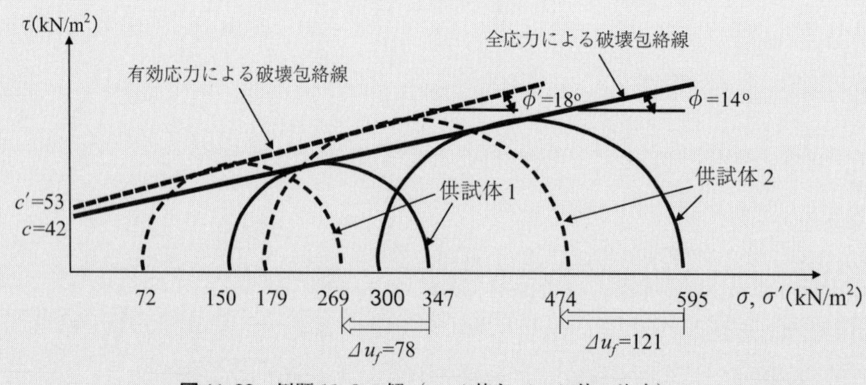

図 11.22 例題 11.2 の解（c，ϕ 値と c'，ϕ' 値の決定）

間隙水圧測定を伴った圧密非排水（CU）試験から，圧密排水（CD）試験で得られたのと同様の折れ曲がった曲線（図11.18）が破壊包絡曲線として得られます．図11.23には2つの独立した曲線が描かれています．実線の破壊包絡曲線は全応力解析によるもので，太い破線は有効応力解析によるものです．それらの線の曲がる点は過圧密と正規圧密の分かれ目の点となります．図で見られるように，全応力の分かれ目の応力点と有効応力のそれとは同じになるとは限りません．なぜなら，有効応力のモール円は全応力のそれより，正の間隙水圧に対して左に水平移動するからです．また，図より，小さい圧密応力（すなわち，高い過圧密度（OCR））の領域では全応力の破壊包絡曲線は有効応力のそれより上に来ることが見られます．これは，OCRの大きい過圧密土では，せん断時に，密な土のダイレイタンシーの性格により，負の間隙水圧が発生し，有効応力のモール円が全応力のそれの右に水平移動するためです．

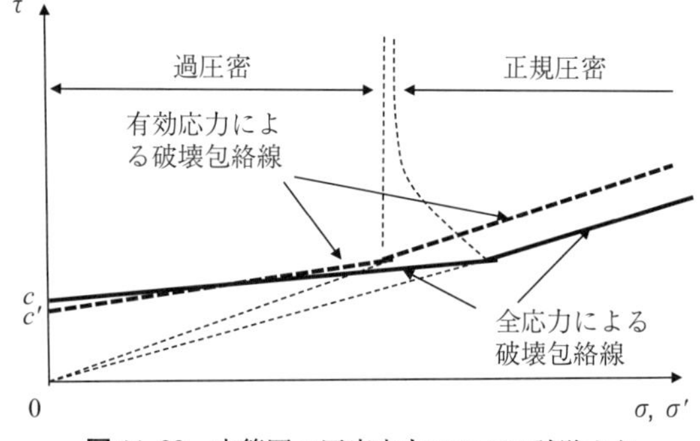

図 11.23 広範囲の圧密応力での CU 試験より得られる破壊包絡線

11.5.5　CU 試験と CD 試験から有効応力強度パラメータを得る方法

間隙水圧の測定とそれによる解析によって，CU 試験は強度パラメータ c と ϕ，そして c' と ϕ' の両方の値を提供してくれます．CU 試験で得られた c' と ϕ' 値と CD（全応力 = 有効応力）試験で得られた c' と ϕ' 値は同じものでしょうか．レンドリック（Rendulic 1936）は実験的に**有効応力による破壊包絡線はユニークなもので，排水試験でも，非排水試験でも，同じ結果が得られる**ことを実験的に証明しました．上記の事実は c' と ϕ' の値を求めるために，数日以上を要する CD 試験を実施することなしに，間隙水圧を測りながら CU 試験を行い，その結果を Δu_f を用いて有効応力解析をすればよいことになります．CU 試験は圧密時間も含めて 2 日で完了するので，時間の節約，しいては，実験費の節約になります．いい換えれば，**CU 試験結果の有効応力解析は，CD 試験の代わりとなるということです．**

せん断強度に関してもう 1 つの重要な結論は，**ユニークな有効応力による破壊包絡線はその土の破壊のメカニズムを支配するということです．**たとえば，もし，非排水の全応力での強度がわかれば，その土のユニークな有効応力による破壊包絡線を用いて，発生する間隙水圧を推定することができます．例題 11.3 にその例が示されます．

例題 11.3

正規圧密された土の強度パラメータ，$\phi=16°$ と $\phi'=28°$ が実験より得られました．同じ土が間隙水圧の測定を伴った CU 試験で，$\sigma_3=120\ \text{kN/m}^2$ のもとで試験されたとき，破壊時の軸差応力 $(\sigma_1-\sigma_3)_f$ の値と発生する間隙水圧 Δu_f の値を推定してください．

解：

(1) 供試体は，正規圧密土であるため，全応力と有効応力での破壊包絡線が図の原点を通り，それぞれ，$\phi=16°$ と $\phi'=28°$ の傾斜を持った直線として，図 11.24 に描かれました．

(2) $\sigma_3=120\ \text{kN/m}^2$ で，全応力の破壊包絡線に接する全応力のモール円を描く．図より $\sigma_{1f}=205\ \text{kN/m}^2$ が得られる．したがって，軸差応力 $(\sigma_1-\sigma_3)_f=205-120=85\ \text{kN/m}^2$（モール円の直径）が得られました．⇐

(3) 上の全応力のモール円と同じ直径で，有効応力の破壊包絡線に接する有効応力のモール円を描く．

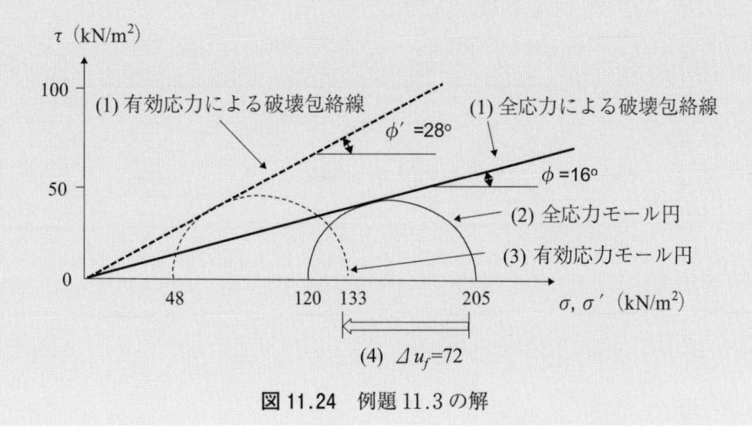

図 11.24　例題 11.3 の解

図より，σ'_3＝48 kN/m^2 と σ'_{1f}＝133 kN/m^2 が読み取られる．

(4) 破壊時に発生した間隙水圧は，2つのモールの円の水平方向のシフト量で，したがって，Δu_f＝205－133＝72 kPa（kN/m^2）が得られました．⇐

例題 11.3 では，土の破壊がユニークな有効破壊包絡線に支配される原理を用いて，破壊時の間隙水圧（モール円での水平移動量）が決められました．

11.5.6 非圧密非排水試験（UU 試験，または，Q_u 試験）

最も簡単な三軸圧縮試験は**非圧密非排水**（UU）**試験**です．準備過程で供試体は圧密を受けることなく，三軸室内でゴムの薄膜を介して拘束圧（confining pressure）が加えられます．そして，非排水条件の下でせん断されます．つまり，排水弁が閉じられ，せん断は短時間に行われます．供試体の準備過程およびせん断過程での供試体からの間隙水の排水がないため，供試体の含水率に変化はありません．したがって，この土の強度は，拘束圧にかかわらず一定であることが想像されます．図 11.25 には，異なる拘束圧で試験された供試体の破壊時のモール円が示されています．それらの強度が等しいので，モール円の大きさも等しく水平な破壊包絡線が引かれます．これは，ϕ=0 を意味し，解析上，**ϕ=0 法**と呼ばれます．

ϕ=0 法が適応されると，破壊包絡線を求めるために数個の拘束圧のもとでの UU 試験は必要とされません．図 11.25 に一軸圧縮試験（σ_3=0）での破壊時のモール円が破線の半円で描かれています．このモール円に接して ϕ=0 の破壊包絡線を引けば，それがすべての UU 試験の破壊基準を決めることになります．したがって，**一軸圧縮試験は UU 試験を代表する特別な試験として理解することができます**．図 11.10 で得られた粘着力コンポーネント C_u が UU 試験でのせん断強度として得られます．ただし，供試体が完全に飽和されてない場合は，拘束圧が供試体中の空気を圧縮し，体積変化が起こるために，破壊時のモール円が拘束圧の増加とともに大きくなり，ϕ=0 法は適用できません．拘束圧が大きくなるとすべての空気が圧縮されるために破壊崩落線は平らになり，ϕ=0 線に近づきます．

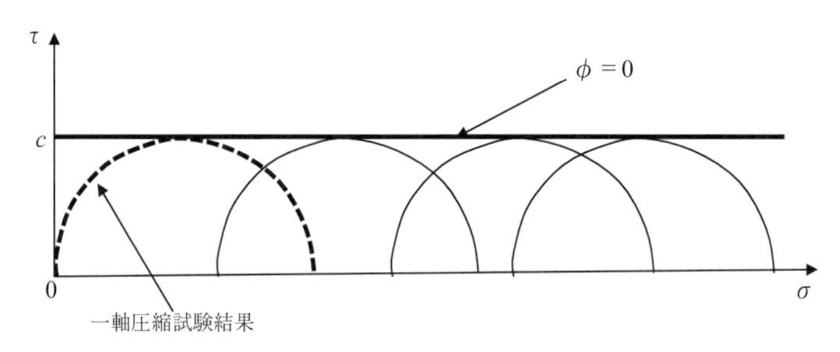

図 11.25 UU 試験結果と ϕ=0 法

11.6　他の土のせん断試験

土の強度パラメータを得るために，他に種々の室内，および現場でのせん断試験装置が使われています．室内試験装置としては，**真の三軸試験装置**（true triaxial device），**平面ひずみ三軸試験装置**（plane strain triaxial device），**ねじりせん断試験装置**（torsional shear device）（JGS 0551），**単純せん断試験装置**（simple shear device），**リングせん断試験**（ring shear device）等があります．しかしこれらの装置は主に研究用に開発されたもので，詳しくはこれらに関する個々の文献を参照してください．ここでは一般によく使用される小規模なせん断試験装置が紹介されます．

11.6.1　ベーンせん断試験

ベーンせん断試験（vane shear test）（JBS 1411）は実験室でも現場でも用いられ，通常，図 11.26 に見られるように剛な十字型の羽根（vane）より成り立ちます．羽根が供試体内に挿入され，その軸にトルク（torque）が加えられます．その軸の回転によって土がせん断を受け，その破壊時のトルク T が測定されます．現場では，羽根がボーリングロッド（boring rod）の先端に取り付けられ地上のロッドの上部でそのトルクが読まれます．試験は短時間で終了し，この試験は**非圧密非排水**（UU）**試験**に分類されます．

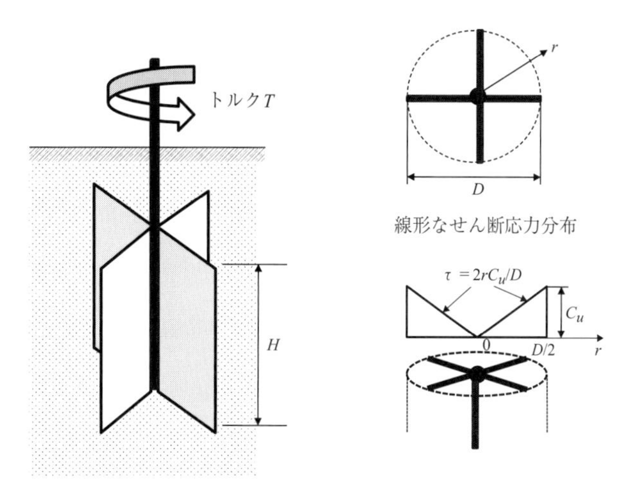

図 11.26　ベーンせん断装置

せん断中，羽根の円周上（perimeter）とその上下の面でせん断応力が発生します．円周上では，非排水せん断強度 C_u が十分に発揮されます．しかしながら，その上下面ではせん断応力は回転中心軸（$r=0$）でゼロとなり，$r=D/2$ で最大値 C_u をとります．もしその間でのせん断応力が線形に変化すると仮定すれば，図 11.26 の右中部に見られるように上下面でのせん断応力分布は $\tau=C_u\cdot r/(D/2)$ となります．したがって，せん断応力とその作用する面の回転軸からの腕長（arm length）r を掛けて全せん断面積上で積分すれば測定される最大トルク T_f と等しくなり，次式が得られ，非排水せん断強度 C_u を求めることができます．

$$T_f = \pi C_u \left[\frac{D^3}{8} + \frac{D^2}{2} H\right] \tag{11.6}$$

現場でのベーンせん断試験は，現場での応力状態での試験で，また，供試体に乱れも少ないために，その結果は一般的に信頼性の高いものと考えられています．

11.6.2 ポケット・ペネトロメータ試験

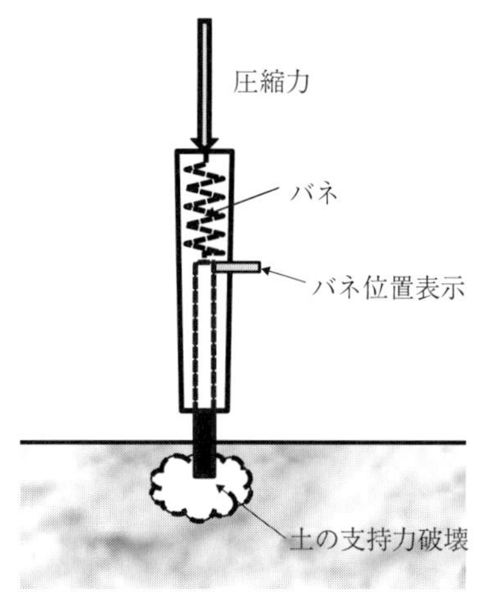

図 11.27 ポケット・ペネトロメータ

ポケット・ペネトロメータ（pocket penetrometer）は図11.27に見られるように，先端の平らな硬い鋼棒を手で垂直に土中に押し込む簡単な貫入試験です．装置の内部に仕込まれたバネ（spring）の変位量が土からの応力を直接反映します．供試体がその貫入で破壊したとき，そのときのバネの変位は記録され，供試体の強度に変換されます．変換にはせん断強度と関係づけられた土の**支持力**（第14章）式が用いられます．この装置もまた，せん断強度の補助的な情報を得るためや，採取された供試体の品質の管理をするために使用されます．

前述のベーンせん断試験，ポケット・ペネトロメータ試験はともに，非圧密非排水（UU）試験と見なされます．なぜなら，供試体はあらかじめ圧密されることなく，せん断も短時間に行われ非排水試験の条件と同じです．得られた試験結果は一軸圧縮試験やUU試験から得られたせん断強度 C_u（$=q_u/2$）と比較されるものです．

11.7 飽和粘土のせん断強度のまとめ

前節で議論されたように，せん断強度パラメータ c と ϕ，および c' と ϕ' はせん断試験（UU，CD，または，CU）の違いと圧密の歴史（正規，または，過圧密）によって異なる値をとります．それらは以下にまとめられています．

11.7.1 UU試験

$\phi=0$ 法が適用されます．したがって，ϕ は常に0です．UU試験強度 C_u は C_u/σ'_{vo} の比の関数としてよく表されます．ここに，σ'_{vo} は有効土被り応力（effective overburden stress）です．いくつかの便利な相関式が実験的に得られ以下に示されています．

スケンプトンとヘンケル（Skempton and Henkel 1953）による正規圧密粘土に対して，

$$C_u/\sigma'_{vo}=0.11+0.0037\,I_p \tag{11.7}$$

ビエラムとシモンズ（Bjerrum and Simons 1960）による正規圧密粘土に対して，

$$C_u/\sigma'_{vo}=0.045\ (I_p)^{0.5} \qquad I_p>50\%\text{の土に対して} \tag{11.8}$$

$$C_u/\sigma'_{vo}=0.018\ (I_L)^{0.5} \qquad I_L>50\%\text{の土に対して} \tag{11.9}$$

上式で，塑性指数（I_p）と液性指数（I_L）は%で表されます．これらの実験式で得られた C_u/σ'_{vo} の値は，おおよその値と理解してください．

11.7.2 CD 試験と有効応力解析による CU 試験

正規圧密の粘土に対しては $c'=0$ で，ϕ' の値は 20°-42° の範囲にあります（Bowles 1996）．過圧密粘土では，ゼロ以外のさまざまな組み合わせの c' と ϕ' の値が可能です．

11.7.3 全応力解析による CU 試験

正規圧密土では，$c=0$ で，ゼロ以外の ϕ の値をとります．過圧密粘土では，ゼロ以外のさまざまな組み合わせの c と ϕ の値が可能です．

表 11.1 には種々のせん断試験から得られるせん断強度パラメータがまとめられています．

表 11.1 種々のせん断試験から得られるせん断強度パラメータ

せん断強度パラメータ	せん断試験の種類
c と ϕ	CU 試験（全応力解析）
c' と ϕ'	CD 試験，CU 試験（有効応力解析）
C_u（$=q_u/2$） （$\phi=0$ 法）	一軸圧縮試験，UU 試験，ベーン試験， ポケット・ペネトロメータ試験

11.8 CD，CU，UU 三軸圧縮試験結果の現場への応用例

これまでの議論で種々な土の強度パラメータについて学びました．今ここで大きな疑問は **“土構造物の設計時に異なる強度パラメータをどのように使い分ければよいのでしょうか”** ではないかと思われます．これは難しい，しかし，とても重要な質問です．この質問に対する答としては，原則として，次のようになります．

(1) 応用に際して，現場の状況をよく観察して，せん断前の状態（圧密か，非圧密か）と，せん断中の状態（排水か，非排水か，または，ゆっくりした破壊か，急速な破壊か）をよく見極める．

(2) 上の観測を踏まえ，想定される現場の現象とより近い適切な土の強度パラメータを選択する．

次に典型的なそのいくつかの例が示されます．

11.8.1 軟弱粘土地盤上に急速な盛土の建設（UU の場合）

図 11.28 は軟弱粘土地盤上に盛土（embankment）が短期間（数日から 1 週間程度）に構築される場合を示しています．この場合，基礎の軟弱粘土層に対して盛土荷重による十分な圧密時間がありま

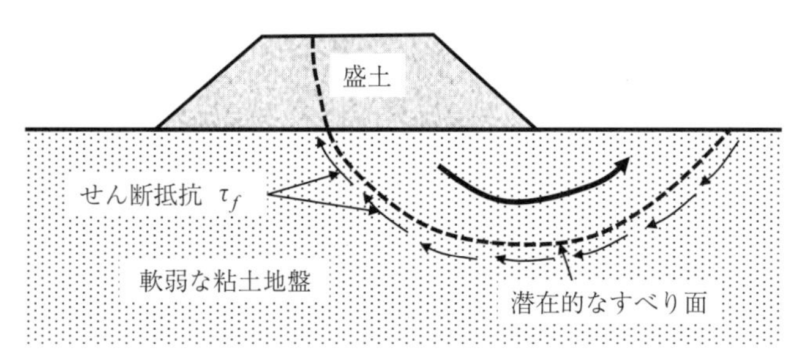

図 11.28 軟弱粘土地盤上の急速な盛土建設

せん．そして，もし地盤が崩壊するとすればそれは突然，急速に発生すると予想されます．したがって，それは非圧密非排水状態です．一軸圧縮試験や，それと同等の試験から得られる UU せん断強度 C_u が破壊面に沿っての土の強度として，安定解析に用いられます．

11.8.2 急速に構築される構造物の地盤基礎の設計（UU の場合）

もし構造物がかなり短い期間に構築される場合は，その基盤は非圧密非排水（UU）試験の強度パラメータに基づいて設計する必要があります．図 11.29 に見られるように，短い建設時間のためにその基礎の土はほとんど圧密されることなく，また，破壊も突然，急速に起こると予想されるためです．

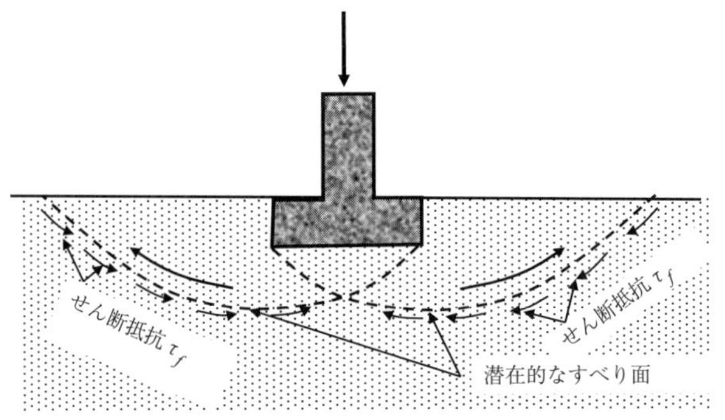

図 11.29 短期間に建設される建物の基礎

11.8.3 軟弱粘土地盤上の盛土の段階的建設（CU の場合）

もし基礎粘土のせん断強度が低く，計画した盛土が一度に構築できないとき，図 11.30 に見られるように，盛土を**段階的に構築**（staged construction）することができます．まず第 1 段階の盛土荷重に対しては，地盤は初期の地盤強度で十分耐えることができますが，第 2 段階荷重をも含むと十分ではありません．そこで，第 1 段階の荷重を加えた後，数ヶ月の時間を置きます．そうすると地盤はその盛土荷重で圧密されて強度が増します．その増加した強度が第 2 段階の荷重に耐えうるとき，土はその荷重でさらに圧密が促進され，時間とともに強度が増加します．

このようにして，段階的に荷重増加，圧密，強度増加を繰り返し，予定の設計高まで達することが

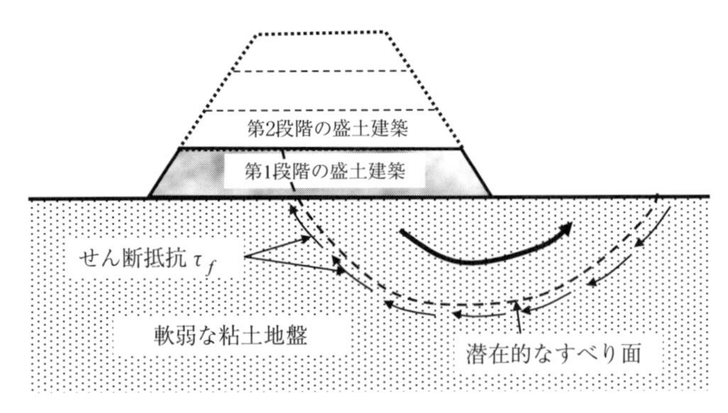

図 11.30 軟弱粘土地盤上での段階的盛土の構築

できます．第1段階の盛土の安定解析ではUU試験の強度パラメータが使われますが，第2段階以降はCU試験の結果が適しています．この場合でも予想される破壊モードは急速なもので，非排水試験が当てはまり，CU試験からの全応力解析値が使われます．

11.8.4　切土法面の安定（CDの場合）

図11.31は粘質土層で鉛直に掘られた掘削溝を示しています．土の粘着力のために，ある深さまで**鉛直掘削**（vertical cut）は可能です（第12章参照）．その切り取り斜面は掘削時には安定と仮定します．切断部の近くの土の要素では掘削のために応力が減少し，圧密と逆の現象でゆっくりと土の膨潤を促進します．それが要素に間隙水を引き付け，含水量が増加し，土の強度を低下させます．上記の現象のために掘削当初安定であった斜面が徐々に崩壊の危険性を増していきます．

崩壊は，**進行性破壊**（progressive failure）でゆっくり起こる可能性があります．したがって，この場合は，圧密排水（CD）の条件に近いとみられます．しかし，もしその破壊モードが急速と予想される場合は圧密非排水（CU）のパラメータを使用しなければならないことに注意してください．

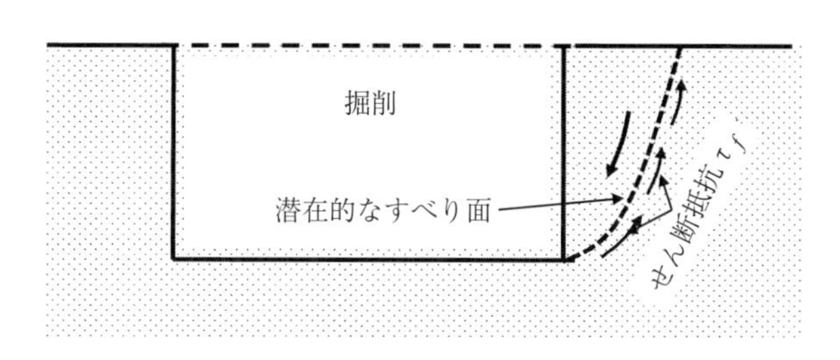

図11.31　掘削孔での鉛直カットと斜面崩壊の危険性

上記の4つの例で見たように，CD，CU，UUのパラメータの選択はそのせん断前の状態（圧密か，非圧密か）とせん断中の状態（排水か，非排水か）に依存します．特に，破壊モードの評価が非常に重要です．土構造物の崩壊のほとんどの場合は，突然，急速に起こります（非排水）．ゆっくりとした排水を伴った破壊（排水）は，切土法面で見たような進行性破壊か，または他の**クリープ**（creep）現象による破壊のときなどに限られていて，それほど多くは見られません．したがって，**UU試験は比較的簡単な試験ながら，多くの応用例があることに注目してください．**

11.9　粒状土のせん断強度

粒状体の土（砂，砂利，そして，ある程度のシルト）は大きな粒子径（第3章）のために粒子間の電気的干渉力は非常に小さいものです．したがって，それらのせん断抵抗のほとんどは粒子接触面での摩擦力に由来します．ゆえに，**粒状土ではcの値はゼロとあると仮定することができます**．また，これらの土は高い透水性を持つためにせん断中に過剰間隙水圧が発生しても，一般には，それはすぐに消散してしまいます（$\Delta u=0$）．したがって，乾燥した場合でも湿潤の場合でも，粒状土では全応力の式（11.10）が使用されます．

$$\tau_f = \sigma \tan \phi \tag{11.10}$$

表 11.2　粒状体の典型的な内部摩擦角 ϕ の値

土の種類	密度	ピーク ϕ 値	残留 ϕ 値
丸い砂	緩い	28°−30°	26°−30°
	中位の	30°−35°	
	密な	35°−38°	
角ばった砂	緩い	30°−35°	30°−35°
	中位の	35°−40°	
	密な	40°−45°	
砂交じりの礫		34°−48°	33°−36°

（Murthy 2003 より）

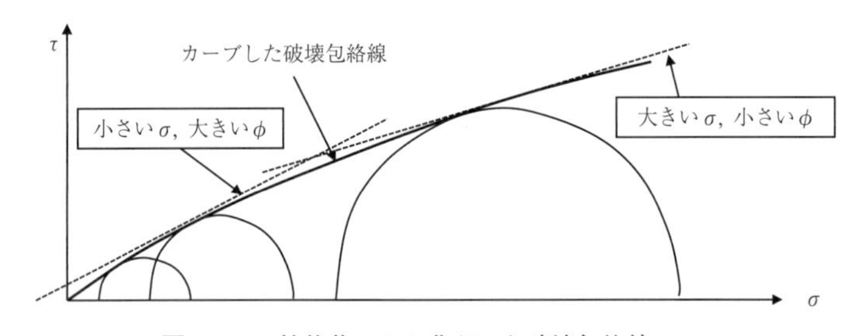

図 11.32　粒状体のやや曲がった破壊包絡線

破壊包絡線は σ-τ 図の原点を通り，内部摩擦角 ϕ の傾きを持った直線で表されます．ϕ の値は，さまざまな土の性質（土の密度，間隙比，粒度分布（均等か，分布の良い），形状（丸いか，角張っているか），表面の粗さ，等々）によって影響されます．これらのうち，土の密度（または，間隙比）は最も重要な影響を与えるもので，表 11.2 にその典型的な ϕ の値が与えられています．

以上で議論されたように粒状体に対しては，一般に原点を通る直線の破壊包絡線が仮定されますが，実際には，その破壊包絡線は図 11.32 に見られるように少し上に膨らんだ曲線であることが実験で観察されています．それは小さい拘束圧で少し高い ϕ の値を意味します．この事実は小規模な模型を使って土構造物の模型試験（model test）を行うときに問題となります．小規模な模型試験ではその自重による応力は小さく，その破壊は実物（prototype）の構造物による場合より，やや大きい目の ϕ の値によって決まることになります．したがって，模型試験では実物サイズの土構造物の挙動を正確に再現することにやや困難を生じます．

地盤工学での**遠心模型実験**（centrifuge model test）は，小規模模型試験での上記の欠点を克服するために最近よく使われるようになりました．たとえば，遠心装置上で 0.5 m 高の模型のアースダム（earth dam）が，20 G（地球上の重力の 20 倍）の回転遠心力を受けるとき，その模型内での重力による応力は 20 倍に拡大され，10 m（0.5 m×20）の高さのアースダムと同じ応力レベルになります．したがって，その遠心模型実験は実物のダムと同じその高い応力レベルでの挙動を再現することになります．地盤遠心模型試験の詳細については，他の文献（**地盤工学会，2004-2005，Taylor 1995** 等）を参照してください．

11.10　砂の液状化

第 1 章の土質力学の問題例でみた“砂が液体に化ける”は粒状体の**繰返し荷重**（cyclic load または

repeated load）による**非排水せん断強度**（undrained shear strength）（**JGS 0541**）として理解されます．完全に飽和し，緩く詰まった砂が地震動などによる繰返しのせん断応力を受けると緩い砂は密になる（体積減少）傾向があります（図 11.5（b）と（c）参照）．しかしながら，このとき，地震時のように載荷時間が短いとき，砂地盤であっても上昇した間隙水の排水は困難で体積は簡単に減少できません（非排水定体積）．非排水定体積での体積減少傾向は供試体内で間隙水圧の上昇を引き起こします．繰返しせん断荷重によってこの間隙水圧が蓄積され，徐々に上昇し，ついにはその拘束圧にまで達します．このとき，式（7.1）の $\sigma'=\sigma-u$ より，有効応力 σ' がゼロになり，式（11.2）$\tau_f=c'+\sigma'\tan\phi'$ よりせん断強度 τ_f はゼロとなります（砂では $c'=0$）．せん断強度ゼロ，すなわち，砂は強度を失い液状化します．

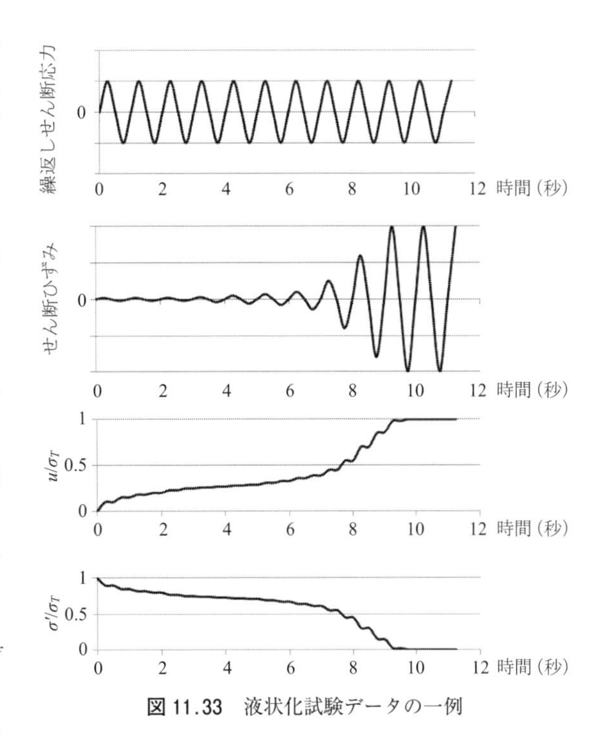

図 11.33　液状化試験データの一例

図 11.33 は実験室で得られた完全飽和した緩い砂の液状化試験の結果の一例を示しています．一様な繰返しせん断応力によって，間隙水圧 u が徐々に上昇し，9 秒を過ぎたあたりでその値が σ_T（拘束全応力）に等しくなります（すなわち $u/\sigma_T=1.0$）．そのとき，また有効拘束応力 σ' がゼロになる様子が見られます．完全な液状化です．そして地震時の液状化は図 1.5 で観たような地盤の沈下を引き起こし，建物，斜面を崩壊させ，また大規模な地表面地層の流動の原因ともなります．

地中の構造物を浮き上げる力も有します．諸基準では液状化の予測，それに対する対策などが明記されています．詳しくはそれらを参考にしてください（**日本建設協会，2001** など）．

11.11　せん断破壊面の方向

せん断試験で供試体の破壊時に観察される破壊面の方向は，**モール円**（Mohr's circle）とその**極**（pole）の概念を使って，便利に求めることができます．図 11.34（a）に見られるように，供試体は三軸応力条件（σ_1 が水平面に，σ_3 が鉛直面に作用）のもとでせん断され，間隙水圧 u が測定され，破壊時の有効主応力 σ'_1 と σ'_3 が求められたとします．そして，それらの値によって，破壊包絡線と c' と ϕ' が得られたとします．図 11.34（b）に有効応力の破壊包絡線とそれに接する破壊時の 1 つの有効応力によるモール円が描かれています．モール円の極を見つけるには，本書の 10.7 節を参考にして，σ'_1 応力点から，その応力が作用する面（水平面）に平行線を引いてその円との交点が極として求められます．σ'_3 応力点から鉛直線を引いても同じ交点が得られます．この場合，極の位置は σ'_3 応力点と一致します．次に，極とモール円の破壊応力点 F+ と F− 点とそれぞれ直線で結べば，そ

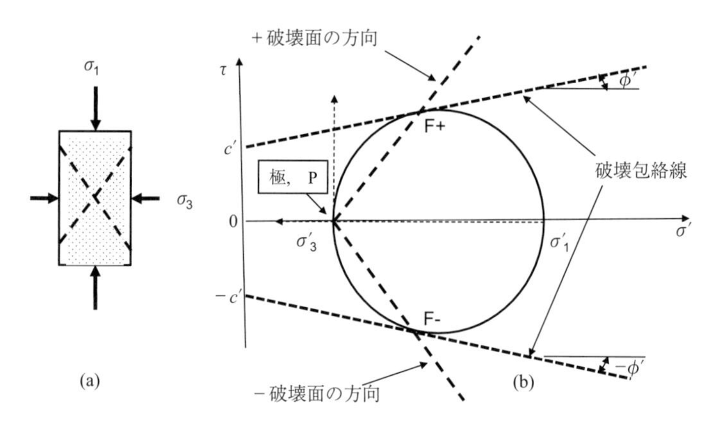

図 11.34 三軸試料での破壊面の方向

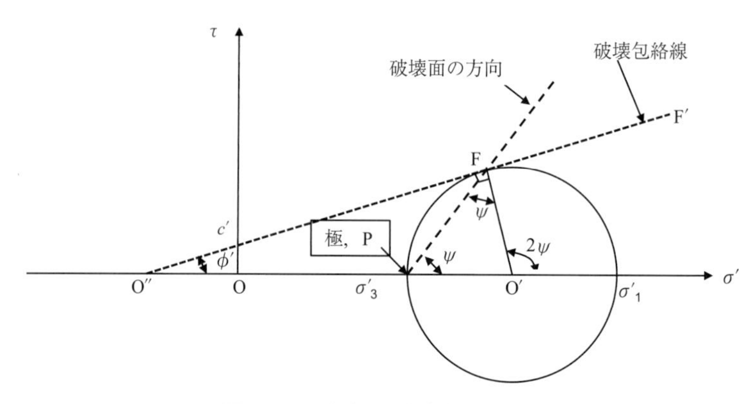

図 11.35 破壊面の方向角の求め方

の方向が破壊面の方向となります．図 11.34（b）の PF＋ と PF− が可能な供試体での破壊面の方向で，いくつかの破壊面（図 11.34（a）の破線）が実際の土の供試体で観察されます．

図 11.35 の同様に描かれたモール円の図で，破壊面の方向角 ϕ は解析的に土の有効応力の内部摩擦 ϕ' の値から，次のように求めることができます．

三角形　$O'F\sigma'_3$ に対して，$O'F = O'\sigma'_3$ で，$\angle O'\sigma'_3F = \angle O'F\sigma'_3 = \phi$

三角形　$O''O'F$ に対しては，$\angle FO'\sigma'_1 = 90° + \phi' = 2\phi$ で，よって，

破壊面の方向は水平面から測って，

$$\phi = 45° + \phi'/2 \tag{11.11}$$

上記の試験供試体の破壊面の議論は，有効応力の破壊包絡線に対してのみ適応されることに注意してください．なぜなら，11.5 節で示されたように有効応力による破壊包絡線はその土に対してユニークなもので，その土の破壊メカニズムを決定するからです．もし間違えて，この方法が $\phi=0$ 法の破壊包絡線（すなわち，UU 試験，または一軸圧縮試験）に適用されたとします．図 11.36 にその破壊包絡線とモール円が描かれています．図で，同様に，極が決定され，破壊面の方向が水平より 45° の直線として得られます．実際にはそれは誤りで，供試体は水平方向から，$45° + \phi'/2$ の面に沿って破

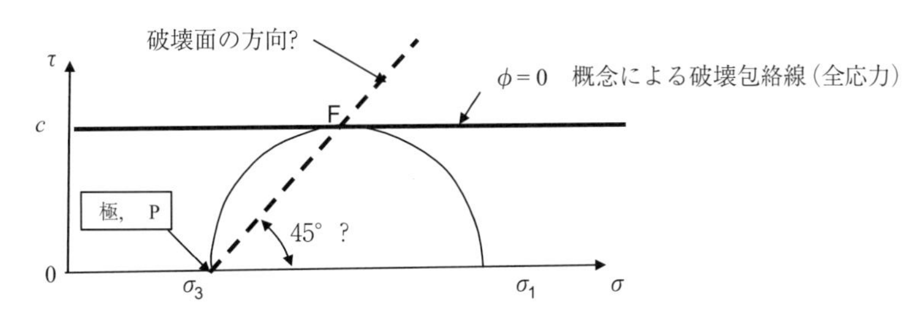

図 11.36　全応力の破壊包絡線を用いた誤りの破壊面の方向の決定法

壊します．間違いは全応力の破壊包絡線（$\phi=0$）を使用したことによるものです．注意が必要です．

例題 11.4

正規圧密粘土の供試体に対して $\sigma'_3=100\ \mathrm{kN/m^2}$ のもとで排水三軸圧縮試験が実施されました．試験後，供試体内で破壊面が観察され，その面は水平面から 55° 傾斜した面に沿ったものでした．(1) 有効応力の内部摩擦角 ϕ' の値，(2) 破壊時の σ'_1 の値，を決定してください．

解：

(1) $\psi=55°$．したがって，式 (11.11) より，$\phi'=20°$　⇐

(2) 図 11.37 に，$\phi'=20°$ の破壊包絡線が原点（正規圧密により）から引かれました．$\sigma'_3=100\ \mathrm{kN/m^2}$ で，その破壊包絡線に接するモール円が試行錯誤のすえ描かれました．その円より，σ'_{1f} 値が $204\ \mathrm{kN/m^2}$ と読み取られました．

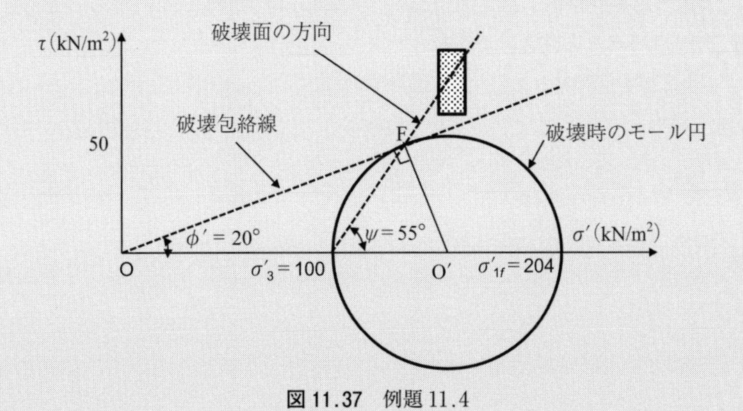

図 11.37　例題 11.4

または，解析的に，三角形 OO′F に正弦法則（sine law）を応用して，

$$\sin\phi'=\mathrm{O'F/OO'}=[(\sigma'_{1f}-\sigma'_3)/2]/[(\sigma'_{1f}+\sigma'_3)/2]=(\sigma'_{1f}-100)/(\sigma'_{1f}+100)=\sin 20°$$

よって，$\sigma'_{1f}=204.0\ \mathrm{kN/m^2}$ が得られました．⇐

図で，破壊面の方向が σ'_3 F 線として見られます．

11.12 章の終わりに

せん断強度パラメータの決定は多くの土質力学の問題（基礎の設計，斜面の安定性，擁壁の設計，等）になくてはならない重要な要素です．種々のせん断試験法が用いられ，異なったせん断強度パラメータが得られます．この章ではそれらの試験法が示されました．エンジニアにとって，与えられた問題に対して，適切なせん断強度パラメータを選択することが非常に重要となります．それらは予想される現場のせん断前の状態（圧密か，非圧密か）とせん断中の状態（排水か，非排水か）をよく観察して，選ぶことが必要です．11.7節と11.8節でこれらの議論が詳細になされました．砂の液状化も繰返し応力による非排水せん断強度の一例として説明されました．11.11節では，モール円とその極の概念（第10章）がせん断試験供試体での破壊面の方向を決定するため便利に用いられました．

参考文献

1）地盤工学会（2004-2005）．講座：遠心模型実験：実験技術と実務への適用，土と基礎52（10)-53（3）．
2）地盤工学会基準，JGS 0521（2009）．土の非圧密非排水（UU）三軸圧縮試験方法
3）地盤工学会基準，JGS 0522（2009）．土の圧密非排水（CU）三軸圧縮試験方法
4）地盤工学会基準，JGS 0523（2009）．土の圧密非排水（$\overline{\text{CU}}$）三軸圧縮試験方法
5）地盤工学会基準，JGS 0524（2009）．土の圧密排水（CD）三軸圧縮試験方法
6）地盤工学会基準，JGS 0541（2009）．土の繰返し非排水三軸試験方法
7）地盤工学会基準，JGS 0551（2009）．土の中空円筒供試体によるねじりせん断試験方法
8）地盤工学会基準，JGS 0560（2009）．土の圧密定体積一面せん断試験方法
9）地盤工学会基準，JGS 0561（2009）．土の圧密定圧一面せん断試験方法
10）日本建築協会，2001．建設基礎構造設計指針
11）日本工業規格，JIS A 1216-2009．土の一軸圧縮試験方法
12）Bjerrum, L. and Simons, N. E.（1960）．"Comparison of Shear Strength Characteristics of Normally Consolidated Clays," *Proceedings of Research Conference on Shear Strength of Cohesive Soils*, ASCS, pp. 711-726.
13）Bowles, J. E.（1996）．*Foundation Analysis and Design*, 5th Ed., McGraw-Hill.
14）Murthy, V. N. S.（2003）．*Geotechnical Engineering*, Marcel Dekker.
15）Rendulic, L.（1936）．"Relation between Void Ratio and Effective Principal Stresses for a Remolded Silty Clay," *Proceedings of the 1st International Conference on Soil Mechanics and Foundation Engineering*, Vol. III, pp. 48-53.
16）Skempton, A. W. and Henkel, D. J.（1953）．"The Post- Glacial Clays of the Thames Estuary at Tillbury and Shellhaven," *Proceedings of the 3rd International Conference on Soil Mechanics and Foundation Engineering*, Zurich, Vol. I, pp. 302-308.
17）Taylor, R. N.（editor）（1995）．*Geotechnical Centrifuge Technology*, Blackie Academic and Professional.
18）Terzaghi, K.（1925）．*Erdbaumechanik*, Franz Deuticke.

問　題

11.1　なぜ深海底での高圧水は土要素をつぶさないのでしょうか.

11.2　なぜ深い地中での高い土被り圧（overburden stress）は土要素をつぶさないのでしょうか.

11.3　同様の 4 つの密度を持つ供試体に対して一面せん断試験が行われ，下表のデータが得られました．せん断箱の断面積は 10 cm×10 cm の正方形でした．土の内部摩擦角 ϕ と粘着力 c を決定してください.

垂直荷重 F_v，N（Newton）	ピークせん断力 F_h，N（Newton）
200	272
400	324
1000	487
1500	632

11.4　乾燥した砂質土に対して直接せん断試験を行われました．その垂直荷重は 10 kgf（質量）でした．測定された破壊時のせん断力は 6.34 kgf（質量）でした．せん断箱は直径 10 cm の円形でした.

(a)　土の内部摩擦角 ϕ を決定してください.

(b)　同じ供試体が垂直応力 150 kN/m^2 で一面せん断されたとき，土はいくらのせん断応力で破壊しますか.

11.5　正規圧密粘土の供試体に対して，排水一面せん断試験が実施され，次のデータが得られました．粘土の排水（有効応力での）内部摩擦角 ϕ' を求めてください.

垂直応力，kN/m^2	ピークせん断応力，kN/m^2
150	22.4
300	44.6
400	59.8
500	71.6

11.6　粘土の供試体に対して，排水一面せん断試験が実施され，次のデータが得られました．粘土の排水（有効応力での）内部摩擦角 ϕ' と粘着力コンポーネント c' を求めてください.

垂直応力，kN/m^2	ピークせん断応力，kN/m^2
100	66.2
200	87.2
300	105.1
400	116.4

11.7　直径 7.0 cm，高さ 15.0 cm の粘土供試体に対して，一軸圧縮試験が行われ，次のデータが得られました．応力-ひずみ曲線を描き，一軸圧縮強さ q_u を決定し，粘着力 C_u を求めてください.

鉛直変位 δ_v，mm	軸圧縮力 F_v，kgf
0	0
0.5	2.8
1.0	5.5
1.5	8.4
2.0	10.9
2.5	13.6
3.0	16.2
3.5	18.6
4.0	21.4
4.5	24.1

5.0	26.8
5.5	29.4
6.0	30.1
6.5	30.1
7.0	29.8
7.5	28.9
8.0	28.9

11.8　同様の土の3つの供試体に対して，異なった拘束圧のもとで圧密排水三軸試験が行われ，表のデータが得られました．

(a)　土の内部摩擦角 ϕ' と粘着力コンポーネント c' を求めてください．

(b)　この土は，正規圧密されていましたか，または，過圧密されていましたか．

試料	拘束圧 σ_3，kN/m^2	破壊時の軸差応力 $(\sigma_1-\sigma_3)_f$，kN/m^2
I	50	92
II	100	127
III	150	166

11.9　正規圧密粘土に対して，圧密排水三軸試験が行われました．その圧密応力は 80 kN/m^2 で，破壊時の軸差応力は 135 kN/m^2 が得られました．土の有効応力での内部摩擦角 ϕ' を求めてください．

11.10　正規圧密された粘土に対して，有効応力での内部摩擦角 $\phi'=26°$ が得られました．もし，この土が $\sigma_3=60$ kN/m^2 のもとで圧密排水試験されたときの破壊時の軸差応力 $(\sigma_1-\sigma_3)$ を求めてください．

11.11　ある土に対して，有効応力での内部摩擦角 $\phi'=14°$ と粘着力コンポーネント $c'=46$ kN/m^2 が得られました．土が圧密排水状態でせん断されたとき，破壊時の軸差応力 $(\sigma_1-\sigma_3)$ は 132 kN/m^2 でした．この試験での三軸拘束圧 σ_3 の値を推定してください．

11.12　問題11.11の三軸試験に対して，

(a)　供試体内で観察される破壊面の方向を最大主応力面からの角度で答えてください．

(b)　上記の破壊面上での垂直応力 σ_f とせん断応力 τ_f の値を求めてください．

11.13　同じ現場から採集された2つの類似した供試体が，間隙水圧の測定を伴った圧密非排水三軸条件の下でせん断され，結果は以下のとおりです．

試料	拘束圧，kN/m^2	破壊時の軸差応力，kN/m^2	破壊時の間隙水圧，kN/m^2
I	50	181	23
II	100	218	19

(a)　破壊時のモール円を全応力と有効応力で描いてください．

(b)　全応力での強度パラメータ ϕ と c，そして，有効応力での強度パラメータ　ϕ' と c' の値をそれぞれに求めてください．

11.14　もし，問題11.13の供試体が，三軸の拘束圧 $\sigma_3=85$ kN/m^2 のもとで，試験されたとき，

(a)　破壊時の軸応力 σ_1 を求めてください．

(b)　そのときの間隙水圧を求めてください．

11.15　同じ現場から採集された2つの類似した供試体が，間隙水圧の測定を伴った圧密非排水三軸条件の下でせん断され，結果は以下のとおりです．

試料	拘束圧，kN/m^2	破壊時の軸差応力，kN/m^2	破壊時の間隙水圧，kPa(kN/m^2)
I	25	83	7.5
II	50	109	15

(a)　破壊時のモール円を全応力と有効応力で描いてください．

(b)　全応力での強度パラメータ ϕ と c，そして，有効応力での強度パラメータ ϕ' と c' の値をそれぞれに求めてください．

11.16　もし，問題 11.15 の供試体が，三軸の拘束圧 $\sigma_3=60\ \mathrm{kN/m^2}$ のもとで，試験されたとき，

(a)　破壊時の軸応力 σ_1 を求めてください．

(b)　そのときの間隙水圧を求めてください．

11.17　粘性土に対して，間隙水圧力測定を伴った圧密非排水三軸試験が行われ，全応力解析で $\phi=24°$ と $c=26\ \mathrm{kN/m^2}$ が，そして，有効応力解析で $\phi'=27°$and $c'=30\ \mathrm{kN/m^2}$ が得られました．もし，類似の供試体が $\sigma_3=45\ \mathrm{kN/m^2}$ の下で同様の試験が行われたときの，

(a)　破壊時の軸差応力を求めてください．

(b)　そのときの間隙水圧を求めてください．

11.18　粘性土に対して圧密非排水三軸試験が行われました．圧密応力は $50\ \mathrm{kN/m^2}$ で，破壊時の σ_1 は 86.2 $\mathrm{kN/m^2}$ でした．もし，類似の供試体が，まず，50 $\mathrm{kN/m^2}$ の三軸圧密応力で圧密され，その後，三軸室から取り出され，一軸圧縮試験機で試験されました，そのとき得られる一軸圧縮強度 q_u を推定してください．

11.19　正規圧密粘土で $\phi'=25°$ が得られました．同一の供試体が一軸圧縮試験機で試験され，$q_u=85\ \mathrm{kN/m^2}$ が得られました．このとき，破壊時に一軸圧縮供試体内で発生している間隙水圧を推定してください．

11.20　粘土は $\phi'=12°$ と $c'=30\ \mathrm{kN/m^2}$ の強度を持っています．同一の供試体が一軸圧縮試験機で試験され，$q_u=90\ \mathrm{kN/m^2}$ が得られました．このとき，破壊時に一軸圧縮供試体内で発生している間隙水圧を推定してください．

11.21　図 11.26 に見られたベーンせん断試験機は $D=50$ mm と $H=100$ mm のディメンションを持っています．破壊時に測定されたトルクは 1.26 kgf（質量)-m でした．このときの土のせん断強度を求めてください．羽根は地中深く挿入されていました．

11.22　地震時の液状化現象は**水で飽和した緩く詰まった細砂**で最も顕著に見られます．なぜ細砂で最も起こりやすいのでしょうか．粗い砂や礫では液状化は起こらないのでしょうか．

第12章

構造物に作用する土圧

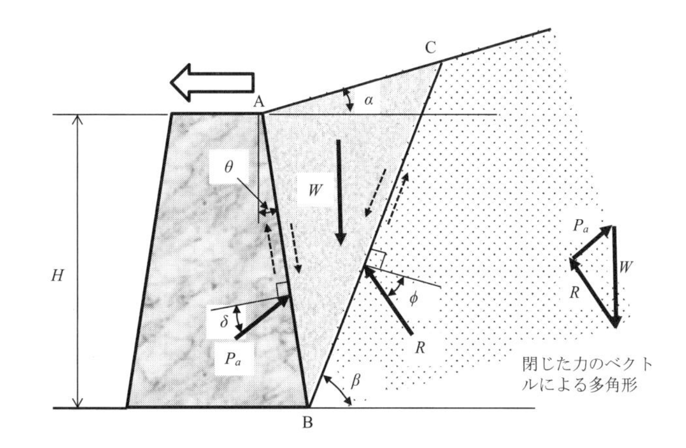

12.1 章の始めに

擁壁（earth retaining structure），**橋台**（bridge abutment），**地下構造物**（underground structure），**矢板**（sheet pile），**掘削溝の側壁のサポート**（support for excavated trench）等の設計に，**側方土圧**（lateral earth pressure）（以後簡略して**土圧**と呼ぶことにします），すなわち，**横方向に作用する裏込め土**（backfill）**からの応力**はそれら土構造物の設計になくてはならない要因となります．これらの構造体に対して土圧を適切に推定することは設計上最も重要なこととなります．この章では，2つの古典的な土圧理論である**ランキン**（Rankine）と**クーロン**（Coulomb）**の土圧論**を学びます．これらの理論は今なおこの土圧問題の基本解として用いられています．その後，それらを実際問題に活用する際の注意点について議論されます．

12.2 静止土圧，主働土圧，受働土圧

図12.1は地中に設けられた剛な鉛直壁を示しています．壁面に作用する土圧は裏込め土に対しての地中壁の相対的な移動方向とその変位量に依存します．もし壁はまったく移動しない場合，壁の左右から，同じ大きさの土圧（**静止土圧**（at-rest earth pressure））が作用します．壁が右に向かって動くとき，右側の裏込め土ではより高い土圧（**受働土圧**（passive earth pressure））が発生し，反対に左側ではその土圧は小さく（**主働土圧**（active earth pressure））なることが容易に想像されます．

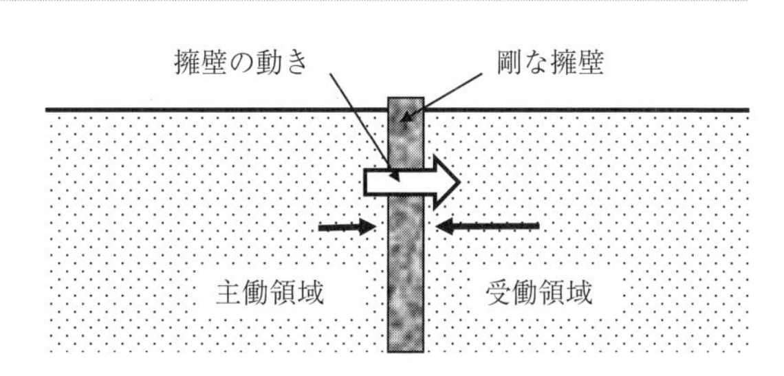

図12.1 地中壁に作用する土圧

ここで，次式のように水平方向の応力（＝土圧）σ_h を鉛直応力 σ_v に対する比として表現すると便利です．

$$\sigma_h = K\sigma_v \tag{12.1}$$

ここに K は**水平土圧係数**（coefficient of lateral earth pressure）で，その値は壁の裏込め土に対する相対的な動きによって変化します．図 12.2 はこの K 値の変化と壁の水平変位量との関係を示しています．

壁が右に向かって動くとき，壁の右面での K の値は増加し，壁の動きが十分に大きくなると最大値 K_p に達します．そのとき，そこでの裏込め土は破壊に至り，そのときの土圧は**受働土圧**（passive earth pressure）状態で，K_p は，**受働土圧係数**（coefficient of passive earth pressure）と呼ばれます．壁の左面での K 値は逆に減少し，十分な壁の移動でその最小値 K_a をとり，土は破壊します．この段階が**主働土圧**（active earth pressure）状態で，K_a は**主働土圧係数**（coefficient of active earth pressure）と呼ばれます．

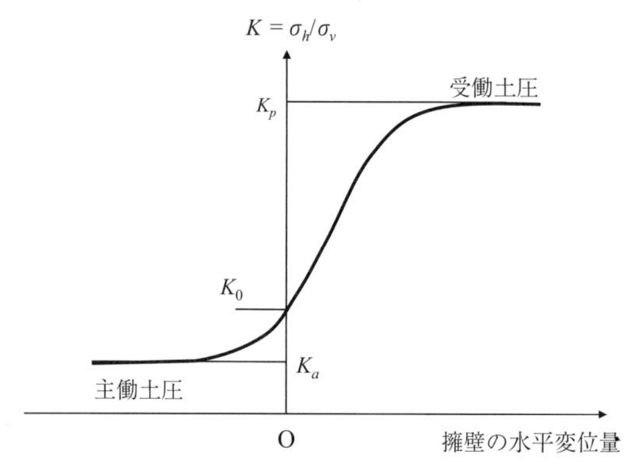

図 12.2 水平土圧係数 K と壁の水平変位量の関係

壁の動きのまったくないときは**静止土圧**（at-rest earth pressure）の状態でそのときの K 値は K_0 で**静止土圧係数**（coefficient of lateral earth pressure at-rest）と呼ばれます．図 12.2 に見られるように，以下の関係が成立します．

$$K_p > K_0 > K_a \tag{12.2}$$

受働ないしは主働のいずれの極限状態に達するには十分な壁の移動が必要です．しかし，受働と主働では破壊に至るまでの水平変位量はかなり異なることに注意が必要です．緩い砂の場合で，受働土圧状態に達するにはその水平変位量 δ と壁の高さ H との比（δ/H）で 0.01 程度が必要とされるのに対して，主働時では $\delta/H=0.001$ 程度で破壊に至ることが実験等で観察されています．

12.3 静止土圧

壁の動きがまったくないとき，裏込め土から壁に作用する圧力が静止土圧です．たとえば，剛な構造の安定した地下室の壁面に作用する土圧がこれに当たります．図 12.2 に見られたように，静止土圧係数 K_0 は壁のゼロ変形近辺で敏感に変化する値です．これは，静止土圧はわずかな壁の動きに非常に鋭敏であることを意味し，その計測には注意が必要です．

K_0 に関して次に示されるいくつかの解が与えられています．

弾性解

式（12.3）は土が弾性体（elastic body）と仮定された場合の厳密解です．壁は不動で裏込め土も安定した状態にあるため，この仮定は合理的なものといえます．

$$K_0 = \frac{\mu}{1-\mu} \tag{12.3}$$

ここに μ は土の**ポアソン比**（Poisson's ratio）です．μ の典型的な値は，表 9.2 に与えられています．

もしμ=0.3が砂質土の値ととられたとき，K_0は0.43となります．粘性土に対してμ=0.4がとられた場合は，K_0は0.67となります．

経験式

ジャキイ（**Jaky 1944**）は通常に圧縮された砂質土に対して，次の経験式を提供しました．

$$K_0 = 1 - \sin\phi' \tag{12.4}$$

ここで，ϕ'は土の有効応力による内部摩擦角です．ジャキイの式は緩い砂質土にはその妥当性が認められており，また，その簡単さのためによく使用される式です．

しかし，砂質土が過去に過剰に圧縮（over-compacted）されたり，粘性土が過圧密のとき，K_0値は増加します．メインとカルハウイー（**Mayne and Kulhawy 1982**）は多くの文献により，粒状土から粘性土まで，そして正規圧密土から過圧密土を網羅する170の異なる土に対して，その平均値を表す次式を提案しました．

$$K_0 = (1 - \sin\phi')\,(\mathrm{OCR})^{\sin\phi'} \tag{12.5}$$

ここでϕ'は，有効応力での内部摩擦角で，OCRは**過圧密比**（＝歴史的に最大の有効土カブリ応力/現代の有効土カブリ応力）で式（9.26）に定義されました．砂質土の場合には，OCRは**過圧縮比**（over-compaction ratio）と解釈されるもので，式（9.26）と同じ定義に従います．

いったん静止土圧係数の値K_0が決められると，壁に作用する静止土圧σ'_hは，次式より計算されます．

$$\sigma'_h = K_0\,\sigma'_v = K_0\ ((\Sigma\gamma_i z_i + \Sigma\gamma'_j z_j) \tag{12.6}$$

式（12.6）で，γ_iとγ'_jは，それぞれ，土の全単位体積重量と水中単位体積重量です．式（7.5）で見られたように，γ_iは地下水位以上の土に対して，γ'_jは地下水位以下の土に対して使われます．もし地下水位が裏込め土の中ほどにある場合に，地下水位以下では上記の水平土圧に加えて，静水圧uも加えなくてはならないことに注意してください．

例題 12.1

安定した構造物の地下壁は，静止水平土圧と静水圧を受けます．地下部の壁の高さは10 mで，地下水は地表面より5 mの深さにありました．

（1）地下壁に作用する静止水平土圧と静水圧の分布を深さとともにプロットしてください．

（2）それらの全合力とその作用点を求めてください．

裏込め土は正規に圧縮され，その全単位体積重量γ_tは19.5 kN/m^{3}で，有効応力での内部摩擦角ϕ'は38°でした．

解：

（1）正規に圧縮された裏込め土に対して，K_0の決定にジャキイの式（12.4）を用いて，

$K_0 = 1 - \sin\phi' = 1 - \sin 38° = 0.384$

z = 5 mで，$\sigma'_h = K_0\sigma_v = K_0\gamma_z = 0.384 \times 19.5 \times 5 = 37.44$ kN/m^2

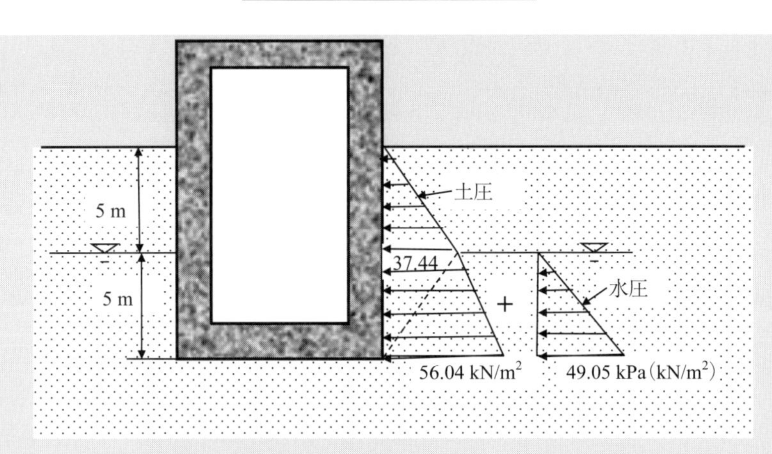

図 12.3 地下壁に作用する静止水平土圧と水圧の分布

$z=10$ m で，$\sigma'_h=K_0\sigma'_v=K_0(\gamma z_i+\gamma' z_j)=0.384\times[19.5\times5+(19.5-9.81)\times5]=56.04$ kN/m^2，そして，$u=\gamma_w z_w=9.81\times5=49.05$ kPa（kN/m^2）

これらの分布は図 12.3 に描かれました．

(2) 合力 $P=\frac{1}{2}37.44\times5+\frac{1}{2}(37.44+56.04)\times5+\frac{1}{2}49.05\times5=93.6+233.7+122.63$
$=449.93$ kN/m ⇐

土圧と水圧の地下室の底面よりのモーメント：

$M=93.6\times6.67+\frac{1}{2}37.44\times5\times3.33+\frac{1}{2}56.04\times5\times1.67+122.63\times1.67=1374.76$ kN/m-m

したがって，合力の作用点 $=M/P=1374.76/449.93=3.06$ m（地下室の底面より）⇐

12.4 ランキンの土圧理論

スコットランド（Scotland）のエンジニアであり，また，物理学者でもあったランキン（**Rankine 1857**）は擁壁が崩壊したときの壁に作用する側方土圧の理論を開発しました．彼は壁が十分に水平変位して崩壊したとき，裏込め土の領域のすべての土要素が**塑性平衡状態**（plastic equilibrium state）に入ると仮定しました．そして，壁が裏込め土から離れながら破壊に至るとき，**主働土圧**（active earth pressure）が発揮され，逆に壁が裏込め土を押しながら破壊するとき，それは**受働土圧**（passive earth pressure）を誘発します．

12.4.1 主働土圧（active earth pressure）

図 12.4 に見られるように，壁面が滑らかで剛な鉛直壁が地表面が水平な裏込め土を支えています．壁が左に向かって十分な量移動すると，裏込め土が崩壊し，その部分ですべての土要素が塑性平衡状態に入ります．**この理論では壁面と裏込め土との間には摩擦がないと仮定されるので**，土要素の水平面には σ_v（$=\gamma z$）が，鉛直面

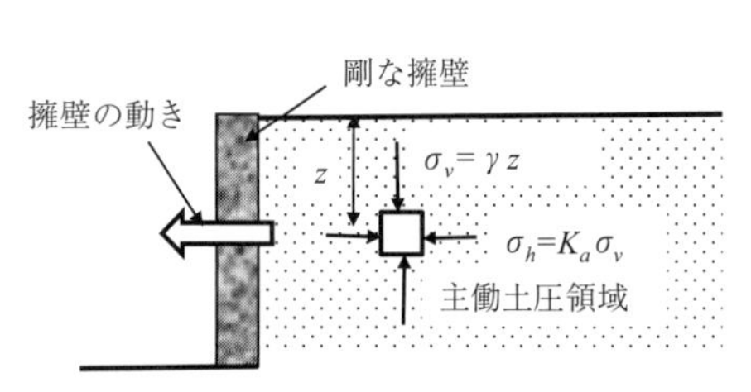

図 12.4 ランキンの主働土圧

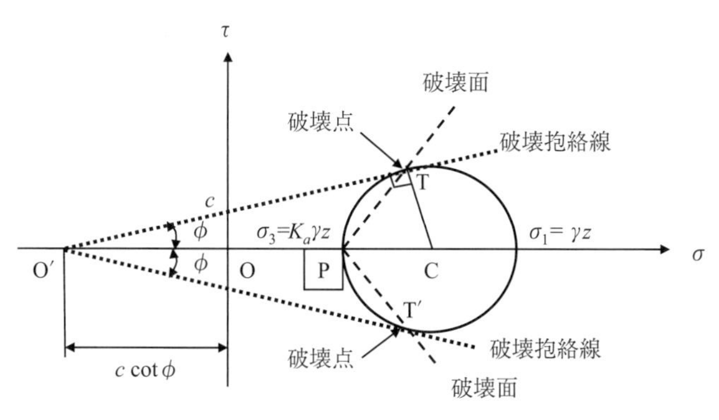

図 12.5 主働土圧時の土要素のモール円と破壊包絡線

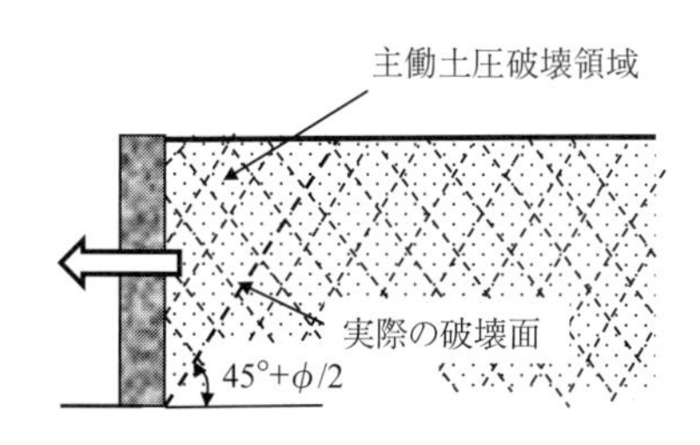

図 12.6 主働土圧域での破壊面のグループと実際の破壊面

には σ_h（$=K_a\sigma_v$）が作用し，それらは主応力となります．すなわち，$\sigma_1=\sigma_v$ で $\sigma_3=\sigma_h$となります．主働の場合，水平方向の応力は壁の移動によって，減少するためにそれは最小主応力 σ_3 となり，その値 σ_h が今求められている主働土圧となります．したがって，それらは次式より計算されます．

$$\sigma_v = \gamma z = \sigma_1 \tag{12.7}$$

$$\sigma_h = \sigma_{h,a} = K_a\sigma_v = K_a\gamma z = \sigma_3 \tag{12.8}$$

第 10 章で学習したように，式（12.7）と式（12.8）を使って破壊時のモール円を描くことができます．図 12.5 には上記のモールの破壊円が描かれています．図で，モール円の極（pole）は σ_1 応力点から水平線を引き，その円との交点，P 点で得られます．円が破壊包絡線（$\tau=c+\tan\phi$）と接する破壊点 T（または T′）を求め，それらを直線で結んだ P-T 線と P-T′ 線が破壊時の裏込め土の要素での破壊線（面）の方向となります．

これらの 2 つの破壊線に平行な破壊面のグループが図 12.6 にその裏込め土全域の主働領域に破線で描かれています．実際の破壊面は壁の底面を通る太い破線となりますが，この図はその主働破壊域全体の要素が塑性平衡状態にあることを示しています．

裏込め土に発生する主働土圧時の破壊面の方向は図 12.5 の図形から計算されます．破壊面の角度は ∠TPC で，直角三角形 TO′C より，$\angle \mathrm{TC}\sigma_1 = 90°+\phi = 2\times\angle\mathrm{TPC}$ で，したがって，

$$\angle\mathrm{TPC}=45°+\phi/2 \tag{12.9}$$

主働土圧 σ_h の大きさは，図 12.5 より，幾何学（geometry）の原理を用いて計算することができます．直角三角形 TO′C に対して，

$$\sin\phi = \frac{\mathrm{TC}}{\mathrm{O'C}} = \frac{\dfrac{\sigma_1-\sigma_3}{2}}{\dfrac{\sigma_1+\sigma_3}{2}+c\cot\phi} \tag{12.10}$$

上式に $\sigma_1=\gamma z$ と $\sigma_3=\sigma_{h,a}$ を代入して，σ_3 に対して解けば主働土圧 $\sigma_{h,a}$ が得られます．

$$\sigma_3 = \sigma_{h,a} = \gamma z\frac{1-\sin\phi}{1+\sin\phi}-2c\frac{\cos\phi}{1+\sin\phi} = \gamma z\tan^2\left(45°-\frac{\phi}{2}\right)-2c\tan\left(45°-\frac{\phi}{2}\right) \tag{12.11}$$

$c=0$ の場合（粒状土）

この場合，式（12.11）は次式となります．

$$\sigma_{h,a} = \gamma z \tan^2\left(45° - \frac{\phi}{2}\right) = \gamma z K_a \qquad (12.12)$$

ここに

$$K_a = \tan^2\left(45° - \frac{\phi}{2}\right) \qquad (12.13)$$

ランキンの主働土圧 $\sigma_{h,a}$ は壁面に対して垂直的に作用します．そして，それは深さ z とともに $1/\gamma K_a$ の傾斜を持って直線的に増加します．図 12.7 にはその分布が示されています．

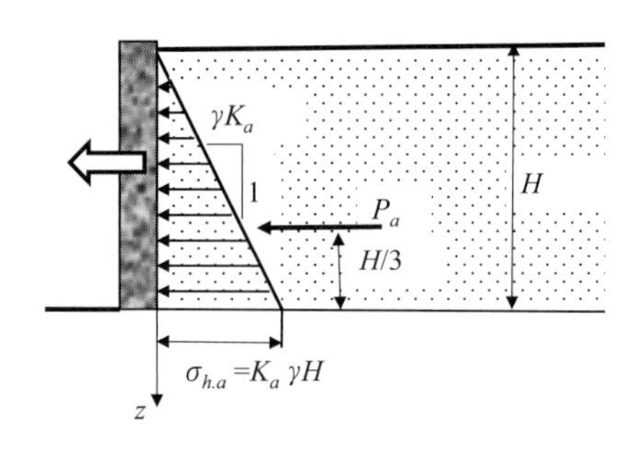

図 12.7 ランキンの主働土圧の分布図（$c=0$ の場合）

その**土圧合力**（thrust）P_a は次式より求められます．そして，それは壁の底面より $H/3$ の点に作用します．

$$P_a = \frac{1}{2}K_a\gamma H^2 \qquad (12.14)$$

$c \neq 0$ の場合（c と ϕ の材料）

式（12.11）によると $\sigma_{h,a}$ は深さ z とともに直線的に増加します．しかしながら，その式に $z=0$ を挿入したとき，それは負の値をとり，地表面近くでは負の応力，すなわち，**引張り応力**（tension）が生じ，**引張り応力域**（tension zone）が存在します．図 12.8 に $\sigma_{h,a}$ の分布が描かれています．

引張り応力域の深さ z_0 は式（12.11）をゼロと置くことによって次式より得られます．

$$z_0 = \frac{2c}{\gamma \tan\left(45° - \dfrac{\phi}{2}\right)} \qquad (12.15)$$

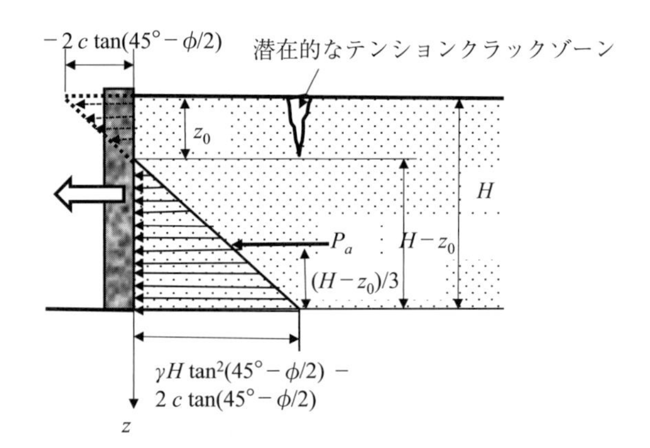

図 12.8 ランキンの主働土圧の分布図（$c\neq0$ の場合）

壁面と裏込め土の間には引張り力が発揮できないと仮定して，その間の水平応力はゼロとされます．したがって，圧力分布は図に見られるように z_0 の深さから，直線的に増加することになります．$z=0$ から $z=z_0$ の領域は土に**引張り力による亀裂**（tension crack）を生じやすく，**テンションクラックゾーン**（tension crack zone）と呼ばれます．この $z=z_0$ 以深の三角形の土圧分布からその合力 P_a は次式より計算されます．

$$P_a = \frac{1}{2}\left[\gamma H\tan^2\left(45° - \frac{\phi}{2}\right) - 2c\tan\left(45° - \frac{\phi}{2}\right)\right]\cdot\left[H - \frac{2c}{\gamma\tan\left(45° - \dfrac{\phi}{2}\right)}\right] \qquad (12.16)$$

そしてその合力は壁の底面より $(H-z_0)/3$ の高さに作用します．

12.4.2　受働土圧（passive earth pressure）

図 12.9 に見られるように，壁面の滑らかな剛な鉛直壁が右に向かって移動すると，壁に対してより高い水平応力が発生します．変位が大きくなりその極限の破壊状態が受働土圧状態です．このとき，土要素の水平面には σ_v $(=\gamma z)$ が，鉛直面には σ_h $(=K_p\sigma_v)$ が作用し，それらは主応力となります．この場合 σ_h が σ_v より大きくなり，すなわち，$\sigma_1=\sigma_h$ で $\sigma_3=\sigma_v$ となります．したがって，それらは次式より計算されます．

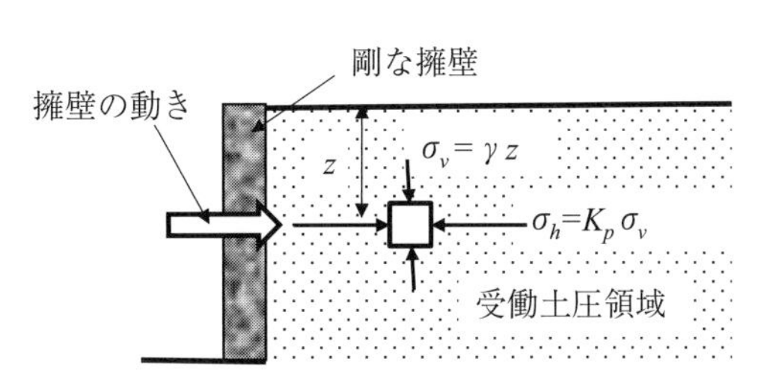

図 12.9　ランキンの受働土圧

$$\sigma_v = \gamma z = \sigma_3 \tag{12.17}$$

$$\sigma_h = \sigma_{h,p} = K_p\sigma_v = K_p\gamma z = \sigma_1 \tag{12.18}$$

図 12.10 に上記の受働の場合のモールの破壊円が描かれています．図で，モール円の極（pole）は主働の場合（図 12.5）と異なることに注意してください．なぜなら，この場合，σ_1 の作用する面は鉛直面になるからです．次に極（P 点）と破壊点（T と T′）をそれぞれに結んで破壊面の方向が決定されます．

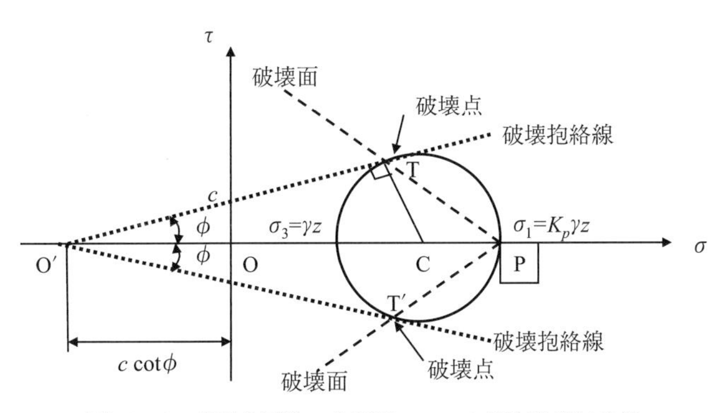

図 12.10　受働土圧時の土要素のモール円と破壊包絡線

図 12.10 で求められた 2 つの破壊線に平行な破壊面のグループが図 12.11 に破線で描かれています．実際の破壊面は壁の底面を通る太い破線となります．受働の場合はその裏込めでの破壊域が主働の場合のそれ（図 12.6）と比べてかなり大きくなることに注目してください．

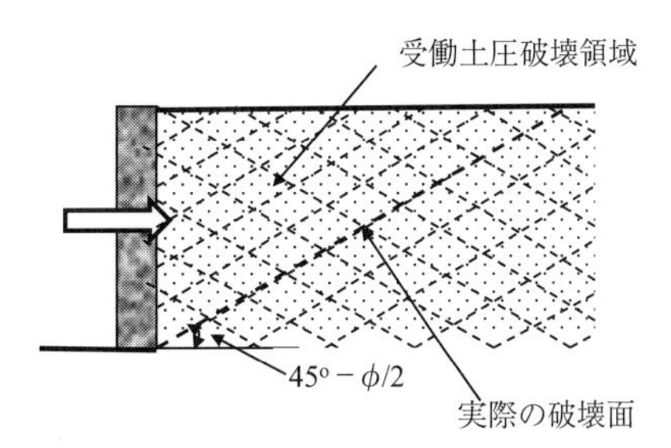

図 12.11　受働土圧域での破壊面のグループと実際の破壊面

受働土圧時の破壊面の方向は図 12.10 の図形の直

角三角形 TO′C より，

$$\angle TC\sigma_3 = 180° - \angle TC\sigma_1 = 180° - (90° + \phi) = 90° - \phi = 2 \times \angle T\sigma_1 C$$

よって，

$$\angle T\sigma_1 C = 45° - \phi/2 \tag{12.19}$$

直角三角形 TO′C に対して，次式が得られます．

$$\sin\phi = \frac{TC}{O'C} = \frac{\dfrac{\sigma_1 - \sigma_3}{2}}{\dfrac{\sigma_1 + \sigma_3}{2} + c\cot\phi} \tag{12.20}$$

上式に $\sigma_3 = \gamma z$ と $\sigma_1 = \sigma_{h,p}$ を代入して，σ_1 に対して解けば次式が得られ，受働土圧 $\sigma_{h,p}$ が求められます．

$$\sigma_1 = \sigma_{h,p} = \gamma z \frac{1+\sin\phi}{1-\sin\phi} + 2c\frac{\cos\phi}{1-\sin\phi} = \gamma z \tan^2\left(45° + \frac{\phi}{2}\right) + 2c\tan\left(45° + \frac{\phi}{2}\right) \tag{12.21}$$

$c=0$ の場合（粒状土）

この場合，式（12.21）は，

$$\sigma_{h,p} = \gamma z \tan^2\left(45° + \frac{\phi}{2}\right) = \gamma z K_p \tag{12.22}$$

ここに

$$K_p = \tan^2\left(45° + \frac{\phi}{2}\right) \tag{12.23}$$

式（12.13）と式（12.23）より **$c=0$ の場合，$K_p = 1/K_a$ の関係が成り立つことがわかります．**

ランキンの受働土圧 $\sigma_{h,p}$ は，鉛直壁面に垂直に作用します．そして，それは深さ z とともに $1/\gamma K_p$ の傾斜を持って直線的に増加します．図12.12にはその分布が示されていて，その土圧合力（thrust）P_p は次式より求められ，それは壁の底面より $H/3$ の点に作用します．

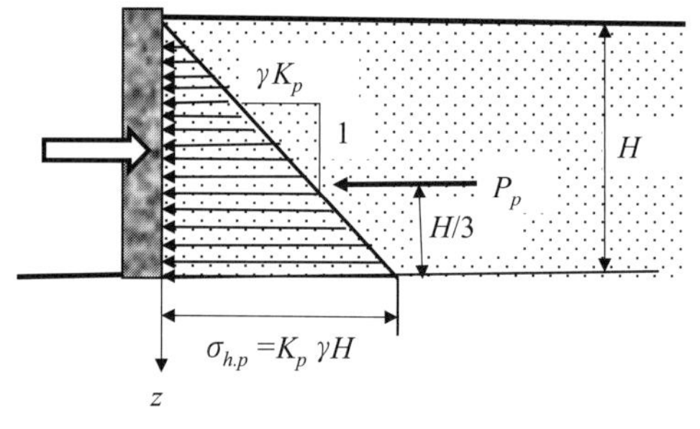

図12.12　ランキンの受働土圧の分布図（$c=0$ の場合）

$$P_p = \frac{1}{2}K_p \gamma H^2 \tag{12.24}$$

$c \neq 0$ の場合（c と ϕ の材料）

式（12.21）は $\sigma_{h,p}$ は深さ z とともに直線的に増加することを示しています．受働の場合，地表面（$z=0$）で，その値は正（圧縮）値をとり，主働のときのような引張りは起こらず，すべての深さで圧縮応力となります．図12.13にその分布が描かれています．壁面に作用する受働土圧の合力

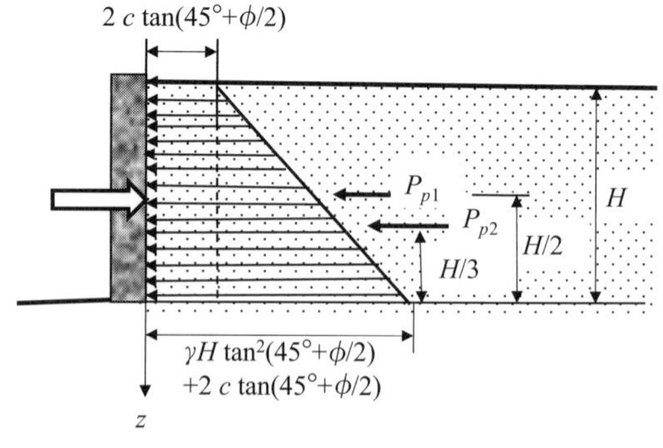

図12.13　ランキンの受働土圧の分布図（$c \neq 0$ の場合）

は P_{p1}（矩形分布）と P_{p2}（三角形分布）の合計（$P_p=P_{p1}+P_{p2}$）として計算することができます．

$$P_{p1} = 2\,c\tan\left(45°+\frac{\phi}{2}\right) \times H \tag{12.25}$$

$$P_{p2} = \frac{1}{2}\gamma H^2 \tan^2\left(45°+\frac{\phi}{2}\right) \tag{12.26}$$

P_{p1} と P_{p2} は，それぞれ，壁の底面より $H/2$ と $H/3$ の点に作用し，その合力の作用点は 2 つの図形の重心（center of gravity）を求める計算法で決定することができます．

12.4.3 ランキン土圧分布のまとめ

この節では鉛直壁に作用するランキン土圧分布がまとめられます．それは，裏込めでの地下水位の位置の違いと複数の裏込め土層の場合が含まれます．ここでは，議論を一般化するために**水平土圧係数 K は，静止土圧係数 K_0 をも含めた土圧係数 K_a または K_p を代表する係数とします．**

乾燥した裏込め土で $c=0$ の場合

図 12.14 に見られるように土力分布は三角形で，その合力は壁の底面から $H/3$ に作用します．

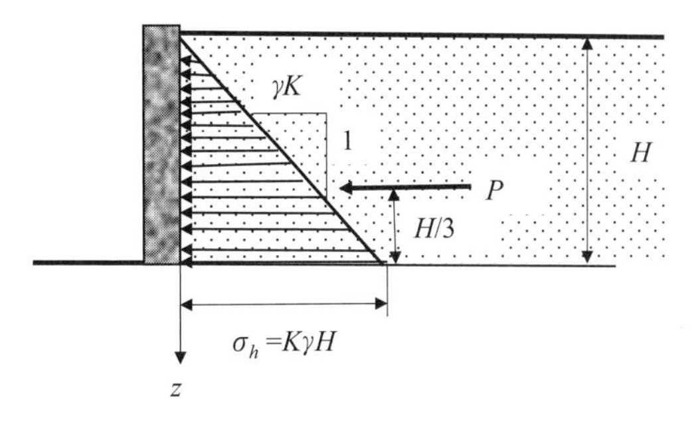

図 12.14 乾燥した裏込め土で $c=0$ の場合の土圧分布

$c=0$ 材で地下水位が裏込め土の中にある場合

この場合には，図 12.15 に見られるように地下水以深では土の水中単位体積重量が土圧の計算に用いられ，同時に壁の両面に互いに等しい量で反対向きの静水圧が加わります．

この例で，もし壁の前と後で水位の異なる場合，不均衡な水圧が一方側から壁に加わることになります．これは潮の満干の影響を受ける海側の構造物でよく見られる現象です．

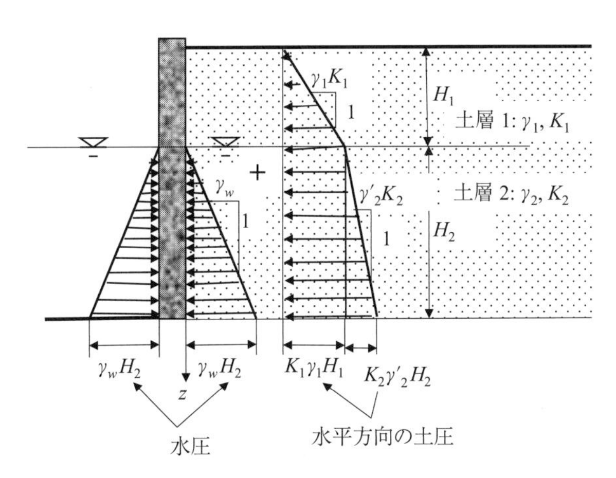

図 12.15 $c=0$ 材で地下水位が裏込め土の中にある場合の水平土圧と静水圧分布

c=0 材で裏込めが複数の層よりなる場合

図 12.15 のプロットは，混乱を避けるために $K_1=K_2$ と仮定して連続的な土圧分布が描かれました．もし，裏込めに 2 つの異なる土層があり，$K_1 \neq K_2$ のとき，その土圧分布は図 12.16 に見られるように不連続となる可能性があります．

この場合，その 2 つの土層の境界点 A では異なる 2 つの圧力が計算されます．A 点のすぐ上では K_1 値を，そのすぐ下では K_2 値を使って，土圧が次のように計算されます．

$$\sigma_{h,A} = K_1 \gamma_1 H_1 \text{（A 点のすぐ上で）} \tag{12.27}$$

$$\sigma_{h,A} = K_2 \gamma_1 H_1 \text{（A 点のすぐ下で）} \tag{12.28}$$

そして，壁の底面では，

$$\sigma_{h,\mathrm{base}} = K_2(\gamma_1 H_1 + \gamma_2 H_2) \tag{12.29}$$

上記の方法は 2 つ以上の層の場合や，地下水位の境目での土圧の計算の場合に同様に用いることができます．しかし，この解は理論的には正しいものですが，実際の圧力分布は図のように急激な変化ではなく，むしろスムーズに変化するものです．

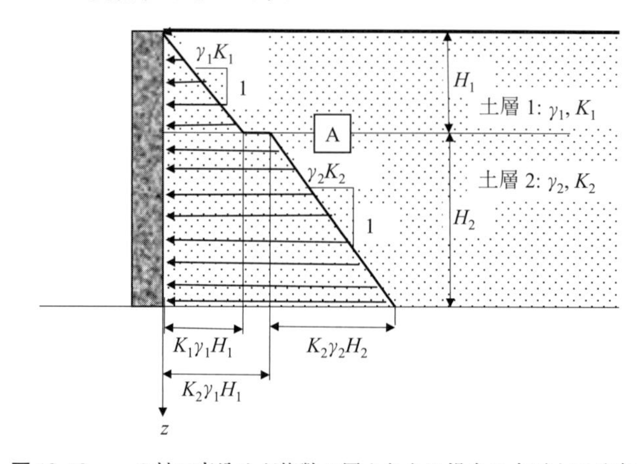

図 12.16 c=0 材で裏込めが複数の層よりなる場合の水平土圧分布

$c \neq 0$ 材で裏込めが複数の層よりなる場合

この場合，上記の c=0 材の場合と同じ概念を適用されます．$c \neq 0$ の場合，主働では地表面付近でテンションクラックゾーンが存在しますが，受働ではそれは存在しません．よって，図 12.17 には主働と受動の場合が別々に描かれています．図 12.17 の各レベルでの水平圧力値は式（12.11）と式（12.21）に基づいて以下の式によって計算することができます．それぞれに対応する層の土の指数が各式に導入されています．

主働土圧に対して，

$$\sigma_{a1} = \gamma_1 H_1 \tan^2\left(45° - \frac{\phi_1}{2}\right) - 2c_1 \tan\left(45° - \frac{\phi_1}{2}\right) \tag{12.30}$$

$$\sigma_{a2} = \gamma_1 H_1 \tan^2\left(45° - \frac{\phi_2}{2}\right) - 2c_2 \tan\left(45° - \frac{\phi_2}{2}\right) \tag{12.31}$$

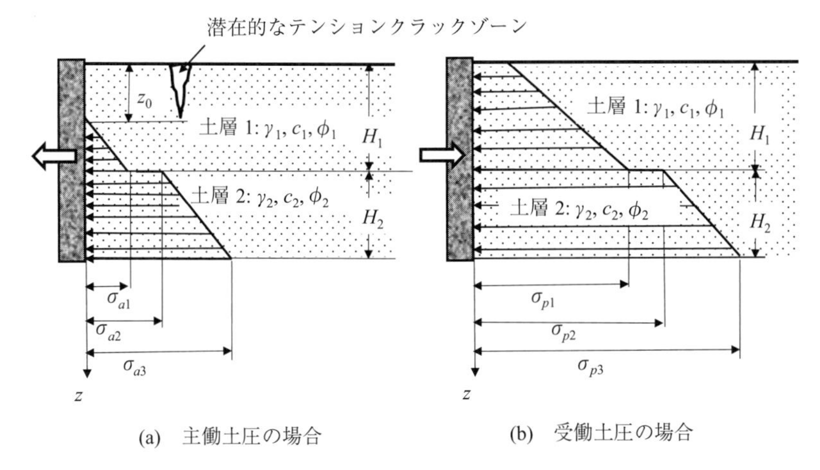

図 12.17　$c\neq0$ 材で裏込めが複数の層よりなる場合の水平土圧分布

$$\sigma_{a3} = (\gamma_1 H_1+\gamma_2 H_2)\tan^2\left(45°-\frac{\phi_2}{2}\right) - 2c_2\tan\left(45°-\frac{\phi_2}{2}\right) \tag{12.32}$$

受働土圧に対して，

$$\sigma_{p1} = \gamma_1 H_1\tan^2\left(45°+\frac{\phi_1}{2}\right) + 2c_1\tan\left(45°+\frac{\phi_1}{2}\right) \tag{12.33}$$

$$\sigma_{p2} = \gamma_1 H_1\tan^2\left(45°+\frac{\phi_2}{2}\right) + 2c_2\tan\left(45°+\frac{\phi_2}{2}\right) \tag{12.34}$$

$$\sigma_{p3} = (\gamma_1 H_1+\gamma_2 H_2)\tan^2\left(45°+\frac{\phi_2}{2}\right) + 2c_2\tan\left(45°+\frac{\phi_2}{2}\right) \tag{12.35}$$

式（12.30）から式（12.35）の使用に当たって，ϕ_1，ϕ_2，c_1，c_2 の値の使用に注意してください．

例題 12.2

図 12.18 は主働土圧で崩壊すると予想される水平な裏込めを持った鉛直擁壁を示しています．その壁の前面の水位と壁の後面の地下水位は異なることに注意してください．

(1) 壁の両面に作用するすべての水平土圧と水圧を計算し，それをプロットしてください．

(2) それらの合力とその作用点を求めてください．

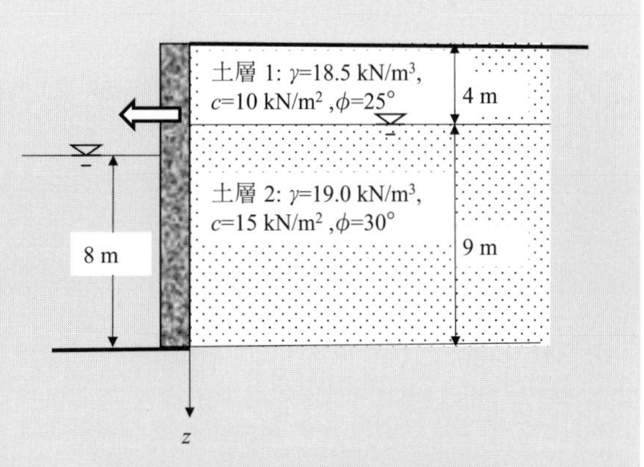

図 12.18　例題 12.2（擁壁の主働破壊）

解：

(1) テンションクラックの深さ：

$z_0=2c_1/[\gamma_1 \tan(45°-\phi_1/2)]=2\times10/[18.5\times\tan(45°-25°/2)]=1.70$ m

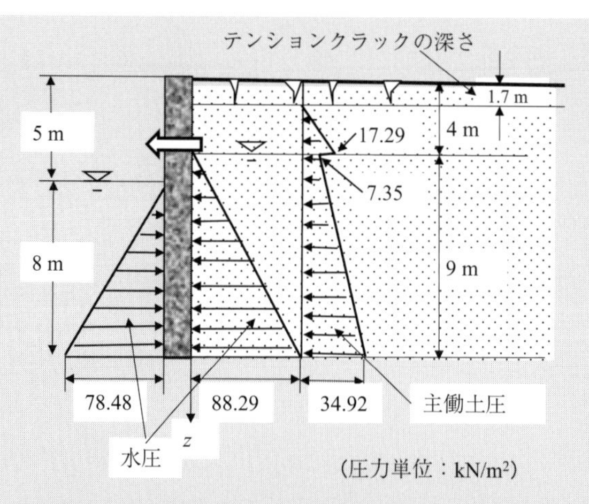

図 12.19 擁壁に作用する主働土圧と水圧の分布

主働土圧：

$\sigma_{a,\,深さ4\,m,\,土層1}$= 式（12.30）$=18.5\times4\times\tan^2(45°-25°/2)-2\times10\times\tan(45°-25°/2)=30.03-12.74$ $=17.29\ \mathrm{kN/m^2}$

$\sigma_{a,\,深さ4\,m,\,土層2}$= 式（12.31）$=18.5\times4\times\tan^2(45°-30°/2)-2\times15\times\tan(45°-30°/2)=24.67-17.32$ $=7.35\ \mathrm{kN/m^2}$

$\sigma_{a,\,深さ13\,m,\,土層2}$ = 式（12.32）$=[18.5\times4+(19.0-9.81)\times9]\times\tan^2(45°-30°/2)-2\times15\times\tan(45°-30°/2)=52.24-17.32=34.92\ \mathrm{kN/m^2}$

水圧：

前面 $z=5$ m で，$u=0$，$z=13$ m で，$u=8\times9.81=78.48$ kPa（kN/m^2）

裏込め側 $z=4$ m で，$u=0$，$z=13$ m で，$u=9\times9.81=88.29$ kPa（kN/m^2）

上の値が図 12.19 にプロットされました．

(2) 合力とその作用点：

$P_{a,\,土層1}=(1/2)\times17.29\times(4-1.7)=19.88\ \mathrm{kN/m^2}$ が，壁底より $9+(4-1.7)/3=9.77$ m に．

$P_{a,\,土層2}=7.35\times9+(1/2)\times(34.92-7.35)\times9=66.15$(4.5 m に)$+124.07$，壁底より 3 m に．

$P_{w,\,裏込め}=(1/2)\times88.29\times9=397.31\ \mathrm{kN/m^2}$ が，壁底より 3 m に．

$P_{w,\,前面}=(1/2)\times78.48\times8=313.92\ \mathrm{kN/m^2}$ が壁底より 2.67 m に，右向きに．

合力：$P=19.88+66.15+124.07+397.31-313.92=293.49$ kN/m ⇐

合力の作用点：$z=\Sigma$(モーメント)$/P$

$=(19.88\times9.77+66.15\times4.5+124.07\times3+397.31\times3-313.92\times2.67)/293.49$

$=4.15$ m（壁底より） ⇐

本書ではランキンの土圧の理論は水平な裏込め土の場合にのみ議論されましたが，ランキンの土圧論は傾斜した裏込め土の場合にも応用されます．詳細については，他の文献（Terzaghi 1943, Mazindrani and Ganjali 1997 等）を参照してください．

12.5　クーロンの土圧理論

フランス軍のエンジニア（French army engineer）であったクーロン（Coulomb 1776）は砂質土（$c=0$ の ϕ 材）に対しての擁壁に作用する土圧理論を開発しました．その理論では，剛な擁壁が十分移動したとき，壁の後の裏込めに破壊した**土のくさび**（soil wedge）が形成され，そのくさびに作用するすべての**力の均衡**（force equilibrium）を求めることにより，壁に作用する土圧を計算する式を導きました．

12.5.1　主働土圧（active earth pressure）

図 12.20 に見られるように，剛な擁壁が左方向に十分な量変位したとき，裏込め土が破壊し，くさび ABC が形成され，AB 面と BC 面は**滑り面**（sliding plane）となります．くさびには 3 つの外力のみが作用します．それらは W（くさびの自重），R（滑り面 BC での土から反力），および，P_a（壁からの反力）です．これらの破壊時の力は均衡を保ち，図の右側に見られるように**力の多角形**（force polygon）が閉じることになります．図 12.20 で，反力 R の作用する ϕ の角度は，それは土のせん断破壊面 BC 上にあるために，それは土の内部摩擦角と同一です．反力 P_a は，壁面の垂直線に対して δ 角傾いて作用します．δ は土と壁との間の**壁面摩擦角**（wall friction angle）と呼ばれます．

W は鉛直下方に作動するので，3 つの力の方向と W の大きさが知られており，P_a の大きさは閉じた力の多角形から決定されます．P_a は破壊時の壁面からのくさびへの力で，それは，その**力の反力**（reaction）として，今求めている土のくさびから壁に作用する主働土圧に他なりません．

しかしながら，図 12.20 の図解法には破壊くさびの底角 β が必要とされます．したがって，まず β 角が仮定され，それに対応する P_a 値が求められます．そして，いくつかの異なる β 角に対して P_a 値を求め，図 12.21 のようにプロットし，その最大値がクーロン法による主働土圧として決定されます．

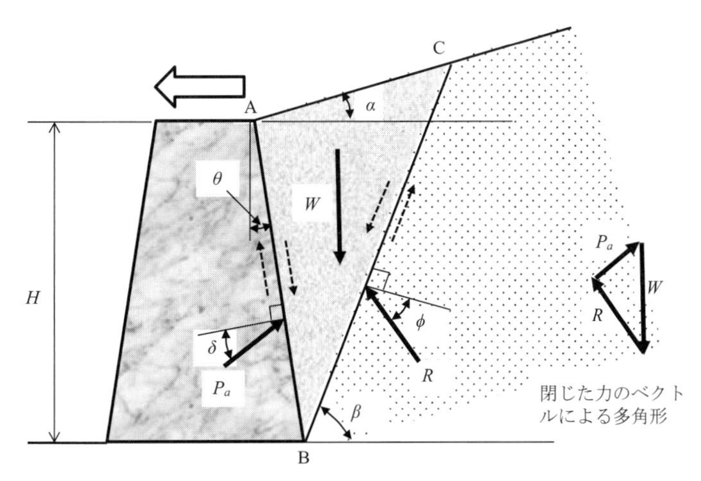

図 12.20　クーロンの主働土圧の決定法

上記の図解法の原理に基づいて，クーロンは P_a の解析解を次式に得ました．

$$P_a=\frac{1}{2}\gamma H^2\frac{\cos^2(\phi-\theta)}{\cos^2\theta\cos(\delta+\theta)\left[1+\sqrt{\dfrac{\sin(\delta+\phi)\sin(\phi-\alpha)}{\cos(\delta+\theta)\cos(\theta-\alpha)}}\right]^2}=\frac{1}{2}\gamma K_a H^2 \tag{12.36}$$

$$K_a=\frac{\cos^2(\phi-\theta)}{\cos^2\theta\cos(\delta+\theta)\left[1+\sqrt{\dfrac{\sin(\delta+\phi)\sin(\phi-\alpha)}{\cos(\delta+\theta)\cos(\theta-\alpha)}}\right]^2} \tag{12.37}$$

上式の α と θ の角度は図 12.20 に定義されています．壁面摩擦角（wall friction angle）δ の値は，普通のコンクリートの壁で，一般に $\delta=\frac{1}{2}\phi$ と $\frac{2}{3}\phi$ の間の値をとります．表 12.1 と図 12.22 に鉛直壁（$\theta=0$）で水平な裏込め土層（$\alpha=0$）で $\delta=\frac{1}{2}\phi$ と $\frac{2}{3}\phi$ の場合での K_a 値が示されています．図 12.22 より，K_a 値は ϕ が増加すると減少し，また，壁面摩擦角 δ の影響は少ないことがわかります．読者には各自で式（12.37）に基づいて，α，θ，ϕ，δ のいかなる組み合わせの K_a 値をも計算できるスプレッドシートを作成することをお勧めします．

また，式（12.37）のクーロンの式で，$\alpha=0$（水平な裏込め層），$\theta=0$（鉛直壁），$\delta=0$（滑らかな壁）のとき，クーロンの K_a 値はランキンの式（式（12.13））と同じになることがわかります．

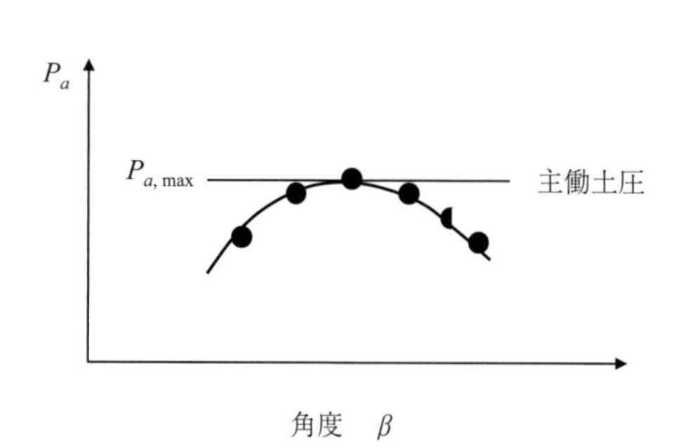

図 12.21　クーロンの主働土圧の求め方

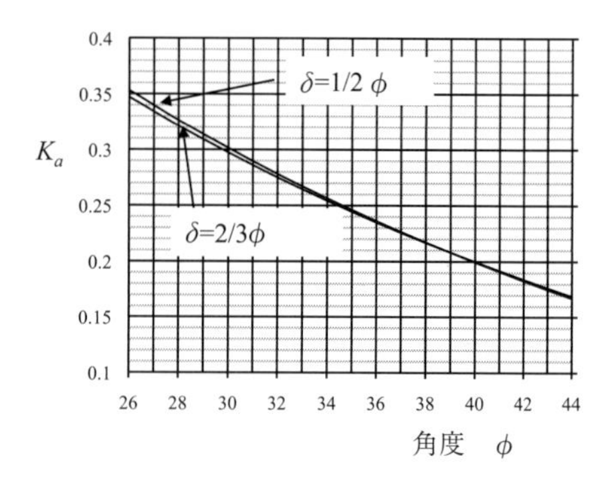

図 12.22　クーロンの K_a 値
（$\theta=0$，$\alpha=0$，$\delta=\frac{1}{2}\phi$ と $\frac{2}{3}\phi$ の場合）

表 12.1　クーロンの K_a 値（$\theta=0$，$\alpha=0$，$\delta=\frac{1}{2}\phi$ と $\frac{2}{3}\phi$ の場合）

ϕ	K_a	
	$\delta=\frac{1}{2}\phi$	$\delta=\frac{2}{3}\phi$
26	0.353	0.347
28	0.326	0.321
30	0.301	0.297
32	0.278	0.275
34	0.256	0.254
36	0.236	0.235
38	0.217	0.217
40	0.199	0.200
42	0.183	0.184
44	0.167	0.167

12.5.2 受働土圧 (passive earth pressure)

主働の場合と同様にして，クーロンの受働土圧の理論では，図 12.23 に見られるように壁は裏込め土の方向（右向き）に十分に変位して破壊に至り，裏込め土内に土の破壊くさびが形成されます．このとき，主働の場合とは逆にくさびは上向きに押し上げられることに注意してください．したがって，反力 R と P_p はその法線に対して主働の場合とは反対方向の角度から作用します．そして，β 角を仮定し，P_p は力の多角形より得られます．いくつかの仮定された β 値に対して，P_p 値を求め，その最小値が受働土圧として決定されます．その解析法による結果は次式で得られます．

$$P_p = \frac{1}{2}\gamma H^2 \frac{\cos^2(\phi+\theta)}{\cos^2\theta\cos(\delta-\theta)\left[1-\sqrt{\dfrac{\sin(\delta+\phi)\sin(\phi+\alpha)}{\cos(\delta-\theta)\cos(\theta-\alpha)}}\right]^2} = \frac{1}{2}\gamma K_p H^2 \tag{12.38}$$

$$K_p = \frac{\cos^2(\phi+\theta)}{\cos^2\theta\cos(\delta-\theta)\left[1-\sqrt{\dfrac{\sin(\delta+\phi)\sin(\phi+\alpha)}{\cos(\delta-\theta)\cos(\theta-\alpha)}}\right]^2} \tag{12.39}$$

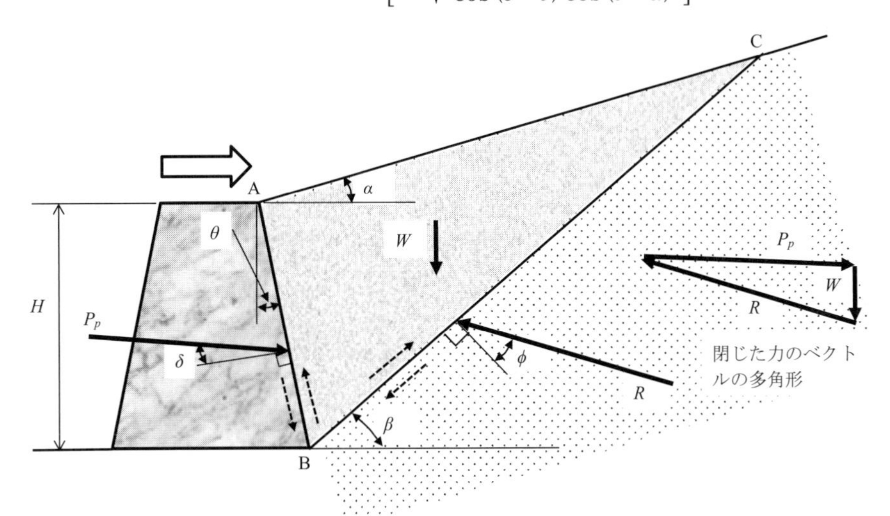

図 12.23 クーロンの受働土圧の決定法

表 12.2 クーロンの K_p 値（$\theta = 0$, $\alpha = 0$, $\delta = ½\phi$ と $⅔\phi$ の場合）

ϕ	K_p	
	$\delta = ½\phi$	$\delta = ⅔\phi$
26	3.787	4.400
28	4.325	5.154
30	4.976	6.108
32	5.775	7.337
34	6.767	8.957
36	8.022	11.154
38	9.639	14.233
40	11.771	18.737
42	14.662	25.696
44	18.714	37.270

表12.2と図12.24に鉛直壁（$\theta=0$）で水平な裏込め土層（$\alpha=0$）で$\delta=\frac{1}{2}\phi$と$\frac{2}{3}\phi$の場合のK_pの値が示されています．K_p値はK_a値に比べてより高い値をとり，また，壁面摩擦角δの影響も主働の場合より大きいことがわかります．読者にはここでまた，各自で式（12.39）に基づいてα，θ，ϕ，δのいかなる組み合わせのK_p値を計算するためのスプレッドシートを作成することをお勧めします．

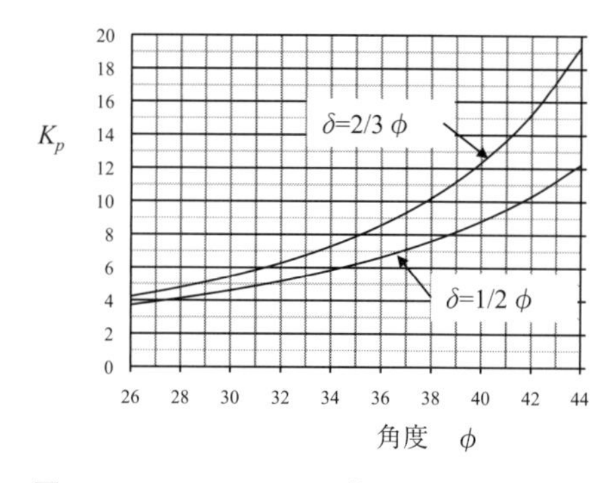

図12.24　クーロンのK_p値
（$\theta=0$，$\alpha=0$，$\delta=\frac{1}{2}\phi$と$\frac{2}{3}\phi$の場合）

同様に，式（12.39）のクーロンの式で，$\alpha=0$（水平な裏込め層），$\theta=0$（鉛直壁），$\delta=0$（滑らかな壁）が選択されたとき，クーロンのK_p値はランキンの式（式（12.23））と同じになることがわかります．

12.5.3　クーロン土圧の分布

クーロンの方法では，土圧合力（thrust）P_aとP_pは閉じた力の多角形より求められました．これは，鉛直方向の力の和（$\Sigma V=0$）と水平方向の力の和（$\Sigma H=0$）の均衡式を用い，$\Sigma M=0$のモーメント均衡（moment equilibrium）式は使われていません．したがってそれぞれの力の作用点は決められていません．**クーロンは土圧は三角形に分布すると仮定しました．**よって，その合力は図12.25に見られるように，壁の底面より$H/3$の位置に加えられることになります．

図12.25により，主働時と受働時の壁の底面での土圧$\sigma_{a,\ \mathrm{at\ base}}$と$\sigma_{p,\ \mathrm{at\ base}}$は，それぞれ，次式で与えられます．

$$\sigma_{a,\ \mathrm{at\ base}}=\gamma H K_a \sin(90°-\theta) \tag{12.40}$$

$$\sigma_{p,\ \mathrm{at\ base}}=\gamma H K_p \sin(90°-\theta) \tag{12.41}$$

よって，P_aとP_pはその三角形分布の面積を求めて次式となります．

$$P_a=\frac{1}{2}\sigma_{a,\ \mathrm{at\ base}}\cdot(\text{壁の面長})=\frac{1}{2}[\gamma H K_a \sin(90°-\theta)]\cdot[H/\sin(90°-\theta)]=\frac{1}{2}\gamma H^2 K_a$$

$$P_p=\frac{1}{2}\sigma_{p,\ \mathrm{at\ base}}\cdot(\text{壁の面長})=\frac{1}{2}[\gamma H K_p \sin(90°-\theta)]\cdot[H/\sin(90°-\theta)]=\frac{1}{2}\gamma H^2 K_p$$

したがって，$\sigma_{a,\ \mathrm{at\ base}}$と$\sigma_{p,\ \mathrm{at\ base}}$を式（12.40）と式（12.41）にそれぞれ定義することにより，上

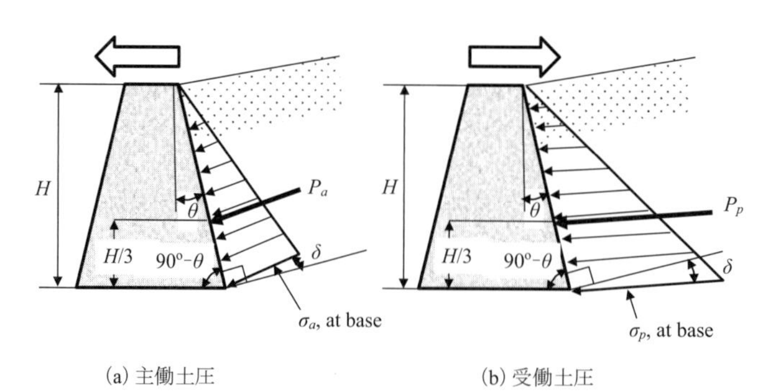

図12.25　クーロンの仮定した土圧分布と合力の作用点

の2つの式により，P_a と P_p は式（12.36）と式（12.38）とに，それぞれ等しくなります．

P_a と P_p は壁の底面より $H/3$ 点に作用しますが，それは，クーロンの仮定にすぎないことを認識してください．この章の後半で説明するように，この仮定は厳密にはある特定の壁の変位モードのみに適用されことになります．

12.6　裏込め土上に置かれた荷重による水平土圧

多くの場合，裏込め土の地表面上に置かれた荷重による水平土圧の増加を無視することはできません．これらは交通荷重や，道路の舗装，クレーンの荷重などによるものです．以下にこれらのいくつか例が示されます．

12.6.1　無限に長い均等上載荷重の場合

図12.26に見られるように，無限に長い均等な**上載荷重**（surcharge load）q_0 が裏込め土の上に加えられたとき，深さに対しても均一な水平土圧が生じます．この場合の土圧は次式で得られます．

$$\sigma_h = K q_0 \tag{12.42}$$

ここに K は状況に応じての土圧係数，K_0，K_a，または，K_p となり，この土圧は静止土圧，ランキン，または，クーロン土圧に加算されるものです．

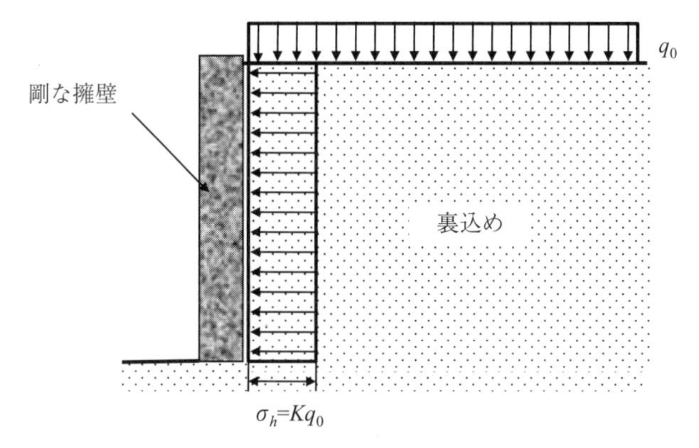

図 12.26　均等上載荷重による土圧の増加

12.6.2　壁に変位のない場合の点荷重による土圧

図12.27に見られるように，**点荷重**（point load）P が地表に加えられたとき，**ブシネスクの弾性解**（Boussinesq's elastic solution）が用いられます．変位のない壁（non-yielding wall）の水平応力を得るために，実荷重の対称点に同じ大きさの架空の点荷重が加えられ，その中央点下での水平応力が求める解（式（12.43））となります．これは一点載荷のブシネスク解の2倍の値となることに注意してください．

$$\sigma_h = \frac{P}{\pi z^2}\left[\frac{3x^2z^3}{R^5} - \frac{(1-2\mu)z^2}{(R+z)R}\right] \quad (\mu：ポアソン比) \tag{12.43}$$

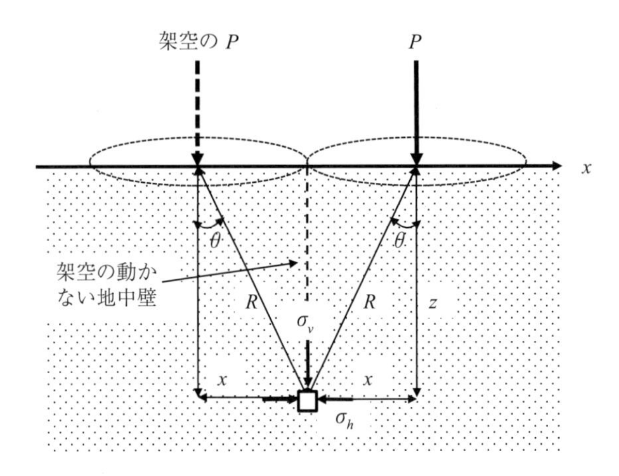

図 12.27　壁に変位のない場合の点荷重によるブシネスクの土圧解

12.6.3　壁に変位のない場合の線荷重による土圧

同様に，図 12.28 のブシネスクの線荷重 q による，壁に変位のない場合の土圧解は次式より得られます．

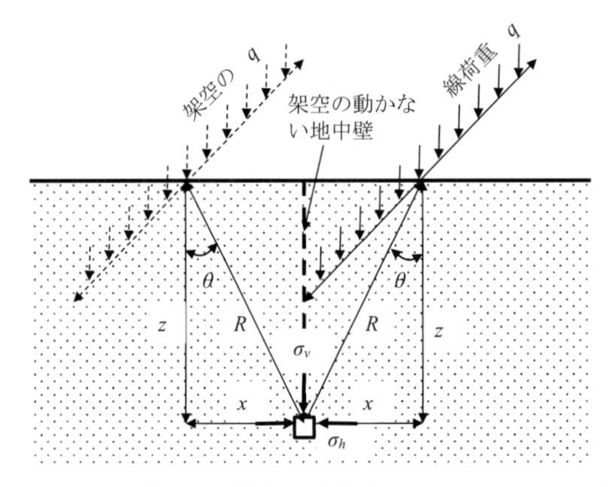

図 12.28　壁に変位のない場合の線荷重によるブシネスクの土圧解

$$\sigma_h = \frac{2q}{\pi}\frac{z}{x^2+z^2}[1-\cos(2\theta)] = \frac{2q}{\pi}\frac{\sin\theta\sin 2\theta}{R} \tag{12.44}$$

例題 12.3

線荷重 $q=50$ kN/m が鉛直壁の背面から 1 m の位置の裏込め土上に加えられました．壁の深さ $z=0$ から 3 m での動かない壁面での水平方向土圧分布を計算して，それをプロットしてください．

解：

$R=(x^2+z^2)^{0.5}$

$\theta=\tan^{-1}(x/z)$

式（12.44）を使って，q=50 kN/m，x=1 m，そして，z=0 から 3 m をスプレッドシートに組み込み，その結果は図 12.29 にプロットされました．

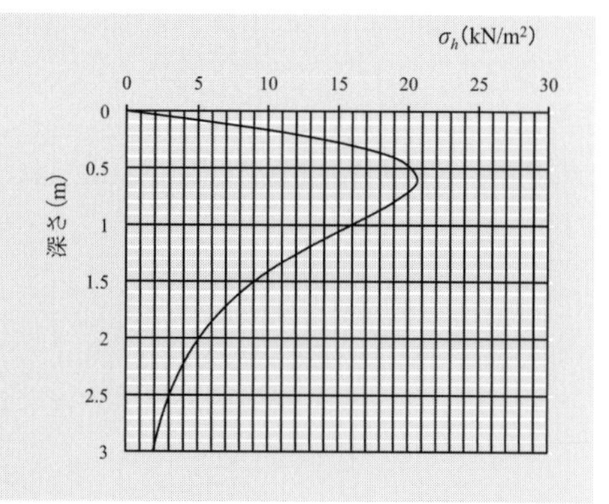

図 12.29　例題 12.3 の解

12.6.4　壁に変位のないときの帯状荷重による土圧

同様にして，図 12.30 のブシネスクによる解は次式になります．

$$\sigma_h = \frac{2q}{\pi}[(\beta - \sin\beta\cos(2\theta)] \tag{12.45}$$

ここに β と θ 角は図 12.30 に示されています．

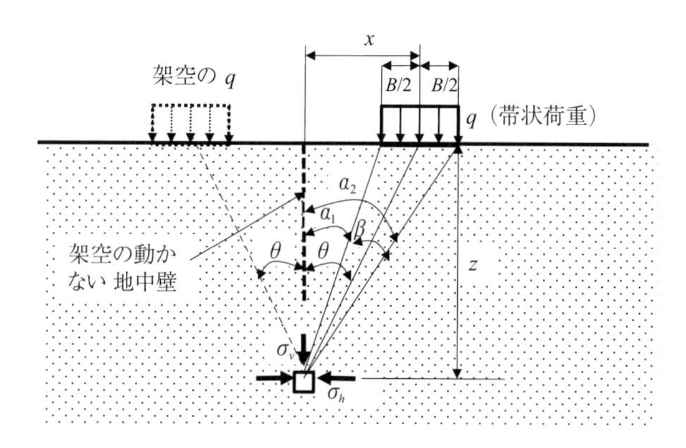

図 12.30　壁に変位のないときの帯状荷重による土圧

例題 12.4

100 kN/m^2 の帯状荷重が幅 1 m（B=1 m）の裏込め土上の基礎に加えられました．基礎の中心線は鉛直壁の背面から 3 m（x=3 m）に位置しています．深さ 0 m から 10 m の範囲で変位のない壁面に作用する水平土圧分布を求め，それをプロットしてください．

解：

図 12.30 の図形より，

$\theta = \tan^{-1}(x/z)$

$\alpha_1 = \tan^{-1}[(x - B/2)/z]$

$\alpha_2 = \tan^{-1}[(x + B/2)/z]$

$\beta=\alpha_2-\alpha_1$

$x=3$ m，$B=1$ m，そして，$q=100$ kN/m^2

上の値と式（12.45）を用いて，$z=0$ から 10 m での σ_h 値を計算するために表 12.3 のスプレッドシートが作成され，その結果は図 12.31 にプロットされています．

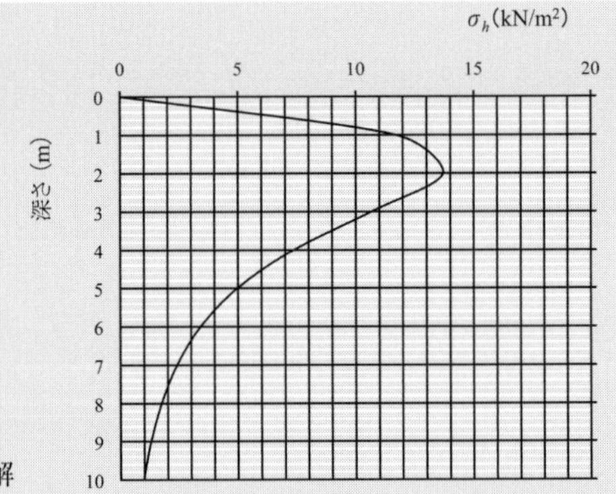

図 12.31　例題 12.4 の解

表 12.3　例題 12.4 の解

z（m）	θ（ラジアン）(radian)	β（ラジアン）(radian)	σ_h(kN/m^2)
0	0.0000	0.0000	0.00
1	1.2490	0.1022	11.70
2	0.9828	0.1556	13.70
3	0.7854	0.1674	10.66
4	0.6435	0.1602	7.36
5	0.5404	0.1471	4.97
6	0.4636	0.1333	3.41
7	0.4049	0.1206	2.40
8	0.3588	0.1095	1.73
9	0.3218	0.0999	1.28

上記でブシネスクの弾性解がさまざまな裏込め土上に加えられた荷重に対しての，壁に変位のない場合（静止土圧）の水平土圧を求めるのに使われました．しかしながら，これらの解が主働，または，受働の場合の土圧を与えるかについては疑問です．なぜなら，そのとき壁は破壊に至るまで十分に変位するからです．この点については更なる吟味が必要です．

12.7　クーロン土圧か，ランキン土圧か，それともその他の土圧式か

2つの古典的な土圧理論（クーロンとランキン）が示されました．これらの理論は今なお地盤工学のエンジニア達によく使われています．しかしながら，この時点で読者には，いくつかの重要な疑問が生じると思います．

(1) エンジニアの好みによってそのいずれかの理論を使用できるのですか．

(2) そのいずれかの解を選択するためのルールがありますか．

(3) これらの理論に使用上何らかの制限はありますか．

上記の質問に適切に答えるためには，まず，クーロン理論とランキン理論の違いを明らかにしなければなりません．

(1) ランキン理論は図 12.6 と図 12.11 に見られたように，破壊時の裏込め土全体の土の要素は塑性平衡（破壊）の状態にあると仮定します．しかし，クーロンは，図 12.20 と図 12.23 のように

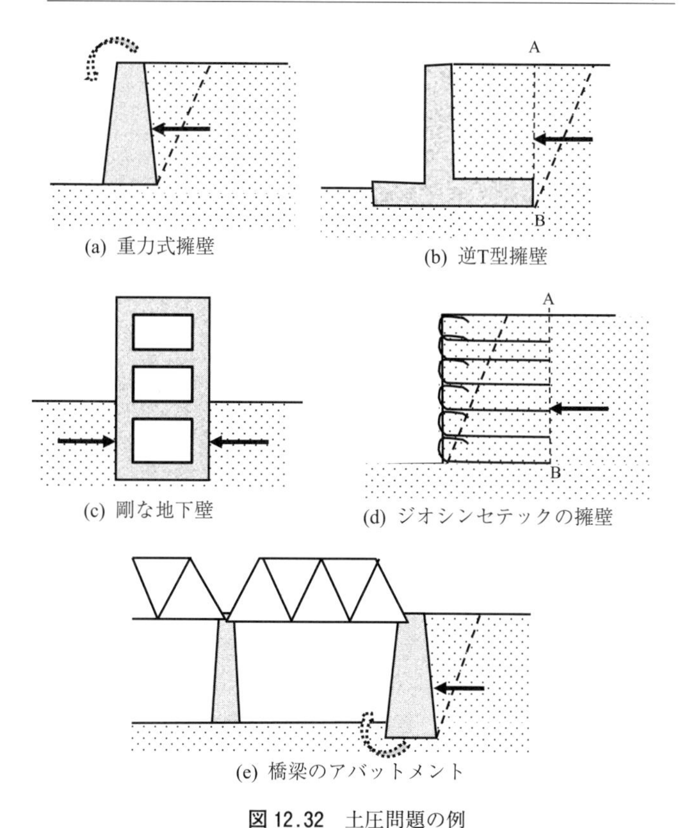

(a) 重力式擁壁
(b) 逆T型擁壁
(c) 剛な地下壁
(d) ジオシンセテックの擁壁
(e) 橋梁のアバットメント

図 12.32 土圧問題の例

滑り面に沿ってのみ土は塑性平衡状態にあり，破壊したくさびの内部の土要素は破壊している必要はありません．

(2) ランキンでの壁背面は滑り面ではありませんが，クーロンのそれは滑り面の1つです．

(3) ランキン理論では全体の土要素が塑性平衡状態にあるために，その壁に作用する土圧分布は深さとともに直線的に増加する関数（三角形分布）です．しかしながら，クーロン理論ではその保証なしに三角分布を仮定しています．

(4) ランキン土圧は壁面に垂直に作用する（壁摩擦ゼロ）のに対し，クーロン圧力はδ角（壁面摩擦角）だけ垂直面より傾いて作用します．

ここで，図 12.32 に示される典型的な土圧問題の例について考えてみましょう．それらは（a）**重力式擁壁**（gravity retaining wall），（b）**逆T字型擁壁**（cantilever retaining wall），（c）**地下壁**（basement wall），（d）**ジオシンセティックス補強擁壁**（geosynthetic reinforced retaining wall），および（e）**橋台**（bridge abutment）です．

それらのうち，明らかに，ケース（c）は安定した構造物の地下壁のため水平変位がないと思われるため，予想される水平土圧は静止土圧です．ケース（b）とケース（d）は壁の背面が滑り面になる可能性がないので，クーロン土圧ではありません．ランキン土圧がそれらの仮想境界 A-B 面に加えられることが普通です．

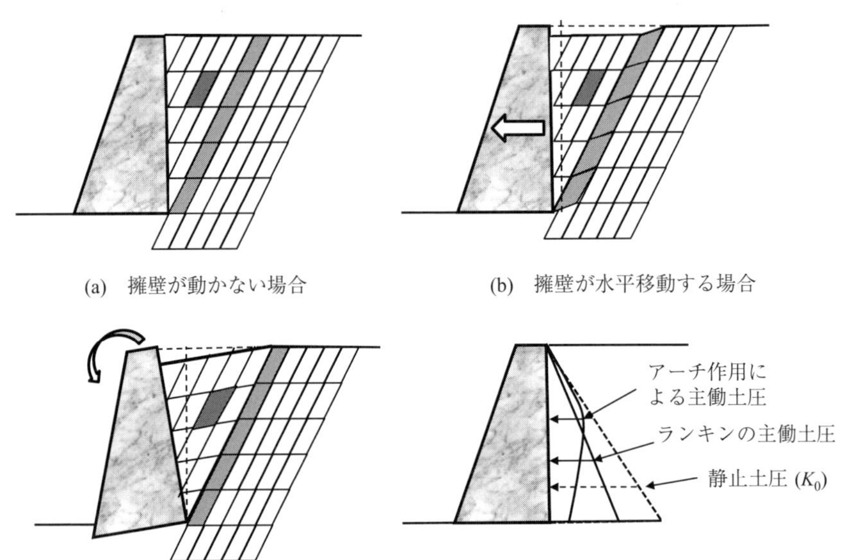

(a)　擁壁が動かない場合　(b)　擁壁が水平移動する場合

(c)　擁壁がその底部の周りに回転する場合　(d)　擁壁に作用する種々の土圧分布

図 12.33　擁壁の変位モードによる土圧分布の変化（Taylor 1948 より）

ケース（a）とケース（e）は壁の背面が滑り面になる可能性があるので，クーロン土圧が適しているといえます．しかしながら，ケース（a）とケース（e）では，予想される破壊のモードが多少違います．ケース（a）は擁壁のかかと（heel）の周りの回転で破壊すると考えられますが，ケース（e）では，橋の上部構造のために橋台の上部を中心に回転して崩壊に至ると予想されます．この擁壁の移動モードの違いによる土圧分布の違いを認識することは重要で，以下に議論されます．

壁の変位のモード（**上部を中心とした回転**（rotation about top），**下部を中心とした回転**（rotation about base），および**水平移動**（translational））によってその土圧分布が異なること想像されます．図 12.33（a）では，擁壁の変位ゼロの初期の裏込め土の各要素の形状は平行四辺形（parallelogram）でモデル化されています．図（b）は擁壁が水平移動したときの，そして，図（c）は擁壁のかかとを中心にして回転したときの土の要素を示しています．図（c）では破壊域の裏込め土のすべての要素がせん断変形を受け，大きく変形しているのがわかります．壁の背面が滑り面となるため，クーロンの理論が当てはまります．しかし，破壊域のすべての要素が大きくせん断変形しているために，ランキンの破壊時の裏込め土の仮定と同様の状態で，三角形の土圧分布が適切です．よって，図（c）はクーロンの理論がぴったり当てはまるケースと推定されます．

図（b）では滑り面での要素は大きくせん断変形を起こしていますが，その内側要素の変形は見られません．したがって，この変形モードはクーロンの仮定によく似ています．しかしながら，その破壊域内での変形していない上部の要素が壁と破壊域外の土の間にアーチ（arch）を形成し，その上部で高い突張り応力を発揮します．これは**アーチング応力**（arching stress）と呼ばれ，擁壁の上部で高い土圧を生じ，クーロンの三角形の土圧分布は当てはまりません．図 12.33（d）にアーチング応力による土圧分布が描かれていますが，それはクーロンの仮定した三角形分布とはまったく違ったものとなり，合力の作用点は壁底から$H/3$点よりかなり高くなります．土圧の擁壁の変位モードによる影響について，詳しくは他の文献を参照してください（Fang and Ishibashi 1985）．

このように擁壁に作用する土圧はその擁壁の形状や破壊モード等によって影響され，その使用に当たっては，壁の状態を正しく判断することが必要とされます．

12.8　章の終わりに

水平土圧の推定は多くの基礎の設計で非常に重要な問題です．今なお広く使用されているクーロンとランキンによる理論が詳しく示されました．しかし，12.7節で議論されたように，水平土圧の適切な推定はそれほど単純ではなく，エンジニアは，これらの理論の制約とその背後にあるさまざまな前提条件をよく認識しながら，応用する必要があります．

参考文献

1) Coulomb, C. A. (1776). "Essai sur une Application des Règles des Maximus et Minimis à quelques Problèms de Statique Relatifs à l'Architecture," (An attempt to apply the rules of maxima and minima to several problems of stability related to architecture). *Mem. Acad. Roy. Des Sciences*, Paris, Vol. 7, pp. 343-382.

2) Fang, Y.S. and Ishibashi, I. (1986). "Static Earth Pressures with Various Wall Movements," *Journal of Geotechnical Engineering*, ASCE, Vol. 112, No. 3, pp. 317-333.

3) Jaky, J. (1944). "The Coefficient of Earth Pressure at Rest," (in Hungarian) *Journal of Society of Hungarian Architects and Engineers*, pp. 355-358.

4) Mayne, P. W., and Kulhawy, F. H. (1982). "OCR Relationships in Soil," *Journal of Geotechnical Engineering*, ASCE, Vol. 108, No. GT6, pp. 851-872.

5) Mazindrani, Z. H. and Ganjali, M.H. (1997). "Lateral Earth Pressure Problem of Cohesive Backfill with Inclined Surface," *Journal of Geotechnical and Geoenvironmental Engineering*, ASCE, Vol. 123, No.2, pp. 110-112.

6) Rankine, W. J. M. (1857). "On the Stability of Loose Earth," *Phil. Trans. Roy. Soc.*, London, 147, Part 1, pp. 9-27.

7) Taylor, D. W. (1948). *Fundamentals of Soil Mechanics*, John Wiley & Sons.

8) Terzaghi, K. (1943). *Theoretical Soil Mechanics*, John Wiley and Sons.

問　　題

12.1-12.4　図12.34に見られる地下壁に作用する静止水平土圧および水圧を求めてください．そして，

(a)　壁に作用する土圧分布と水圧分布（もしあれば）をプロットしてください．

(b)　壁に作用する水平方向の合力を計算してください．もし水圧があればそれも

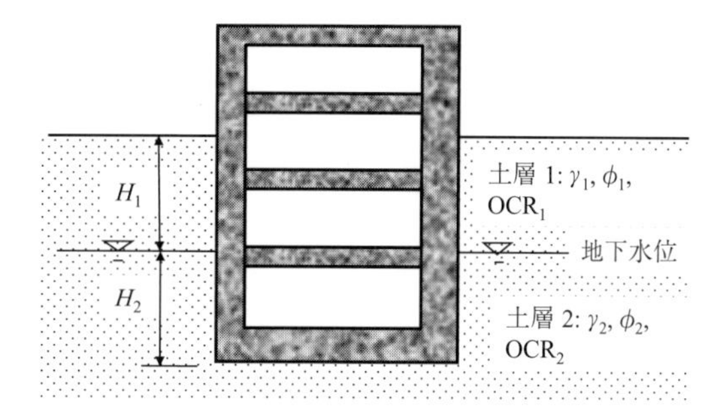

図12.34

含めてください．

(c)　(b) で求めた合力の作用点を求めてください．

問題	H_1 m	H_2 m	土層1			土層2		
			γ_1 kN/m^3	ϕ_1 度	OCR$_1$	γ_2 kN/m^3	ϕ_2 度	OCR$_2$
12.1	6	0	18.5	35	1.0	–	–	–
12.2	6	0	18.5	35	2.0	–	–	–
12.3	2	4	18.5	35	1.0	19.0	40	1.0
12.4	2	4	18.5	35	4.0	19.0	40	2.0

12.5–12.8　図12.35に見られる粒状土の裏込め土で滑らかな壁面を持つ剛な鉛直壁に作用するランキンの主働土圧を計算してください．水圧の計算は必要ありません．そして，

(a)　壁に作用する主働土圧の分布をプロットしてください．

(b)　壁に作用する水平方向の土圧合力を計算してください．

(c)　(b) で求めた合力の作用点を求めてください．

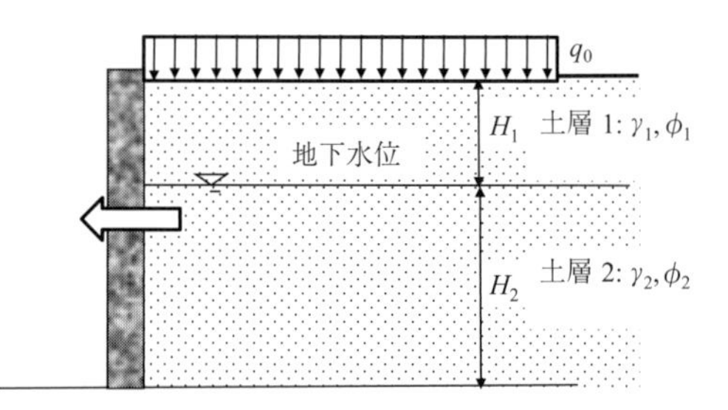

図 12.35

問題	H_1 m	H_2 m	土層1		土層2		q_0 kN/m^2
			γ_1 kN/m^3	ϕ_1 度	γ_2 kN/m^3	ϕ_2 度	
12.5	6	0	18.8	36	–	–	0
12.6	6	0	18.0	32	–	–	20
12.7	3	3	18.0	32	18.5	35	0
12.8	3	3	18.0	32	18.5	35	20

12.9–12.12　図12.36に見られる粘性土の裏込め土で滑らかな壁面を持つ剛な鉛直壁に作用するランキンの受働土圧を計算してください．水圧の計算は必要ありません．そして，

(a)　壁に作用する受働土圧の分布をプロットしてください．

(b)　壁に作用する水平方向の土圧合力を計算してください．

(c)　(b) で求めた合力の作用点を求めてください．

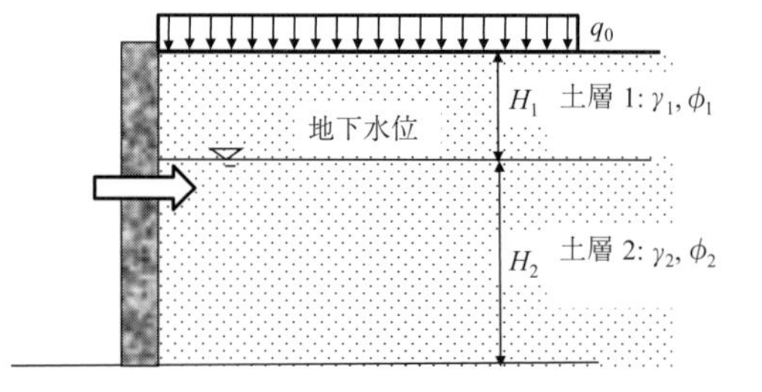

図 12.36

問題	H_1 m	H_2 m	土層1		土層2		q_0 kN/m^2
			γ_1 kN/m^3	ϕ_1 度	γ_2 kN/m^3	ϕ_2 度	
12.9	6	0	18.8	36	–	–	0
12.10	6	0	18.0	32	–	–	20
12.11	3	3	18.0	32	18.5	35	0
12.12	3	3	18.0	32	18.5	35	20

12.13-12.16　図 12.37 に見られる粘性土の裏込め土で滑らかな壁面を持つ剛な鉛直壁に作用するランキンの主働土圧を計算してください．水圧の計算は必要ありません．そして，

(a)　壁に作用する主働土圧の分布をプロットしてください．

(b)　壁に作用する水平方向の土圧合力を計算してください．

(c)　(b) で求めた合力の作用点を求めてください．

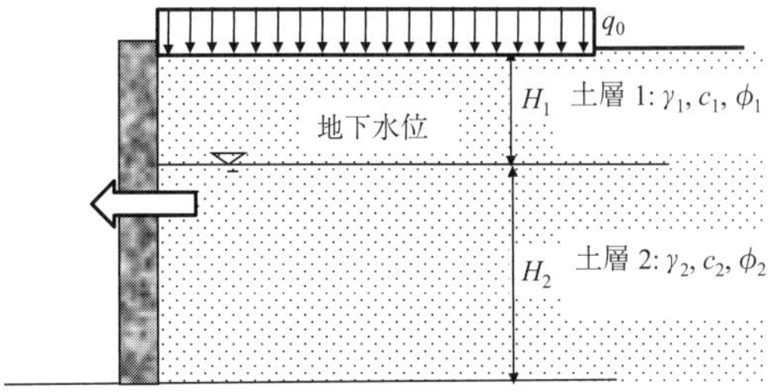

図 12.37

問題	H_1　m	H_2　m	土層 1			土層 2			q_0 kN/m^2
			γ_1 kN/m^3	c_1 kN/m^2	ϕ_1 度	γ_2 kN/m^3	c_2 kN/m^2	ϕ_2 度	
12.13	6	0	18.0	20.2	14	-	-	-	0
12.14	6	0	18.0	20.2	14	-	-	-	20
12.15	4	2	18.0	20.2	14	18.5	22.7	17	0
12.16	4	2	18.0	20.2	14	18.5	22.7	17	20

12.17-12-20　図 12.38 に見られる粘性土の裏込め土で滑らかな壁面を持つ剛な鉛直壁に作用するランキンの受働土圧を計算してください．水圧の計算は必要ありません．そして，

(a)　壁に作用する受働土圧の分布をプロットしてください．

(b)　壁に作用する水平方向の土圧合力を計算してください．

(c)　(b) で求めた合力の作用点を求めてください．

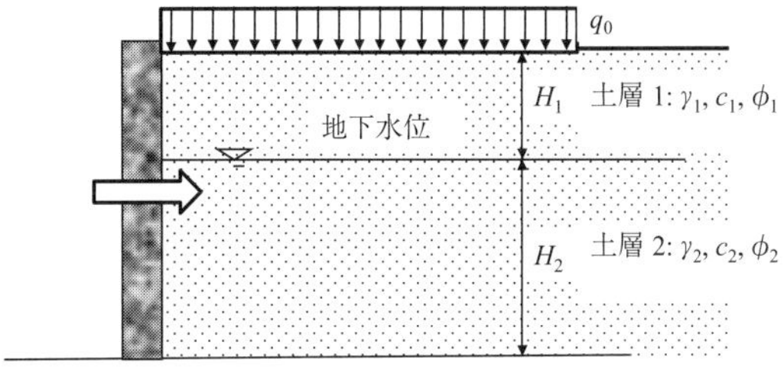

図 12.38

問題	H_1　m	H_2　m	土層 1			土層 2			q_0 kN/m^2
			γ_1 kN/m^3	c_1 kN/m^2	ϕ_1 度	γ_2 kN/m^3	c_2 kN/m^2	ϕ_2 度	
12.17	6	0	18.0	20.2	14	-	-	-	0
12.18	6	0	18.0	20.2	14	-	-	-	20
12.19	4	2	18.0	20.2	14	18.5	22.7	17	0
12.20	4	2	18.0	20.2	14	18.5	22.7	17	20

12.21-12.24　図 12.39 に見られる剛な擁壁に対して，壁面 AB に作用するクーロンによる主働土圧合力とその作用点を求めてください．

問題	H m	壁摩擦角 δ 度	α 度	θ 度	裏込め土の特性		
					γ kN/m^3	ϕ 度	c kN/m^2
12.21	4	20	0	0	19.2	40	0
12.22	4	17	0	0	18.5	34	0
12.23	4	20	0	20	19.2	40	0
12.24	4	20	10	20	19.2	40	0

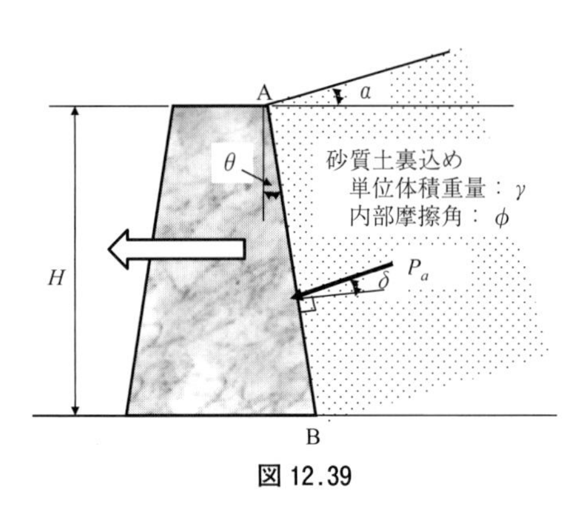

図 12.39

12.25-12-28　図 12.40 に見られる剛な擁壁に対して，壁面 AB に作用するクーロンによる受働土圧合力とその作用点を求めてください．

問題	H m	壁摩擦角 δ 度	α 度	θ 度	裏込め土の特性		
					γ kN/m^3	ϕ 度	c kN/m^2
12.25	4	20	0	0	19.2	40	0
12.26	4	17	0	0	18.5	34	0
12.27	4	20	0	20	19.2	40	0
12.28	4	20	10	20	19.2	40	0

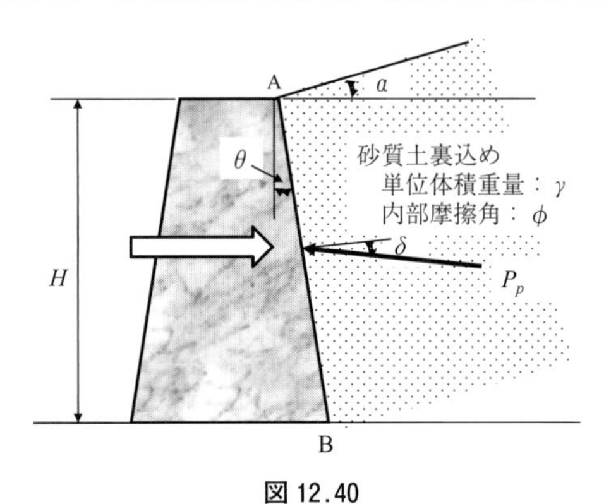

図 12.40

12.29　図 12.41 は水平な裏込め土上の上載荷重（均等荷重 q_0 と 2 つの点荷重）を示しています．この組み合わせ荷重による，荷重から最寄りの不動の鉛直壁の面に作用する水平土圧分布を計算し，それをプロットしてください．

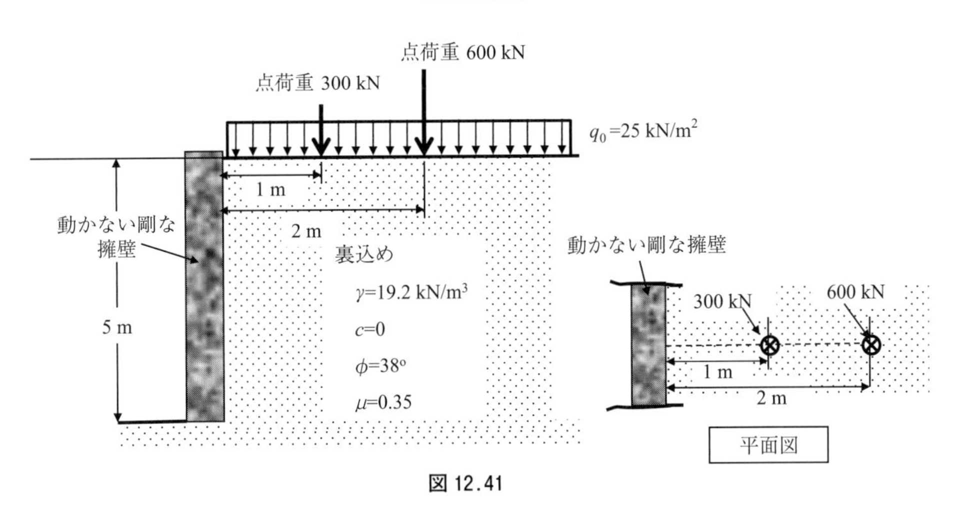

図 12.41

12.30 図 12.42 は水平な裏込め土上の上載荷重（点荷重と線荷重）を示しています．この組み合わせ荷重による，荷重から最寄りの不動の鉛直壁の面に作用する水平土圧分布を計算し，それをプロットしてください．

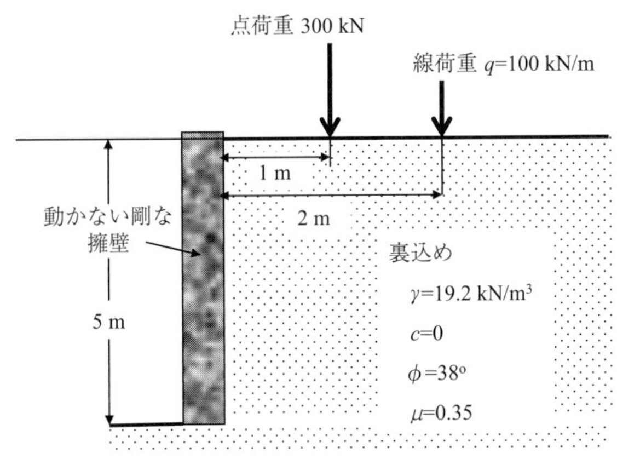

図 12.42

第13章
地盤調査

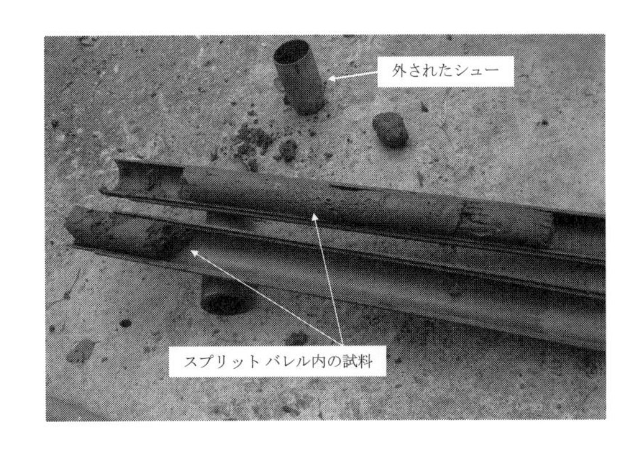

13.1　章の始めに

これまでの章では基本的な土質力学の概念と実践を学びました．この章では，それらの土質力学の知識を活用して，その応用編としての**基礎工学**（foundation engineering）の分野に欠かせない**地盤調査**について学びます．**浅い基礎**（shallow foundation）（第14章），**深い基礎**（deep foundation）（第15章），または**斜面の安定問題**（slope stability）（第16章）を含めて，建物の基礎やさまざまな地盤構造物の設計に際して，現場状況の的確な把握と，それに基づいて種々の土の設計値を得る必要があります．この章では，これらの**地盤調査**（site exploration）の重要性とその調査の手順がまとめられています．

13.2　地盤調査計画

本書の第1章から第12章での土質力学の各章では，ほとんどの場合，土は均一（uniform）であると仮定し，それぞれの土には均一な材料定数が与えられました．それらの簡略化された条件のもとに，さまざまな解析方法が展開されました．しかし，現実には，土は均質ではなく，それも同じ工事現場でも，平面空間で，また深さによってもそれらは変化します．したがって，基礎と地盤構造の設計のためにはその現場での個々の地点での，また異なる深さでの固有の土の特性を得ることが不可欠となります．以下に建設現場の地盤調査の一般的な手順をまとめました．

ステップ1：プロジェクトの明確な理解

設計技師はまず，現場の位置，建物の使用目的，形状，規模，重要性，予想される荷重，隣接する構造物，現場へのアクセスの状況，地域の法令，発注者（client）の特別な使用計画，予算，要望等を，明確に把握する必要があります．それらに応じて，調査計画も変わります．たとえば，建物に非常に敏感な機械類が設置される場合，基礎の不等沈下量の予測が設計上の重要な鍵となり，それらの予測に必要な土の係数の決定に注意深い配慮が必要となります．現場のすぐ近隣に建物がある場合は，それらの建物を沈下，または，崩壊させないように，特殊な掘削や建設技術が必要となり，その近辺の状況把握が欠かせません．また，発注者が潜在的な高いリスクを承知しながらも，調査予算を節約する場合など，設計技師はそれらに応じた調査計画を立てる必要もあります．

ステップ2：情報収集

次に現場に向かう前に，まず，オフィスでしなければならない仕事は，現場に関しての可能な限りの情報をいろいろな情報源から収集することです．次のような情報が期待されます．カッコ内にはその情報発信先の例が示されています．以前の近隣の建設プロジェクトのファイルや，またインターネットによる探索も有効に使用することができます．

・地域の各種地図，地形図（日本地図センターなど）
・地質図（工業技術院地質調査所など）
・地盤柱状図（国または地方自治体，またはそれらの土木工事事務所など）
・表土の種類（工業技術院地質調査所など）
・土地利用図（国土庁，国土地理院，地方自治体，日本地図センターなど）
・文化財，記念物，自然環境条件図（文化庁，環境省，自然環境研究センターなど）
・航空写真（国土地理院，林野庁など）
・リモートセンシングによる情報（リモートセンシング技術センターなど）
・地域の災害予測図（国土地理院など）
・地域の地震火山活動（気象庁，防災科学技術研究所など）
・雨量，凍結，雪崩などの気象資料（気象庁など）
・河川解析資料や地下水の情報（工業技術院地質調査所など）
・近隣のボーリング柱状図など

現場近辺の地質情報（geological information）からは，直接には設計に必要な土のパラメータは得られないかもしれませんが，土や岩の形成過程や，過去の氷河堆積荷重の有無などの地質の履歴を提供してくれる可能性があります．それらの情報は地盤調査を計画する上で非常に役立つものであり，将来の調査の時間と予算を節約できる可能性が大いにあり，欠かせない情報です．

ステップ3：現地の予備視察

前ステップの予備情報に基づいて，現場を視察します．このとき，現地の地形，プロジェクトの正確な位置，土地所有権の境界，上下水道管，ガス管，境界のフェンス，私道，排水溝，建設機械の導入の容易さ，隣接する構造物，地表水の流れ，池などを正確に確認します．それらは，スケッチし，また，文書化し，必要に応じてはカメラで撮影します．表層土の状況も簡易な探索棒（probe）などで確認し，可能であれば，1つまたは数個の浅いボーリング孔が掘れれば後の調査計画に大いに役立ちます．

ステップ4：詳細な調査計画の作成

現地予備調査の後オフィスに戻り，詳細な地盤調査計画が練られます．計画の主な目的は基礎や土構造物の設計に必要とされる設計パラメータを得ることです．まず，現地の柱状図が必要で，それに伴い，各層の土の単位体積重量，含水比，間隙比，比重，粒度分布，アッターベルグ限界値（Atterberg limits)，圧縮，圧密，せん断強度パラメータなどが必要とされます．具体的な調査計画には一般に下記の要件が含まれています．

・**物理探査法**（geophysical methods）を含めた地下探査法の指定
・ボーリング孔（boring hole）および試掘坑（test pit）の位置と深さの指定
・現場試験（field test）の種類と，その実施箇所，深さの指定
・試料採取（sampling）の場所とその深さの指定
・地下水位の観測計画，など

上記の計画作成作業は必ずしも容易なものではありません．それには多くの複雑な要因が関係します．基礎の形状と規模，設計荷重，建物の重要性，地形，地盤調査のための予算等々．適切な計画作成には土木技術者の知識と経験をもとにした専門的判断がしばしば必要とされます．そのためのいくつかのガイドラインは，この章の後半で記述されます．

ステップ 5：地盤調査の実施

前ステップの調査計画に基づいて，物理探査，ボーリング，現場試験，および試料採取が実行されます．多くの場合，これらの作業は個々の作業を専門とする業者に委託されます．しかし，それらの作業過程をプロの土木技術者が監視することが望ましく，また調査計画はその初期段階の調査結果によっては変更を余儀なくされることがしばしば起こり，柔軟な対応が必要です．

ステップ 6：室内実験

現場で採取された乱された（disturbed），または不撹乱（undisturbed）の土の試料は，実験室に持ち帰り，必要な室内実験が行われます．それらの試験は単位体積重量，含水比，比重，粒度分布，アッターベルグ限界値，圧密試験，せん断試験等々で，これらの試験法については本書の以前の章で詳しく議論されました．

これらの室内試験結果と，現場試験結果，ボーリングデータ，地下水位の情報などに基づいて，現場の土が分類され，それぞれの異なる土層が識別され，必要な設計パラメータが決定されます．以下にいくつかの主要な現場調査技術が紹介されます．

13.3 物理探査法

地震波，電磁波，電極，音波などを用いた各種の物理探査法による地盤調査の方法があります．それらは地表からの探査で**非破壊試験技術**（non-destructive technique）を用いて行われます．1 次元，または 2 次元の空間が対象となり，地下の土層の変化，地下水位の確認，および地下構造物，地下空洞等が存在するかどうかを検出するために使用されます．それらの結果は直接に設計パラメータを提供しないものの，ボーリングデータと併用され地盤の地下構造の解明に役立つものです．以下にその代表的な，よく用いられる地震波と電磁波による方法が紹介されます．

地震探査法（seismic surveys）

図 13.1 に見られるように，地表面または地中の点で振動（主に機械的な衝撃）が加えられ，その

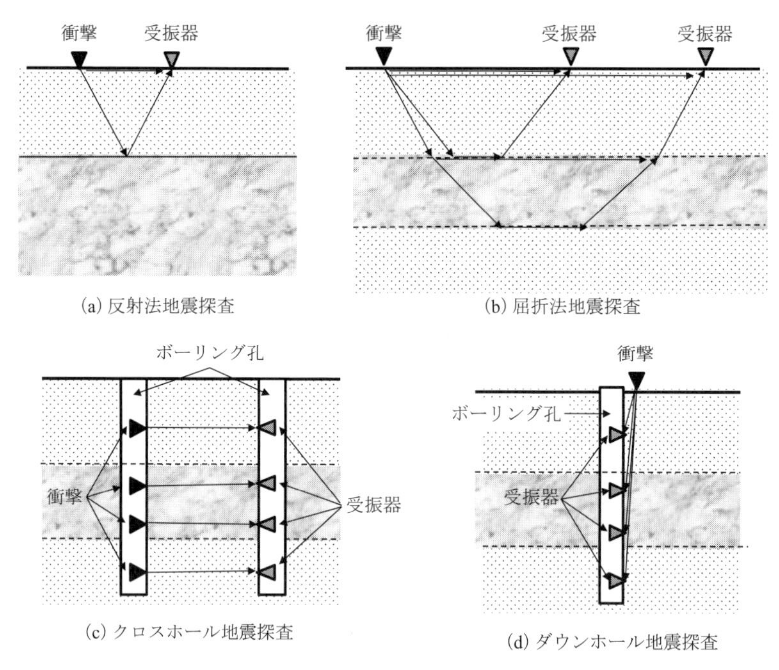

図 13.1　地震探査法

振動波が土中を伝わり，それが地上または地中の各点の受信器（geophone）で捉えられ，その伝播時間を測定することによって，各地層の層厚，剛性を推測するものです．それらにはその衝撃点，受信点の違いにより次のような種類があります．

反射法（seismic reflection survey）：　図 13.1（a）に見られるように，地表面に加えられた衝撃による圧縮波（P 波）の一部は上部の土層を通過し，下層の表面で反射して再び上部土層を通過し，地表面で検知されます．そのときの衝撃点と受信器との距離と波の到着時刻を知ることによって，表土層の厚さ，および表土層での P 波の伝播速度を計算することができ，土の剛性が求められます．

屈折法（seismic refraction survey）：　図 13.1（b）では，もし下層土が上層土に比べて，高密度で高い剛性の場合，波は直接地表面上を伝わるよりも下層の表面上でより早く伝播し，いち早く地表の受信器で検知されます．この場合の下層面上での屈折は**極限屈折波**（critically refracted wave）と呼ばれます．この方法では，衝撃点から異なる距離に設置された複数の受振器で測定された第 1 波の到来時間を知ることにより，各土層の厚さとその P 波の伝播速度を計算することができます．

クロスホール法（cross-hole seismic test）：　図 13.1（c）に見られるように，隣り合うボーリング孔内のいくつかの深さで衝撃が与えられ，その受信波が記録されます．そのボーリング間の距離と，P 波の到達時間を測定することによって，各土層の P 波速度が，そしてそれにより土の剛性が得られます．

ダウンホール法（downhole method）（または**アップホール法**（uphole method））：　図 13.1（d）に見られるように，複数の受振器がボーリング孔の内壁に配置され，地表面からの衝撃による P

波信号を受信します．受振器の深さとP波の到達時間を知ることで，土層のP波速度を計算できます．アップホール法は図には示されていませんが，ダウンホール法の逆で，衝撃がボーリング孔の数個の深さで加えられ，受振器が地表面に設置されます．

表面波地震探査法（surface wave seismic survey）：　地表面上の一点での衝撃は，**実体波**（body wave）と**表面波**（surface wave）を発生させます．この方法では，表面波の1つである**レイリー波**（Rayleigh wave）は地表面上の2点で記録されます．レイリー波は，その波長に応じて，地表下で特定の深さに限り伝播される性格があり，その伝播速度は地表面の近くの土の特性に影響されます．**試行錯誤法**（trial and error method）により，まず地表面の近くの各土層の**せん断波速度**（shear wave velocity）を仮定し，それらの値をもとにして**弾性波**（elastic wave）の伝播理論によるレイレー波の伝播時間を計算し，その計算結果が測定値と一致するまでせん断波速度の仮定修正を繰り返すことによって，各土層のせん断波速度，したがって**弾性せん断係数**（elastic shear modulus）を得ることができ，土層の構成を推測することができます．この比較的新しい方法は**表面波地震探査法**（Spatial Analysis of Surface Wave（SASW））と呼ばれ，ボーリングを行うことなく，比較的に迅速に実施することができます．100 m 以上の深さまで調査できると報告されています．この理論と応用の詳細については他の文献を参照してください（Stokoe et al. 1994 など）．

地中浸透レーダー探査

地中浸透レーダー（ground penetrating radar）（GPR）は地表面に高周波（10-1000 MHz）の**電磁放射パルス**（electromagnetic radiation pulse）を放射し，地下の異物体や異なる材料間の境界からの屈折信号を検出します．これにより地下の土層を認識でき，2次元断面画像を得ることができます．

13.4　ボーリング孔による調査と試料採取法

基礎の設計に必要なパラメータを得るためには，現場でのボーリング孔の掘削が不可欠です．乱された，または，乱されない試料がボーリング孔より採集され，それらは，実験室に持ち帰られ，土質分類や，その他いろいろな土質試験に用いられます．また各種の現場試験も行われ，設計パラメータを得ることができます．

ボーリング孔の深さとその数は，プロジェクトの規模，基礎の構造，構造物の荷重，現場の土質条件の空間的な変化，**問題のある土**（problematic soil）の可能性，調査予算などにより，技術者の判断により決定されます．目安としてのいくつかのガイドラインが以下に示されます．

ボーリング孔の数

基礎下で最大の荷重が想定される箇所に少なくともひとつのボーリング孔が必要です．表13.1に建設プロジェクトのタイプによるボーリング孔の間隔のガイドラインが，また表13.2には，構造物や開発区域の大きさによるボーリング孔の最小数のガイドラインが示されています．

表 13.1　建設プロジェクトのタイプによるボーリング孔間隔のガイドライン

構造物プロジェクト	ボーリング孔の間隔 m
高速道路（路盤調査）	60-600
アースダム，堤防	13-60
土とり場	30-120
多層ビル	13-45
一層多目的工場	30-90

（Sowers 1979 による）

表 13.2 構造物や開発区域の大きさによるボーリング孔の最小数のガイドライン

構造物		開発区域	
面積（m^2）	最少のボーリング孔の数	面積（m^2）	最少のボーリング孔の数
<100	2	<4,000	2
250	3	8,000	3
500	4	20,000	4
1,000	5	40,000	5
2,000	6	80,000	7
5,000	7	400,000	13
6,000	8		
8,000	9		
10,000	10		

（Budhu 2010 による）

ボーリング孔の深さ

ボーリング孔の深さの決定には多くの要因が影響します．それらは基礎のタイプ（浅い基礎か，深い基礎か），構造物荷重の大きさ，基礎地盤の土の種類などです．少なくとも設計段階で必要とされる設計パラメータを提供するために十分な深さは維持されなければなりません．以下にいくつかのガイドラインを示します．

・粘性土地盤で圧密沈下の計算が必要な場合には，基礎直下で垂直応力の増加量 $\Delta\sigma$ が少なくとも基礎の荷重応力の 10% 以下になる深さまでの掘削が必要です（8.10 節　応力球根，参照）．

・ボーリングは，圧密未完了の埋め戻し層，ピート層，有機質土層などの基礎地盤としては好ましくない土層を通過して掘られる必要があります．

・杭基礎の場合，ボーリングは杭支持層の中に 5〜6 m 程度貫入し，十分な支持層の厚さを確認する必要があります．

・掘削中，岩石に遭遇したとき，3 m 程度貫入し，十分な岩石の厚さを確認する必要があります．

ボーリングの初期段階では，その深さは予期せぬ現場の事態に適応できるように柔軟な態度をもって調整することが必要です．

13.5 標準貫入試験

標準貫入試験（Standard Penetration Test（SPT））は 1920 年代より長年にわたって，主にアメリカ，日本などで広く用られてきた現場試験法です（**JIS A 1219，または ASTM D 1386-84**）．これまでに蓄積された多くのデータベース（data base）に基づき，SPT 値と数多くのさまざまな設計パラメータとの関係式が提案されてきました．

SPT は図 13.2 に見られるように，51 mm の外径（OD）で 35 mm の内径（ID）を持つ剛な**スプリット・バレル・サンプラー**（split barrel sampler）を地中に打ち込む現場試験です．一般に掘削孔はあらかじめ**オーガードリル**（auger drill）により所望の深さまで掘られ，孔の壁は**ケーシング**（casing）で保護されます．そして，SPT サンプラーは，掘削孔の底部から打ち込まれます．地上では SPT サンプラーと直結されたロッドの上部に，623 ニュートン（Newton）（63.5 kgf）のハンマー

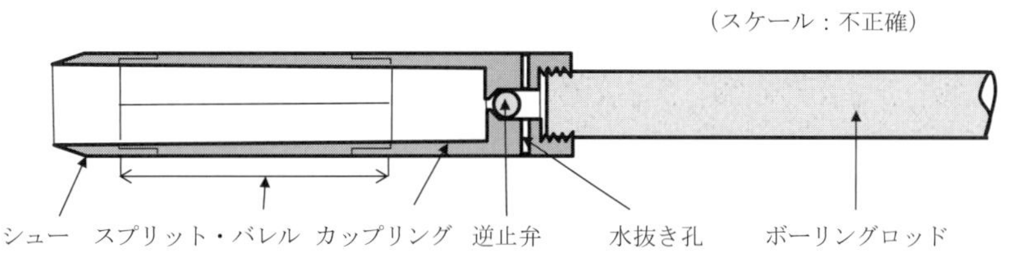

図 13.2　SPT サンプラー

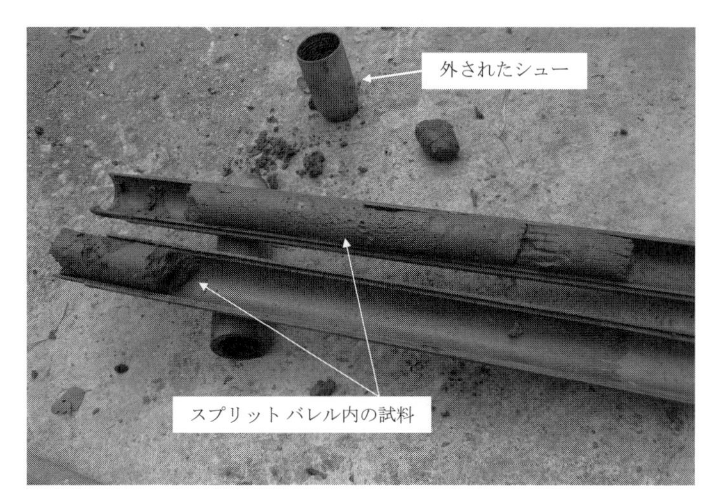

図 13.3 回収された SPT スプリット・バレル・サンプラー試料

が 0.75 m の高さから自由落下しサンプラーに衝撃を与え，地中に貫入させます．最初の 0.15 m の貫入は無視して，その次の 0.30 m の貫入に必要な打撃数が**標準貫入値**（standard penetration value），または ***N* 値**（N value）として記録されます．通常，各 0.15 m 貫入ごとの打撃数が記録され，それらの最後の 2 つの値が加えられ N 値とされます．貫入試験終了後，サンプラーが引き上げられ，試料が回収され，土の種類が観察されます．それらはまた，後の各種の室内実験に使われます．図 13.3 は，SPT スプリット・バレル・サンプラーで回収された試料の例です．試料は厚い（8.0 mm 厚）サンプラーの壁のために，明らかに乱された試料（disturbed specimen）として取り扱われます．しかしながら，フルイ分析試験，比重計分析試験，比重測定，アッターベルグ限界（Atterberg limits）試験などの指標試験（index tests）に使用するには支障はありません．

試料回収の後，次の SPT 試験の深さまでボーリング孔の掘削が進行し，次の深度で SPT 試験が同様に繰り返されます．一般に SPT 試験は深さ 1.0 m から 1.5 m の間隔で，または地層の変化が見られる深さで行われます．また通常 10 mm の貫入に 50 回以上の打撃を要したとき，SPT 試験は**貫入不能**（refusal）として中止されます．

SPT のサンプラーに直接加えられるエネルギーは往々にして不規則です．SPT のロッド先端に加えられる全エネルギーは理論的には，$W \cdot H$（$=623\,\mathrm{N} \times 0.762\,\mathrm{m} = 475\,\mathrm{N \cdot m} = 475$ ジュール）です．しかしながら，ハンマーの種類，ハンマーの落下装置の効率性，オペレータの熟練度や癖，ボーリングロッドの長さ，等々によって，全エネルギー（475 ジュール）をサンプリングの先端にまで伝達することはほぼ不可能です．そのエネルギー伝達効率は30%から90%まで変化するといわれています．一般的にN_{60}，すなわち全エネルギーの60%（475 ジュール×0.6=285 ジュール）のもとでのN値を共通のN値として定義し用いられています．補正N_{60}値を得るためには，下記に示される数個の補正係数が用いられます．

$$N_{60}=N\cdot(E_m/0.60)\cdot(C_B\cdot C_S\cdot C_R) \tag{13.1}$$

上式で

N：測定されたN値

E_m：ハンマーのエネルギー効率（表13.3）

C_B：ボーリング孔の径の補正係数（表13.4）

C_S：サンプラーの補正係数（表13.4）

C_R：ロッド長さの補正係数（表13.4）

N値はまたそのサンプラーの深さが増えればその有効拘束圧が増え，同じ密度の土でも貫入抵抗力が増えるためにその深さに対する訂正が必要となります．そして式（13.1）のN_{60}値はさらに訂正されます．よく使われている訂正式（Liao and Whitman, 1986）が次式に示されます．

$$N'_{60}=N_{60}\cdot C_N \tag{13.2}$$

$$C_N=(95.75/\sigma'_v)^{0.5} \tag{13.3}$$

ここに

表13.3 SPT ハンマーのエネルギー効率

国	ハンマーの種類	レリース構造	エネルギー効率，E_m
中国	ピルコン型自動（Pilcon type）	トリップ（Trip）	0.60
	ドーナツ（Donut）	手動（Hand dropped）	0.55
日本	ドーナツ（Donut）	トンビ仕掛け（Tombi trigger）	0.78
	ドーナツ（Donut）	2巻きロープ法（2 turns of rope）	0.65
イギリス	ピルコン型またはダンド型自動（Pilcon or Dando type）	トリップ（Trip）	0.60
	旧規格の型（Old standard）	2巻きロープ法（2 turns of rope）	0.50
アメリカ	セフティ（Safety）	2巻きロープ法（2 turns of rope）	0.55
	ドーナツ（Donut）	2巻きロープ法（2 turns of rope）	0.45

（Skempton, 1986 による）

表13.4 ボーリング孔の径，サンプラー，ロッド長さによる補正係数

補正係数	機械の種類	補正値
ボーリング孔の径による補正係数，C_B	65-113 mm	1.00
	130 mm	1.05
	200 mm	1.13
サンプラーによる補正係数，C_S	標準サンプラー	1.00
	ライナーなしのサンプラー	1.20
ロッド長さによる補正係数，C_R	3-4 m	0.75
	4-6 m	0.85
	6-10 m	0.95
	>10 m	1.00

（Skempton, 1986 による）

N'_{60}：サンプラー先端深さに対して修正された N 値

N_{60}：60%のエネルギーに修正された N 値（式（13.1））

C_N：N 値の深さに対する修正係数

σ'_v：サンプラー先端での有効鉛直応力（kN/m^2の単位で）

SPT は比較的簡単な現場試験法で，世界中で広く使用されています．長年のデータの蓄積により，多くの有用な N 値と設計パラメータとの相関関係式が提案されています．たとえば，表 5.1 には N_{60} と相対密度 D_r と，そして土の有効摩擦角 ϕ' との関係が示されています．しかしながら，これらの相関関係の信頼性は，上述したように N 値を決定するためには多く経験則による補正が必要なために，それほど高くはないことに留意しなければなりません．したがって，これらの N 値との相関式は，予備設計の過程でガイドラインとして使用はされても，信頼性の高い設計値は現場実験，または室内実験から得なければなりません．

13.6　不撹乱試料の採取法

SPT 試験で得られた試料は乱されているために重要な設計パラメータである土の単位体積重量，せん断強度，圧縮特性，透水係数等を決定するためには使用できません．これらの値を得るには，乱されない試料を採取する必要があり，薄壁の**シェルビー・チューブ**（thin wall Shelby tube）が最も広く用いられています．チューブの直径は 50 mm から 130 mm 程度ですが， 50 mm から 75 mm のものが一般によく使用されています．チューブ壁の厚さは，サンプリング時に周辺の土を乱さないために十分薄い必要がありますが，反面，十分な圧縮強度を持つ必要のあるためにに適切な厚さが必要です．チューブの断面積 $\pi\cdot(OD^2-ID^2)/4$ と試料の断面積 $\pi\cdot ID^2/4$ との比が 0.10 未満であればよいとされています．最もよく使われているチューブ・サイズは 76.2 mm OD，73.0 mm ID，1.6 mm の壁厚で，762 mm の長さのものです．したがって，この面積比は $[\pi\cdot(OD^2-ID^2)/4]/[\pi\cdot ID^2/4]=[(OD^2-ID^2)]/ID^2=(76.2^2-73.0^2)/73.0^2=0.090$ で，0.10 未満の条件を満たしています．

チューブは所定の深さで，スムーズに継続的に地中に押し込まれ，試料がチューブ内に確保されます．その後地上に引き抜かれ，回収された試料は含水量の変化のないようにチューブの両端をワックスで固められ，蓋がされ，なるべく振動がかからないように注意して，種々の室内テストのために実験室に運ばれます．

ピストン・サンプラー（piston sampler）と**ピッチャー・サンプラー**（pitcher sampler）は，シェルビー・チューブ・サンプラーに改良が加えられたサンプラーです．ピストン・サンプラーは，図 13.4 に見られるように薄壁チューブの内側に自由に動くピストンがあり，チューブは土中に押し込まれると，ピストンの底面は，常に試料の上面に位置し，チューブ壁面での摩擦の影響を最低に抑え，試料の回収率もよくなります．この方法は，柔らかい粘土質の採集に効果的に使用されます．ピッチャー・サンプラーは，回転するドリルヘッドがチューブ外壁の先端に取り付けられ，先端の周辺を掘り進みながら内部の薄壁チューブで採取するもので，硬質粘土や，セメント質の砂などによく使用されます．また柔らかい粘土層に遭遇すると，内側の薄壁チューブが先行できるために，ピッチャー・サンプラーは特に軟層，硬層の交じり合った試料の採集に適しています．

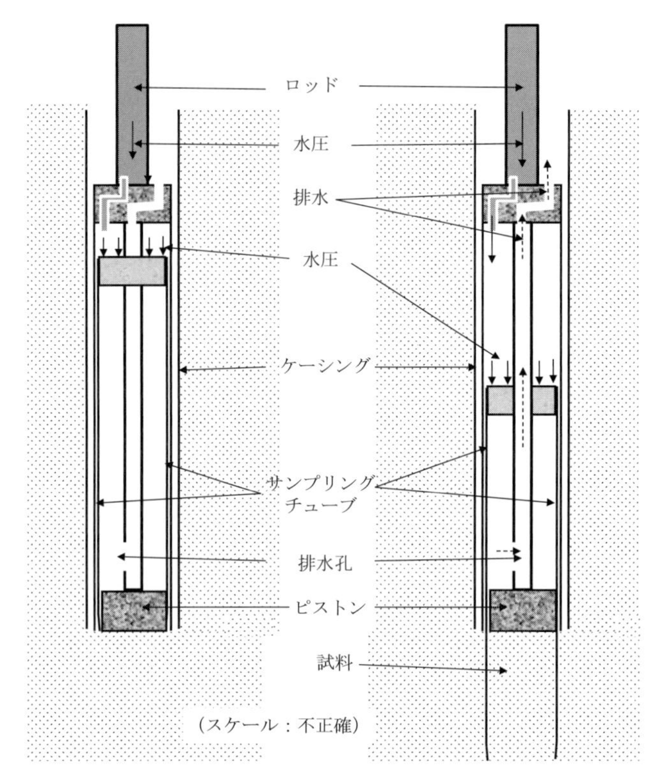

図 13.4 ピストン・サンプラーの概略図

上記で得られたチューブ・サンプルは一般に**不撹乱土**（undisturbed specimen）と呼ばれていることに注意してください．しかしながら，本当の意味では試料は完璧な不撹乱土ではなく，ある程度の**乱れた試料**（disturbed specimen）といわざるを得ません．チューブ壁の摩擦は完全に取り去ることは困難で，また試料はチューブから抽出されたときに現場での応力を完全に失います．したがって，真の意味での不撹乱土の採集は不可能です．したがって，採取された試料をできるだけ元の現場の条件に戻してから室内試験を行う工夫が考案されています．**シャンセップ法**（SHANSEP technique）（Ladd and Foott 1974）や**再圧縮法**（recompression technique）（Bjerrum 1973）などはそれらの実験方法です．詳しくは文献を参考にしてください．

砂・砂質土地盤や礫質土地盤を対象とした乱さない試料の採取技術として，**原位置凍結サンプリング法**（in-situ freezing method）（吉見，1994 など）も考案されていて，現場での粒状体の骨格構造を残したままの試料を得て，液状化の判定などに有効に使われていますがかなり高価なサンプリング工法です．

13.7 地下水位の観測

地下水位（ground water table）の把握は，基礎設計のために不可欠です．地下水位は，**単位体積重量**（全単位体積重量と水中単位体積重量）と**有効応力**（第７章）の計算に直接関係し，また建設工法も地下水位によって大きな影響を受けます．地下水位はボーリング孔掘削の過程で確認されます．また**観測井戸**（observation well）や，**ピエゾメーター**（piezometer）による観測も一般的に行われます．観測井戸では通常，スロットの切られた小直径の PVC（ポリ塩化ビニル（polyvinyl chloride））パイプがボーリング孔内に設置され，目盛の付いたテープをボーリング孔に差し込み，水位を測定するものです．ピエゾメーターは，ボーリング孔内でプラスチック製スタンドパイプの先端に取り付けられた多孔質石（porous stone）での水の圧力変化を連続的に計測します．この方法では，ボーリング孔内の空隙はベントナイト・セメント・グラウト（bentonite cement grout）によって密封されます．また，6.6.2 項で議論された**被圧地下水層**（confined aquifer）での水圧を測る際にも適応されます．両方法で，安定した測定値を得るまでに，高い透水性の土層では数時間，低い透水性の土層では数週間待つ必要があります．また地下水位の季節的変動を知るためには連続的な計測が必要とされます．

13.8　コーン貫入試験

コーン貫入試験（cone penetration test：CPT Test）はコーン状の先端部を持った貫入棒（cone penetrometer）を土中に押し込み，その際の先端での抵抗とロッド周囲での摩擦抵抗を測定する試験法です．そして多くの場合，押し込み時に発生する間隙水圧も同時に測定されます．それらの計測はもともと機械的（メカニカル・コーン（mechanical cone））になされていましたが，最近はすべて電気的（エレクトリカル・コーン（electrical cone））に行われています．間隙水圧測定を伴ったコーンは**ピエゾコーン**（piezo-cone）と呼ばれ，図 13.5 に典型的なコーン貫入棒（ピエゾコーン）が示されています．

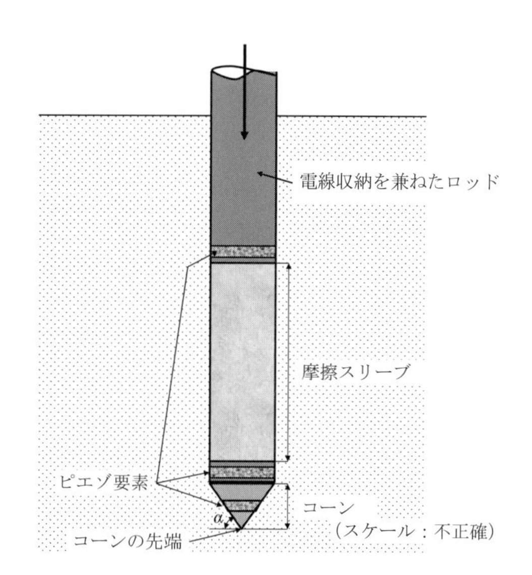

図 13.5　コーン貫入試験機（ピエゾコーン）

コーン形の貫入先端，摩擦スリーブ，および間隙水圧測定用の**ピエゾ素子**（piezo element）で構成されていて，オリジナルの仕様では，コーンの頂角 α は 60° で 10 cm^2 の断面積を持つものです．

円錐形の先端部と摩擦スリーブは機能的にロッド本体から分離されていて，それらに加わる力は個々のロードセルにより計測されます．ピエゾコーンでは，多孔質のフィルタを通じて図のように 3 箇所にピエゾ素子が配置され，間隙水圧を測定します．貫入棒が油圧ジャッキなどによって静的に地中に押し込まれ，コーン**先端抵抗値**（tip resistance）q_c，**側壁摩擦抵抗値**（side friction）f_s，**間隙水圧** u が連続的に計測され，記録されます．図 13.6 に，CPT（ピエゾコーン）データの一例が示されています．

CPT データで，比較的に高い q_c 値と低い u 値は砂質土層の可能性を意味します．また逆に比較的

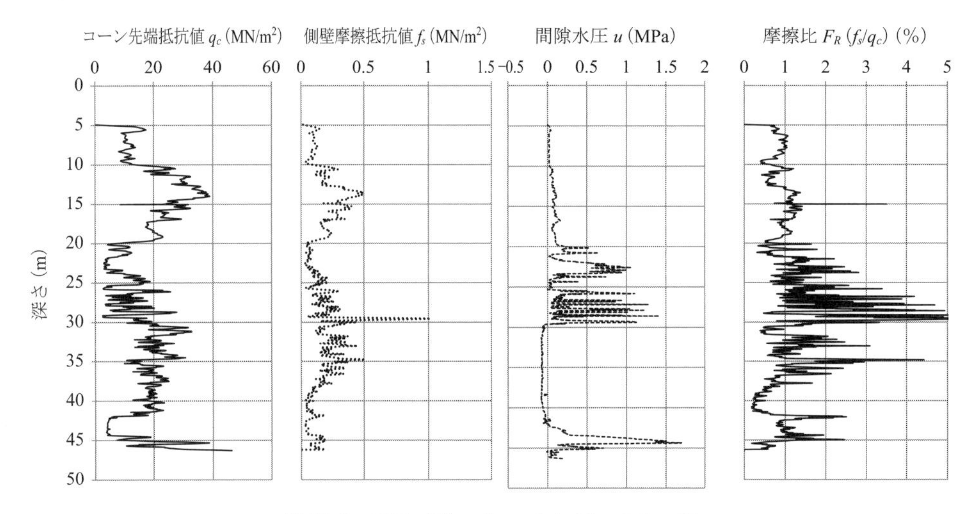

図 13.6 CPT（ピエゾコーン）データの一例

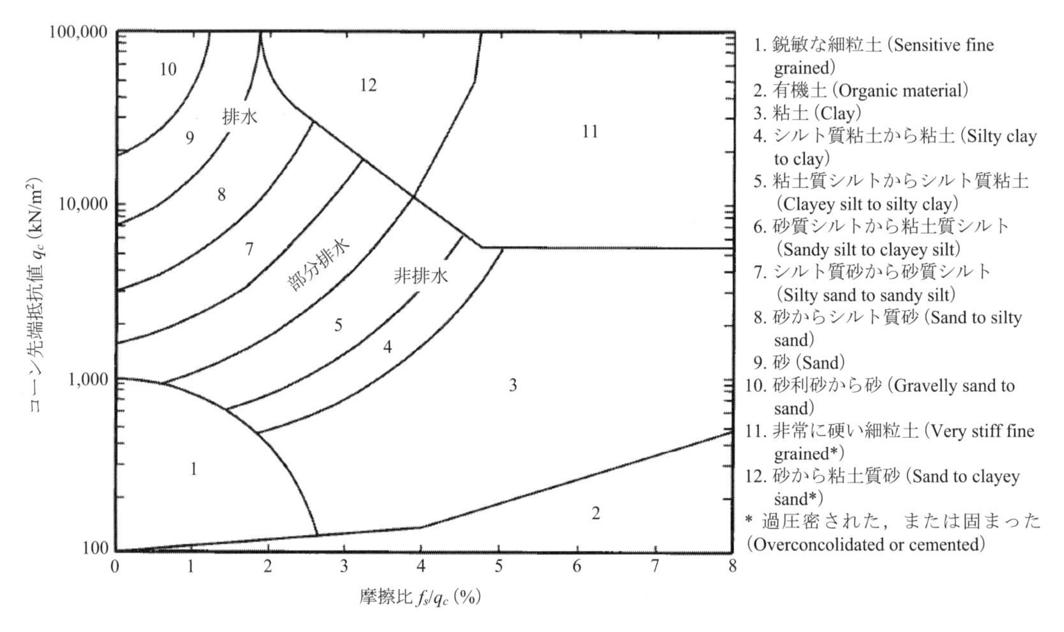

図 13.7 CPT データに基づく簡易土質分類チャート（**Robertson et al.**（1986）による）

低い q_c 値と，より高い f_s と u 値の場合は粘性土の可能性があります．負の間隙水圧の発生は，密な砂または高い過圧密粘土を意味します．また，図 13.6 に表示されている f_s/q_c の比は**摩擦比**（friction ratio）F_R と定義され，土の種類の判定に有用な指標として使用されます．

図 13.7 は，CPT パラメータと土の種類の関係（Robertson et al., 1986）の一例を示したもので広く使用されているチャートです．この図によれば，土は，CPT の q_c と，f_s/q_c の値に基づいて分類されています．比較的低い q_c 値では，1% から 2% 程度の f_s/q_c 比だと，粘土質の土を示すことになり

ます．Robertson（1990）はさらに先端部での土かぶり圧と間隙水圧の影響を含む拡張されたチャートも提案しています．詳しくは文献を参考にしてください．

これらの観察に基づいて，図 13.6 に見られた CPT データを推定すると，次のような土層を予測することができます．

深さ ＝5～10 m：緩い砂質土

深さ ＝10～20 m：粘性土交じりの中程度の密度の砂質土

深さ ＝20～30 m：粘性土

深さ ＝30～42 m：比較的密な砂質土

深さ ＝42～45 m：粘性土

深さ ＝45～46 m：砂質土

しかしながら，これらの予備的な評価は，隣接した場所で実施されるボーリング試料で確認されなければなりません．CPT 試験はかなり短時間に完了し，また比較的オペレータの技量差に影響を受けにくい試験法です．また，連続的なデータが得られるために，土中の薄い層を見逃さずに検知できます．これらの利点のために，近年 CPT 試験の使用は非常に高まっています．各土層の推定に加えて，コーン貫入が杭の打ち込みと類似しているために，CPT 試験の結果を，直接，杭基礎設計に利用する工夫もされています（第 15 章を参照）．CPT 試験は，一般に粘性土から細かい砂地盤に使用され，粗い砂質土や砂利にはあまり適していないことに注意してください．また，CPT 試験では試料が採取できないために，他のサンプリング方法との組み合わせとして用いることが一般的です．

13.9 その他の現場試験法

本書の 13.6 節で述べられたように，完全に不撹乱の試料を採集することは容易ではありません．したがって，もし現位置での試験で直接設計パラメータを得ることができればそれに勝ることはありません．これらの現位置試験（in-situ testing）は，地盤調査計画に含まれます．以下にいくつかの方法が紹介されます．

ベーンせん断試験

原位置での**ベーンせん断試験**（vane shear test）（JGS 1411-2012）は第 11 章のせん断試験機の項で紹介されました．図 11.26 に見られるように，剛な十字状のベーンがよく使われるもので，ベーンは，ボーリングロッドの先端部に取り付けられ土中に押し込まれます．次いでシャフトが地上でねじられ，トルクがベーンに伝達されます．トルクがその最大値に達するまで連続的に加えられ，計測されます．トルクの最大値の時点でベーンの周囲とその上下面で土のせん断破壊が起こり，現場の条件での乱されない土の非排水せん断強度 C_u が式（11.6）より求めることができます．

プレッシャーメータ試験

プレッシャーメータ（pressuremeter）は 1950 年代にヨーロッパで開発された現場試験方法（JGS 1331-2012，ASTM D 4719）です．テスト結果より現場の土の応力-ひずみ特性と圧縮特性を得ることができます．図 13.8 に見られるように，直径 58 mm，長さ 450 mm の円筒形のプローブ（probe）

が一般的で，ボーリング孔の底より押し込まれます．またはその先端にドリルビット（drill bit）を装備した自己掘削型（self-boring pressuremeter）では自身で掘削を進めながら所定の試験位置に達します．プローブは，同じ直径を持つ3つのセクション（下部ガードセル，真ん中の試験セクション，上部ガードセル）で構成されています．

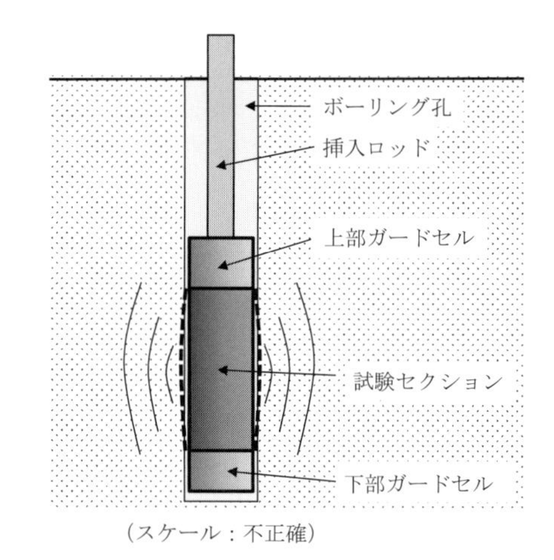

図 13.8 プレッシャーメータ

プローブは，地中の所定の位置に配置された後，試験セクションは，油圧，またはガスによって膨張する仕組みになっていて，試験セクションの拡大がその周りの土を押し出し，加えられた圧力と測定された体積の変化との関係を計測します．その関係は，土の弾性率，せん断弾性係数，圧縮およびせん断強度値に換算されます．この方法は，現場条件での土を直接試験することになり，貴重な設計パラメータを得ることができますが，その解析には半経験的な相関関係を使用するために，その信頼性を注意を持って判断する必要があります．詳細な手順は，基準などを参考にしてください．

ダイラトメーター試験

ダイラトメーター（dailatometer）は1970年代初期にイタリアで開発されました．プローブは図13.9に見られるように幅95 mm，厚さ13 mm，長さ240 mmの剛な板状のブレード（blade）からできています．プローブの中央部分には，直径60 mmのフレキシブルな金属製の薄膜が埋め込まれています．プローブは，ボーリング孔の底部から土中に押し込まれ，その後，金属膜は油力によって膨張され周辺の土を押し出します．その応答曲線から，土の弾性率，側方土圧係数，非排水せん断強度などの現場での値を求め，貴重な設計パラメータを提供します．しかし，結果の信頼性はプレッシャーメータ試験と同様に，それらのパラメータ間の経験的相関関係の精度に大きく依存します．

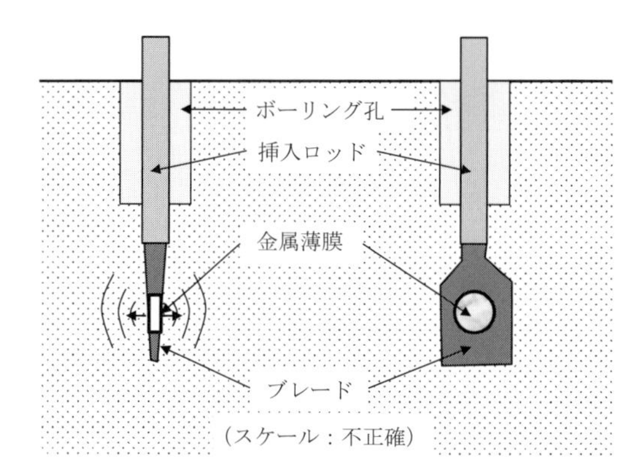

図 13.9 ダイラトメーター

13.10 章の終わりに

地盤調査は基礎の予備設計および最終設計に必要なパラメータを得るために欠かせない非常に重要なプロセスです．それは簡単な作業ではありません．最適な探査計画を作成するには多くの要素が含まれ，エンジニアの経験に基づいた最善の判断をしなければなりません．この章では，調査計画書の作成時に役に立ついくつかのガイドラインと種々の現場探索および実験技術が紹介されました．さらに詳しくは多くの技術案内書（たとえば，**地盤工学会　2013，産業技術サービスセンター　2007**）等を参考にしてください．

参考文献

1）地盤工学会，(2013)．地盤調査の方法と解説
2）地盤工学会，JGS 1331（2012)．地盤の指標値を求めるためのプレッシャーメータ試験方法
3）地盤工学会，JGS 1411（2012)．原位置ベーンせん断試験方法
4）日本工業規格，JIS A 1219（2015)．標準貫入試験方法
5）産業技術サービスセンター（2007)．実用・地盤調査技術総覧
6）吉見吉昭（1994)，砂の乱さない試料の液状化抵抗～N 値～相対密度関係，土と基礎，Vol.42，pp.63-67.
7）ASTM（2013), Standard Test Methods for Prebored Pressuremeter Testing in Soils, *Annual Book of ASTM Standards*, Vol. 04.08, D4719-07.
8）ASTM（2013), Standard Test Method for Standard Penetration Test（SPT）and Split-Barrel Sampling of Soils, Testing in Soils, *Annual Book of ASTM Standards*, Vol. 04.08, D1386-11.
9）Bjerrum, L.（1973). Problems of Soil Mechanics and Construction on Soft Clays；SOA Report, *Proceedings of 8th International Conference on Soil Mechanics and Foundation Engineering*, Moscow, Vol. 3, pp. 111-139.
10）Budhu, M.（2010). *Soil Mechanics and Foundations*, 3rd ed., John Wiley & Sons.
11）Ladd, C. C. and Foott, R.（1974). New Design Procedure for Stability of Soft Clays, *Journal of Geotechnical Engineering Division*, ASCE, Vol. 100, No. 7, pp. 763-786.
12）Liao, S. S. C., and Whitman, R. V.（1986). Overburden correction factors for SPT in sand, *Journal of Geotechnical Engineering*, ASCE, Vol. 112, No. 3, 373-377.
13）Robertson, P. K.（1990). Soil Classification using the Cone Penetration Test, *Canadian Geotechnical Journal*, Vol. 27, No.1, pp. 131-138.
14）Robertson, P.K., R.G. Campanella and D. Gillespie（1986). Use of Piezometer Cone Data, *Proceedings of ASCE Specialty Conference, In-situ 86*, Blacksburg, Virginia, pp. 1236-1280.
15）Skempton, A. W.（1986). Standard Penetration Test Procedures and the Effects in Sands of Overburden Pressure, Relative Density, Particle Size, Aging and Overconsolidation, *Geotechnique*, Vol. 36, No. 3, pp. 425-447.
16）Sowers, G.F.（1979). *Introductory Soil Mechanics and Foundations：Geotechnical Engineering*, 4th ed., Macmillan, New York.
17）Stokoe, K.H., Wright, S. G., Bay, J. A. and Roesset, J. M.（1994). Characterization of Geotechnical Sites by SASW method, *Geophysical Characterization of Sites*, R. D. Woods, ed., A. A. Balkema, Rotterdam, pp. 13-25.

第 14 章

土の支持力と浅い基礎の設計

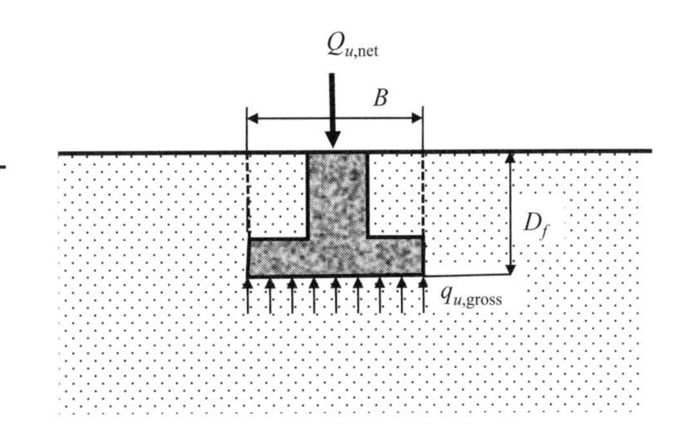

14.1 章の始めに

土の支持力（bearing capacity of soil）は基礎の地盤が破壊することなしに上載荷重を支えることができる最大の応力です．これは浅い建物基礎の設計のための重要なパラメータで，また，擁壁底面での擁壁の安定性の検証にも必要とされます．この章の前半では支持力の基本的な理論とその応用について議論されます．そして，後半ではその支持力理論を直接応用して浅い基礎の設計方法が示されます．

14.2 テルツァーギの支持力理論

テルツァーギ（Terzaghi 1943）は図 14.1 に示される帯状基礎幅 B で，**根入深さ**（embedded depth）D_f の**浅い基礎**（shallow foundation）の支持力解を提唱しました．それはプラントル（Prandtl 1920）の金属への貫入せん断理論（punching shear theory）に土の自重を加えて改良したものです．理論では（1）土のせん断強度は $\tau_f = c + \sigma_n \tan\phi$ で表される，（2）基盤の根入深さ D_f を上載荷重（$q = \gamma_1 D_f$）に置き換える，（3）基礎の底面は粗い面である，と仮定されました．

モデルでは，基礎上の荷重が増加すると，基礎は図に示されている基礎直下の三角形のゾーン“I”を下向に押し込みます．ゾーン“I”はゾーン“II”を側方に押し，さらにゾーン“II”はゾーン“III”を押し破壊します．ゾーン“I”は剛な弾性体として働き，ゾーン“III”はランキンの受

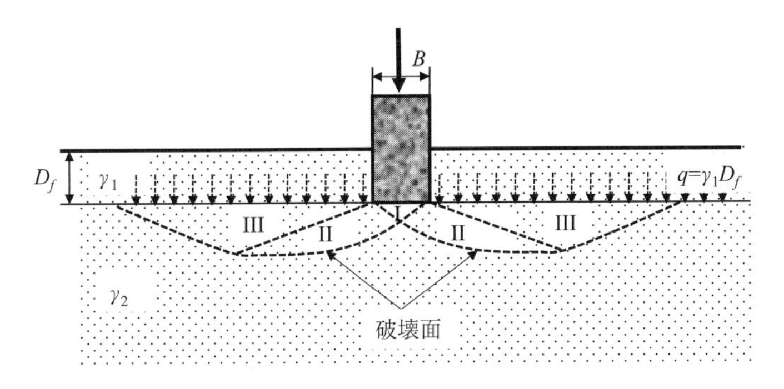

図 14.1 テルツァーギの極限支持力モデル

働土圧のゾーンとして取り扱われます．ゾーン“II”は過渡的なゾーンです．これらのゾーンに働く力の均衡条件から，テルツァーギは，**極限支持力**（ultimate bearing capacity）q_u を次式に得ました．

$$q_u = cN_c + \gamma_1 D_f N_q + (1/2)\gamma_2 BN_\gamma \tag{14.1}$$

ここに，N_c，N_q，N_γは**支持力係数**（bearing capacity factors）と呼ばれ，有効応力での内部摩擦角 ϕ' の関数として与えられました．γ_1 は基礎の底面より上の部分の土の単位体積重量で，γ_2 はそれより下の部分での土の単位体積重量です．cN_c の項は破壊面に沿って発揮される土の粘着力 c よりの支持力へ貢献であり，$c=0$ の材料（非粘性土）ではその項の貢献はありません．$\gamma_1 D_f N_q$ 項は基礎の根入部での上載荷重による支持力の増加です．もし，基礎が地表面にあるときはこの項の値はゼロとなります．$\frac{1}{2}\gamma_2 BN_\gamma$ の項は土中での破壊面に沿っての摩擦抵抗からのものであり，$\phi'=0$ の地盤（粘性土）ではそれはゼロとなります．

式（14.1）で，q_u の単位は応力単位である kN/m^2 です．式の第3項の長さの単位（m）である基礎幅 B が増加すると，それに比例して応力（kN/m^2）が増加します．このことは，例として $c=0$ で $D_f=0$ のとき，B が2倍になると，支持力（q_u）も2倍になり，基礎が担える総荷重（$q_u \times B$）は4倍に増えることを意味します．B の増加はせん断破壊域を大きく，深くするために，その幅 B の増加以上にせん断抵抗の面積が広くなるために起こる興味ある現象です．

しかし実際には，B が増加しても式（14.1）どおりに q_u の値が増加しないことが実験的に確かめられています．それは図11.32にみられたように基礎が大きくなると拘束応力が増加し，ϕ' の値が多少減少する傾向にあること，そして，また大きい基礎では**進行性破壊**（progressive failure）が起こりやすく，すべての破壊面でピークの ϕ' 値を発揮できないことなどが原因とされています．そして次節で示されるように N_γ 値には**基礎の寸法効果による補正**が必要とされます．テルツァーギは N_c，N_q，N_γ の値を与えましたが，それらにはその後いくつかの主要な改正が加えられました．したがって，混乱を避けるために，そのオリジナルな値はここでは示されません．次節にその拡張された支持力式が示されます．

14.3　拡張された支持力式

テルツァーギの支持力式の応用は限られています．それらの限られた条件は，(1) 基礎の根入りが浅い場合に限る，(2) 2次元の帯状載荷に限る，(3) 深さ D_f 域には破壊面は拡張されておらず，その域でのせん断抵抗はゼロと仮定する，(4) 荷重は鉛直方向に加えられる，などです．これらの制限を克服するために，その後多くの研究者達（Meyerhof 1963，De Beer 1970，Hansen 1970，Vesic 1973，Hanna and Meyerhof 1981，など）によって，式（14.1）を拡張してより一般的な支持力式が提案されてきました．本書では日本で一般によく使われている**建築基礎構造設計指針**（日本建築学会 2001）による次式を紹介しますが，世界の文献では多くの異なる式や支持力値も存在することも理解してください．

$$q_u = i_c \alpha c N_c + i_q \gamma_1 D_f N_q + i_\gamma \beta \gamma_2 B \eta N_\gamma \tag{14.2}$$

q_u：単位面積当たりの極限支持力

N_c, N_q, N_γ：支持力係数

B：基礎幅

D_f：根入れ深さ

η：基礎の寸法効果による補正係数

c：支持地盤の粘着力

γ_1：根入れ部分 D_fでの土の単位体積重量

γ_2：支持地盤の単位体積重量

α, β：基礎の形状係数

i_c, i_q, i_γ：荷重の傾斜に対する補正係数

支持力係数（N_c, N_q, N_γ）

建築基礎構造設計指針では次式で与えられる支持力係数 N_c, N_q, N_γ が採用され，それらの値は排水三軸圧縮試験から得られた有効内部摩擦角 ϕ' の関数として表 14.1 と図 14.2 に示されています．

$$N_q=\frac{1+\sin\phi'}{1-\sin\phi'}\cdot e^{\pi\tan\phi'} \quad \text{(Prandtl の解)} \tag{14.3}$$

$$N_c-(N_q-1)\cdot\cot\phi' \quad \text{(Reissner の解)} \tag{14.4}$$

$$N_\gamma=(N_q-1)\cdot\tan(1.4\phi') \quad \text{(Meyerhof の解)} \tag{14.5}$$

表 14.1　式（14.2）に使用される支持力係数 N_c, N_q, N_γ の値

ϕ'(度)	N_c	N_q	N_γ	ϕ'(度)	N_c	N_q	N_γ
0	5.1	1	0				
1	5.4	1.1	0.0	21	15.8	7.1	3.4
2	5.6	1.2	0.0	22	16.9	7.8	4.1
3	5.9	1.3	0.0	23	18.0	8.7	4.8
4	6.2	1.4	0.0	24	19.3	9.6	5.7
5	6.5	1.6	0.1	25	20.7	10.7	6.8
6	6.8	1.7	0.1	26	22.3	11.9	8.0
7	7.2	1.9	0.2	27	23.9	13.2	9.5
8	7.5	2.1	0.2	28	25.8	14.7	11.2
9	7.9	2.3	0.3	29	27.9	16.4	13.2
10	8.3	2.5	0.4	30	30.1	18.4	15.7
11	8.8	2.7	0.5	31	32.7	20.6	18.6
12	9.3	3.0	0.6	32	35.5	23.2	22.0
13	9.8	3.3	0.7	33	38.6	26.1	26.2
14	10.4	3.6	0.9	34	42.2	29.4	31.1
15	11.0	3.9	1.1	35	46.1	33.3	37.2
16	11.6	4.3	1.4	36	50.6	37.8	44.4
17	12.3	4.8	1.7	37	55.6	42.9	53.3
18	13.1	5.3	2.0	38	61.4	48.9	64.1
19	13.9	5.8	2.4	39	67.9	56.0	77.3
20	14.8	6.4	2.9	40 以上	75.3	64.2	93.7

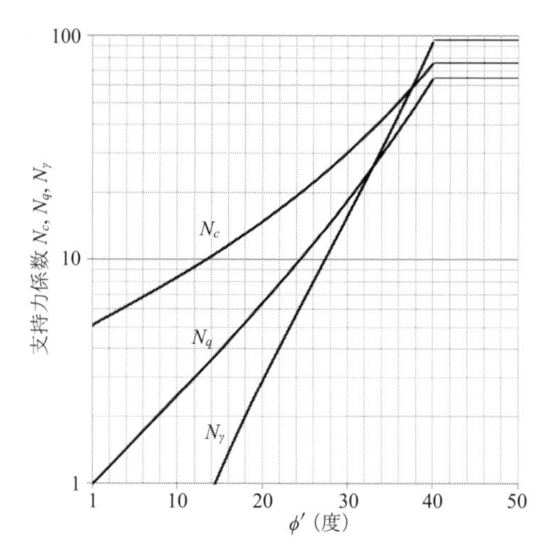

図 14.2　式（14.2）に使用される支持力係数 N_c, N_q, N_γ の値

形状係数（α, β）

連続帯状載荷以外の，正方形，長方形，円形基礎などの基礎についてはこれらの修正が必要です．

表 14.2　形状係数

基礎底面の形状	連続基礎	正方形基礎	長方形基礎	円形基礎
α	1.0	1.2	1.0+0.2（B/L）	1.2
β	0.5	0.3	0.5−0.2（B/L）	0.3

（ただし，長方形基礎では $B \leq L$，円形基礎では $B=L$（基礎の直径））

基礎の寸法効果による補正係数（η）

14.2 節で述べられたように，大きな基礎（高い拘束圧）に対して，ϕ' 値の多少の減少と進行性破壊のための寸法効果（size effect）によって，次の補正が提案されています．

$$\eta=(B/B_0)^{-1/3} \quad \text{（ただし，} B \text{ と } B_0 \text{ の単位は m，} B_0=1\text{ m）} \qquad (14.6)$$

傾斜係数（i_c, i_q, i_γ）

$$i_c=i_q=(1-\theta/90°)^2 \qquad (14.7)$$

$$i_\gamma=(1-\theta/\phi')^2 \quad \text{（ただし，} \theta>\phi' \text{ の場合には } i_\gamma=0\text{）} \qquad (14.8)$$

式（14.7）と式（14.8）で θ は鉛直方向から測った荷重の作用方向の傾斜角度です．

例題 14.1

帯状基礎と土のパラメータが図 14.3 に示されています．この基礎に対して極限支持力を求めてください．

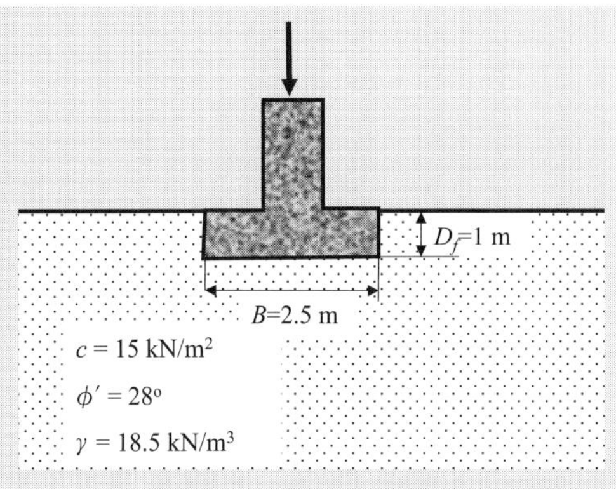

図 14.3　例題 14.1 の基礎

解：

表 14.1 または図 14.2 より，$\phi'=28°$ に対して，

$N_c=25.8$，$N_q=14.7$，$N_\gamma=11.2$

形状係数：

帯状基礎に対して，$B/L=0$，したがって，

$\alpha=1.0$，$\beta=0.5$

基礎の寸法効果による補正係数 η：

$\eta=(B/B_0)^{-1/3}=(2.5/1.0)^{-1/3}=0.737$

傾斜係数：

$\theta=0°$ のため，$i_c=i_q=i_\gamma=1.0$

$\gamma_1=\gamma_2=18.5\,\mathrm{kN/m^3}$ で，式（14.2）より，

$q_u=i_c\,\alpha c N_c+i_q\gamma_1 D_f N_q+i_\gamma\beta\gamma_2 B\eta\,N_\gamma$

$=1.0\times1.0\times15\times25.8+1.0\times18.5\times1.0\times14.7+1.0\times0.5\times18.5\times2.5\times0.737\times11.2$

$=387.0+272.0+190.8=$ **849.8** kN/m²　⇐

例題 14.2

例題 14.1 で，**基礎の幅が 2.5 m から 5.0 m になったときの**極限支持力を求めてください．

解：

例題 14.1 と比べて，礎の幅が 2.5 m から 5.0 m になった以外はすべて同じで，以下の係数以外はすべて例題 14.1 と同じ値を使います．

基礎の寸法効果による補正係数 η：

$\eta=(B/B_0)^{-1/3}=(\mathbf{5.0}/1.0)^{-1/3}=\mathbf{0.585}$

式（14.2）より，

$q_u=i_c\,\alpha c N_c+i_q\gamma_1 D_f N_q+i_\gamma\beta\gamma_2 B\eta\,N_\gamma$

$=1.0\times1.0\times15\times25.8+1.0\times18.5\times1.0\times14.7+1.0\times0.5\times18.5\times\mathbf{5.0}\times\mathbf{0.585}\times11.2$

$=387.0+272.0+$ **302.9** $=$ **961.9** kN/m²（例題 14.1 より **13.2%増加**）⇐

例題 14.3

例題 14.1 で，**基礎が $B=L=2.5$ m の正方形基礎のとき**の極限支持力を求めてください．

解：

例題 14.1 と比べて，帯状荷重が正方形荷重に変わった以外はすべて同じで，以下の係数以外はすべて例題 14.1 と同じ値を使います．

形状係数：

正方形基礎に対して，α=**1.2**，β=**0.3**

式（14.2）より，

$q_u = i_c\,\alpha c N_c + i_q \gamma_1 D_f N_q + i_\gamma \beta \gamma_2 B \eta\, N_\gamma$

$= 1.0 \times \mathbf{1.2} \times 15 \times 25.8 + 1.0 \times 18.5 \times 1.0 \times 14.7 + 1.0 \times \mathbf{0.3} \times 18.5 \times 2.5 \times 0.737 \times 11.2$

$= \mathbf{464.4} + 272.0 + \mathbf{114.5} = 850.8$ kN/m^2 （例題14.1とほぼ等しい値） ⇐

例題 14.4

例題14.1で，**荷重が鉛直線より5° 傾いて加えられたとき**の極限支持力を求めてください．

解：

例題14.1と比べて，傾斜角β=5° 以外はすべて同じで，以下の係数以外はすべて例題14.1と同じ値を使います．

傾斜係数：

θ=5° のため，$i_c = i_q$=**0.892**，i_γ=**0.675**

式（14.2）より，

$q_u = i_c\,\alpha c N_c + i_q \gamma_1 D_f N_q + i_\gamma \beta \gamma_2 B \eta\, N_\gamma$

$= \mathbf{0.892} \times 1.0 \times 15 \times 25.8 + \mathbf{0.892} \times 18.5 \times 1.0 \times 14.7 + \mathbf{0.675} \times 0.5 \times 18.5 \times 2.5 \times 0.737 \times 11.2$

$= \mathbf{345.2} + \mathbf{242.6} + \mathbf{128.8} = \mathbf{716.5}$ kN/m^2 （例題14.1より**15.7%減少**） ⇐

上の4つの例題より，支持力値q_uに対する，基礎幅，基礎の形状，荷重の傾斜角度の影響がよく観察されます．

14.4 地下水の位置による支持力式の補正

支持力の推定でもう1つ注意を払わなければならないのは地下水位の影響です．支持力式（式(14.1)，または，式（14.2)）には，土の単位体積重量γ_1のとγ_2が含まれています．これらは，それぞれ，基礎底面より上部の土と下部の土の単位体積重量です．もしそれらの土が地下水位の下に来るときは水中単位体積重量$\gamma'_1 (=\gamma_1 - \gamma_w)$と$\gamma'_2 (=\gamma_2 - \gamma_w)$を使用しなければなりません．なぜなら，支持力を生み出す根入深さによる抵抗はその有効上載応力の大きさに依存し，また，破壊面でのせん断抵抗も有効垂直応力に左右されるからです．

支持力式に対して，これらの単位体積重量の変化に対応するため，図14.4が用意されました．図では，Γ_1とΓ_2をそれぞれ基礎底面より上部の土と下部の土の**一般化された単位体積重量**（generalized unit weights of soil）と定義します．**このΓ_1とΓ_2が支持力の式（14.1）と式（14.2）でγ_1とγ_2の代わりに使われれば，これが地下水位の影響を含むように工夫されています．**ここで，地下水位が基礎底面よりB以深にあれば，破壊面はその深さまで及ばず，支持力に影響がないと仮定されました．このようにして一般化された単位体積重量Γ_1とΓ_2の境界での値は次のようになります．ここにz_wは地下水位の地表面よりの深さを表します．

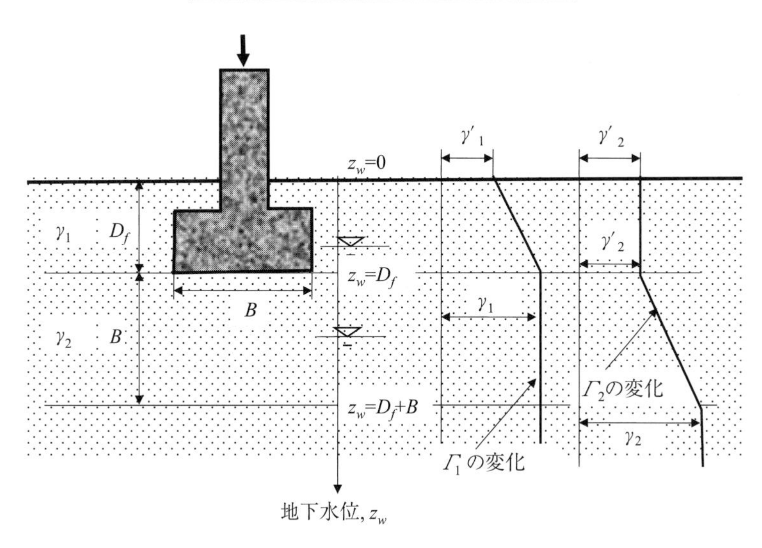

図 14.4　支持力式に影響する地下水位の変化と一般化された土の単位体積重量の定義

地下水位が $z_w=0$（地表面）にあるとき，

$\Gamma_1=\gamma'_1$　で　$\Gamma_2=\gamma'_2$

地下水位が $z_w=D_f$（基礎底面）にあるとき，

$\Gamma_1=\gamma_1$　で　$\Gamma_2=\gamma'_2$

地下水位が $z_w \geq D_f+B$（基礎底面より B 以深）にあるとき，

$\Gamma_1=\gamma_1$　で　$\Gamma_2=\gamma_2$

Γ_1とΓ_2の地下水位の深さに対する変化は図 14.4 に描かれています．$z_w=0$ と D_f 間の Γ_1 の変化は直線で近似され，また，$z_w=D_f$ から D_f+B での Γ_2 変化も直線で近似されました．よって，次式が得られます．

$0 \leq z_w < D_f$ 間で，

$$\Gamma_1=\gamma_1+\gamma_w(z_w/D_f-1) \tag{14.9}$$

$$\Gamma_2=\gamma'_2 \tag{14.10}$$

$Df \leq z_w < D_f+B$ 間で，

$$\Gamma_1=\gamma_1 \tag{14.11}$$

$$\Gamma_2=\gamma_2+\gamma_w\,[z_w-(D_f+B)]/B \tag{14.12}$$

$z_w \geq D_f+B$ 間で，

$$\Gamma_1=\gamma_1 \tag{14.13}$$

$$\Gamma_2=\gamma_2 \tag{14.14}$$

例題 14.5

例題 14.1 の問題で，地下水位が（1）地表面にあるとき，（2）地表面より 2 m 下にあるとき，それぞ

れの場合に支持力 q_u を計算してください．土の単位体積重量は乾燥時も湿潤のときも $\gamma_1=\gamma_2=18.5$ kN/m^{2}と仮定してください．

解：

例題 14.1 と比べて，地下水の位置に応じて，γ_1 が Γ_1 に γ_2 が Γ_2 に変わりますがそれ以外はすべて同じで，Γ_1，Γ_2 値以下の係数以外はすべて例題 14.1 と同じ値を使います．

(1) 地下水位 $z_w=0$ m

$\Gamma_1=\gamma_1+\gamma_w(z_w/D_f-1)=18.5+9.81(0/1-1)=18.5-9.81=8.69$ kN/m^3

$\Gamma_2=\gamma'_2=18.5-9.81=8.69$ kN/m^3

$q_u=i_c\alpha cN_c+i_q\Gamma_1 D_f N_q+i_\gamma\beta\Gamma_2 B\eta N_\gamma$

$=1.0\times1.0\times15\times25.8+1.0\times\mathbf{8.69}\times1.0\times14.7+1.0\times0.5\times\mathbf{8.69}\times2.5\times0.737\times11.2$

$=387.0+\mathbf{127.7}+\mathbf{89.6}=\mathbf{604.4}$ kN/m^2 （例題 14.1 より **28.9%減少**） ⇐

(2) 地下水位 $z_w=2$ m$(D_f<z_w<D_f+B)$

$\Gamma_1=\gamma_1=18.5$ kN/m^3

$\Gamma_2=\gamma_2+\gamma_w[z_w-(D_f+B)]/B=18.5+9.81[2-(1+2.5)]/2.5=18.5-5.9=12.6$ kN/m^3

$q_u=i_c\alpha cN_c+i_q\Gamma_1 D_f N_q+i_\gamma\beta\Gamma_2 B\eta N_\gamma$

$=1.0\times1.0\times15\times25.8+1.0\times\mathbf{18.5}\times14.7+1.0\times0.5\times\mathbf{12.6}\times2.5\times0.737\times11.2$

$=387.0+\mathbf{272.0}+\mathbf{140.0}=\mathbf{788.9}$ kN/m^2 （例題 14.1 より **7.2%減少**） ⇐

14.5 総支持力と有効支持力

これまで支持力の議論では，得られた q_u は**極限総支持力**（ultimate gross bearing capacity）で，図 14.5 に見られるように基礎の底面で土盤基礎が支えることのできる究極の応力値です．基礎部のコンクリートの単位体積重量はおおよそ土の単位体積重量と同じであると仮定して，次の鉛直方向の力の均衡式が得られます．

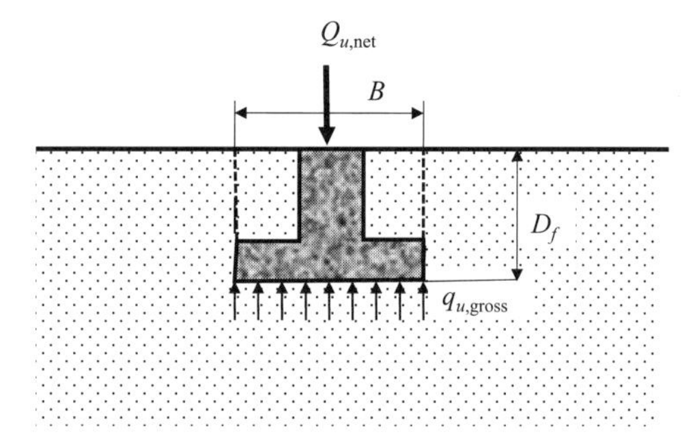

図 14.5 総支持力と有効支持力

$$q_{u,\text{gross}}\cdot B=Q_{u,\text{net}}+\gamma_{\text{soil}}\cdot D_f\cdot B \quad (14.15)$$

したがって，

$$q_{u,\text{net}}=Q_{u,\text{net}}/B=q_{u,\text{gross}}-\gamma_{\text{soil}}\cdot D_f \quad (14.16)$$

ここに $q_{u,\text{net}}$ は**極限有効支持力**（ultimate net bearing capacity）と呼ばれ，極限総支持力と区別されるものです．$q_{u,\text{net}}$ は地表面で構造物を支えることのできる最大の応力と定義され，$Q_{u,\text{net}}(=q_{u,\text{net}}\cdot B)$ は上部構造物の極限の荷重を意味します．したがって，式（14.1）と式（14.2）は，それぞれに，式（14.17）と式（14.18）に書き換えられ，極限有効支持力は次式から得ることができます．

$$q_{u,\mathrm{net}} = q_u - \gamma_1 D_f = (cN_c + \gamma_1 D_f N_q + (1/2)\gamma_2 BN_\gamma) - \gamma_1 D_f$$
$$= cN_c + \gamma_1 D_f (N_q - 1) + (1/2)\gamma_2 BN_\gamma \quad (14.17)$$
$$q_{u,\mathrm{net}} = q_u - \gamma_1 D_f = (i_c \alpha c N_c + i_q \gamma_1 D_f N_q + i_\gamma \beta \gamma_2 B \eta N_\gamma) - \gamma_1 D_f$$
$$= i_c \alpha c N_c + \gamma_1 D_f (i_q N_q - 1) + i_\gamma \beta \gamma_2 B \eta N_\gamma \quad (14.18)$$

有効支持（net bearing capacity）と総支持力（gross bearing capacity）は混同してはいけません．有効支持力は基礎上の上部構造を設計するときに使用される支持力です．また，基礎の沈下は建物による増加応力によるもので，有効支持力に相当する応力が沈下解析に使用されます．

14.6　支持力式に対する安全率

極限支持力の方程式は，多くの経験による係数を含み，また，材料特性の不確実性，土の空間での不均一性等により，実際の設計の際には適切な**安全率**（factor of safety，または単に，F.S.）を用いる必要があります．極限支持力を安全率で除した値は**許容支持力**（allowable bearing capacity），または，**設計支持力**（design bearing capacity）と呼ばれ，設計に用いられるものです．多少異なった安全率の考え方があり，その例として，(1) 安全率を極限総支持力値 $q_{u,\mathrm{gross}}$ に応用して許容総支持力 $q_{d,\mathrm{gross}}$ を求める方法，(2) 安全率を土の強度パラメータにまず応用し，その後，許容総支持力 $q_{d,\mathrm{gross}}$ を求める方法，等があり，次に紹介されます．

安全率を極限総支持力値に応用する方法

安全率が直接，極限総支持力式（14.1），または，式（14.2）に応用され，次式より許容総支持力が得られます．

$$q_{d,\mathrm{gross}} = q_{u,\mathrm{gross}}/\mathrm{F.S.} = (cN_c + \gamma_1 D_f N_q + (1/2)\gamma_2 BN_\gamma)/\mathrm{F.S.} \quad (14.19)$$
$$q_{d,\mathrm{gross}} = q_{u,\mathrm{gross}}/\mathrm{F.S.} = (i_c \alpha c N_c + i_q \gamma_1 D_f N_q + i_\gamma \beta \gamma_2 B \eta N_\gamma)/\mathrm{F.S.} \quad (14.20)$$

その後，許容有効支持力 $q_{d,\mathrm{net}}$ は許容総支持力 $q_{d,\mathrm{gross}}$ より $\gamma_1 D_f$ を差し引いて次式に得られます．

$$q_{d,\mathrm{net}} = q_{d,\mathrm{gross}} - \gamma_1 D_f \quad (14.21)$$

いくつかの文献では，安全率 F.S. を直接，極限有効支持力 $q_{u,\mathrm{net}}$ に適用して，許容有効支持力 $q_{d,\mathrm{net}}$ を求めています．しかし，$\gamma_1 D_f$ の値はかなり確実性の高いもので，同じレベルの安全率を必要とされないため，式（14.21）の方法がより合理的だと判断されます．

安全率を強度パラメータに応用する方法

土のせん断強度パラメータ（c，ϕ）のある程度の不確実性のため，まず，設計強度パラメータが次式より求められます．

$$c_d = c/\mathrm{F.S.} \quad (14.22)$$
$$\phi_d = \tan^{-1}(\tan\phi/\mathrm{F.S.}) \quad (14.23)$$

ここで，c と ϕ は土の粘着力と内部摩擦角で実験等で得られる値です．c_d と ϕ_d はそれらの設計値です．次に，得られた設計値を極限総支持力式（14.17）に，または，式（14.18）に挿入して，それを許容総支持力とします．このとき，許容支持力を得るための更なる安全率は普通は使われませんが，せん断強度に用いられた安全率の大きさによっては，少し小さいめの安全率を式（14.19），または，式（14.20）にさらに応用することも可能です．

どちらの方法でもその安全率の値の選択は重要な課題ですが，容易ではありません．これには，エンジニアの豊富な経験と適切な判断に基づいて行われる必要があります．一般に，長期の許容支持力を求めるのに3.0，短期の許容支持力に1.5程度の安全率がよく使われています．

14.7 浅い基礎の設計法

基礎の地盤が比較的強く，また高い膨潤，収縮，圧密等の問題が懸念されない場合には，深い基礎（deep foundation）（第15章）の必要がなく，**浅い基礎**（shallow foundation）の採用が経済的に有利になります．浅い基礎の設計には，この章の前半で示された支持力理論を直接活用することができます．

14.7.1 基礎の根入れ深さ

一般に，基礎底面は地面から一定の深さに配置されます．式（14.1）の支持力式によれば，**根入れ深さ**D_fが増えればそれだけ支持力が増加するという利点があります．もし基礎域が**凍上**（frost）の可能性があれば基礎はその凍上層より下方に配置されなければなりません．また，基礎は表層土（top soil），軟弱表層土の下に置く必要があります．実際の基礎の根入れ深さは，掘削コストと基礎自体の建設コストのバランスに基づいて設計技師が決定することになります．

14.7.2 基礎の設計手順

基盤の設計には次の2点に対して安全性が確認されなくてはなりません．（1）基礎はその**許容支持力に対して安全である**．（2）**基礎の許容沈下量に対してはその上部構造物の安全性と機能性が確保されなければならない**．沈下量は瞬時，圧密，総沈下量，および，不等沈下量での確認が必要です．基礎は許容支持力に対してと許容沈下量に対しての安全基準が同時に満たさなくてはなりません．片方だけの安全設計ではそれは十分とはいえません．沈下量の解析は，第9章の手法に基づいて行うことができ，再びここでは説明はされません．

基礎の支持力の決定は式（14.2）を使用します．式には基礎の形状，基礎幅，傾き，地下水面の位置による補正が必要です．また，式（14.2）にはBが含まれているため，基礎幅Bの決定には**試行錯誤法**（trial and error）を用いる必要があります．例題14.6にはその手順の例が示されています．

例題 14.6

図14.6に示されるように，上部構造による基礎柱への鉛直荷重1500 kNに安全に耐えうる正方形状の基礎の寸法を設計してください．基礎底は地表面下1.2 mに置かれ，設計の安全率を2.5とします．基礎周辺の土は粘性土で，その全単位体積重量γ_tは18.5 kN/m^{3}で，一軸圧縮強さは130 kN/m^{2}です．また，地下水位は基礎底面（−1.2 m）に位置します．

解：

$c=$（一軸圧縮強さ q_u）$/2=130/2=65\ \mathrm{kN/m^2}$

$\gamma_1=18.5\ \mathrm{kN/m^3}$，$\gamma_2=18.5-9.81=8.69\ \mathrm{kN/m^3}$

$\phi'=0°$，したがって，表 14.1 より，$N_c=5.1$，$N_q=1.0$，

$N_\gamma=0$ で，

傾斜係数：$\theta=0°$ のため，$i_c=i_q=i_\gamma=1.0$

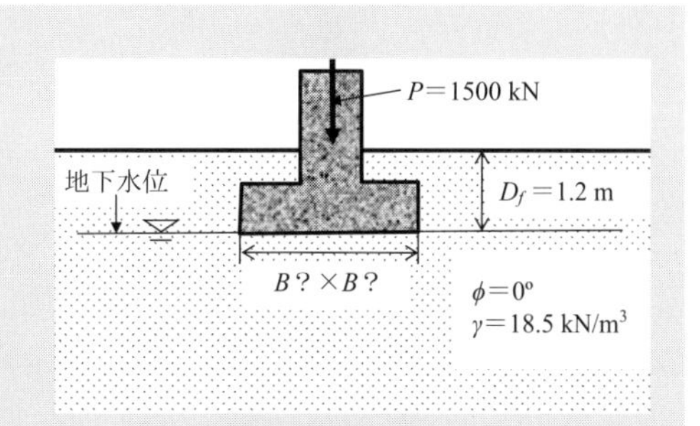

図 14.6 例題 14.6

最初に **$B\times B=2.0\ \mathrm{m}\times2.0\ \mathrm{m}$ と仮定して，**

形状係数：正方形基礎に対して，$B/L=1$，したがって，

$\alpha=1.2$，$\beta=0.3$

基礎の寸法効果による補正係数 $\boldsymbol{\eta}$：$\eta=(B/B_0)^{-1/3}=(2.0/1.0)^{-1/3}=0.794$

式（14.2）を用いて，

$q_u=i_c\alpha cN_c+i_q\gamma_1D_fN_q+i_\gamma\beta\gamma_2B\eta N_\gamma=1.0\times1.2\times65\times5.1+1.0\times18.5\times$

$1.2\times1.0+1.0\times0.3\times8.69\times2.0\times0.794\times0.0$

$=397.8+27.8+0.0=\mathbf{425.6}\ \mathrm{kN/m^2}$

$q_{d,\mathrm{net}}=q_{u,\mathrm{gross}}/2.5-\gamma_1D_f=425.6/2.5-18.5\times1.2=148.0\ \mathrm{kN/m^2}$

$Q_{d,\mathrm{net}}=q_{d,\mathrm{net}}\times B\times B=148.0\times2\times2=$ **592 kN＜1,500 kN**（設計荷重）

したがって，$B\times B=2.0\ \mathrm{m}\times2.0\ \mathrm{m}$ の基礎では支持力が不足します． ⇐

次に **$B\times B=3.0\ \mathrm{m}\times3.0\ \mathrm{m}$** と仮定して計算すると，

この場合（$\phi=0$），支持力式の第 3 項 $i_\gamma\beta\gamma_2B\eta N_\gamma$ がゼロのため，q_u に対して B は影響ありません．

したがって，q_u 値は 2 m×2 m の基礎の場合と同じです．

$q_u=i_c\alpha cN_c+i_q\gamma_1D_fN_q+i_\gamma\beta\gamma_2B\eta N_\gamma=\mathbf{425.6}\ \mathrm{kN/m^2}$

$q_{d,\mathrm{net}}=q_{u,\mathrm{gross}}/2.5-\gamma_1D_f=425.6/2.5-18.5\times1.2=148.0\ \mathrm{kN/m^2}$

$Q_{d,\mathrm{net}}=q_{d,\mathrm{net}}\times B\times B=148.0\times3\times3=$ **1,332 kN＜1,500 kN**（設計荷重）

この場合，$B\times B=3.0\ \mathrm{m}\times3.0\ \mathrm{m}$ の基礎はわずかに不足です． ⇐

同様に，**$B\times B=3.2\ \mathrm{m}\times3.2\ \mathrm{m}$** と仮定して計算すると，

$Q_{d,\mathrm{net}}=q_{d,\mathrm{net}}\times B\times B=148.0\times3.2\times3.2=$ **1515 kN＞1500 kN**（設計荷重）

上記の計算より，$B=3.2$ m の正方形の基礎は設計荷重を満たし，基礎幅として採用します． ⇐

上の例題で許容支持力値による設計値が決められた後，第 9 章に示された手順に従って基礎の沈下量解析を行う必要があります．その予想される沈下量が表 9.9，表 9.10 などの許容限界沈下量を超える場合は，基礎幅を拡張する必要があることに注意してください．

14.8 章の終わりに

支持力の決定は浅い基礎の設計のためにまず必要とされる要件です．この章では最初に基本的な支持力理論とその応用が提示されました．そして章の終わりに，浅い基礎の設計手順が示されました．

しかし，この支持力の決定には多少異なった手法による解法が多く存在しています．読者は実際の基礎の設計に際しては，それらの詳細について，基礎工学（foundation engineering）の教科書，設計指針，文献等を参照してください．

参考文献

1）日本建築協会（2001）．建設基礎構造設計指針
2）De Beer, E. E.（1970）．"Experimental Determination of the Shape Factors and Bearing Capacity Factors of Sand," *Geotechnique*, Vol. 20, No. 4, pp. 387-411.
3）Hanna, A. M. and Meyerhof, G. G.（1981）．"Experimental Evaluation of Bearing capacity of Footings Subjected to Inclined Loads," *Canadian Geotechnical Journal*, Vol. 18, No. 4, pp. 599-603.
4）Hansen, J. B.（1970）．"A Revised and Extended Formula for Bearing Capacity", *Bulletin 28*, Danish Geotechnical Institute, Copenhagen.
5）Meyerhof, G. G.（1963），"Some Recent Research on the Bearing Capacity of Foundations," *Canadian Geotechnical Journal*, Vol. 1, No. 1, 16-26.
6）Prandtl, L.（1921）．"Über die Härte plastischer Körper", *Nachr. Kgl. Ges. Wiss. Göttingen, Math. Phys. Klasse.*
7）Terzaghi, K.（1943）．*Theoretical Soil Mechanics*, John Wiley & Sons.
8）Vesic, A. S.（1973）．"Analysis of Ultimate Loads of Shallow Foundations," *Journal of the Soil Mechanics and Foundations Division*, ASCE, Vol. 99, No. SM1, pp. 45-73.

問　題

14.1 図14.7の長方形基礎（2.0 m×3.0 m）が砂地盤の根入深さ2 mに置かれました．次の値を計算してください．

(a) 極限総支持力

(b) 極限有効支持力

(c) 式（14.21）を使って，安全率＝2.5のときの許容有効支持力

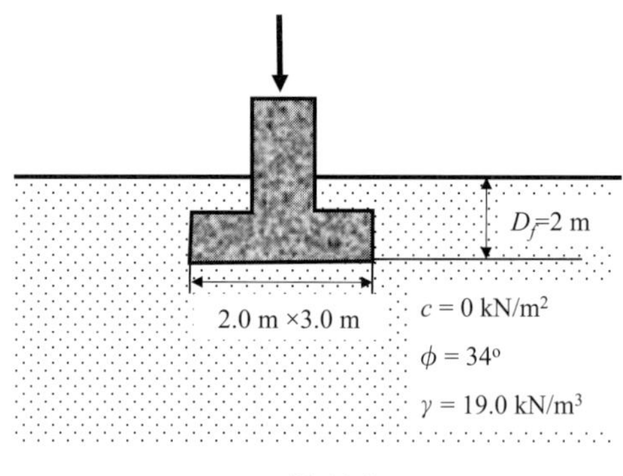

図 14.7

14.2 問題14.1の基礎（図14.7）で，長方形基礎がB=2.0 mの帯状基礎に置き換えられたとき，次の値を計算してください．他のすべての条件は同じです．

(a)　極限総支持力

(b)　極限有効支持力

(c)　式（14.21）を使って，安全率＝2.5のときの許容有効支持力

14.3　問題14.1の基礎（図14.7）で，荷重が鉛直面から5°傾いて加えられたとき，次の値を計算してください．他のすべての条件は同じです．

(a)　極限総支持力

(b)　極限有効支持力

(c)　式（14.21）を使って，安全率＝2.5のときの許容有効支持力

14.4　問題14.1の基礎（図14.7）で，地下水位が地表面から3 mの深さにあるとき，次の値を計算してください．他のすべての条件は同じです．

(a)　極限総支持力

(b)　極限有効支持力

(c)　式（14.21）を使って，安全率＝2.5のときの許容有効支持力

14.5　図14.8の長方形基礎（2.0 m×3.0 m）が粘土地盤の根入深さ2 mに置かれました．次の値を計算してください．

(a)　極限総支持力

(b)　極限有効支持力

(c)　式（14.21）を使って，安全率 ＝3.0のときの許容有効支持力

土の特性は地下水位の上と下で同じと仮定してください．

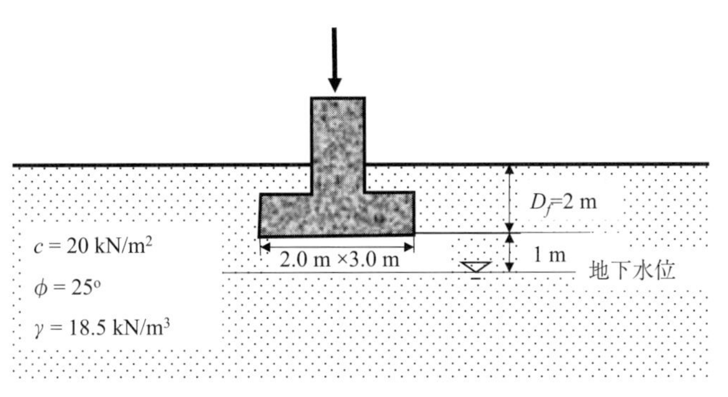

図14.8

14.6　問題14.5の基礎（図14.8）で，長方形基礎がD=1.392 mの円形基礎に置き換えられたとき，次の値を計算してください．他のすべての条件は同じです．この円形基礎は2.0 m×3.0 mの長方形基礎と同じ面積を持ちます．

(a)　極限総支持力

(b)　極限有効支持力

(c)　式（14.21）を使って，安全率＝3.0のときの許容有効支持力

14.7　問題14.5の基礎（図14.8）で，長方形基礎がB=2.0 mの帯状基礎に置き換えられたとき，次の値を計算してください．他のすべての条件は同じです．

(a)　極限総支持力

(b)　極限有効支持力

(c)　式（14.21）を使って，安全率＝3.0のときの許容有効支持力

14.8 問題14.5の基礎（図14.8）で，荷重が鉛直線から5°傾いて加えられたとき，次の値を計算してください．他のすべての条件は同じです．

(a)　極限総支持力

(b)　極限有効支持力

(c)　式（14.21）を使って，安全率＝3.0のときの許容有効支持力

14.9 上部構造による基礎柱への鉛直荷重1500 kNに安全に耐えうる正方形状の基礎の寸法を設計してください．基礎底は地表面下1.2 mに置かれ，設計の安全率を2.5とします．基礎周辺の土は中密な砂質土で，その全単位体積重量γ_tは19.0 kN/m^{3}で，有効内部摩擦角ϕ'は35°でした．また，地下水位は基礎底面よりはるか下方に存在し，その影響は無視してください．

14.10 上部構造による基礎柱への鉛直荷重250 kN/mに安全に耐えうる帯状基礎の幅寸法を設計してください．基礎底は地表面下1.0 mに置かれ，設計の安全率を2.5とします．基礎周辺の土は緩い砂質土で，その全単位体積重量γ_tは18.2 kN/m^{3}で，有効内部摩擦角ϕ'は32°でした．また，地下水位は基礎底面よりはるか下方に存在し，その影響は無視してください．

14.11 上部構造による基礎柱への鉛直荷重1500 kNに安全に耐えうる円形基礎の直径寸法を設計してください．基礎底は地表面下1.0 mに置かれ，設計の安全率を2.5とします．基礎周辺の土は粘性土で，その全単位体積重量γ_tは18.2 kN/m^{3}で，一軸圧縮強さは100 kN/m^{2}でした．また，地下水位は基礎底面と同じ位置にあります．

第 15 章

深い基礎の設計

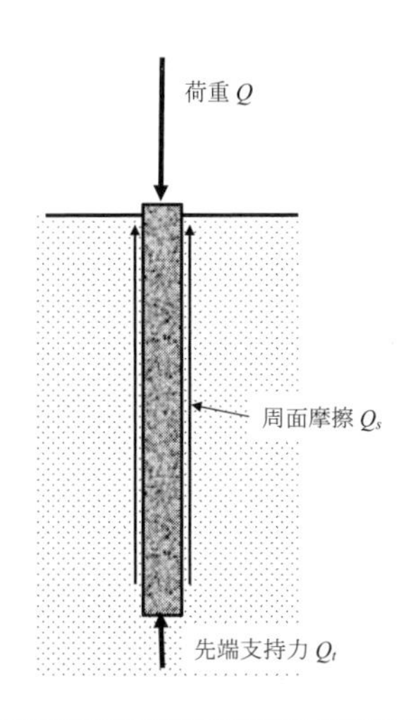

15.1 章の始めに

基礎地盤が低い支持力しか期待できない場合，また，圧縮性の高い土，高い膨潤性または収縮性のある場合などの問題のある地盤の基礎では，浅い基礎を効果的に使用することが困難です．このような状況では，**深い基礎**（deep foundation）の使用が一般的です．深い基礎には**杭**（pile），**橋脚**（pier），**ドリルシャフト**（drilled shaft），**ケーソン**（caisson）などのように，その規模，設置の仕方などの違いによりいくつかの種類があります．それらはすべて地中の十分な深さまで挿入され，基礎からの荷重はその**先端抵抗**（tip resistance）と**周面摩擦抵抗**（skin friction）によって支持されます．その設計の原理はどの種類の深い基礎でも類似するもので，この章ではその基本となる杭基礎の理論と実践についてのみ学びます．

また，杭はある程度の横方向荷重に抵抗することができ，それに対する設計法も提案されていますが，この章では，深い基礎の原理を学ぶことを目的として，軸荷重のみによる鉛直杭を取り扱います．杭の設計法には実験結果と経験則を基にしたものが多く，種々の設計法が提案されています．本書ではその代表的なもののみが示されますが，読者は他に多くの方法があることを認識して，それらについての詳細は基礎工学の専門書を参考にしてください．

15.2 杭の種類

杭の形状はその材料や設置方法によって異なります．図 15.1 は，それらの一部の例を示しています．杭の総支持力は杭の先端支持力と杭の周面摩擦抵抗に由来するために，この章で後述するように，その材料および設置方法はその総支持力に大きな影響を与えます．材料としては木材，コンクリート，鉄鋼などが一般に使われ，また，ハイブリッド材として，コンクリートの詰まった鉄鋼杭，炭素繊維（carbon fiber）またはガラス繊維（glass fiber）材で補強されたプラスチック杭などがあります．また，その設置方法によっては，**打ち込み杭**（driven pile），**場所打ち杭**（cast-in-place pile），**埋め込み杭**（drilled pile）などに分類されます．鋼杭には，さまざまな寸法の鋼管杭や H 形鋼杭があります．表 15.1 は，これらのさまざまな種類の杭で，一般的に使われているサイズ，杭長と，典型的な許容荷重のガイドラインを示しています．

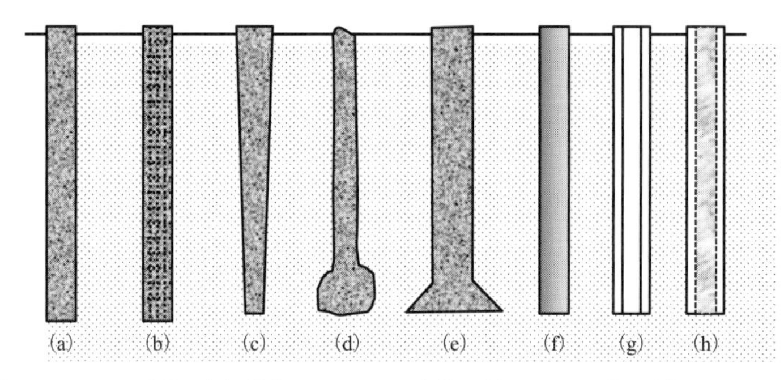

(a) 無鉄筋コンクリート直杭，(b) 鉄筋コンクリート直杭，(c) テーパー杭，(d) ケーシングのないフランキー杭，(e) 拡大された底部を持ったコンクリート杭，(f) 鋼管杭，(g) H形鋼杭，(h) コンクリートの充填された鋼管杭

図 15.1 形状と材料の違いによる杭の種類

表 15.1 さまざまな杭の一般的なサイズと荷重容量

杭材料の種類	一般的な大きさ (m) 直径または他のサイズ	一般的な杭長 (m)	平均的な許容荷重 (kN)
木材	0.125-0.45	12-35	250
現場打ちコンクリート	0.15-1.5	≤35	600
プレキャスト鉄筋 コンクリート	0.15-0.3	≤35	750
プレストレス プレキャスト コンクリート	0.15-0.6	≤35	1000
鋼管	0.2-1	<35	900
H形鋼	ウェブ：1-3 フランジ：0.2-0.35	<60	900
コンクリートの充填された鋼管	0.2-1	<35	900

(Budhu 2010 より)

15.3 杭の静的支持力

杭の上端で支えられる全垂直荷重 Q は図 15.2 に見られるように，**先端支持力** Q_t と**周面摩擦抵抗** Q_s の両者によって支えられます．したがって次式が得られます．

$$Q = Q_t + Q_s \qquad (15.1)$$

杭の深さ，および土の種類に応じて，図 15.3 に示すように，杭は大きく**先端支持杭**（tip bearing pile）と**摩擦杭**（friction pile）に分類されます．またその両方を兼ねるものもあります．しかしながら，先端支持杭でもいくらかの摩擦抵抗を発揮し，摩擦杭もまた，多少の先端支持力を持つことが普通です．

極限先端支持力 $Q_{t,u}$ は，原則として，式（14.1）の支持力式を使用して次式より得られます．

$$Q_{t,u} = A_p q_u = A_p[cN_c{}^* + \gamma_1 D_f N_q{}^* (+1/2\,\gamma_2 B N_\gamma{}^*)] \qquad (15.2)$$

上式で，

A_p：杭の先端の断面積

$N_c{}^*$，$N_q{}^*$，$N_\gamma{}^*$：杭の支持力のために修正された支持力係数

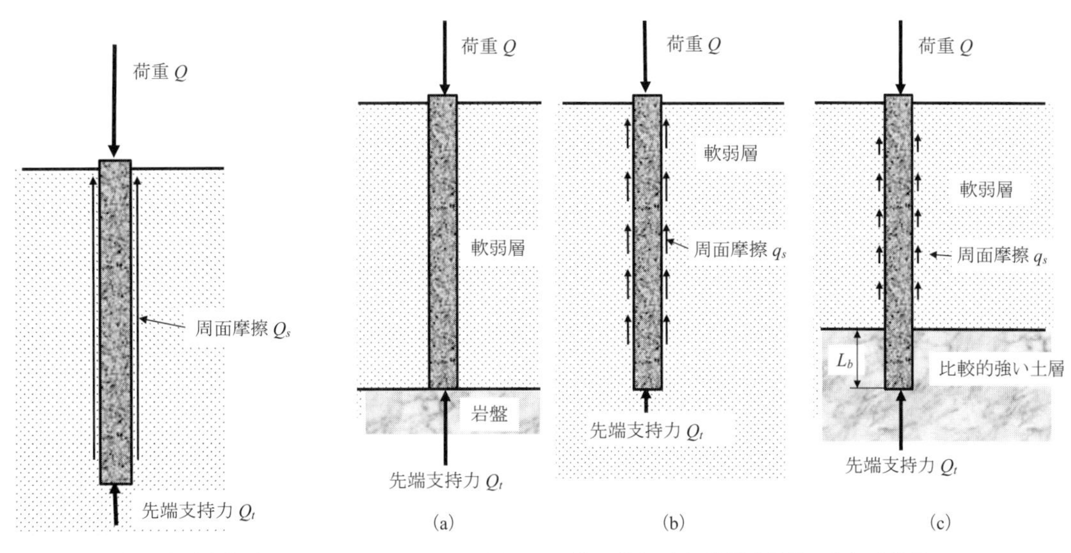

図 15.2　杭の支持力伝達メカニズム

図 15.3　杭の種類（a）先端支持杭，（b）摩擦杭，（c）支持杭と摩擦杭の組み合わせ

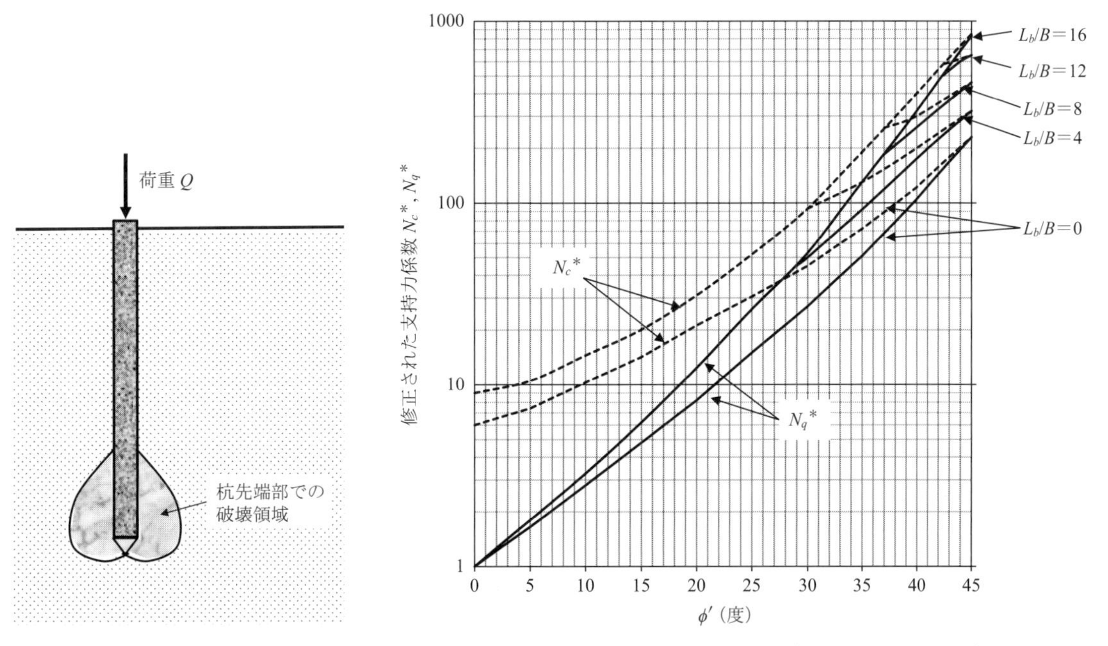

図 15.4　杭先端部での土の破壊領域

図 15.5　修正された支持力係数（**Meyerhof 1976 より**）

支持力式（15.2）を杭の先端支持力に応用するとき，杭長 L は浅い基礎の値入深さ D_f に比べて非常に大きいため，杭の先端ではその破壊領域は図 14.1 の浅い基礎の場合とは異なり，図 15.4 に見られるような球根状になると予想されます．また，式（15.2）の右辺の第 3 項（$1/2\,\gamma_2 BN_\gamma{}^*$）はたびたび省略されます．それは第 3 項に含まれる杭の幅（直径）B は第 2 項の杭長 L（式（15.2）の D_f）

に比べて非常に小さい値をとるためです．

マイヤーホフ（Meyerhof, 1976）は杭基礎の場合の修正された支持力係数 $N_c{}^*$ と $N_q{}^*$ の半経験値を図15.5に提案しました．図15.5で L_b は，図15.3（c）に見られるように杭の比較的強い土層への埋め込み長さです．

周面摩擦抵抗 Q_s は次式で表されます．

$$Q_s = \Sigma\ q_s \cdot \Delta L = \Sigma\ f \cdot p \cdot \Delta L \tag{15.3}$$

上式で，

$q_s = f \cdot p$：杭の単位長さ当たりの周面摩擦抵抗値（kN/m）

f：単位周面摩擦抵抗値（kN/m^2）

p：杭の周辺長（perimeter）（m）

ΔL：杭の長さ増分（m）

“f” および “p” の値は，杭の深さによって変化し得る値です．したがって，杭の全摩擦抵抗値は，個々の深さでのそれらの値の総和となります．**単位周面摩擦抵抗値 “f” の値は，杭の深さ，土の種類（粘性土での粘着力**（adhesion）**か，砂質土での摩擦力**（friction）**か），杭の素材，杭の設置方法（打ち込み杭**（driven pile）**か，押し込み杭**（drilled pile）**か，現場打ちコンクリート杭**（cast-in-place pile）**か，など），また，その他の種々の要因に依存します．**したがって，それぞれの場合に，適切な “f” の値を決める作業はそう簡単ではありません．これが，杭の設計には多くの異なる方法や設計パラメータが提案されている主な理由です．以下にそれらの中からよく使われている方法が示されますが，ほかに多くの手法があることも認識してください．

杭の先端面積 A_p と周面長 “p” の決定

鋼管杭およびH形鋼杭の場合，杭の先端面積 A_p と周辺長 “p” の決定には特別な注意が必要です．図15.6（a）に見られるように，比較的小径の**中空鋼管杭**（hollow steel pile）が地中に打ち込まれるとき，中空管の内部は完全に土で満たされることが普通です．したがって，**砂質地盤および粘性土地盤の両方の場合，杭先端で支持力を発揮する面積 A_p は中空の鋼管そのものの断面積 $\pi(d_o{}^2 - d_i{}^2)/4$ ではなくて，管内部に土の詰まった面積 $\pi(d_o)^2/4$ が使用されます．**

H形鋼杭（H-section pile）では，粘性土の場合，図15.6（b）のように，杭打設時に上下のフランジ間のスペースが完全に土で埋められると仮定して，**先端面積 $A_p = d \cdot b_f$** と算定されます．**砂質**

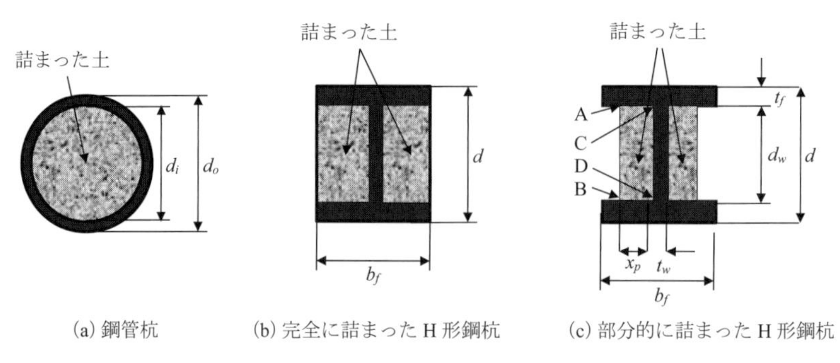

図15.6　中詰まりの杭

土壌では，しかしながら，図 15.6（c）のように土は部分的にしか詰まらないと予測され，A-C-D-B 面に沿ってのフランジとウェブの表面と土の摩擦抵抗力と，A-B 面沿っての土自身の破壊による摩擦抵抗力を等しく置くことにより，土詰まりの距離 x_p を次式から推定することができます．

$$2K\sigma'_v(2x_p+d_w)\tan\delta=2K\sigma'_v\, d_w\tan\phi' \quad (15.4)$$

上式で K は，横方向の土圧係数で，σ_v は杭先での土の有効垂直応力で，δ は，土と杭面の摩擦抵抗角で，ϕ' は，土の内部摩擦角です．式（15.4）より x_p は次式で得られます．

$$x_p=d_w(\tan\phi'/\tan\delta-1)/2 \ <(b_f-t_w)/2 \quad (15.5)$$

したがって，砂質土では，部分的な詰まりにより，先端面積 $A_p=d\cdot b_f-d_w(b_f-t_w-2x_p)$ で，周辺長 $p=2(d+b_f)+2(b_f-t_w-2x_p)$ となります．また，杭の重量の計算には中詰めされた土の重さもその計算に含めることに注意してください．

例題 15.1

H 形鋼杭（HP360×174）が砂質地盤（γ_t=18.0 kN/m^3，ϕ'=35°，δ=20°）に打ち込まれました．

(1)　図 15.6（c）の砂詰まりの距離 x_p を推定してください．

(2)　その場合の中詰まりした杭の A_p と周辺長“p”を求めてください．

(3)　(2) の結果を中詰まりのない場合の杭の値と比較してください．

(4)　10 m 長の杭の場合，中詰まりによる杭重量の増加はいくらですか．

HP360×174 鋼管は d=361 mm，b_f=378 mm，フランジとウェブ厚さはともに $t_f=t_w$=20.45 mm で，杭の単位長さ当たりの重量は 174 kgf/m です．

解：

図 15.6（c）を参照して，d=0.361 m，b_f=0.378 m，$t_f=t_w$=0.02045 m

$d_w=d-2t_f=0.361-2\times0.02045=0.3201$ m

(1)　式（15.5）より，$x_p=d_w(\tan\phi'/\tan\delta-1)/2=0.3201\times(\tan35°/\tan20°-1)/2$

$=0.1479$ m $<(b_f-t_w)/2=0.179$ m，O.K. で $x_p=0.1479$ m　⇐

(2)　A_p（砂詰まり）$=d\cdot b_f-d_w(b_f-t_w-2x_p)$

$=0.361\times0.378-0.3201\times(0.378-0.02045-2\times0.1479)=0.1157$ m^2　⇐

周面長“p”（砂詰まり）$=2(d+b_f)+2(b_f-t_w-2x_p)$

$=2\times(0.361+0.378)+(0.378-0.02045-2\times0.1479)=1502$ m　⇐

(3)　A_p（砂詰まりなし）$=d\cdot b_f-d_w(b_f-t_w)$

$=0.361\times0.378-0.3201\times(0.378-0.02045)=0.0220$ m^2　⇐

周面長“p”（砂詰まりなし）$=2(d+b_f)+2(b_f-t_w)$

$=2\times(0.361+0.378)+2\times(0.378-0.02045)=2.1931$ m　⇐

A_p（砂詰まり）/A_p(砂詰まりなし)$=0.1157/0.0220=5.30$（530 % 増加）　⇐

p（砂詰まり）/p(砂詰まりなし)$=1502/2.1931=0.730$（27 % 減少）　⇐

(4)　$W_{\text{steel}}=w\cdot L=174$ kg/m$\times0.00981$ m/sec$^2\times10$ m$=17.069$ kN　⇐

W（砂詰まり）$=W_{\text{steel}}+2\gamma_{\text{soil}}\cdot x_p\cdot d_w\cdot L=17.069+2\times18.0\times0.1479\times0.3201\times10$

$=17.069+17.043=34.11$ kN（100%増加）　⇐

15.4 砂地盤での杭の静的支持力

15.4.1 先端支持力

砂質地盤（$c=0$ の ϕ 材）での先端支持力 Q_t の推定は式（15.2）の第3項を省略した式（15.6）が用いられます．第3項の B の値が第2項の D_f の値と比べて非常に小さいためです．また式（15.6）で，式（15.2）の D_f が杭長 L に差し替えられていることに注意してください．

$$Q_t=A_p\cdot(\gamma_1 L N_q{}^*)=A_p\cdot\sigma'_v\cdot N_q{}^*\leq A_p\cdot q_1=Q_1 \quad (15.6)$$

上式で，支持力係数 $N_q{}^*$ は図15.5から読み取ることができます．σ'_v は杭の先端の深さ（先端から杭径の数倍の上部と数倍の下部の領域での平均値）での有効土被り圧（effective overburden stress）（有効鉛直応力）です．適切な A_p の値の決定法は，前節で示されました．砂質地盤では，Q_t は式（15.6）よりわかるように，ある一定の杭長までは杭長 L（または σ'_v 値）とともに増加することが現場実験より確認されています．しかしながら，杭端がある深さ以上に深くなると，もはや Q_t は L とは比例しては増加せず，ある限界値に達します．マイヤーホフ（Meyerhof 1976）はその限界の支持力値 $q_1(=Q_1/A_p)$ として次式を提案しました．

$$q_1(\text{kN/m}^2)=50N_q{}^*\tan\phi'（または\ q_1(\text{lb/ft}^2)=1000N_q{}^*\tan\phi'） \quad (15.7)$$

マイヤーホフによると，その限界深さ以上の杭長では先端支持力は有効土被り圧や地下水位に関係なしにその上限値 q_1 をとるとしています．

15.4.2 周面摩擦抵抗力

砂質土での杭の周面摩擦抵抗 Q_s を得るには，まず，式（15.3）に含まれる単位周面摩擦抵抗値“f”の推定が必要です．砂質土における先端抵抗値と同様“f”値も限界深度 L_1 まで深度 z に比例して増加し，それ以深では一定値“f_1”となります．限界深度 L_1 は $15B$ から $20B$（B は杭の直径，または幅）がとられ，したがって，単位周面摩擦抵抗値“f”は次式で表されます．

$$f=K\cdot\sigma'_v\cdot\tan\delta\ \leq\ f_1 \quad (15.8)$$

上式で K は側方土圧係数で，σ'_v は深さ z での有効土被り圧で，δ は，土と杭の表面での摩擦角です．マイヤーホフは，現場での観察に基づいて上限値 f_1 として以下の式を提案しました．

$$f_1(\text{kN/m}^2)=1.91\,N_{\text{avg}}\quad 打ち込み杭に対して \quad (15.9)$$

$$f_1(\text{kN/m}^2)=0.955\,N_{\text{avg}}\quad 埋め込み杭に対して \quad (15.10)$$

ここに，N_{avg} は計測された標準貫入値（N 値）の平均値です．

式（15.8）の K と δ の決定は容易ではありません．摩擦角 δ の典型的な値は，表15.2に土の有効内部摩擦角 ϕ' に対しての比として示されています．

側方土圧係数 K は第12章で学んだようにいくつかの要因に影響される敏感な係数です．それらの要因は杭の設置方法（打ち込み（driven）か，先端掘削（jetted）か），打ち込み杭の場合，土の大変位を伴うものか，または少変位のものか（つまり，先端の閉じた杭か，H形杭か），土の密度などです．表15.3には，典型的な K 値と静止土圧係数 K_0（式（12.5））との比が示されています．

表 15.2　典型的な δ/ϕ' 比の値

杭の表面材料	δ/ϕ' 比
粗いコンクリート	1.0
滑らかなコンクリート	0.8-1.0
粗い鉄鋼	0.7-0.9
滑らかな鉄鋼	0.5-0.7
木材	0.8-0.9

（Kulhawy et al. 1983 より）

表 15.3　典型的な K/K_0 比

杭の種類とその設置方法	K/K_0 比
先端掘削で挿入された杭（jetted piles）	1/2 to 2/3
打ち込み杭，少変位（driven piles, small displacement）	3/4 to 1-1/4
打ち込み杭，大変位（driven piles, large displacement）	1.0 to 2.0

（Kulhawy et al. 1983 より）

例題 15.2

直径 0.3 m で 20 m 長のコンクリート杭が均一な砂質地盤に打ち込まれます．砂は $\phi'=38°$，$\gamma_t=18.2$ kN/m^3，N 値＝30 で，地下水位は地表から 5 m の深さにあります．杭の安全率＝3.0 として，この杭の設計荷重を決定してください．

解：

$A_p=\pi(B/2)^2=\pi\times(0.3/2)^2=0.0707\ \mathrm{m^2}$，$p=\pi B=\pi\times0.3=0.942\ \mathrm{m}$

$\sigma'_{v\,\mathrm{at\,tip}}=5\ \mathrm{m}\times18.2\ \mathrm{kN/m^3}+15\ \mathrm{m}\times(18.2\ \mathrm{kN/m^3}-9.81\ \mathrm{kN/m^3})=215.9\ \mathrm{kN/m^2}$

先端支持力

図 15.5 から，$\phi'=38°$ に対して，$L_b/B=20/0.3=66.7$ で $N_q{}^*=220$ を得る．

（注：軟弱な層がないため，図 15.5 で $L_b=L=20$ m で，$L_b/B=16$ の最大値を使用）

式（15.6）より，

$Q_t=A_p(\gamma_1 L N_q{}^*)=A_p\sigma'_v N_q{}^*=0.0707\times215.9\times220=3374\ \mathrm{kN}$

$Q_l=A_p q_l=A_p\times50\,N_q{}^*\tan\phi'=0.0707\times50\times220\times\tan38°=607\ \mathrm{kN}<Q_t=3374\ \mathrm{kN}$

したがって，$\boldsymbol{Q_t=607\ \mathrm{kN}}$　⇐

周面摩擦抵抗

$\delta/\phi'=1.0$，$K/K_0=1.5$ を使用（注：表 15.2 と表 15.3 で粗いコンクリート杭と大変位の打ち込み杭に対しての値）．したがって，

$\delta=\phi'=38°$，$K=1.5\,K_0=1.5\times(1-\sin\phi')=1.5\times(1-\sin38°)=0.577$

式（15.9）より，$f_l(\mathrm{kN/m^2})=1.91\,N_{\mathrm{avg}}=1.91\times30=$ **57.3 kN/m^2**　**（上限値）**

式（15.8）より，$f=K\cdot\sigma'_v\cdot\tan\delta\le f_l$

下表に "f" 値が深度 z に対して計算されています．

表 15.4　杭の深度と単位周面摩擦 f 値の計算表

深度 z m	σ'_v kN/m^2	$f=K\cdot\sigma'_v\cdot\tan\delta$ kN/m^2	f_l によって修正された "f" kN/m^2
0	0	0	**0**
5	91	41.0	**41.0**
10	132.95	59.93	**57.3**
15	174.9	78.8	**57.3**
20	216.9	97.78	**57.3**

上表で，深度5 m $<z<$ 10 m の間で“f”は上限値f_lに達することがわかります．f_l値よりその限界深度L_cを解くと，

$f_l=57.3=K\cdot\tan\delta\cdot\sigma'_v=0.577\times\tan38°\times(91+(L_c-5)\cdot(18.2-9.81))$より，

L_c=**9.30 m** が得られます．

表15.4の修正されたf値が図15.7にプロットされました．

式（15.3）より，

$Q_s=\sum q_f\cdot\Delta L=\sum f\cdot p\cdot\Delta L=p\sum f\cdot\Delta L=0.942\times(41\times5/2+(41+57.3)\times(9.3-5)/2+57.3\times(20-9.30))$

$=0.942\times1138.3=$**1073 kN** ⇐

ここに$\sum f\cdot\Delta L$は図15.7の修正されたf値の分布図の面積として得られました．

したがって，杭の**全許容支持力**（total design load carrying capacity）は，

$Q=(Q_t+Q_s)/\mathrm{F.S.}=(607+1073)/3.0=$**560 kN** ⇐

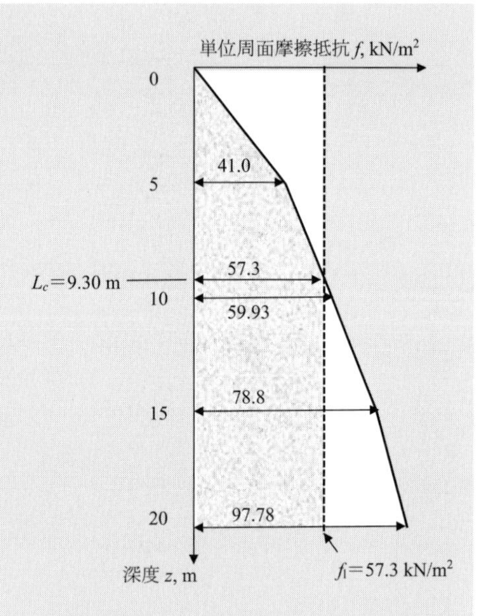

図15.7 単位周面摩擦抵抗値の分布図

15.5 粘性地盤での杭の静的支持力

15.5.1 先端支持力

粘性地盤での杭は，その上載荷重は主に杭の周面摩擦抵抗によって支持されます．しかしながら，大口径杭の場合には多少の先端支持力による支持も期待できます．粘性土では（$\phi'=0$の場合），先端支持式（15.2）のN_q^*値は，図15.5より$N_q^*=0$となり，式（15.2）は次のようになります．

$$Q_{t,u}=A_pq_u=A_pcN_c^* \quad (15.11)$$

ここに，図15.5によると$\phi'=0$の土に対して，$N_c^*\approx6$が読み取れます．

また，オニールとリース（O'Neill and Reese 1999）によると，その値は粘着力cに関連していて，次のような関係を提案しています．

$N_c^*=6.7$（$c=25$ kN/m² の土に対して）

$N_c^*=8.0$（$c=50$ kN/m² の土に対して）

$N_c^*=9.0$（$c\geq100$ kN/m² の土に対して）

上記の粘着力cは杭の先端からその下部$2B$の領域での非排水せん断強度C_uの平均値から求めます．

15.5.2 周面摩擦抵抗力

粘性土での杭の単位周面摩擦抵抗値“f”の決定は最も複雑で困難な作業です．以下に示される3つの方法（α-法，β-法，λ-法）が実際によく用いられています．

α-法（全応力法）

α-法（α-method）は最初にトムリンソン（Tomlinson 1971）によって提案されました．この方法は，粘性土中の杭の周面摩擦抵抗は粘土の非排水せん断強度に関連していることを前提としています．非排水せん断強度は全応力で表されるために，この方法はまた**全応力法**（total stress method）とも呼ばれています．非排水せん断強度は第 11 章で学んだように，過剰間隙水圧が消滅しないうちにせん断試験が行われ，短期間強度に関係するものです．したがって，この方法は通常粘性土における杭の短期的な摩擦抵抗値を推定するために使用されます．式（15.12）は α-法によって単位周面摩擦抵抗を求める式です．

$$f=\alpha \cdot C_u \tag{15.12}$$

ここに

f：単位周面摩擦抵抗値

C_u：非排水せん断強度（第 11 章参照）

α：粘着係数（adhesion factor）

したがって，総周面摩擦抵抗値 Q_s は式（15.3）を用いて，各土層での値を集計して得られます．

α の値は，図 15.8 のような多くの現場観測値に基づいたデータから決定されます．α の代表値としてその平均曲線を使用することができます．ただし，図に見られるようにデータはばらつきが大きく，α 値の選択は，本質的には大まかな推測値であると認識してください．

スレーデン（Sladen 1992）は α 値と非排水せん断強度 C_u と有効土被り圧 σ'_v を関連付けて，以下の近似解を提案しました．

$$A=C \cdot (\sigma'_v/C_u)^{0.45} \tag{15.13}$$

上式で，C 係数の値として，押し込みのコンクリート杭と打ち込み鋼杭用で $C=0.5$，また，非常に

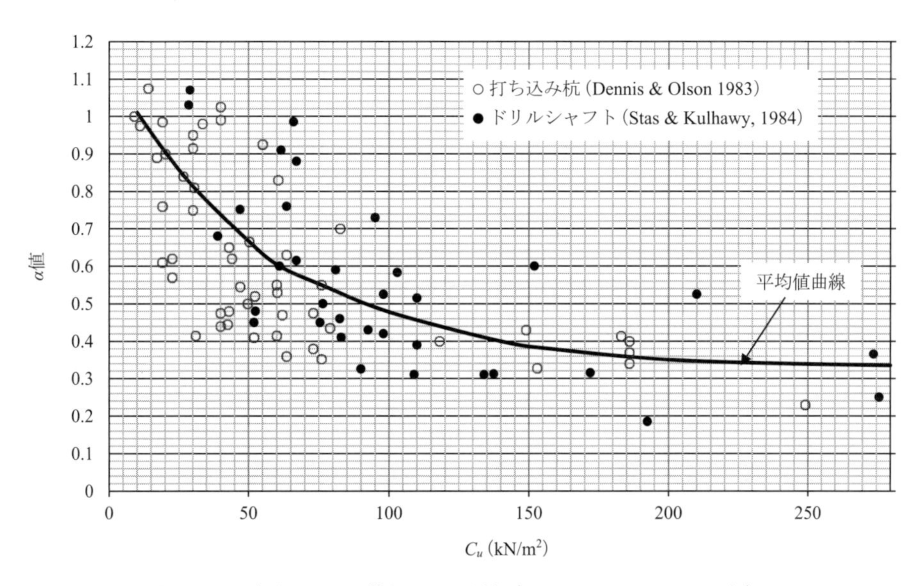

図 15.8 計測された α 値と C_u の関係（Terzaghi et al. 1996 より）

硬い地盤に打ち込まれた杭で $C \geq 0.5$ が用いられます.

β-法（有効応力法）

この方法は最初にバーランド（Burland 1973）によって提案されました. **β-法**（β-method）によれば, 杭が粘性土中に打ち込まれたとき, 杭の周りの土が乱され, 局所的に過剰間隙水圧が発生します. しかしながら, その領域が限られているために, 発生した間隙水圧は短時間で消散し, 周面摩擦抵抗は間隙水圧の消散後の乱された土の有効応力パラメータによって決められます（**有効応力法**）. したがって, この方法は, 粘性土の杭の長期的な周面摩擦抵抗力を推定するために使用されます. 単位周面摩擦抵抗 f 値は次式で表されます.

$$f = \beta \cdot \sigma'_v = (K \cdot \tan\delta) \cdot \sigma'_v \tag{15.14}$$

ここに

β：周面摩擦抵抗パラメータ（$=K \cdot \tan\delta$）

K：側方土圧係数

δ：杭の側面と土との摩擦角

σ'_v：有効土被り圧

上記の K としては, 第12章の式（12.5）の静止土圧式を使用することができ, 式（15.15）として再び下記に提示されました.

$$K_0 = (1 - \sin\phi') \cdot (\mathrm{OCR})^{\sin\phi'} \tag{15.15}$$

式（15.15）の ϕ' は乱された粘性土の有効内部摩擦角です. 杭の側面と土との摩擦角 δ は, 土の有効内部摩擦 ϕ' と杭の材料に依存し, 表15.2の δ/ϕ' 比にその一例が示されています. OCR（overconsolidation ratio）は, 粘土の過圧密比で式（9.26）で定義されました. 正規圧密土では OCR＝1.0 をとります. ϕ' の値は, 第11章で説明したように非排水せん断試験の有効応力解析から得ることができました. 乱された粘性土の ϕ' 値は, 図15.9に示すように, 塑性指数 I_P 値に応じて, 10° と 33° の間にあると報告されています.

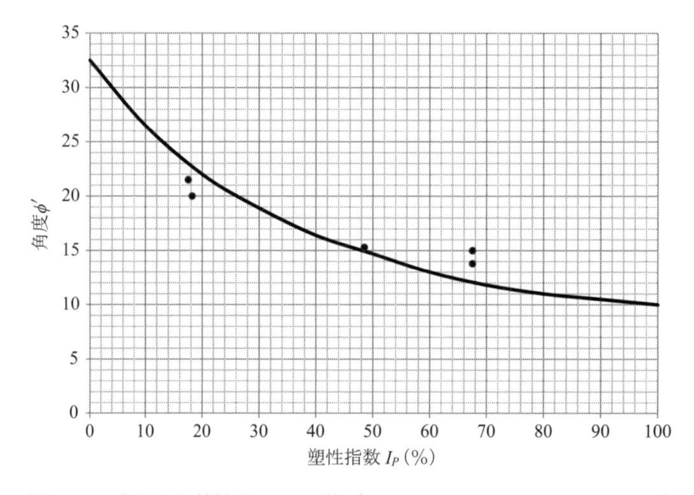

図15.9 乱された粘性土の ϕ' の値（Bjerrum and Simons 1960 による）

図 15.9 で，高い塑性の軟らかい粘土に対して，たとえば，I_P=100 の土では ϕ'=10° が得られ，ϕ'/δ=1.0 で，OCR=1.0 の土に対して K_0=0.826 となり，したがって，β=0.145 が得られます．逆に塑性指数の低い I_P=0 の土では，ϕ'=33°，ϕ'/δ=1.0 で，OCR=1.0 の土に対して，K_0=0.455 で，β=0.295 が得られます．

"f" が適切に決定された後，式（15.3）が総周面摩擦抵抗 Q_s を推定するために使用されます．この方法もまた，杭の周面摩擦抵抗の大まかな推定をする目的で用いられることに留意してください．

λ-法

この方法はビジャイヴーギヤとフォクト（Vijayvergiya and Focht 1972）によって，もともと近海海底基礎地盤（offshore foundation）での長い杭に対して提案されたものです．**λ-法**（λ-method）では杭全長にわたっての単位周面摩擦抵抗値 "f" の平均値を求めるために，有効土被り圧 σ'_v と非排水せん断強度 C_u の平均値を求め，次式により単位周面摩擦抵抗値を一挙に計算します．

$$f=\lambda\cdot(\sigma'_v+2C_u) \tag{15.16}$$

上式で，

f：平均単位周面摩擦抵抗値

σ'_v：有効土被り圧の平均値

C_u：排水せん断強度の平均値

λ パラメータは杭の深さとともに変化し，図 15.10 に現場計測に基づいたデータがプロットされています．粘性地盤が多重層より成っている場合は，σ'_v と C_u の加重相加平均値（weighted average value）が計算されなければなりません．この計算の例が例題 15.3 に示されています．

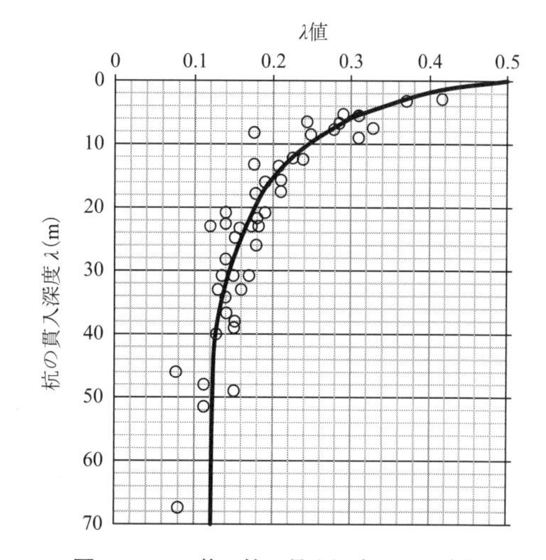

図 15.10　λ 値の杭の貫入深度による変化（Vijayvergiya and Focht 1972 による）

平均単位周面摩擦 "f" を計算した後，総周面摩擦抵抗 Q_s は式（15.17）で得られます．

$$Q_s=f\cdot p\cdot L \tag{15.17}$$

ここに

f：平均単位周面摩擦抵抗値（kN/m^2）

p：杭の周辺長（m）

L：杭の長さ（m）

例題 15.3

図 15.11 に示すように，直径 0.5 m で，20m 長の鋼管杭が，層状の粘性地盤に打ち込まれました．(a) α-法，(b) β 法，および (c) λ-法による，それぞれの場合に，杭の極限先端抵抗力 Q_t と，総極限周面摩擦抵抗力 Q_s，そしてその総極限支持力 Q_u を求めてください．

解：

$A_p=\pi(B/2)^2=\pi\times(0.5/2)^2$
$=0.196\ \text{m}^2$

$p=\pi B=\pi\times 0.5=1.570\ \text{m}$

杭の先端抵抗力 $Q_{t,u}$ は $c=50\ \text{kN/m}^2$ の土に対して $N_c{}^*=8.0$ を用いて，式（15.11）より

$Q_{t,u}=A_p q_u=A_p cN_c{}^*=0.196\times 50\times 8.0=$ **78.4 kN** ⇐

(a)　*α*-法

表15.5には，各深度に対して，図15.11の地盤に対しての C_u 値，図15.8から読み取られた α 値が示され，式（15.12）によって，f 値と，$Q_{f,i}$ が，そしてその合計としての Q_s がスプレッドシートを用いて計算されています．

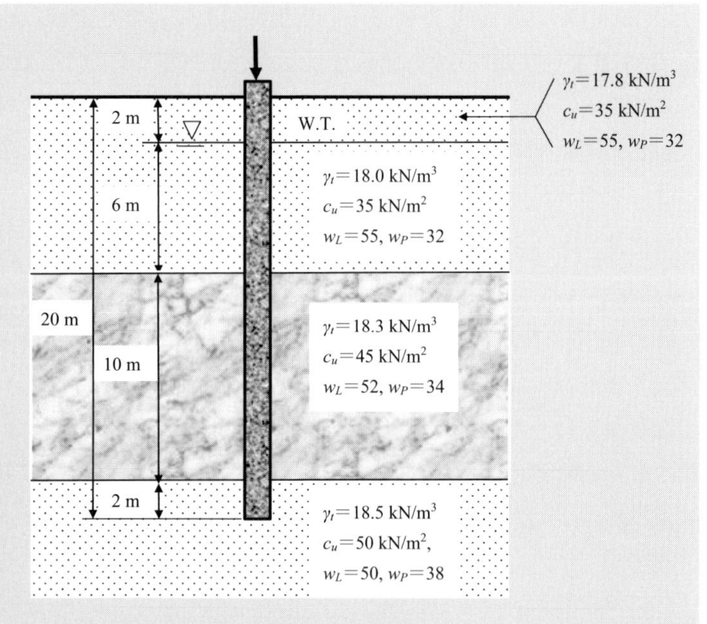

図15.11　例題15.3

表15.5　*α*-法による周面摩擦抵抗値の計算表

z m	ΔL m	C_u kN/m²	α	f $(=\alpha\cdot C_u)$ kN/m²	$Q_{f,i}$ $(=f\cdot p\cdot\Delta L)$ kN
0-2	2	35	0.775	27.13	85.2
2-8	6	35	0.775	27.13	255.6
8-18	10	45	0.70	31.5	494.6
18-20	2	50	0.67	33.5	105.2
				合計 $Q_s=$	**940.6**

したがって，杭の総極限支持力は

$Q_u=Q_{u,t}+Q_s=78.4+940.6=$ **1019 kN** ⇐

(b)　*β*-法

図15.11の地盤に対して，式（15.14）と式（15.15）が使われ，ϕ' の値は，図15.9より読み取られました．また，$\delta=\phi'$ が仮定されました．

各土層の中間点での有効土被り圧 σ'_v は，

$\sigma'_{v\ \text{at 1 m}}=17.8\times 1=17.8\ \text{kN/m}^2$

$\sigma'_{v\ \text{at 5 m}}=17.8\times 2+(18.0-9.81)\times 3=60.2\ \text{kN/m}^2$

$\sigma'_{v\ \text{at 13 m}}=17.8\times 2+(18.0-9.81)\times 6+(18.3-9.81)\times 5=127.2\ \text{kN/m}^2$

$\sigma'_{v\ \text{at 19 m}}=17.8\times 2+(18.0-9.81)\times 6+(18.3-9.81)\times 10+(18.5-9.81)\times 1=178.3\ \text{kN/m}^2$

以下の計算は表15.6のスプレッドシートで行われました．

したがって，杭の総極限支持力は，

$Q_u=Q_{u,t}+Q_s=78.4+813.9=$ **892.3 kN** ⇐

表 15.6　β-法による周面摩擦抵抗値の計算表

z m	ΔL m	中間点での σ'_v kN/m^2	I_P %	ϕ' 度	K $=1-\sin\phi'$	β $=K\cdot\tan\delta$ $(\delta=\phi')$	f $=\beta\cdot\sigma'_v$ kN/m^2	$Q_{f,i}$ $=f\cdot p\cdot\Delta L$ kN
0-2	2	17.8	23	21	0.642	0.246	4.4	13.8
2-8	6	60.2	23	21	0.642	0.246	14.8	139.4
8-18	10	127.2	18	22.5	0.617	0.255	32.4	508.7
18-20	2	178.3	12	25.5	0.569	0.272	48.4	152.0
							合計 Q_s=	**813.9**

(c) λ-法

加重相加平均された σ'_v と C_u 値に対して，式（15.17）が使用されます．図 15.12 は，σ'_v と C_u の深さによるプロットで，各層の境界での σ'_v は

$\sigma'_{v\ \mathrm{at\ 2\,m}}=17.8\times2=35.6\ \mathrm{kN/m^2}$

$\sigma'_{v\ \mathrm{at\ 8\,m}}=17.8\times2+(18.0-9.81)\times6=84.74\ \mathrm{kN/m^2}$

$\sigma'_{v\ \mathrm{at\ 18\,m}}=17.8\times2+(18.0-9.81)\times6+(18.3-9.81)\times10=169.64\ \mathrm{kN/m^2}$

$\sigma'_{v\ \mathrm{at\ 20\,m}}=17.8\times2+(18.0-9.81)\times6+(18.3-9.81)\times10+(18.5-9.81)\times2=187.02\ \mathrm{kN/m^2}$

図 15.12 に σ'_v と C_u の深さによる分布がプロットされ，その分布の面積を求めることにより，以下のように，加重相加平均値が計算されます．

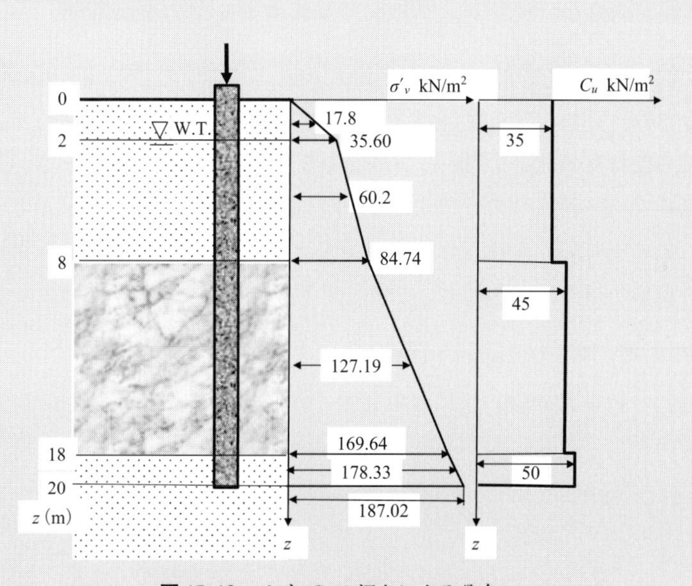

図 15.12　σ'_v と C_u の深さによる分布

$\sigma'_{v\ \mathrm{mean}}=(\sigma'_v\ \text{分布の面積})/L$

$=[35.6\times2/2+(35.6+84.74)\times6/2+(84.74+159.64)\times10/2+(169.64+187.02)\times2/2]/20$

$=101.3\ \mathrm{kN/m^2}$

$C_{u,\ \mathrm{mean}}=(C_u\ \text{分布の面積})/L=[35\times8+45\times10+50\times2]/20=41.5\ \mathrm{kN/m^2}$

図 15.6 より，$L=20$ m に対して，$\lambda=0.175$ が読み取られ，式（15.16）により

$f=\lambda(\sigma'_v+2C_u)=0.175\times(101.3+2\times41.5)=32.2\ \mathrm{kN/m^2}$

$Q_s=f\cdot p\cdot L=32.2\times1.570\times20=$ **1011 kN**

したがって，杭の総極限支持力は，

$Q_u=Q_{u.t}+Q_s=78.4+1011=$ **1089 kN** ⇐

結果として，Q_uの値は，(a) α-法：**1019 kN**，(b) β 法：**892.3 kN**，(c) λ-法：**1089 kN** が得られました．

15.6 他の杭の支持力推定法

前述の杭の支持力の推定法では，c_u，ϕ'，δ，σ'_v などの土の静的なパラメータを使用するために，それらは**静的支持力解析法**（static analytical method）と呼ばれています．これらの手法は，杭基礎の予備設計段階で日常的に使用されますが，使用される土のパラメータの信頼性の問題とその静的な性質のために，その推定値の精度はそれほど高いものとはいえません．それがこれらの静的な解析法には多くのバリエーションがある理由です．杭の打設は一般に動的であり，杭の現場での実際の挙動に基づいたより信頼性の高い種々の評価法が提案されています．以下の項では，これらの手法の原理が示されていますが，それらの詳細については基礎工学の文献などを参照してください．

15.6.1 標準貫入試験とコーン貫入試験の結果による支持力推定方法

第13章での標準貫入試験（SPT）とコーン貫入試験（CPT）の手順は，杭の打ち込み手法と類推しています．すなわち，それらは杭打設のミニチュア版と見なすことができます．よって，それらの試験結果を直接杭の支持力の推定に用いる方法があります．両試験では，小さい直径のプローブ（ミニチュア杭）が地中に打ち込まれるか（SPTの場合），または地中に押し込まれ（CPTの場合），そのときの抵抗値（杭の支持力）が測られます．SPTとCPTの蓄積されたデータに基づいて，それらと杭の支持力との関係が種々提案されています．以下にそれらがまとめられています．

標準貫入試験（SPT）値と杭の支持力の関係

標準貫入試験は，一般に砂礫性の土にのみ使用されます．したがって，SPT値と砂礫土の杭の支持力の関係が提案されています．マイヤーホフ（**Meyerhof 1974**）は，砂質土の支持力として次式を提案しました．

先端支持力値として，

$$Q_t(\mathrm{kN})=A_p\cdot(40\cdot N_{60}\cdot L_s/B)\ \leq\ A_p\cdot400\cdot N_{60} \tag{15.18}$$

ここに

Q_t：極限先端支持力（kN）

A_p：杭の先端の断面積（m^2）

N_{60}：杭の先端部でのSPT値（60%のエネルギーに補正）

L_s：砂質土層での杭の長さ（m）

B：杭の直径（m）

また，マイヤーホフは，非塑性（non-plastic）のシルト質の地盤での**先端支持力値**として，次式を示唆しました．

$$Q_t(\mathrm{kN})=A_p\cdot(300\cdot N_{60}) \quad (15.19)$$

周面摩擦抵抗値としては，

$$Q_s\ (\mathrm{kN})\ =p\cdot f\cdot L_s=p\cdot(2\cdot C\cdot N_{60})\cdot L_s \quad (15.20)$$

ここに

Q_s：平均的な周面摩擦抵抗値（kN）

p：杭の周辺長（m）

f：単位摩擦抵抗の平均値（$\mathrm{kN/m^2}$）

L_s：砂質土に打ち込まれた杭の長さ（m）

N_{60}：杭の埋込み全長での SPT 値の平均値（60％のエネルギーに修正）

C：打ち込まれた通常の変位杭では $C=1.0$，H 形杭のような小さな変位杭で $C=0.5$

コーン貫入試験（CPT）値と杭の支持力の関係

コーン貫入試験ではコーンが静的に地中に押し込まれるため，コーンをミニチュア杭と見なすことができます．したがって，その測定された抵抗値を杭の支持力と関係付け，いくつかの経験的な相関関係が提案されています．それらの一例として，エスラミとフェレニウス（Eslami and Fellenius 1997）の結果が以下に示されています．彼らは世界中のさまざまな場所での種々の土で 102 の現場杭の静的荷重試験データを集め，それらと CPT データとの相関を調べました．その結果，

先端支持力値として，

$$Q_t=A_p\cdot C_t\cdot q_{EG} \quad (15.21)$$

ここに

Q_t：極限先端支持力（kN）

A_p：杭の先端の断面積（$\mathrm{m^2}$）

C_t：先端支持力係数で，エスラミとフェレニウスは，どんな土のタイプでも $C_t=1.0$ を使用することを勧めています．

q_{EG}：杭先端付近での間隙水圧補正されたコーンの有効先端抵抗値 q_E の幾何平均（相乗平均）値 $=(q_{E1}\cdot q_{E2}\cdot q_{E3}\cdots q_{Ei}\cdots q_{En})^{1/n}$

有効コーン先端抵抗値の q_E は測定されたコーン先端抵抗値 q_c からコーン部で測られた間隙水圧 u を差し引いた値です．すなわち，$q_E=q_c-u$ より得られます．杭先端部での支持力による土の破壊領域を考慮して，杭が弱い土盤から密な土盤に設置されたときは先端から上部 $8B$（B は杭径）と下部 $4B$ での n 個の q_E 値が集められ，または密な地盤から弱い地盤の場合には上部 $2B$ と下部 $4B$ での q_E 値が集められます．また，集積されたデータ内のスパイク的に急変するデータの影響を避けるために，算術平均（相加平均）ではなくて，幾何平均（相乗平均）が採用されています．

周面摩擦抵抗値としては，

$$Q_s=\sum p\cdot f\cdot \Delta L=\sum p\cdot(C_s\cdot q_E)\cdot \Delta L \quad (15.22)$$

ここに

Q_s：総極限周面摩擦抵抗値（kN）

p：杭の周辺長（m）

f：単位摩擦抵抗値（kN/m^2）

ΔL：杭の長さ増分（m）

C_s：**周面摩擦係数**

q_E：間隙水圧補正のなされたコーンの有効先端抵抗値

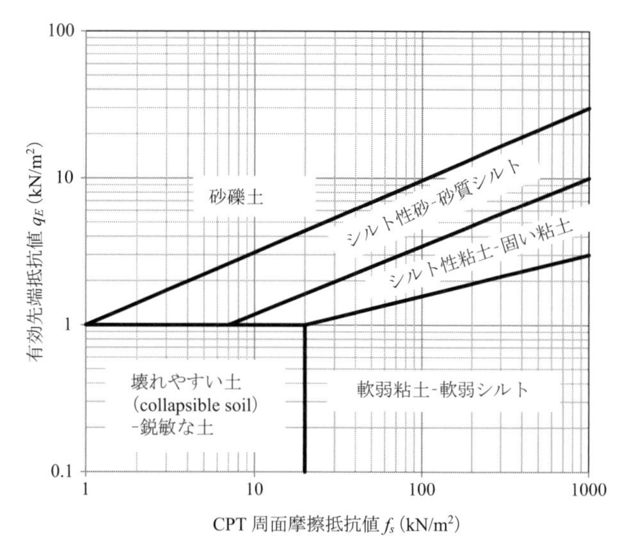

図 15.13 種々の土の CPT f_s 値と q_E 値の関連図（Eslami and Fellenius 1997 による）

式（15.22）では周面摩擦抵抗値を計算するために，間隙水圧の補正がなされた有効先端抵抗値 q_E が使用されることに注意してください．それは，図 15.13 に見られるような，CPT の周面摩擦抵抗値 f_s と，有効先端支持力 q_E と，土の種類との間に観察されたユニークな関係を基にして得られました．表 15.7 には種々の土に対しての**周面摩擦係数** C_s が示されています．また，CPT データは，典型的に 0.1 メートルから 0.2 メートル深さの間隔で連続して得られます．したがって，そのデータに基づいて，杭が設置される全長を複数の層に分割し，各層の q_E 値の代表値を選び，式（15.22）を用いて，総 Q_s 値を計算します．

表 15.7 周面摩擦係数 C_s

土の種類	C_s 値	
	範囲	典型的な値
軟弱な鋭敏な土（soft sensitive soil）	0.0737-0.0864	0.08
粘土（clay）	0.0462-0.0556	0.05
硬い粘土から粘土とシルトの混合土（stiff clay and mixture of clay and silt）	0.0206-0.0280	0.025
シルトと砂の混合土（mixture of silt and sand）	0.0087-0.0134	0.01
砂質土（sand）	0.0034-0.0060	0.004

（Eslami and Fellenius 1997 による）

15.6.2 建築基礎構造設計指針による杭の支持力値

日本建築学会による**建築基礎構造設計指針（2001）**では表 15.8 の極限支持力値を提案しています．それらは前項で述べられた種々の静的支持力解析法，SPT 法と CPT 法より得られた経験式，そしてその他の文献に基づいてまとめられたものです．

表 15.8　建築基礎構造設計指針による極限支持力の算定式（**日本建築学会 2001** より）

	極限先端支持力値，q_t(kN/m^2)		極限単位周面摩擦抵抗値，f(kN/m^2)	
	砂質土	粘性土	砂質土	粘性土
打ち込み杭	q_t=300・N N：杭先端から下に 1d, 上に 4d 間の平均 N 値 (d：杭径)	q_t=6・c_u c_u：土の非排水せん断強さ (kN/m^2)	f=2.0・N N：杭周面地盤の 平均 N 値 (上限 N=50)	f=β・c_u β=α_p・L_F α_p=0.5~1.0 L_F=0.7 ~ 1.0 (上限 c_u=100 kN/m^2)
	q_t=0.7・q_E q_c：杭先端から下に 1d，上に 4d 間の平均 q_E値 (kN/m^2)			
	上限値 q_t=18000 kN/m^2			
場所打ち コンクリート杭	q_t=100・N N：杭先端から下に 1d, 上に 1d 間の平均 N 値 (d：杭径)	q_t=6・c_u c_u：土の非排水せん断強さ (kN/m^2)	f=3.3・N N：杭周面地盤の 平均 N 値 (上限 N=50)	f=c_u (上限 c_u=100 kN/m^2)
	上限値 q_t=7500 kN/m^2			
埋め込み杭	q_t=200・N N：杭先端から下に 1d, 上に 1d 間の平均 N 値 (d：杭径)	q_t=6・c_u c_u：土の非排水せん断強さ (kN/m^2)	f=2.5・N N：杭周面地盤の 平均 N 値 (上限 N=50)	f=0.8・c_u (上限 c_u=125 kN/m^2)
	上限値 q_t=12000 kN/m^2		ただし，杭周固定液を使用する場合に限る	

ただし，c_u=q_u/2(q_u：土の一軸圧縮強さ)としてよい．　q_E：コーン貫入抵抗値

15.6.3　杭の載荷試験

これまでの項で示された杭の静的支持力解析法は，多くの土のパラメータ，また，多くの経験則を含むために，その精度はそれほど高いものとはいえません．そのために，実際の建設現場で，設計に基づいた，またはそれと同様の杭を用いて設計深さまで貫入される杭の**載荷試験**(load test) からは，より信頼性の高い杭の支持力値が得られることが期待されます．試験杭には杭の上端に荷重となる重錘を直接置くか，または図 15.14 に見られるように反力杭（reaction pile）を介して油圧ジャッキにより，荷重が徐々に加えられます．試験荷重は一般に杭の設計荷重の 200％まで，または小荷重の増分で過度の杭の沈下が観察され，杭がその降伏荷重に達したと見られるまで加えられます．加えられた荷重と杭の沈下量が記録され，荷重-沈下曲線が得られ，杭の降伏荷重が推定されます．詳細な載荷試験の手順については，**JGS 1811-2002**，ASTM D-1143 などを参照してください．

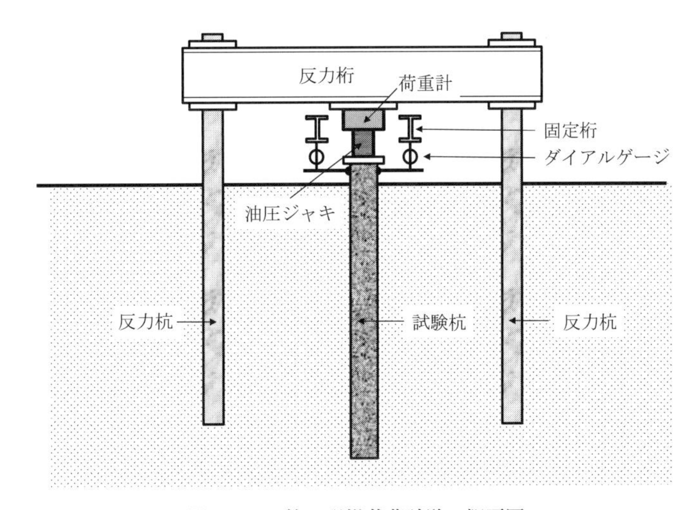

図 15.14　杭の現場載荷試験の概要図

典型的な荷重-沈下曲線が図15.15に示されています．曲線Aは軟弱な粘性土でよく見られるもので，曲線に明瞭なピークが現れ，降伏荷重Q_uは容易に決定することができます．一方，曲線Bはやや硬めから硬い粘土と砂質土によく見られる明確なピークのない曲線です．このような曲線からQ_uを求めるためにいくつかの方法が提案されています．そのひとつとして，図15.15に示すダビソン（Davisson 1973）の方法がよく使われています．それによるとQ_uは荷重-沈下曲線と次式で定義される直線との交点として求められます．

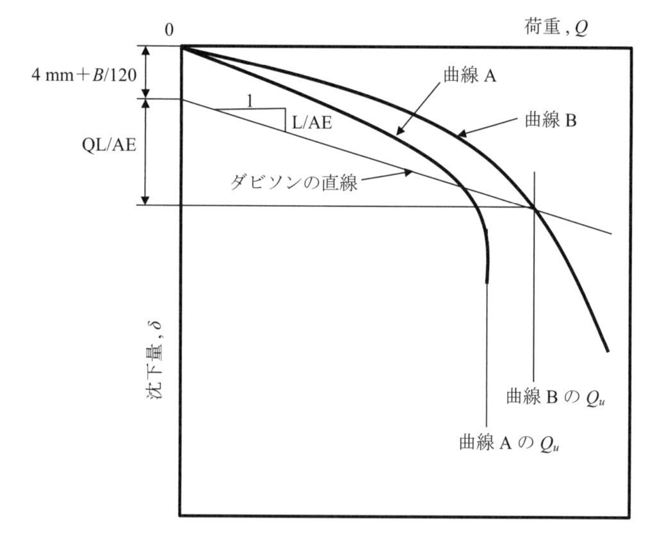

図15.15 杭の載荷試験の荷重-沈下曲線

$$\delta(\text{mm}) = 4\ \text{mm} + B/120 + QL/AE \tag{15.23}$$

Bは杭の直径（mm）で，Qは荷重，Lは杭長，Aは杭の断面積で，Eは杭の弾性率です．式(15.23)の最後の項QL/AEは荷重Qによる杭自体の弾性圧縮量です．種々の杭材に対して，Eの値は次のように推定されます．

鋼杭： $E = 200000\ \text{MN/m}^2$

コンクリート杭： $E(\text{MN/m}^2) = 4700(f'_c)^{0.5}$

$f'_c(\text{MN/m}^2)$はコンクリートの28日圧縮強度

松やモミ杭： $E = 11000\ \text{MN/m}^2$

現位置での杭の載荷試験は，設計荷重を検証しながら貴重なデータを提供してくれます．重要な，かつ大規模な建設プロジェクトには欠かせない現場試験です．しかし，それは費用がかさみ，数日から数週間を要します．慎重に計画，設計し実行する必要があります．

例題15.4

直径0.3 mで，40 m長の鋼杭で載荷試験が行われ，図15.16にQ-δ曲線が得られました．ダビソンの方法により，杭の降伏荷重Q_uを求めてください．

解：

ダビソンの解は$\delta(\text{mm}) = 4\ \text{mm} + B/120 + QL/AE$の直線と$Q$-$\delta$曲線の交点として得られます．この鋼杭に対して，

$B = 0.3\ \text{m} = 300\ \text{mm}$

$A = \pi(B/2)^2 = \pi \times (300/2)^2 = 70686\ \text{mm}^2$

$L = 40\ \text{m} = 40000\ \text{mm}$

$E(\text{MN/m}^2) = 200000\ \text{MN/m}^2 = 200000000\ \text{kN/m}^2 = 200\ \text{kN/mm}^2$

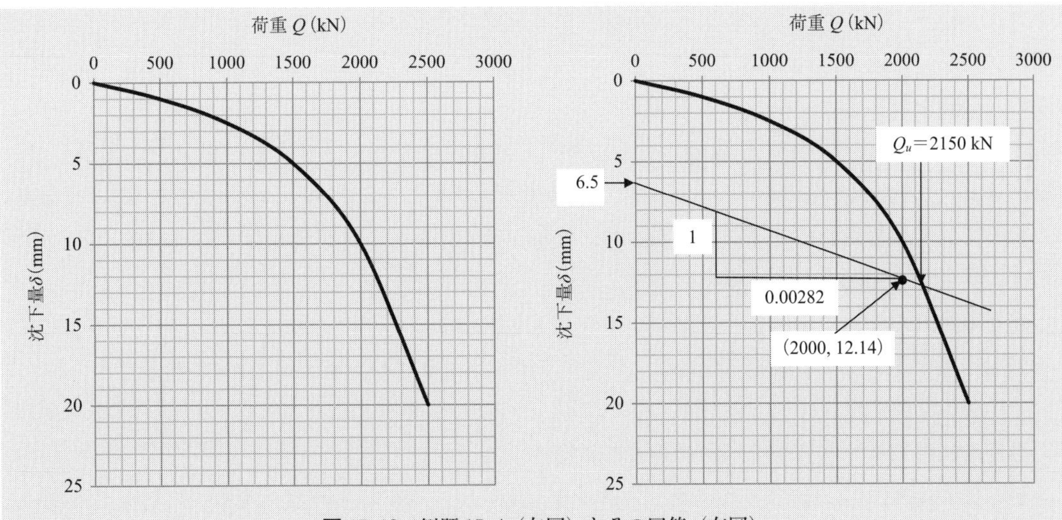

図 15.16 例題 15.4（左図）とその回答（右図）

したがって，

$\delta(\mathrm{mm})=4\ \mathrm{mm}+B/120+QL/AE=4+300/120+Q\times 40{,}000/(70{,}686\times 200)$

$=4+2.5+2.82\times 10^{-3}\times Q=6.5+0.00282\times Q$

上式に，$Q=2000$ kN を挿入すると，$\delta=12.14$ mm が得られます．図 15.15（右）にその直線が，点（$Q=0$，$\delta=6.5$ mm）と点（$Q=2000$ kN，$\delta=12.14$ mm）を結んで描かれています．上記直線と Q-δ 曲線の交点として，Q_u は次に得られます．

$\boldsymbol{Q_u=2150}$ **kN** ⇐

15.6.4 杭打ち式

杭打ちハンマーから伝達されたエネルギーは杭を地中に押し込みます．その杭の貫入は杭の支持力によって抵抗を受けます．したがって，**エネルギー保存則**（law of conservation of energy）に基づき，杭の打ち込みエネルギーを杭の支持力と関連させることが可能です．これは，打ち込みエネルギーと沈下量を観察しながら杭の支持力を論理的に推定できる便利な原理です．杭の総打ち込みエネルギーは $W_F \cdot h$ で，これが杭の沈下による総仕事量 $Q_a \cdot (s+c)$ に変換されることになり次式が得られます．

$$W_F \cdot h=Q_a \cdot (s+c) \cdot \mathrm{F.S.} \quad \text{または} \quad Q_a=(W_F \cdot h)/\{(s+c) \cdot \mathrm{F.S.}\} \tag{15.24}$$

ここに

Q_a：杭の許容支持力

W_F：ハンマーの重量

H：ハンマーの落下高さ

S：セット（杭打ち終了時の一打撃ごとの沈下量）

c：エネルギー損失（$Q_a \cdot c$）の定数

F.S.：杭支持力に対する安全率

上式で，$Q_a \cdot s$ は杭の貫入によってなされた仕事量で，$Q_a \cdot c$ はハンマーヘッドや，杭打ちクッション，杭自体の弾力性などによるエネルギーの損失量です．また，式（15.24）の安全率は6から8程度の高い値をとることが推奨されています．

この原理に基づいて，1851年以来，多くの杭打ち式が提案されてきました．**エンジニアリング・ニュース式**（Engineering News Formula,（**Wellington 1888**）），または，その改変された式が長年にわったって広く使用されてきました．しかし，近年，多くのエンジニア達は以下の理由により，それらの式の信頼性を疑問視するようになりました．

・異なる杭打ち装置の正確なハンマーエネルギーを推定することの困難性
・間隙水圧の発生による凍結（freeze）やリラクゼーション（relaxation）効果の無考慮
・杭の弾性応答の無視
・動的な杭打ち抵抗と静的な杭の支持力の相違

上述の杭の**凍結**（freeze）（または**セットアップ**（setup））は杭打ち時に，飽和した粘性土，緩い，または中くらいの緩さのシルト，細砂などの種類の土に起こる現象で，杭の支持力値推定に大きな影響を与えます．杭が動的に打ち込まれたとき，緩い土は体積が収縮する傾向にあるため，過剰間隙水圧が発生し，有効応力を減少させます．それが一時的に杭の支持力の低下を招きます．しかしながら，しばらくすると，過剰間隙水が徐々に放散し，支持力が回復する現象です．**リラクゼーション**（relaxation）は凍結とは逆の現象で，密な非粘性土，細砂，ある種の頁岩（shale）などによく見られ，杭打ち時に密な土は体積が拡張するので（**ダイレイタンシー**），負の間隙水圧が発生します．よって有効応力が増加し，一時的により高い支持力を得ます．しかしながら負の間隙水圧の消失した後，支持力はまた減少します．

したがって，杭打ち込み時の支持力と，ある一定時間経過の杭の支持力は，多くの場合かなり異なる可能性があります．凍結やリラクゼーション効果を回避してより信頼度の高い杭の支持力値を得るために，エンジニアは実際の杭打ちが完了した後，過剰間隙水が散逸してから数日以内に**再度，杭打ちし**（restrike），そのときのデータを解析に使用します．杭打ち式はそれらの不確実性要素が多いために近年その使用は減少しています．

15.6.5 杭の動的解析

前述の杭打ち式では杭は剛体（rigid body）として取り扱われました．しかし，**杭の動的解析法**（dynamic pile analysis）では杭は弾性体（elastic body）と扱われ，杭中の弾性波の伝播が考慮されます．図15.17に見られるように，杭とハンマーのシステムは質量-ばね（mass-spring）でモデル化され，杭の先端抵抗と周面摩擦抵抗はスプリングとダッシュポットを持つ**粘弾性モデル**（visco-elastic model）に置き換えられます．

この有限要素モデルに対して，1次元の**波動方程式**（one dimensional wave equation）が応用されます．この杭と地盤のシステムは，デジタルコンピュータを用いて数値的に解かれ，杭の総支持力を求めることができます．理論ならびにコンピュータ·プログラムの詳細については，たとえばバウルズ（**Bowels 1996**）などの他の文献を参考してください．実際には，現場での試験のモニタリングお

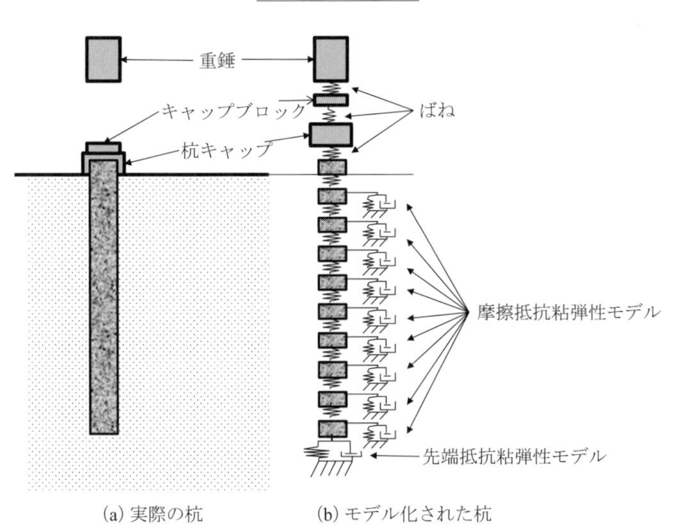

図 15.17　動的解析での杭のモデル化

よび解析ソフトは商品化されていて，これらの技術は，最近ますます普及してきています．器具の使用とそのデータ解析には高度な訓練を必要としますが，この方法はより信頼できる結果を与えると高い評価を得ています．

15.7　杭の負の周面摩擦

図 15.18 に示されるような状況，すなわち，杭が軟弱地盤層を通過してより硬い地盤に設置された後，軟弱地盤層の上面に盛土（fill）などの上載荷重が加えられたとき，軟弱層はその荷重によって圧密沈下を起こします．そのためにその領域にある杭は下向きに引張り込まれる力を受けます．下向きの引張り力を**負の周面摩擦力**（negative skin friction）と呼び，杭の荷重として追加されなければなりません．また，周面摩擦抵抗値の計算ではその部分の負の摩擦力は，杭の総周面摩擦抵抗値から除外しなければなりません．このような状況が予想される場合，その部分の杭に保護スリーブを被せたり，杭面に滑りやすいコーティングを施すなどの工夫をすることにより，杭のその箇所での負の周面摩擦力を軽減することが可能です．

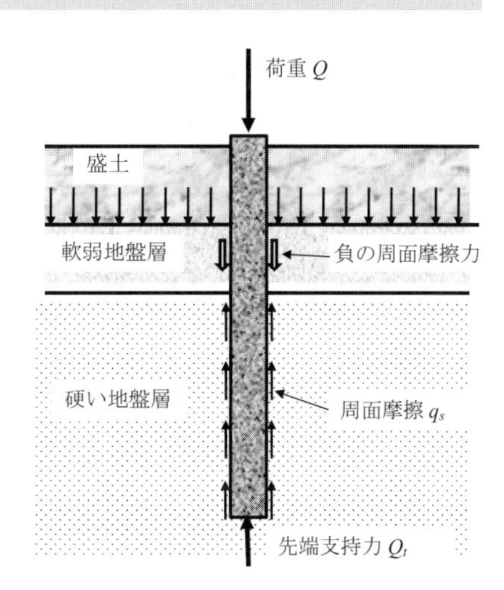

図 15.18　負の周面摩擦力

15.8　群　　杭

多くの場合，基礎を単杭では支えきれず，複数の杭を必要とすることがあります．その際，隣接する杭間のスペースに応じて，それらの杭は個々の杭としての支持力を発揮したり，または，**群杭**

(group pile) として働く場合があります．杭間の間隔が狭いと個々の杭の破壊領域が互いに重なり合い，したがって，個々の杭の支持力を発揮できなくなり，杭の全支持力を低減させます．

実際には，単杭としての支持力を最大に得るために，杭間の最小間隔は杭直径の約3倍とる必要があるとされています．一般に，杭の総支持力は以下の2つの方法によって検証されます．

$$\text{個々の杭の支持力の加算として，} Q_{g(1)} = \Sigma Q(\text{個々の杭}) = \Sigma(Q_s + Q_t) \tag{15.25}$$

または，

$$\text{群杭として，} Q_{g(2)} = 2(A+B) \cdot L \cdot f + A \cdot B \cdot q_t \tag{15.26}$$

式 (15.26) は，図15.19に示される群杭の場合に応用され，fは単位周面摩擦値で，q_tは面積当たりの先端支持力です．$Q_{g(1)}$ 値と $Q_{g(2)}$ 値の小さい方が群杭の支持力として採用されます．群杭の計算では，先端の面積は $A \times B$ で，周面摩擦は $2 \times (A+B)$ の周辺長で抵抗されることに注意してください．またその周辺での摩擦抵抗は土と杭の摩擦ではなく，土と土のせん断抵抗値を用います．

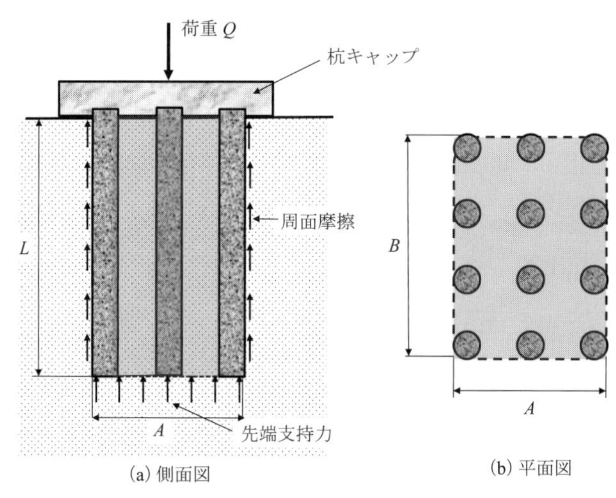

図 15.19　群杭の概念

$Q_{g(2)}$ 値と $Q_{g(1)}$ 値との比は**群杭効率** (group efficiency) η と定義され，すなわち，$\eta = Q_{g(2)}/Q_{g(1)}$ で，複数の式が提案されています．その値は1.0以下，または1.0以上の値をとり，杭の間隔が近すぎると小さい η 値をとることになります．また，変位量の大きい杭群が密な砂地盤に打ち込まれた場合，基礎土盤が締め固められ支持力が増加します．群杭のメカニズムは非常に複雑で，またその大規模な現地試験が困難なために，その挙動の明確な把握は現時点では困難といわざるをえない状況です．

例題 15.5

図15.19に示されるように，3列×4行の群杭が均一な粘土層に設置されました．(1) 杭の総支持力，(2) 群杭効率 η を求めてください．周面摩擦抵抗の計算には α-法を使用してください．他の情報は以下に示されています．

粘土：	**杭：**
$\gamma_t = 18.0\ \text{kN/m}^3$	直径 $d = 0.3\ \text{m}$
$c = 40\ \text{kN/m}^2$，$\phi' = 0$	杭間隔 $S = 0.75\ \text{m}$
	杭長 $L = 50\ \text{m}$

解：

(a)　単杭の総和として：

$N_c{}^* = 7.48$ for $c = 40\ \text{kN/m}^2$ (15.5.1項より)，したがって，先端支持力 Q_t は

$Q_t = A_p q_u = A_p c N_c^* = \pi(0.3/2)^2 \times 40 \times 7.48 = 21$ kN

α-法：$\alpha = 0.74$ for $C_u = 40$ kN/m^2（図 15.8 より）

$f = \alpha \cdot C_u = 0.74 \times 40 = 29.6$ kN/m^2

$Q_s = f \cdot p \cdot L = 29.6 \times \pi(0.3) \times 50 = 1395$ kN，したがって，総支持力は，

$Q_{g(1)} = 3 \times 4 \times (Q_t + Q_s) = 12 \times (21 + 1,395) =$ **16992 kN** ⇐

(b) 群杭として：

$A = 2 \times S + d = 2 \times 0.75 + 0.3 = 1.8$ m

$B = 3 \times S + d = 3 \times 0.75 + 0.3 = 2.55$ m

$N_c^* = 7.48$ for $c = 40$ kN/m^2(15.5.1 項より)，したがって，先端支持力 Q_t は

$Q_t = A_p q_u = A_p c N_c^* = A \times B \times c N_c^* = 1.8 \times 2.55 \times 40 \times 7.48 = 1373$ kN

α-法：$\alpha = 1.0$ for $C_u = 40$ kN/m^2（群杭の周面では土のせん断抵抗値を使用）

$f = \alpha \cdot C_u = 1.0 \times 40 = 40$ kN/m^2

$Q_s = f \cdot p \cdot L = 40 \times 2(A + B) \times 50 = 40 \times 2 \times (1.8 + 2.55) \times 50 = 17400$ kN，したがって，総支持力は

$Q_{g(2)} = Q_t + Q_s = 1,373 + 17,400 =$ **18773 kN** ⇐

(a) と (b) より小さい値を群杭の総極限支持力として選び，$Q_u =$ **16992 kN** ⇐

群杭効率 $\eta = Q_{g(2)}/Q_{g(1)} = 18773/16992 =$ **1.10** ⇐

上記の例題で，杭間隔 S（0.75 m）が 3×杭径（=0.9 m）より狭いにもかかわらず，1.0 以上の郡杭効率が得られたことに注目してください．それは，周面摩擦抵抗の計算に個々の杭の場合には，$\alpha = 0.74$ が，群杭の場合には摩擦抵抗は粘性土のせん断であると考えて，$\alpha = 1.0$ を使用したためによるものです．

15.9 群杭による圧密沈下

群杭が粘性土層に埋め込まれている場合には，杭に加わる荷重により粘土層が圧密沈下を起こします．その場合には，図 15.20 に見られるように，郡杭を 1 つの大きい単杭と見なして，全荷重 Q がその杭の深さ 3 分の 2 の点から地中に加えられるとしてその圧密沈下を計算します．

L の 3 分の 2 点以下での応力伝達は，2：1 **傾斜法**（8.2 節）を用いて，近似値を得ることができます．したがって，圧密沈下量の計算は 9.11 節の手法（厚いまたは多重粘土層の最終圧密沈下量の計算）を用いて行うことができます．応力増分計算をするための深さ z' は図に見られるように L の 3 分の 2 点を起点とすることに注意してください．

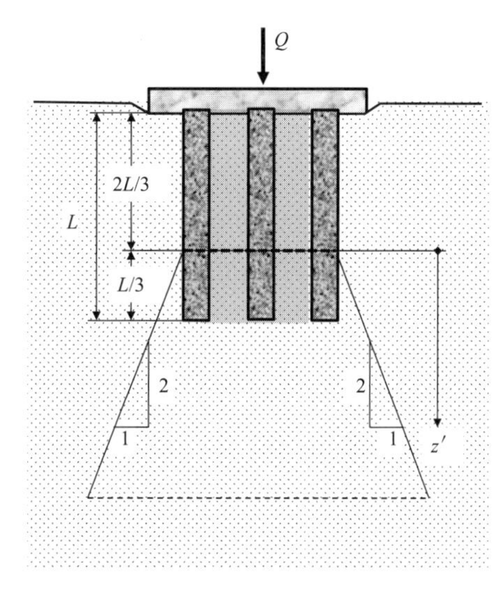

図 15.20 群杭の圧密計算法

例題 15.6

図15.21は，群杭による基礎を示しています．圧密沈下量を計算してください．群杭の寸法はA=1.8 mでB=2.55 mです．

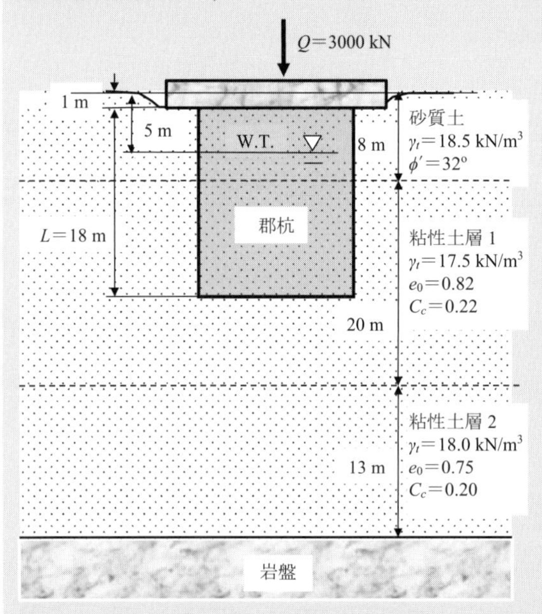

図 15.21　例題15.6

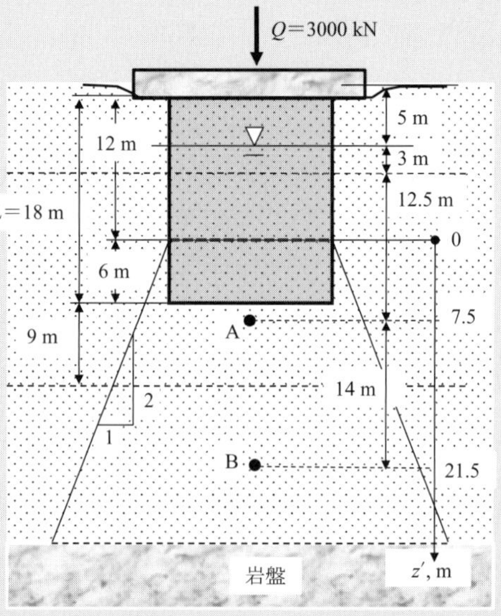

図 15.22　例題15.6の解

解：

図15.22のように，杭頭の荷重Q=3000 kNは，杭長の3分の2点（杭頭下12 m）から粘性土層に2：1傾斜法によって地中に伝播されます．近似解として，各粘土層の中間点A点とB点で初期有効応力$\sigma'_{v\,o,i}$荷重による応力増加$\Delta\sigma'_{v\,i}$，および圧密沈下量S_iが下記に計算され，表15.9にまとめられました．

粘性土層1の中間点で，

$\sigma'_{v\,o,1}=5\,\text{m}\times18.5+3\,\text{m}\times(18.5-9.81)+12.5\,\text{m}\times(17.5-9.81)=215\,\text{kN/m}^2$

$\Delta\sigma'_{v\,1}=3000\,\text{kN}/[(7.5\,\text{m}+1.8\,\text{m})(7.5\,\text{m}+2.55\,\text{m})]=32.10\,\text{kN/m}^2$，よって

$S_{f.1}=\{\Delta H/(1+e_0)\}\cdot C_c\cdot\log\{(\sigma'_{v\,o,1}+\Delta\sigma'_{v\,1})/\sigma'_{v\,o,1}\}$

$\quad=\{15/(1+0.82)\}\times0.22\times\log\{(215+32.10)/215\}=0.0202\,\text{m}$

粘性土層2の中間点で，

$\sigma'_{v\,o,2}=5\,\text{m}\times18.5+3\,\text{m}\times(18.5-9.81)+20\,\text{m}\times(17.5-9.81)+6.5\,\text{m}\times(18.0-9.81)=326\,\text{kN/m}^2$

$\Delta\sigma'_{v\,2}=3000\,\text{kN}/[(21.5\,\text{m}+1.8\,\text{m})(21.5\,\text{m}+2.55\,\text{m})]=3.37\,\text{kN/m}^2$，よって

$S_{f.2}=\{\Delta H/(1+e_0)\}\cdot C_c\cdot\log\{(\sigma'_{v\,o,2}+\Delta\sigma'_{v\,2})/\sigma'_{v\,o,2}\}$

$\quad=\{13/(1+0.75)\}\times0.20\times\log\{(326+3.37)/326\}=0.0115\,\text{m}$

表 15.9　演習15.4の圧密沈下量計算表

土層 i	ΔH(m)	z(m)	$\sigma'_{v\,o,\text{I}}$(kN/m^2)	z'(m)	$\Delta\sigma'_{v\,\text{I}}$(kN/m^2)	$S_{f.i}$(m)
1（A点で）	15	20.5	215	7.5	32.10	0.0202
2（B点で）	13	34.5	326	21.5	5.35	0.0115
Σ	28	−	−	−	−	**0.0317**

上表より，28 m 厚の粘性土層の最終圧密沈下量は **0.0317 m.** ⇐

15.10 杭の引き抜き抵抗

杭が上方に引張り力を受ける場合がよくあります．たとえば，送電鉄塔基礎を支持する杭は，しばしば，その上部構造（塔柱，電線）が強い横方向の風荷重を受けるために片側の杭基礎は引張り力を受け，杭の**引き抜き抵抗**（pullout resistance）値の推定が必要となります．また地震や台風時に，上部構造に作用する大きな横方向の力は，杭に引張り力を生じます．それらの上向きの引張り力は杭自身の重さと杭側面に働く逆向きの周面摩擦抵抗のみによって支えられ，この場合，先端支持力は期待できません．杭に引張り応力が生じたとき，ポアソン比の効果によりその直径が若干縮小します．したがって，圧縮杭のときとまったく同じ量の周面摩擦杭力を期待することができません．そのために杭の引き抜き抵抗値を決めるには，より高目の安全率を選ぶか，圧縮杭の 25% 減の支持力を用いることが薦められています．詳しくはドリルシャフト（drilled shaft）の引抜き抵抗の場合の詳しい文献であるオニールとリース（**O'Neill and Reese 1999**）などを参照してください．引張り杭のもう 1 つの注意点は杭と杭キャップ，そして上部構造との接続を確実にすることです．確実な接続がなければ，杭に引張り力を伝達することができません．

15.11 章の終わりに

この章では，深い基礎のひとつである杭基礎の基本的な概念と軸荷重による鉛直杭の設計の手順が提示されました．実際には，杭基礎には鉛直杭以外に多くの異なるタイプの基礎が存在します．それらはドリルシャフト（drilled shaft），ケーソン（caisson），矢板（sheet pile），斜杭（batter pile）等です．また，本書では扱われていませんが，杭は，軸力だけではなく，横方向の力とモーメントにも抵抗することができ，それらの設計方法も提供されています．実際に，杭の挙動は非常に複雑であり，多くの経験的な相関関係が存在します．読者は，これらの詳細については，他の基礎工学書の専門書を参考にしてください．

参考文献

1）地盤工学会，JGS 1811（2002）．杭の押込み試験方法

2）日本建築学会（2001）．建築基礎構造設計指針

3）Bjerrum, L. and Simons, N.E.（1960）. Comparison of Shear Strength Characteristics of Normally Consolidated Clays, *Proceedings of Research Conference on Shear Strength of Cohesive Soils*, ASCE, pp. 711-726, Boulder, CO.

4）Bowles, J.E.（1996）. *Foundation Analysis and Design*, 5th ed., McGraw-Hill, New York.

5）Budhu, M.（2010）. *Soil Mechanics and Foundations*, 3rd ed., John Wiley & Sons, New York.

6）Burland, J. B.（1973）. Shaft Friction Piles in Clay—A Simple Fundamental Approach, *Ground Engineering*, Vol. 6, No. 3, pp. 30-42.

7）Dennis, N.D. and Olson, R.E.（1983）. Axial Capacity of Steel Pile Piles in Clay, *Proceedings of ASCE*

Conference on Geotechnical Practice in Offshore Engineering, Austin, Texas, pp. 370-388.

8) Davisson, M.T. (1973). High Capacity Piles, *in Innovations in Foundation Construction*, Soil Mechanics Division, Illinois Section, ASCE, Chicago.

9) Eslami, A. and Fellenius, B.H. (1997). Pile Capacity by direct CPT and CPTu Method Applied to 102 Case Histories, *Canadian Geotechnical Journal*, Vol. 34, No. 6, pp. 886-904.

10) Hansen, J.B. (1970). *A Revised and Extended Formula for Bearing Capacity*, Bulletin 28, Danish Geotechnical Institute, Copenhagen.

11) Kulhawy, F.H., Trautmann, C.H., Beech, J.F., O'Rourke, T.D., McGuire, W., Wood, W.A. and Capano, C. (1983). Transmission Structure Foundation for Uplift-Compression Loading, Report No. EL-2870, Electrical Power Research Institute, Palo Alto, California.

12) Meyerhof, G.G. (1976). Bearing Capacity and Settlement of Pile foundations, Journal of Geotechnical Engineering Division, ASCE, Vol. 102, No. GT3, pp. 197-228.

13) O'Neill, M. W. and Reese, L.C. (1999). Drilled Shafts：Construction Procedures and Design Methods, Federal Highway Administration, USA.

14) Sladen, J.A. (1992). The Adhesion Factor：Application and Limitations, Canadian Geotechnical Journal, Vol. 29, No. 2, pp. 322-326.

15) Terzaghi, K, Peck, R.B. and Mesri, G. (1996). Soil Mechanics in Engineering Practice (3rd Edition), John Wiley & Sons, New York.

16) Tomlinson, M.J. (1971). Some Effects of Pile Driving on Skin Friction, Proceedings of Conference on Behavior of Piles, ICE, London, pp. 107-114.

17) Vijayvergiya, V.N. and Focht, Jr., J.A. (1972). A New Way to Predict Capacity of Piles in Clay, OTC Paper 1718, 4th Offshore Technology Conference, Houston, Texas, pp. 865-874.

18) Wellington, A. M. (1888). Formulas for Safe Loads of Bearing Piles, Engineering News, New York.

問　題

15.1 直径0.3 m，長さ20 mの**鋼管杭**が図15.23の現場に打ち込まれました．安全率を3.0として杭の許容支持力を求めてください．

15.2 長さ20 mの**H杭**（HP360×174）が問題15.1と同じ現場に打ち込まれました．安全率を3.0として杭の許容支持力を求めてください．

15.3 直径0.3 m，長さ20 mの**コンクリート杭**が問題15.1と同じ現場に打ち込まれました．安全率を3.5として杭の許容支持力を求めてください．

15.4 直径0.3 m，長さ20 mの松の**木杭**が問題15.1と同じ現場に打ち込まれました．安全率を4.0として杭の許容支持力を求めてください．

15.5 直径0.3 m，長さ15 mの**コンクリート杭**が図15.24の現場に打ち込まれました．F.S.を4.0として杭の許容支持力を求めてください．杭の周面摩擦の計算には**α-法**を使用してください．粘性土層は正規圧密されていると仮定してください．

15.6 直径0.3 m，長さ15 mの**コンクリート杭**が問題15.5と同じ現場に打ち込まれました．F.S.を4.0として杭の許容支持力を求めてください．杭の周面摩擦の計算には**β-法**を使用してください．粘性土層は正規圧密されていると仮定してください．

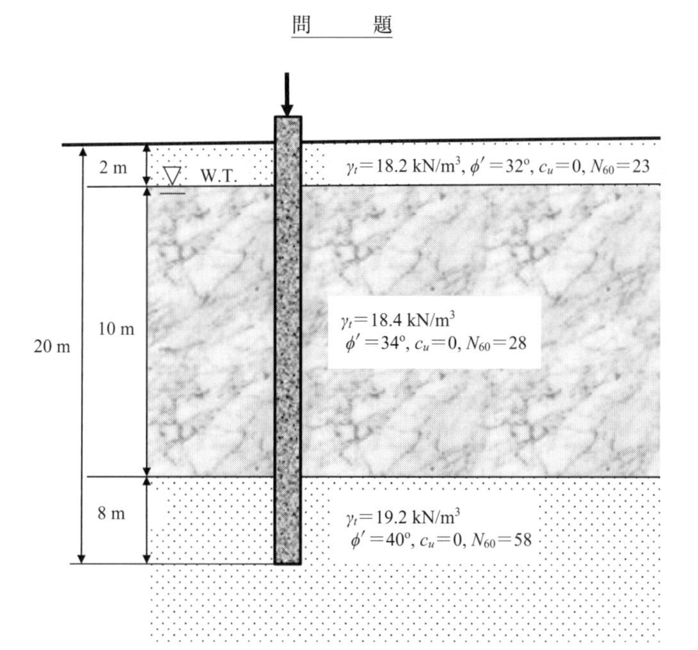

図 15.23

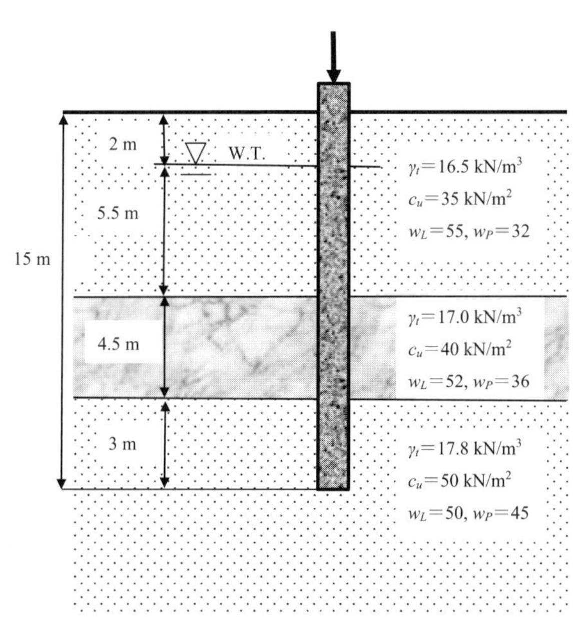

図 15.24

15.7 直径 0.3 m，長さ 15 m の**コンクリート杭**が問題 15.5 と同じ現場に打ち込まれました．F.S. を 4.0 として杭の許容支持力を求めてください．杭の周面摩擦の計算には λ-法を使用してください．粘性土層は正規圧密されていると仮定してください．

15.8 直径 0.4 m，長さ 20 m の**鋼管杭**が図 15.25 の現場に打ち込まれました．F.S. を 4.0 として杭の許容支持力を求めてください．杭の周面摩擦の計算には **α-法**を使用してください．粘性土層は正規圧密

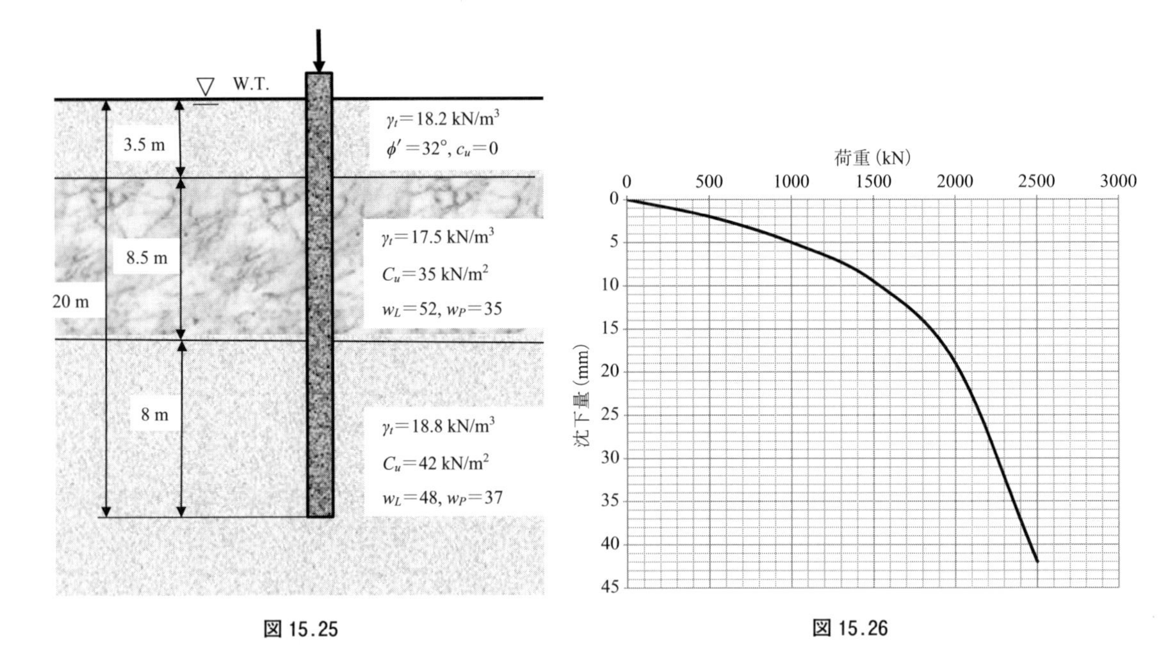

図 15.25　　　図 15.26

されていると仮定してください．

15.9 直径 0.4 m，長さ 20 m の**鋼管杭**が問題 15.8 と同じ現場に打ち込まれました．F.S. を 4.0 として杭の許容支持力を求めてください．杭の周面摩擦の計算には**β-法**を使用してください．粘性土層は正規圧密されていると仮定してください．

15.10 直径 0.4 m，長さ 20 m の**鋼管杭**が問題 15.8 と同じ現場に打ち込まれました．F.S. を 4.0 として杭の許容支持力を求めてください．杭の周面摩擦の計算には**λ-法**を使用してください．粘性土層は正規圧密されていると仮定してください．

15.11 直径 0.4 m，長さ 20 m のコンクリート杭の現場載荷試験が行われ，図 15.26 の荷重-沈下曲線が得られました．ダビソンの方法により，杭の降伏荷重 Q_uを求めてください．なお，コンクリートの 28 日圧縮強度は 22 MN/m^{2}でした．

15.12 図 15.27 に示されるコンクリート群杭が c_u=50 kN/m^{2}の均一な粘性土層に深さ 15 m まで打ち込まれました．地下水面が地表近くにあると仮定します．**d=0.3 m** で，杭の間隔 **S=0.6 m** のとき，(1) 個々の杭の合計として，(2) 群杭として，それぞれに，杭の総極限支持力を計算してください．また，(3) 群杭効率 η を計算してください．周面摩擦の計算には**α-法**を使用してください．

S
S
S
S
d=杭の直径

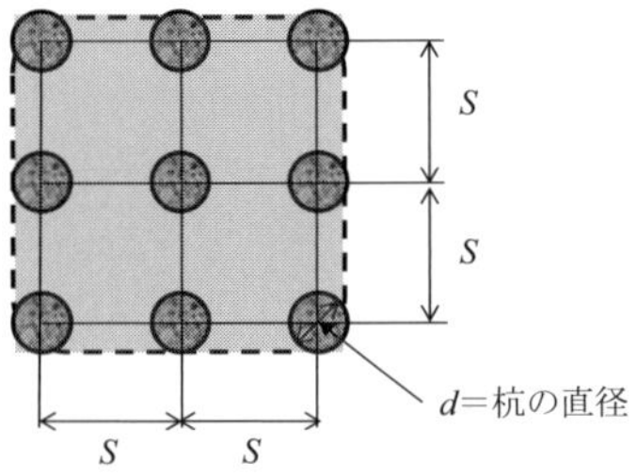

図 15.27

15.13 問題 15.12 の群杭の図に対して，c_u=50 kN/m^2 の均一な粘性土層に深さ 15 m まで打ち込まれました．地下水面が地表近くにあると仮定します．**d=0.3 m** で，杭の間隔 **S=0.9 m** のとき，(1) 個々の杭の合計として，(2) 群杭として，それぞれに，杭の総極限支持力を計算してください．また，(3) 群杭効率 η を計算してください．周面摩擦の計算には**α-法**を使用してください．

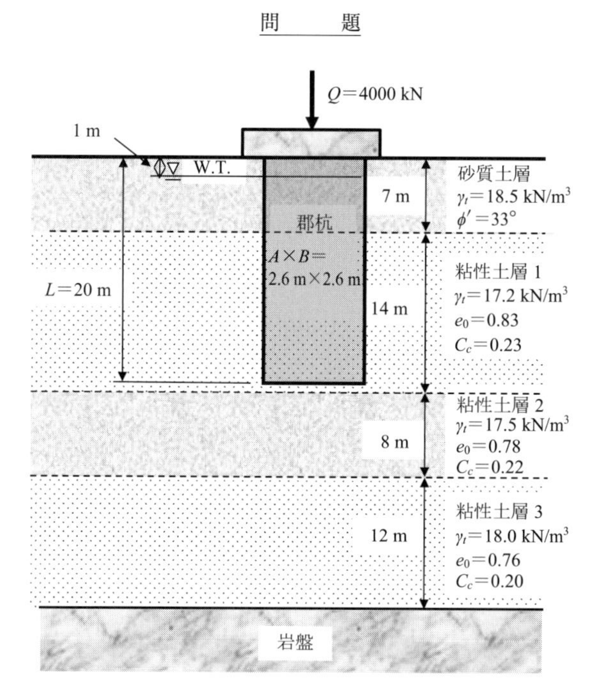

図 15.28

15.14　図 15.28 には粘性土層に群杭が打ち込まれた様子が示されています．この場合の基礎荷重による粘性土層の最終総圧密沈下量を計算してください．応力増分の計算には 2 : 1 傾斜法を使用し，圧密量の計算上，各粘土層をそれぞれのサブ層（すなわち，全部で 3 粘性土層）として処理してください．

第 16 章
斜面の安定

16.1 章の始めに

自然の，または，人工的に構築された斜面は今は安定していても何らかの原因によってその安定性を失うことが頻繁に起こります．もし崩壊するとその過程は一般に急速で多くの人命や財産を失うことがまれではありません．本章ではまず斜面崩壊がどのようなメカニズムで起こるかを検証し，その安定解析法が示されます．そして最後に斜面の安定性が疑われるとき，それを避けるための種々の対策法が示されます．

16.2 斜面崩壊のメカニズム

16.2.1 斜面崩壊モード

可能性として多くの斜面破壊（slope failure）のモードがあります．

斜面に沿った平行な面でのすべり（translational slide）

図 16.1 は長い斜面に沿った平行な面でのすべりの例を示しています．図（a）は斜面の表面近くに**風化した岩**（weathered rock）があるときなどによく見られます．図（b）はクイッククレイ（quick clay）などの鋭敏な（sensitive）粘土層や，海底の柔らかいシルト層，液状化した砂層等に見

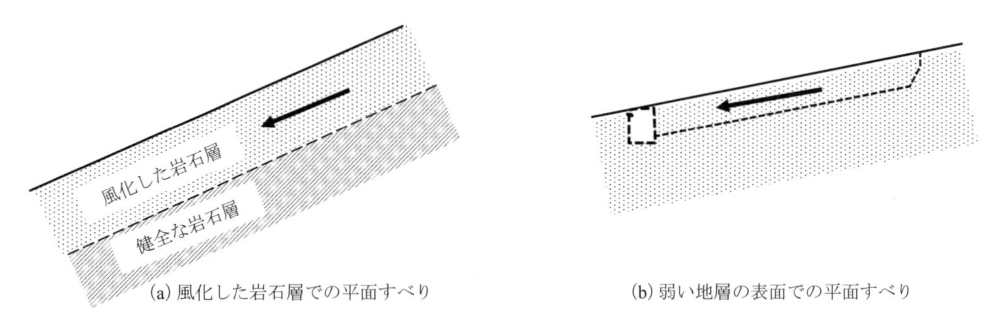

(a) 風化した岩石層での平面すべり　(b) 弱い地層の表面での平面すべり

図 16.1 斜面に沿った平行な面でのすべりの例

られ，ほんの数度（1°-5° 程度）の傾斜でも大規模なすべりが起こりうることが報告されています．

回転崩壊（rotational failure）

図16.2に見られるように，すべり土塊がより硬い下層の面に接するように（図（a）と図（d）），斜面の先（toe）を通って（図（b）），または，斜面内（図（c））で**円弧すべり面**（circular slip surface）に沿って回転しながら崩壊するモードです．図（e）はいくつかの小さい円弧が連続して起こる（multi-rotational sliding）場合です．図（f）は1つの斜面で連続して起こる破壊（successive slip）です．これらの破壊の場合，往々にして斜面上の**テンションクラック**（tension crack）（12.4節）等がすべりの起因になることがよくあります．

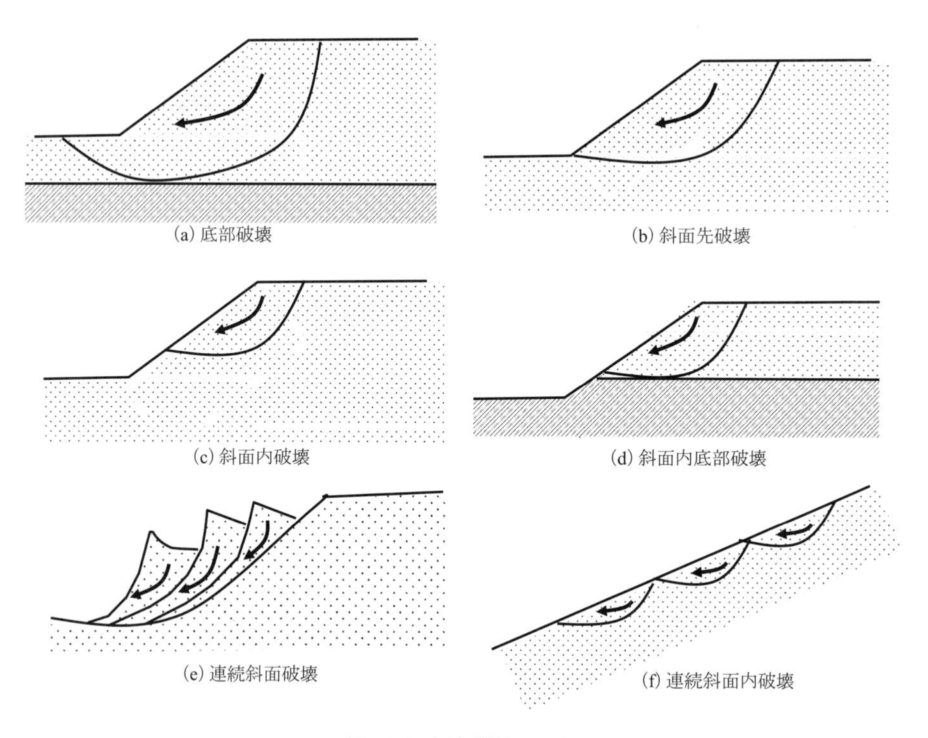

図16.2　回転崩壊モード

16.2.2　斜面崩壊の力学

斜面の崩壊が図16.3に示す斜面とその上のブロックのモデルで代表されるとします．ブロックは破壊した土塊で，ブロックと斜面の境は**すべり面**（sliding surface）です．このとき，ブロックの重量の斜面方向の分力（T）が土塊を滑らそうとする力です．斜面側からはそれに対応する反力（F）が働きます．

崩壊までは反力 T と F の斜面方向の分力 F_T は均衡を保ち，ブロックは動かず，斜面は安定です．F_T の極限値は土のせん断強度（τ_f）と破壊面積（A）との積となります．したがって，斜面の破壊時は，そのすべり面上で土のせん断強度が十分に発揮されている状態です．このブロックモデルの場合

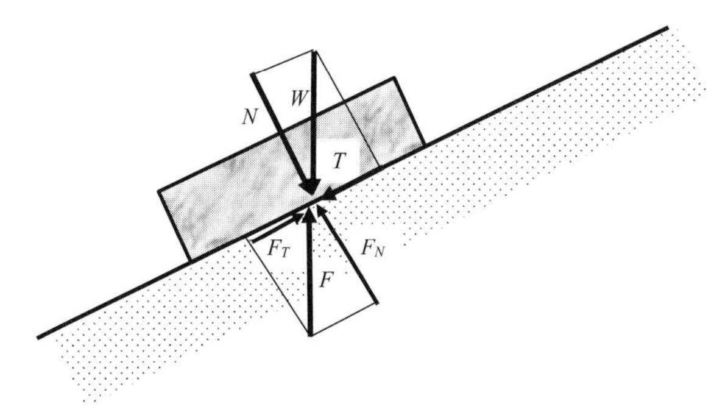

図 16.3 斜面崩壊のブロックモデル

（ϕ 材料で斜面に平行なすべり），**斜面が崩壊するその条件は $T \geqq \tau_f \times A$ となります．**

16.2.3 斜面崩壊に対する安全率

斜面の崩壊に対する安全率（factor of safety）F.S. は次のように定義されます．

平面のすべり場合：　F.S. $= (\sum\tau_f)/(\sum\tau)$ 　(16.1)

回転崩壊の場合　：　F.S. $= (\sum\tau_f \cdot r)/(\sum\tau \cdot r)$ 　(16.2)

図 16.4 に見られるように，上式で τ_f はすべり面でのせん断強度，τ はすべり面でのせん断応力，r はすべり円の半径です．

式（16.1）の安全率はすべりに抵抗するせん断強度とすべりを誘発するせん断応力の比で表されています．式（16.2）ではすべりに抵抗するせん断強度モーメントとすべりを誘発するせん断応力モーメントの比です．したがって，斜面の安全はその生じた応力がすべりを**誘発する要因**（inducing factor）と，そのすべり面での土の強度がすべりに**抵抗する要因**（resisting factor）との組み合わせで決まります．

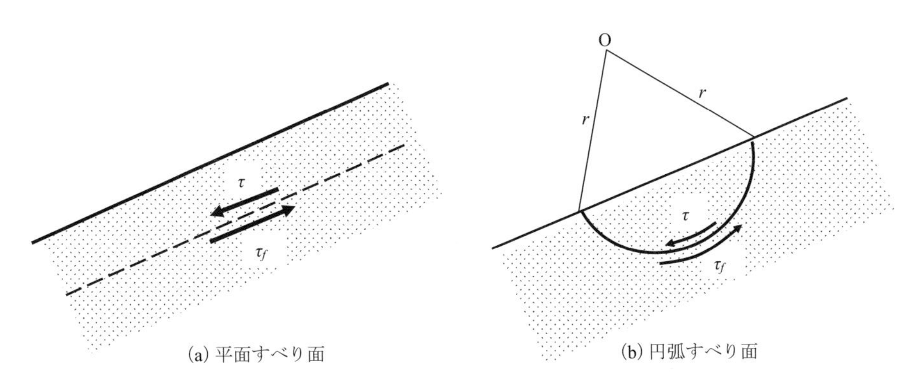

図 16.4 斜面崩壊の安全率の定義

16.2.4　土の強度に対する安全率

斜面安定解析で使用されるすべり面上での強度 τ_f はその土の強度に対する安全率（F. S.）値を用いて次式より求められます．

非排水せん断強度（すなわち第11章での c_u 値）を使用する場合，

$$\tau_{f,\,\mathrm{design}} = c_{u,\,\mathrm{design}} = c_{u,\,\mathrm{available}}/\mathrm{F.\,S.} \tag{16.3}$$

排水せん断強度（すなわち第11章での c'，ϕ' 値）を使用する場合，

$$\tau_{f,\,\mathrm{design}} = c'/\mathrm{F.\,S.} + \sigma' \tan\phi'/\mathrm{F.\,S.} \tag{16.4}$$

16.2.5　斜面崩壊を起こす起因

斜面の崩壊は，式（16.1），または，式（16.2）の分母（denomination）（誘発する要因）が大きくなるか，または，分子（numerator）（抵抗する要因）が小さくなるか，のどちらの場合にもその危険性は増大します．

誘発する要因が増加する場合としては，

・斜面上の荷重などによる何らかの外力が増加する場合
・側溝の掘削などにより，すべり面でのせん断応力が増加する場合
・降雨により土の含水量が増すために土の単位体積重量の増加する場合
・降雨により斜面内に水流が生じ，水圧が上昇する場合
・地震，爆破などによる振動により，慣性力による荷重が増加する場合

抵抗する要因が減少する場合としては，

・斜面上で土の引張り応力による割れ目のためすべりに抵抗する面積が減少する場合
・降雨により粘性土が吸水し体積の膨張を起こし，せん断強度が減少する場合
・間隙水圧の上昇により有効応力が減少し，摩擦抵抗力が減少する場合
・砂の液状化により土の摩擦強度の低下する場合

等が主な原因として考えられます．降雨，振動，地震などが斜面崩壊の主な要因になることがよくわかります．実際のすべりはこれらのいくつか要因が組み合わされて起こるのが普通です．逆に斜面を安定に保つには，原理として，これらの要因を反対の方向に働くような工夫をすることで達成できます（16.7節）．

16.3　斜面の安定解析法

斜面の安定解析には多くの方法が提案されています．**極限平衡法**（limit equilibrium method），**有限要素法**（finite element method），**有限差分法**（finite difference method）等が用いられますが，本書ではそれらの中で極限平衡法による代表的なもののみが示されます．詳細については読者は他の文献を参照してください（たとえば，Abramson et al. 2002）．

16.3.1　極限平衡法

これは斜面の安定計算に最も多く用いられる方法で，斜面がそのすべり面に沿って，まさに滑ろうとするとき，そのすべり面に働く応力の釣り合いよりその安定性を求めるもので，その解析には次の手順が用いられます．

(1)　解析するすべり面を仮定する．

(2)　応力解析よりすべり面に働くせん断応力 τ を求める．

(3)　すべり面に働くすべりを阻止するためのせん断強度 $\tau_{f,\mathrm{design}}$ を式（16.3），または式（16.4）を用いて設定する．

(4)　上記の τ と $\tau_{f,\mathrm{design}}$ を用いて，式（16.1），または式（16.2）によって，その安定に対する安全率を計算する．

(5)　上の(1)から(4)の過程を別の仮定したすべり面に対して繰り返し，それらから得られた安全率の最低値を求め，そのときのすべり面を**極限すべり面**（critical sliding surface）とする．

16.3.2　短期，または長期の斜面安定

土構造物の構築中，または建設されたその直後の安定解析には短期の解析方法が用いられ，そのときの土の強度は式（16.3）の非排水強度 c_u が用いられます．一般に土構造物は構築直後が最も不安定で，粘性土では圧密作用によって時間の経過とともにに強度が増加するため，さらに不安定になることはありません．しかしながら，後の降雨による水圧の増加，斜面内に発生する水流などによる斜面崩壊の危険性の増加に対しては確かめなくてはなりません．また，11.8 節の CD（圧密排水）の場合（切土法面の安定），掘削による応力減少のため，時間とともに土は徐々に膨張し，水分を引き寄せ，その想定されるすべり面に沿ってのせん断強度が低下することが想定されます．このような場合，長期での安定解析が必要で，式（16.4）の排水強度が用いられます．砂質土の斜面の安定解析には土の高い透水性のために式（11.10）の $\tau_f=\sigma\tan\phi$ が用いられます．

16.4　無限に長い斜面の安定解析

水平面より i 度傾斜した長い斜面が滑るとき，その斜面の材料と水の存在とその流れの方向によって斜面の安定の条件は異なります．次にそれらのいくつかの例が示されます．

16.4.1　乾燥した斜面の場合

図 16.5 に見られるように，水平面に対して i 角傾斜した乾燥した斜面で，その土のせん断強度が $\tau_f=c+\sigma\tan\phi$ で与えられるとき，その安定は次のように求められます．まず，斜面表面と仮想のすべり面で囲まれ，斜面に沿って単位の長さ（1.0）を持った土塊に注目し，その土塊に働く力の釣り合いを求めます．土塊のすべりを起こそうとする F_{driving} とそれに抵抗する力 $F_{\mathrm{resisting}}$ を求め，それより斜面のすべりに対する安全率が，図を参照にしながら，次式より得られます．

$$W=z\gamma\cos(i) \tag{16.5}$$

$$F_{\text{driving}} = W \cdot \sin(i) = z\gamma\cos(i) \cdot \sin(i) \tag{16.6}$$

$$F_{\text{resisting}} = c \cdot 1.0 + N \cdot \tan\phi = c + W \cdot \cos(i) \cdot \tan\phi$$
$$= c + z\gamma\cos^2(i) \cdot \tan\phi \tag{16.7}$$

$$\text{F.S.} = \frac{F_{\text{resisting}}}{F_{\text{driving}}} = \frac{c + z\gamma\cos^2(i) \cdot \tan\phi}{z\gamma\cos(i) \cdot \sin(i)}$$
$$= \frac{c}{z\gamma\cos(i) \cdot \sin(i)} + \frac{\tan\phi}{\tan(i)} \tag{16.8}$$

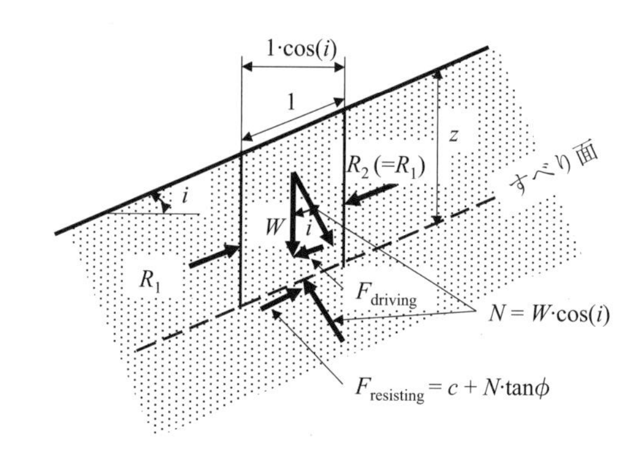

図 16.5 i 度傾斜した乾燥した斜面の安定

したがって，上式で $c=0$（砂質土）の場合，斜面の滑らない条件はF.S.>1.0で，

$$\tan(i) < \tan\phi \quad \text{で，すなわち，} \quad i < \phi \tag{16.9}$$

となります．この場合，**斜面の傾斜角が土の内部摩擦角より小さければすべりません．**これは乾燥した砂を静かに空中から落下したときにできる砂の円錐（sand cone）の底角がその緩い砂の内部摩擦角 ϕ に等しい現象を説明できます．この角は砂の**安息角**（angle of repose）と呼ばれます．粘性土では粘着力 c のためにすべりの安全率は増加することがわかります．

16.4.2 斜面が水面下にある場合

この場合は同様な斜面沿いの土塊に対して作用する静水圧（hydrostatic water pressure）を計算します．図16.6を参照して，A点，B点，C点とD点での静水圧は次のようになります．

$$u_A = z_0\gamma_w \tag{16.10}$$

$$u_B = (z_0 + z)\gamma_w \tag{16.11}$$

$$u_D = (z_0 + \sin(i))\gamma_w \tag{16.12}$$

$$u_C = (z_0 + \sin(i) + z)\gamma_w \tag{16.13}$$

上記の水圧分布（図16.6（b））よりその水圧の合力（図16.6（c））を求めれば，土塊の底面BCに作用する水圧合力 U_{BC} とCD面に作用する水圧合力 U_{CD} は次式になります．

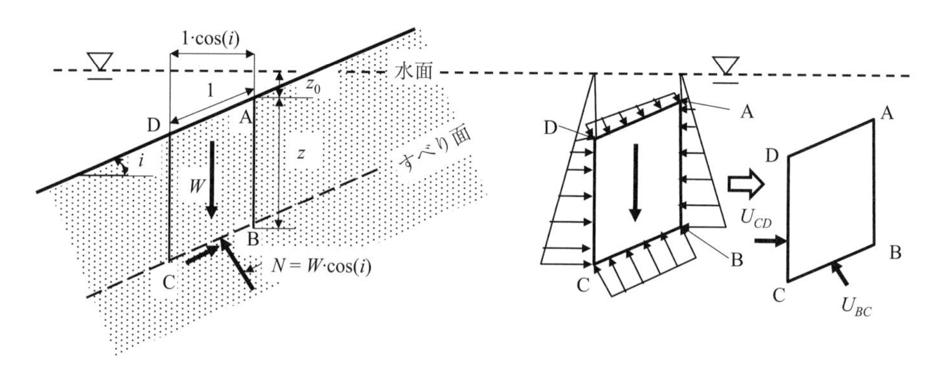

(a) 水面下にある斜面の土塊　(b) 土塊に働く水圧　(c) 水圧の合力

図 16.6 水面下にある斜面の安定

$$U_{BC}=z\gamma_w\cdot(1.0)=z\gamma_w \tag{16.14}$$

$$U_{CD}=z\gamma_w\cdot\sin(i) \tag{16.15}$$

したがって，土塊下面に働く全垂直応力 N と有効垂直力 N'，そして，F_{driving} と $F_{\mathrm{resisting}}$ は次式より得られます．

$$N=W\cdot\cos(i)+U_{CD}\cdot\sin(i)=z\gamma\cos^2(i)+z\gamma_w\sin^2(i) \tag{16.16}$$

$$\begin{aligned}N'=N-U_{BC}&=z\gamma\cos^2(i)+z\gamma_w\sin^2(i)-z\gamma_w=z\gamma\cos^2(i)+z\gamma_w(-\cos^2(i))\\&=z(\gamma-\gamma_w)\cdot\cos^2(i)=z\gamma'\cos^2(i)\end{aligned} \tag{16.17}$$

$$\begin{aligned}F_{\mathrm{driving}}&=W\cdot\sin(i)-U_{CD}\cdot\cos(i)=z\gamma\cos(i)\cdot\sin(i)-z\gamma\sin(i)\cdot\cos(i)\\&=z(\gamma-\gamma_w)\cdot\cos(i)\cdot\sin(i)=z\gamma'\cos(i)\cdot\sin(i)\end{aligned} \tag{16.18}$$

$$F_{\mathrm{resisting}}=c+N'\cdot\tan\phi=c+z\gamma'\cos^2(i)\tan\phi \tag{16.19}$$

$$\mathrm{F.S.}=\frac{F_{\mathrm{resisting}}}{F_{\mathrm{driving}}}=\frac{c+z\gamma'\cos^2(i)\cdot\tan\phi}{z\gamma'\cos(i)\cdot\sin(i)}=\frac{c}{z\gamma'\cos(i)\cdot\sin(i)}+\frac{\tan\phi}{\tan(i)} \tag{16.20}$$

$c=0$（砂質土）の場合，式（16.20）は式（16.8）（乾燥した斜面）と同じで，水の流れのない場合は水面下でも水面上でも斜面の安定条件は $i<\phi$ となることを意味します．粘性土では，式（16.8）と式（16.20）の第1項の γ と γ' の差により水面下の斜面の場合がより高い安全率を与えます．

例題 16.1

式（16.20）の安全率は土塊の全重量（$z\gamma\cos(i)$）と土塊に働く静水圧分布 u とを用いてその釣り合いより求められました．別の方法として，土塊の有効重量（$z\gamma'\cos(i)$）を用いれば，静水圧分布を加えることなく安全率を求めることができます．この方法で水中下の i 度傾斜した斜面の安定率を求める式を誘導し，式（16.20）と比べてください．

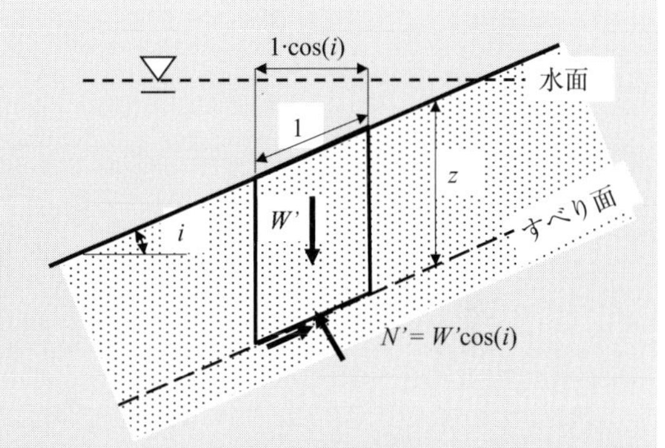

図 16.7　例題 16.1

解：

図 16.7 を参照して，

$$W'=z\gamma'\cos(i) \tag{16.21}$$

$$N'=W'\cos(i)=z\gamma'\cos^2(i) \tag{16.22}$$

$$F_{\mathrm{driving}}=W'\sin(i)=z\gamma'\cos(i)\cdot\sin(i) \tag{16.23}$$

$$F_{\mathrm{resisting}}=c\cdot 1.0+N'\tan\phi=c+z\gamma'\cos^2(i)\cdot\tan\phi \tag{16.24}$$

$$\mathrm{F.S.}=\frac{F_{\mathrm{resisting}}}{F_{\mathrm{driving}}}=\frac{c+z\gamma'\cos^2(i)\cdot\tan\phi}{z\gamma'\cos(i)\cdot\sin(i)}=\frac{c}{z\gamma'\cos(i)\cdot\sin(i)}+\frac{\tan\phi}{\tan(i)} \tag{16.25}$$

式（16.20）と同じ式が式（16.25）に得られました．

例題 16.1 で見られるように，**斜面の安全率を，(1) 土塊の全重量とそれに作用する静水圧分布を**

用いる方法と，(2) 土塊の有効重量を用いて水圧は用いない方法は，同じ解を与えます．

16.4.3 斜面に平行な水の流れがある場合

図16.8に見られるように，この場合も同様にすべり面上に沿って土塊がとられ，その土塊に働く力が水圧の分布とともに示されています．図で，AB線と流線が直交するためにA点とB点は同じ等ポテンシャル線（equi-potential line）上にあることがわかります（6.7節参照）．そして，B点を通る水平線を基線（datum）に選ぶと，図形と式（6.2）より，A点とB点での全水頭（total head）h_t，位置水頭（elevation head）h_e，圧力水頭（pressure head）h_pが表16.1に求められます．ここで，A点でのh_eはAB・cos(i) ＝$(h\cdot\cos(i))\cdot\cos(i)$の関係を用いています．

表16.1で得られたh_p値に基づいて，その土塊に作用する水圧分布が描かれています．左右の側面からの水圧は相殺し，すべり面上では，水圧は$h_p\cdot\gamma_w(=h\cos^2(i)\cdot\gamma_w)$となり，その分の水圧合力が垂直応力$N$より差し引かれます．したがって，図より，

$$F_{\text{driving}}=W\cdot\sin(i)=z\gamma\cos(i)\cdot\sin(i) \tag{16.26}$$

$$\begin{aligned}F_{\text{resisting}}&=c\cdot 1.0+N'\tan\phi=c+(W\cdot\cos(i)-U)\cdot\tan\phi\\&=c+(z\gamma\cos^2(i)-h\cos^2(i)\cdot\gamma_w\cdot 1.0)\cdot\tan\phi=c+(\gamma z-h\gamma_w)\cdot\cos^2(i)\cdot\tan\phi\end{aligned} \tag{16.27}$$

$$\text{F. S.}=\frac{F_{\text{resisting}}}{F_{\text{driving}}}=\frac{c+(z\gamma-h\gamma_w)\cos^2(i)\cdot\tan\phi}{z\gamma\cos(i)\cdot\sin(i)}=\frac{c}{z\gamma\cos(i)\cdot\sin(i)}+\left(1-\frac{h\gamma_w}{z\gamma}\right)\frac{\tan\phi}{\tan(i)} \tag{16.28}$$

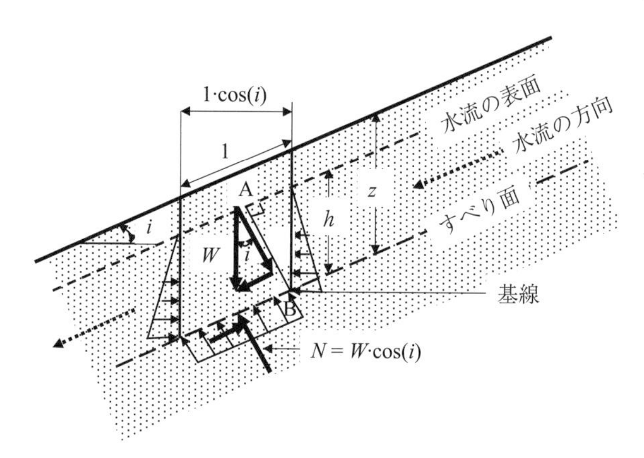

図16.8 斜面に平行した水流がある場合のi度傾斜した斜面の安定

表16.1 図16.8でのA点とB点での水頭の計算

	全水頭 h_t	位置水頭 h_e	圧力水頭 h_p
A点	$h\cdot\cos^2(i)$	$h\cdot\cos^2(i)$	0
B点	$h\cdot\cos^2(i)$	0	$h\cdot\cos^2(i)$

水流表面が斜面の表面にあるとき（$h=z$）

この場合，$h=z$で，式（16.28）は

$$\text{F. S.}=\frac{c}{z\gamma\cos(i)\cdot\sin(i)}+\left(1-\frac{\gamma_w}{\gamma}\right)\frac{\tan\phi}{\tan(i)} \tag{16.29}$$

となります．$c=0$ の場合，式より傾斜角 i は ϕ 値よりかなり小さい値をとらないと安全とはなりません．

水流表面がすべり面の表面にあるとき（$h=0$）

このときは式（16.28）は乾燥したときの条件（式（16.8））と同じになります．しかし毛管上昇による負の間隙水圧を考慮すると次の場合になります．

水流表面がすべり面より下方にあり毛管上昇を考慮したとき（$h<0$）

この場合，可能性として，すべり面の上の土塊でも**毛管上昇**（capillary rise）のために，負の間隙水圧が発生することがあります（7.5 節）．この場合，式（16.28）で，$\gamma_w=-\gamma_w$ とし，h を毛管上昇高とすればこの場合の斜面安定の解が得られます．

$$\mathrm{F.S.}=\frac{c}{z\gamma\cos(i)\cdot\sin(i)}+\left(1-\frac{h(-\gamma_w)}{z\gamma}\right)\frac{\tan\phi}{\tan(i)}=\frac{c}{z\gamma\cos(i)\cdot\sin(i)}+\left(1+\frac{h\gamma_w}{z\gamma}\right)\frac{\tan\phi}{\tan(i)} \quad (16.30)$$

式より，$c=0$ の場合，傾斜角 i は ϕ 角よりかなり大きくても斜面が崩壊しないことがわかります．海辺の湿った砂がその安息角よりもかなり高い角度で安定な斜面を保つことができるのもこの毛管上昇によるものです．

16.4.4 水平方向の水の流れがある場合

図 16.9 に斜面に沿った土塊がとられ，水が水平面に沿って流れます．この場合，鉛直面 AB は流線に垂直のため，等ポテンシャル線となります．B 点を通る水平線を基線とし，図形と式（6.2）より，A 点と B 点での全水頭（total head）h_t，位置水頭（elevation head）h_e，圧力水頭（pressure head）h_p が表 16.2 に求められます．よって，B 点での水圧は $z\gamma_w$ となり，図に土塊に作用する水圧分布が示されています．水流が水平方向に一定であるために土塊に右側から作用する水圧と左側から

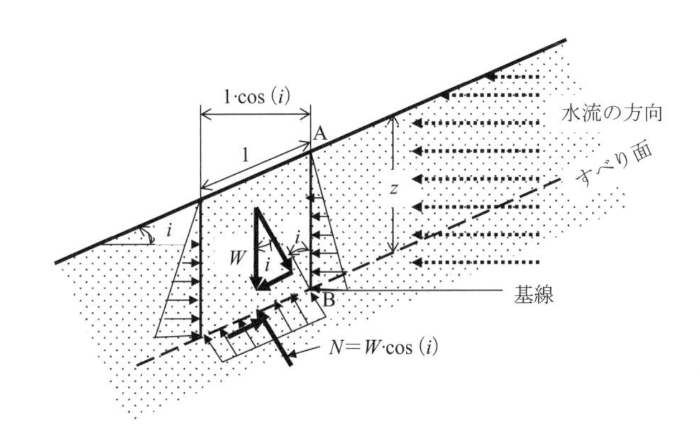

図 16.9 水平方向の水流がある場合の i 度傾斜した斜面の安定

表 16.2 図 16.9 での A 点と B 点での水頭の計算

	全水頭 h_t	位置水頭 h_e	圧力水頭 h_p
A 点	z	z	0
B 点	z	0	z

作用する水圧は同じになることに注意してください．したがって，土塊に作用する有効垂直力N'，そして，すべりに対する安全率は次のように得られます．

$$N'=N-U=W\cdot\cos(i)-z\gamma_w\cdot 1.0=z\gamma\cos^2(i)-z\gamma_w \tag{16.31}$$

$$F_{\text{driving}}=W\cdot\sin(i)=\gamma z\cdot\cos(i)\cdot\sin(i) \tag{16.32}$$

$$\begin{aligned}F_{\text{resisting}}&=c\cdot 1.0+N'\tan\phi=c+(z\gamma\cos^2(i)-z\gamma_w)\cdot\tan\phi\\&=c+z(\gamma\cdot\cos^2(i)-\gamma_w)\cdot\tan\phi\end{aligned} \tag{16.33}$$

$$\text{F. S.}=\frac{F_{\text{resisting}}}{F_{\text{driving}}}=\frac{c+z(\gamma\cos^2(i)-\gamma_w)\tan\phi}{z\gamma\cos(i)\cdot\sin(i)}=\frac{c}{z\gamma\cos(i)\cdot\sin(i)}+\left(1-\frac{\gamma_w}{\gamma\cos^2(i)}\right)\frac{\tan\phi}{\tan(i)} \tag{16.34}$$

この場合，斜面安定（F. S.>1）の条件は式（16.28）（水流が斜面と平行）の条件よりさらに厳しいことがわかります．

例題 16.2

次の各場合の無限に長い斜面のすべりに対する安全率を求めてください．どの場合が最も危険ですか．すべての斜面で$i=15°$で，$\gamma=19.0\,\text{kN/m}^3$，$c=0$，$\phi=30°$，すべり面の深さ$z=1.0\,\text{m}$としてください．

		すべり面よりの水深 h	
A	乾燥した斜面	-	
B	斜面が水面下にある場合	2 m（上方）	
C	斜面に平行な水流のある場合	1.0 m（斜面上）	
D	斜面に平行な水流のある場合	0.5 m（上方）	
E	斜面に平行な水流のある場合	0 m（すべり面上）	毛管上昇を無視
F	斜面に平行な水流のある場合	−0.5 m（下方）	毛管上昇を考慮
G	水平方向の水流のある場合	2 m（上方）	

解：

A：　式（16.8）に，$c=0$，$\phi=30°$，$i=15°$，$z=1.0\,\text{m}$，$\gamma=19.0\,\text{kN/m}^3$を挿入して，
　F. S.=2.15

B：　式（16.20）に，$c=0$，$\phi=30°$，$i=15°$，$z=1.0\,\text{m}$，$\gamma=19.0\,\text{kN/m}^3$を挿入して，
　F. S.=2.15

C：　式（16.28）に，$c=0$，$\phi=30°$，$i=15°$，$z=1.0\,\text{m}$，h=1.0 m，$\gamma=19.0\,\text{kN/m}^3$を挿入して，
　F. S.=1.04

D：　式（16.28）に，$c=0$，$\phi=30°$，$i=15°$，$z=1.0\,\text{m}$，$h=0.5\,\text{m}$，$\gamma=19.0\,\text{kN/m}^3$を挿入して，
　F. S.=1.60

E：　式（16.28）に，$c=0$，$\phi=30°$，$i=15°$，$z=1.0\,\text{m}$，$h=0.0\,\text{m}$，$\gamma=19.0\,\text{kN/m}^3$を挿入して，
　F. S.=2.15

F：　式（16.30）に，$c=0$，$\phi=30°$，$i=15°$，$z=1.0\,\text{m}$，$h=0.5\,\text{m}$，$\gamma=19.0\,\text{kN/m}^3$を挿入して，
　F. S.=2.71

G：　式（16.34）に，$c=0$，$\phi=30°$，$i=15°$，$z=1.0\,\text{m}$，$\gamma=19.0\,\text{kN/m}^3$を挿入して，
　F. S.=0.96

上の結果より，水平な水流がある場会の（G）が最も危険となります．

16.4.5 水平面から θ の角度の面に沿った水の流れがある場合

一般的な場合として，斜面で水流が水平面から θ の角度の面に沿うときの解が以下に示されます．図 16.10 に BC 線が水流の方向と直交する線として描かれ，C 点から AB 線に法線 CD 線が描かれました．図で $\angle ABC=\theta$ となることを確認してください．BC 線は流線と直行するために等ポテンシャル線となります．B 点を通る水平線を基線とし，図形と式（6.2）より，表 16.3 に A 点，B 点，C 点での全水頭（total head）h_t，位置水頭（elevation head）h_e，圧力水頭（pressure head）h_p が求められます．

幾何学より，$EB=z\cdot\cos\theta$ で，$AE=z\cdot\sin\theta$．よって，

$$CE=AE/\tan(90^\circ-\theta+i)=z\cdot\sin\theta/\cot(\theta-i)=z\cdot\sin\theta\cdot\tan(\theta-i) \tag{16.35}$$

$$\begin{aligned}DB=CB\cdot\cos\theta&=(CE+EB)\cdot\cos\theta=(z\cdot\sin\theta\cdot\tan(\theta-i)+z\cdot\cos\theta)\cdot\cos\theta\\&=z\cdot\cos\theta\cdot(\sin\theta\cdot\tan(\theta-i)+\cos\theta)\end{aligned} \tag{16.36}$$

$$u_B=\gamma_w(DB)=z\gamma_w\cos\theta\cdot(\sin\theta\cdot\tan(\theta-i)+\cos\theta) \tag{16.37}$$

したがって，土塊下面に働く有効垂直応力 N'，そして，F_{driving} と $F_{\mathrm{resisting}}$ は次式より得られます．

$$N'=N-U=N-u_B\cdot 1.0=z\gamma\cos^2(i)-z\gamma_w\cos\theta\cdot(\sin\theta\cdot\tan(\theta-i)\cdot\cos\theta) \tag{16.38}$$

$$F_{\mathrm{driving}}=z\gamma\cos(i)\cdot\sin(i) \tag{16.39}$$

$$\begin{aligned}F_{\mathrm{resisting}}&=c\cdot 1.0+N'\tan\phi\\&=c+[z\gamma\cos^2(i)-z\gamma_w\cos\theta\cdot(\sin\theta\cdot\tan(\theta-i)+\cos\theta)]\cdot\tan\phi\end{aligned} \tag{16.40}$$

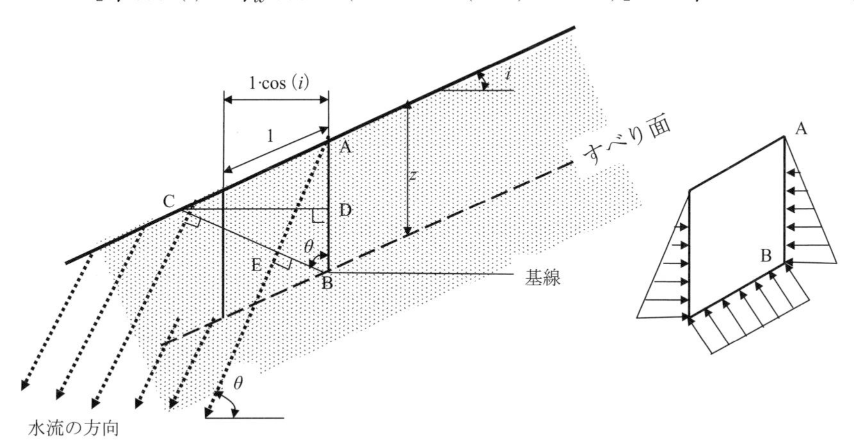

(a) 水平面と θ の角度を持った水の流れ　(b) 土塊に作用する水圧分布

図 16.10 水平面と θ の角度の面に沿った水流がある場合の i 度傾斜した斜面の安定

表 16.3 図 16.10 での A 点と B 点での水頭の計算

	全水頭 h_t	位置水頭 h_e	圧力水頭 h_p
A 点	z	z	0
B 点	DB	0	DB
C 点	DB	DB	0

（DB は D 点と B 点間の距離）

$$\mathrm{F.S.}=\frac{F_{\text{resisting}}}{F_{\text{driving}}}=\frac{c}{z\gamma\cos(i)\cdot\sin(i)}+\left(1-\frac{\gamma_w}{\gamma}\cdot\frac{\cos\theta\cdot(\sin\theta\cdot\tan(\theta-i)+\cos\theta)}{\cos^2(i)}\right)\cdot\frac{\tan\phi}{\tan(i)} \quad (16.41)$$

式（16.41）は任意の θ 角を持った水流のある場合に用いられますが，式から，$\theta=i$（斜面に平行な水の流れ）のときは式（16.29）が，$\theta=0$（水平な水の流れ）のときは式（16.34）が容易に導かれます．

特別な場合として，$\theta=90°$ のとき，水の流れは下方鉛直方向になり，式（16.41）は式（16.8）と同じになり，乾燥した斜面の場合と同じ条件です．

16.5　円弧すべり面の安定解析

等方均質（isotropic，homogeneous）の地盤で有限長の斜面の場合，斜面の崩壊は図16.2に見られるような円弧に近いすべり面を持った破壊がよく見られ，その斜面安定計算も円弧すべり面を仮定して行われます．次にそのいくつかの代表的な例が示されます．

16.5.1　$\phi=0$ 材（粘性土）の場合

図16.11は斜面先崩壊（図16.2（b））の例で，0点を中心とした円弧（arc）に沿ったすべり面で滑るとします．図ですべりを誘発する力はすべり土塊の重量 W のみで，それに抵抗する力はすべり面上に沿って発揮されるせん断強度 c_u です．c_u は非圧密非排水試験（UU）で得られたせん断強度で一軸圧縮試験やベーンせん断試験などより得られた値が適切です．このとき，すべりを誘発するモーメント M_{driving} と，それに対抗するモーメント $M_{\text{resisting}}$，そして，すべりに対する安全率は次式より得られます．

$$M_{\text{driving}}=W\cdot l_w \quad (16.42)$$

$$M_{\text{resisting}}=c_u\cdot L_{AC}\cdot r \quad (16.43)$$

$$\mathrm{F.S.}=M_{\text{resisting}}/M_{\text{driving}}=(c_u\cdot L_{AC}\cdot r)/(W\cdot l_w) \quad (16.44)$$

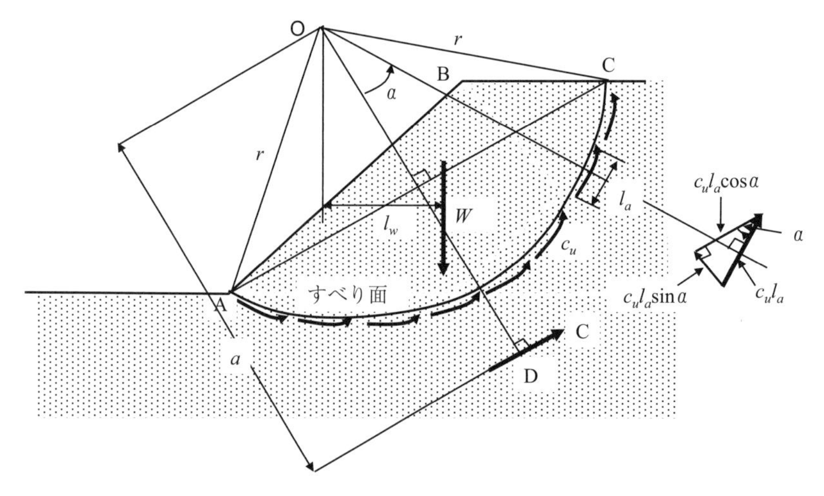

図16.11　$\phi=0$ 材の円弧すべりの解析

ここに L_{AC} は円弧 AC の長さです．図で OD 線は 0 点から円弧の中心に下ろした直線です．円弧の中心線より α 角傾いた円弧上に l_a の小さい円弧に c_u のせん断応力が作用し，それによる力は $c_u l_a$ として図の右端に描かれています．そして，それの OD 方向，および AC 線方向の力成分は，それぞれ $c_u l_a \sin\alpha$，$c_u l_a \cos\alpha$ で，図に見られます．その 2 つの直交する力成分を円弧 AC にわたって積分するとき $c_u l_a \sin\alpha$ の成分は α の正と負の部分で方向が逆になることで相殺され，$c_u l_a \cos\alpha$ 成分のみが残ります．この成分を積分すれば粘着合力 C が次式より得られます，ベクトル C は AC の方向を向き，図に示されています．

$$C=\sum(c_u l_a \cos\alpha)=c_u\sum(l_a \cos\alpha)=c_u \cdot Ch_{AC} \tag{16.45}$$

ここに Ch_{AC} は弦（chord）AC の長さです．個々のせん断強度 c_u による抵抗力の 0 点でのモーメント（モーメントアーム$=r$）と，粘着合力 C による 0 点でのモーメント（モーメントアーム$=a$）は等しいため，すなわち，$c_u \cdot L_{AC} \cdot r=C \cdot a=c_u \cdot Ch_{AC} \cdot a$ より，粘着合力 C のモーメントのモーメントアーム長（arm length）“a”は次式より得られます．

$$a=r \cdot (L_{AC}/Ch_{AC}) \tag{16.46}$$

したがって，式（16.44）は次式に書き換えることもできます．

$$\mathrm{F.S.}=M_{\mathrm{resisting}}/M_{\mathrm{driving}}=(a \cdot C)/(W \cdot l_w) \tag{16.47}$$

このようにして求めた F. S. はすべり面は 0 点を中心として A 点と C 点を通る円弧と仮定したもので，同様にして他の仮定したすべり面に対しても F. S. を求めることができます．実際の崩壊はそれらの F. S. の中で最小の値を持ったすべり面で起こる可能性があると考えられ，その最小の安全率 F. S. が斜面の崩壊に対する F. S. として報告されます．

16.5.2　$c=0$ で ϕ 材（粒状体）の場合

$c=0$ の ϕ 材（粒状土）の場合，すべり面に沿ってすべりに抵抗する力は摩擦力のみです．図 16.12 に見られるように，摩擦応力はすべり面の法線に対して ϕ 角傾いて作用します．この応力の分布はその垂直応力に依存し，深さとともにその位置によって変化します．

それらの摩擦応力の作用線を延長すると，すべての線は O 点を中心として半径 $r \cdot \sin\phi$ を持った**摩擦円**（friction circle）に接します．このことは図の直角三角形 ODE の図形より容易にわかります．摩擦応力は摩擦円に接する線に作用しますが，その摩擦合力は摩擦円より少し大きい**修正摩擦円**（modified friction circle）に接します．

それは任意の 2 つの摩擦応力の作用線の交点はその摩擦円の少し外側で交わることより理解されます．その修正円の半径は $K \cdot r \cdot \sin\phi$ でその修正値 K は摩擦応力の分布に影響され，図 16.13 に与えられています．図で曲線（a）は摩擦応力が均等に分布するとしたときで，曲線（b）はその分布が半正弦曲線（half sinusoidal curve）と仮定したときのものです．曲線（b）がより現実に近いとして一般によく用いられます．$c=0$ で，水圧も作用しない特別の場合，すべり土塊に作用する力は W と F のみで，図 16.12 にみられるように W と F の値は等しく，反対方向に作用します．したがって，$W=F$ が成立し，すべりの回転モーメントによる安全率は次式となります．

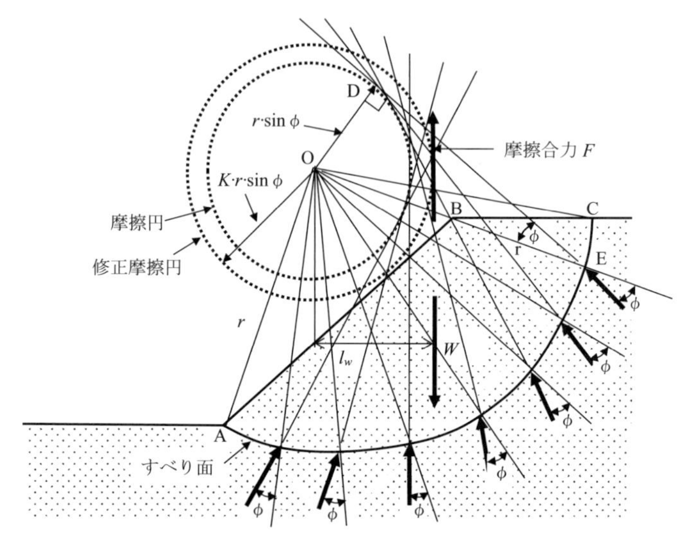

図 16.12 φ 材の摩擦応力による回転すべりの解析

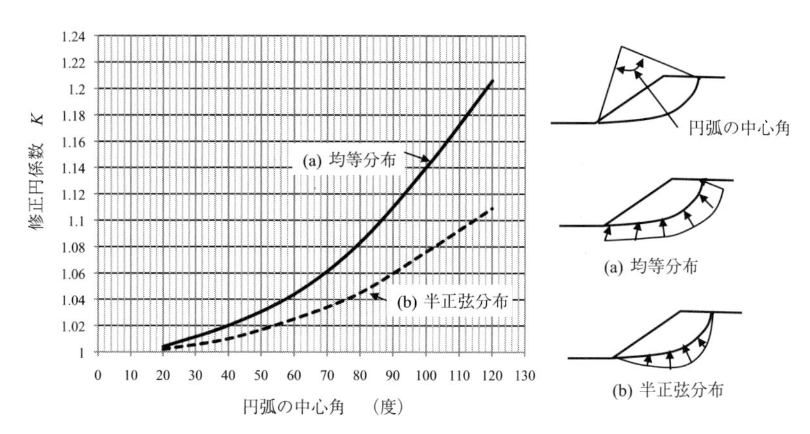

図 16.13 修正摩擦円の修正値 K（Taylor 1948 より）

$$\mathrm{F.S.} = M_{\mathrm{resisting}}/M_{\mathrm{driving}} = (F \cdot K \cdot r \cdot \sin\phi)/(W \cdot l_w) = K \cdot r \cdot \sin\phi / l_w \qquad (16.48)$$

この場合も他の仮定したすべり面に対して個々のF.S. 値を求め，その最小値を持ったすべり面をその斜面の崩壊面とします．

16.5.3 c，ϕ 材で，水圧を加わる場合

最も一般的な場合で，すべり面での土の強度が $\tau_f = c + \sigma\tan\phi$ で与えられ，また斜面が部分的に水中にあるとき，図 16.16（a）に見られるようにすべり土塊にはその自重 W，粘着合力 C，摩擦合力 F，そして，水圧合力 U_1 と水圧合力 U_2 が作用します．この場合，粘着合力 C と摩擦合力 F による斜面崩壊に対する安全率F.S. を等しくするために次の試行錯誤法（trial and error method）が用いられます．

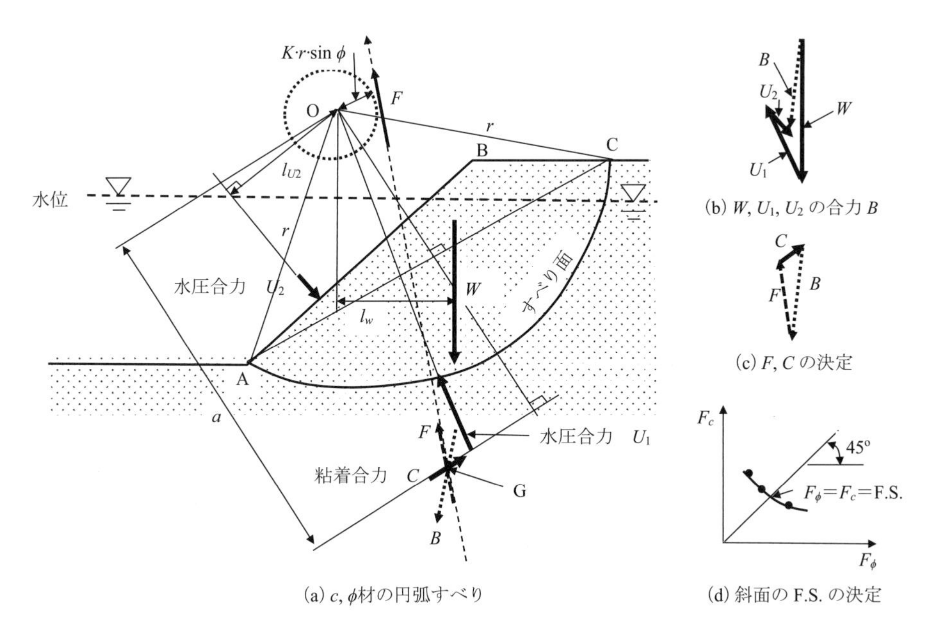

図 16.14　c，ϕ 材で静水圧が作用する場合の回転すべりの解析

まず W は図形よりすべり塊の面積と土の単位体積重量 γ_t の積により求めることができます．水圧合力 U_1 はすべり面に働く水圧の合力でその作用方向はすべり面に垂直で O 点を通ります．水圧合力 U_2 は法面に作用する静水圧でそれは斜面の法面に垂直に作用し，これらの水圧合力は第 6 章の知識を用いて計算することができます．そしてそれらの力の作用点も求めることができます．そこで図 16.14（b）に見られるように，W，U_1，U_2 の力の多角形を作図し，それらの合力ベクトル B を求めます．また，ベクトル B の作用する線もそれらの個々の力のモーメントを計算することによって得られます．粘性合力 C の作用線は 16.5.1 項で得られています．したがって，ベクトル B とベクトル C は図 16.14（a）の G 点（ベクトル B とベクトル C の交点）で交わります．残る摩擦合力ベクトル F も G 点を通り $K \cdot r \cdot \sin\phi$ を半径に持つ修正摩擦円に接します．

このとき **ϕ の値は不明のため，ϕ_{assign} として適切に仮定します．** 図 16.14（c）の力の多角形により C 値を読み取ることができます．式（16.45）より，

$$c_u = C/Ch_{AC} \tag{16.49}$$

したがって，斜面の粘性抵抗力に対する安全率 F_c は

$$F_c = c/c_u \tag{16.50}$$

上式で c は粘性強度の設計値で c_u は式（16.49）で得られた仮定された破壊面上で発揮された粘性応力です．

一方，図 16.14（a）の作図では ϕ_{assign} の値を仮定して修正摩擦円を描きました．したがって，斜面の摩擦角に対する安全率 F_ϕ は

$$F_c = \tan\phi / \tan\phi_{\text{assign}} \tag{16.51}$$

上式で ϕ は土の摩擦角の設計値です．

次に異なったϕ_{assign}を選び，別の1組のF_cとF_ϕを得ます．同様にして得られた数組のF_cとF_ϕ値を図16.14（d）のように作図し，図の45°線上で$F_c=F_\phi$となる点を選び，この斜面の安全率F.S.とします．この場合も同様，他の仮定したすべり面に対して個々のF.S.値を求め，その最小値のすべり面をその斜面の崩壊面として選びます．

例題 16.3

図16.15の傾斜角30°で高さ10 mの斜面で図に示された円弧破壊の安全率を16.5.3項の方法によって求めてください．斜面の土は均一で$\gamma_t=20.0\ \mathrm{kN/m^3}$，$c_u=20\ \mathrm{kN/m^2}$，$\phi=10°$を設計値として採用します．地下水の影響はないと仮定してください．

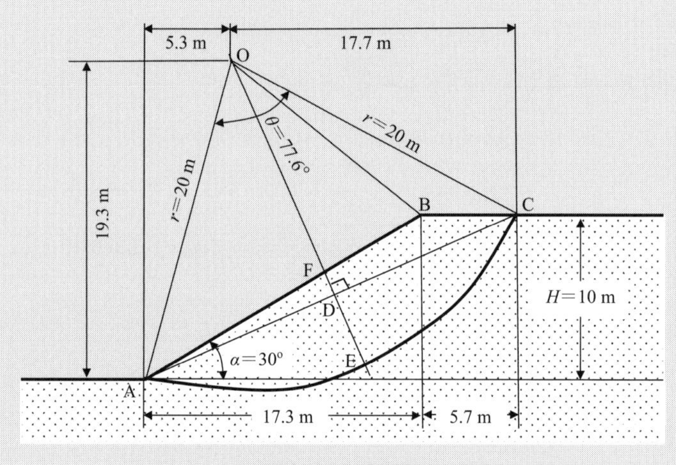

図 16.15　例題16.3

解：

$c_u=20\ \mathrm{kN/m^2}$，$\phi=10°$，$\gamma_t=20.0\ \mathrm{kN/m^3}$，$\theta=77.6°=1.354$ ラジアン，$r=20\ \mathrm{m}$

図16.13より，$\theta=77.6°$に対して，$K=1.04$（半正弦分布）

$Ch_{AC}=2\cdot r\cdot\sin(\theta/2)=2\times20\times\sin(77.6°/2)=25.1\ \mathrm{m}$

$L_{AC}=2\pi\cdot r\cdot(\theta/360°)=2\times\pi\times20\times(77.6°/360°)=27.1\ \mathrm{m}$

$a=r\cdot L_{AC}/Ch_{AC}=20\times27.1/25.1=21.6\ \mathrm{m}$

すべり土塊の面積，A(ABCEA)＝A(OAECO)－A(OADCO)＋A(ABCA)

$=\pi\cdot r^2\cdot(\theta/2\pi)-2r\cdot\sin(\theta/2)\cdot r\cdot\cos(\theta/2)/2+(\mathrm{BC})\cdot(H)/2$

$=r^2\cdot(\theta/2)-(r^2\cdot\sin\theta)/2+(\mathrm{BC})\cdot(H)/2$

$=20^2\times1.354/2-(20^2\times\sin 77.6°)/2+5.7\times10/2=270.8-195.3+28.5=104.0\ \mathrm{m^2}$

すべり土塊の重量 $W=\gamma_t\cdot$面積 A(ABCEA)＝$20.0\times104.0=2080\ \mathrm{kN/m}$

図16.15の図形より，Wの重心は，面積（ABCA）と面積（ADCEA）の個々の面積とそれらの重心の位置よりそれらのモーメントの式を用いて求めることができます．その結果，Wの重心は図16.16のG点で，それはA点を座標（0,0）とすると，G（12.4 m，4.5 m）に位置します．

粘着合力Cの作用線は図の$a=21.6$ mの線上に作用し，Wとは図のH点で交わります．そして，摩擦合力FもH点を通ることになります．

まず，図にH点を終点とするベクトルW（＝2080 kN/m）を任意のスケールで描きます．

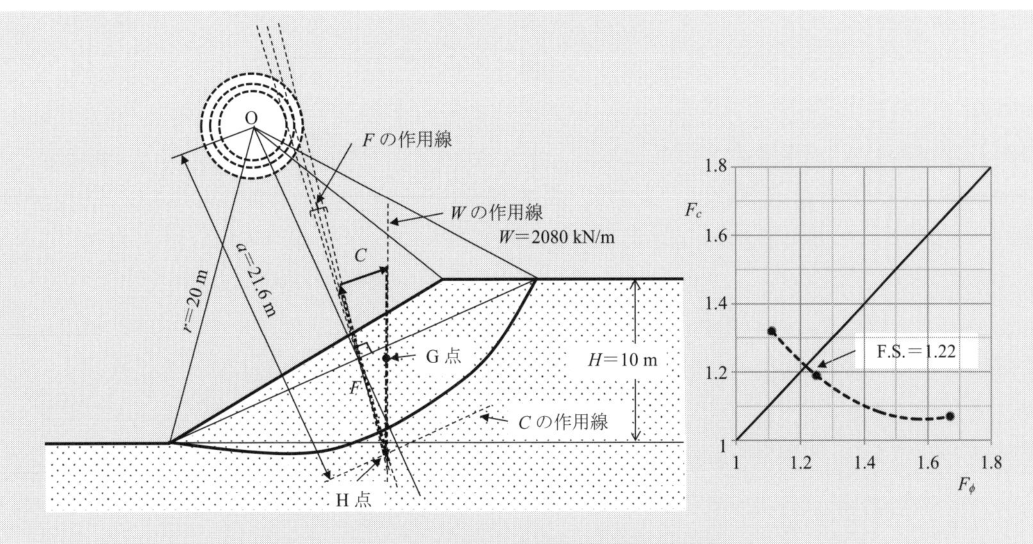

図 16.16 例題 16.3 の解

ここで H 点を通り，修正摩擦円に接する摩擦合力 F と粘着合力 C が試行錯誤法によって求められます．最初に **$\phi_{assign}=6°$ と仮定**して，

$R=K\cdot r\cdot\sin\phi_{assign}=1.04\times20\times\sin6°=2.17$ m の修正摩擦円を O 点を中心に描く．

その修正摩擦円に接する摩擦合力 F のベクトルを H 点から描く．

ベクトル W の始点とベクトル F の終点を粘着合力 C の作用線と並行に結ぶ．

そのとき得られたベクトル C 値を，ベクトル W を設定したスケールで読み取る．

このとき，$C=470$ kN/m が読み取られました．

したがって，式（16.49）より，$c_u=C/Ch_{AC}=470/25.1=18.7$ kN/m^2．よって，

$F_c=c/c_u=20/18.7=1.07$，$F_\phi=\tan\phi/\tan\phi_{assign}=\tan10°/\tan6°=1.67$

次に，**$\phi_{assign}=9°$ を仮定**して，

同様の手法で新しい修正摩擦円に対して，$C=380$ kN/m が読み取られました．

したがって，式（16.49）より，$c_u=C/Ch_{AC}=380/25.1=15.1$ kN/m^2．よって，

$F_c=c/c_u=20/15.1=1.32$，$F_\phi=\tan\phi/\tan\phi_{assign}=\tan10°/\tan9°=1.11$

さらに，**$\phi_{assign}=8°$ と仮定**して，

同様に，新しい修正摩擦円に対して，$C=420$ kN/m が読み取られました．

したがって，式（16.49）より，$c_u=C/Ch_{AC}=420/25.1=16.7$ kN/m^2．よって，

$F_c=c/c_u=20/16.7=1.19$，$F_\phi=\tan\phi/\tan\phi_{assign}=\tan10°/\tan8°=1.25$

上の 3 つの F_c と F_ϕ の組み合わせが図 16.16 の右側にプロットされました．その図より $F_c=F_\phi$ となる値が，この場合の斜面の**安全率 F.S.=1.22** として得られました．

16.5.4 分割法

斜面の地形が複雑な場合や，土が均一でない場合などでは前述した円弧すべりの解析法を直接使用

することは困難になります．これらの場合に最もよく使われている方法はこの**分割法**（slice method）です．図16.17にO点を中心とした円弧すべり面が仮定され，そのすべり土塊はいくつかの鉛直線で分割されています．例として第4の細片（slice）を細片iとして図（b）に取り出し，その細片にかかるすべての力が描かれています．W_iは細片の全自重で，E_iとE_{i+1}はその側面から加わる垂直応力，T_iとT_{i+1}は側面から加わるせん断反力，S_iはすべり面に加わるせん断応力，R'_iは有効垂直応力で，U_iは水圧です．破壊時にはせん断応力S_iは$S_i=c_i \cdot a_i+R'_i \cdot \tan\phi_i$で与えられるせん断抵抗力です．ここに$a_i$は$i$細片のすべり面に沿った底面の長さです．

これらの力，W_i，E_i，E_{i+1}，T_i，T_{i+1}，R'_i，S_i，U_iの中で，W_i，U_iは計算することができますが，残りの5つの値E_i，E_{i+1}，T_i，T_{i+1}，R'_iは未知です．S_iはR'_iがわかれば導かれます．使用できる釣り合い式は3つ（$\sum H=0$，$\sum V=0$，$\sum M=0$）なので，この問題は静的な釣り合い条件からは解くことができず，不静定（indeterminate）問題です．

不静定問題を解くには何かの条件を仮定する必要があります．さまざまな方法が提案されていますが，本章では，まず最も簡単な**簡易分割法**（ordinary method of slice）を示し，そして，一般によく使用されている**ビショップ分割法**（Bishop method of slice）について，述べられます．

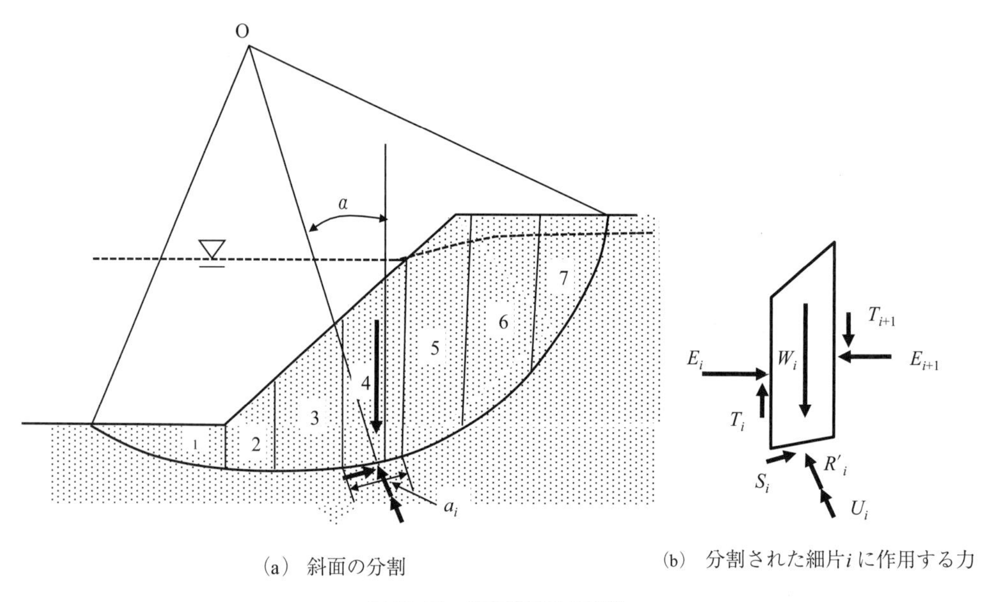

(a) 斜面の分割　　(b) 分割された細片iに作用する力

図16.17　斜面分割法の原理

簡易分割法

フェリニウス（Fellenius 1936）によるこの方法は図16.18（a）に見られるように細片の両側壁に働くそれぞれのTとEの合力は細片底面のすべり面の方向に平行に働き，お互いに反対方向に働き，等しい値をとると仮定します．このことにより，TとEはすべりの回転モーメントに貢献することなく，その影響を無視することができます．このとき，残る力W，S，U，R'は図（b）の力の多角形を閉じることになり，R'とSを求めることができます．

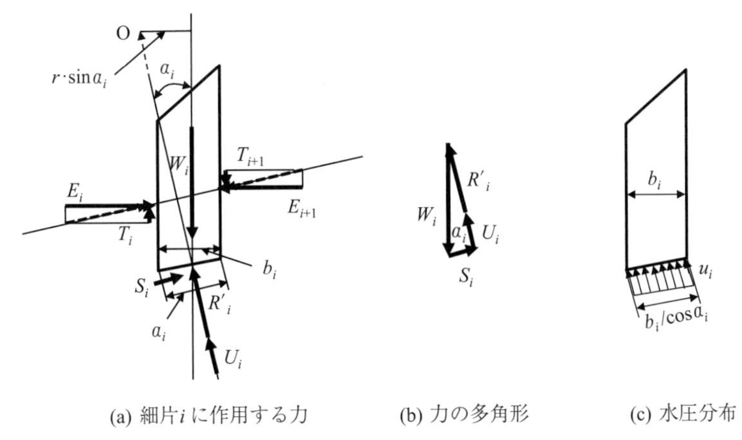

(a) 細片 i に作用する力　(b) 力の多角形　(c) 水圧分布

図 16.18　簡易分割法による細片 i に作用する力

図（b）より，

$$R'_i = W_i\cdot\cos\alpha_i - U_i \tag{16.52}$$

したがって，

$$\begin{aligned}\mathrm{F.S.} &= M_{\mathrm{resisting}}/M_{\mathrm{driving}} = [r\Sigma(c_i\cdot a_i + (R'_i\cdot\tan\phi_i))/[r\Sigma W_i\cdot\sin\alpha_i] \\ &= \Sigma(c_i\cdot b_i/\cos\alpha_i + (W_i\cdot\cos\alpha_i - U_i)\cdot\tan\phi_i))/\Sigma(W_i\cdot\sin\alpha_i)\end{aligned} \tag{16.53}$$

上式で r はすべり円弧の半径で，細片の底面の長さ a_i は $b_i/\cos\alpha_i$ で与えられます．底面に働く水圧合力 U_i は図（c）に見られるように $U_i = u_i\cdot b_i/\cos\alpha_i$ より得られます．

この簡単な方法による安定解析は厳密解に比べ，普通の斜面の場合 10%から 15%程度低い安全率（安全側）を与え，また，水圧が高い場合や，平坦な斜面ではそれは 50%もの低い安全側の値を与えることがあると報告されています．

ビショップ分割法

ビショップ（Bishop 1955）は図 16.17 で $T_i + T_{i+1} = 0$ と仮定し，鉛直方向の力の釣り合い式（$\Sigma V = 0$）のみを用いて，斜面の安定を解きました．図 16.18（a）を参照して，$\Sigma V = 0$ の条件は次式となります．

$$W_i - S_i\cdot\sin\alpha_i - (R'_i + U_i)\cdot\cos\alpha_i = 0 \tag{16.54}$$

ここで，せん断抵抗力 S_i を材料に対する安全率 F. S. で除し，次の $S_{i,\mathrm{design}}$ としました．

$$S_{i,\mathrm{design}} = S_i/\mathrm{F.S.} = (c_i\cdot b_i/\cos\alpha_i + R'_i\cdot\tan\phi_i)/\mathrm{F.S.} \tag{16.55}$$

式（16.55）を式（16.54）の S_i 値に挿入して，R'_i について解けば次式が得られます．

$$R'_i = \frac{W_i - c_i\cdot b_i\cdot\tan\alpha_i/\mathrm{F.S.} - u_i\cdot b_i}{\cos\alpha_i\cdot\left(1 + \dfrac{\tan\phi_i\cdot\tan\alpha_i}{\mathrm{F.S.}}\right)} \tag{16.56}$$

これより，すべり塊の回転モーメントによる安全率は次式となります．

$$\text{F.S.} = \frac{M_{\text{resisting}}}{M_{\text{driving}}} = \frac{\sum r \cdot S_i}{\sum r \cdot \sin\alpha_i \cdot W_i} = \frac{\sum (c_i - b_i/\cos\alpha_i + R'_i \cdot \tan\phi_i)}{\sum \sin\alpha_i \cdot W_i} \tag{16.57}$$

上式のR'_iに式（16.56）を挿入して，式を整理すれば次式となります．

$$\text{F.S.} = \frac{\sum (c_i \cdot b_i + (W_i - u_i \cdot b_i) \cdot \tan\phi_i)/M_\alpha}{\sum \sin\alpha_i \cdot W_i} \tag{16.58}$$

$$M_\alpha = \cos\alpha_i \cdot \left(1 + \frac{\tan\alpha_i \cdot \tan\phi_i}{\text{F.S.}}\right) \tag{16.59}$$

式（16.58）にはF.S.が式の両側に含まれていて，一度に解くことができません．したがって，解が収斂するまで反復する必要があります．

この解法は材料の安全率とすべり回転の安全率を等しいとしています．また，水平方向の釣り合い式を無視しているのでそれも誤差の原因になります．しかしながら，この解の誤差は1%から5%程度と報告されており，一般によく使われている方法です．

本書で紹介された簡易分割法とビショップ分割法のほかにも数多くの修正された分割法があります．詳細は文献（たとえば，Abramson et al.2002等）を参照にしてください．

例題 16.4

図16.19の傾斜角30°で高さ10 mの斜面で図に示された円弧破壊の安全率をビショップ法で求めてください．斜面の土は均一で，c_u=20 kN/m^2，ϕ=10°，γ_t（地下水面から上部）=19.5 kN/m^3，γ_t（地下水面から下部）=20.0 kN/m^{3}を設計値として採用します．この例題は例題16.3と同じ斜面ですが，水面の位置（+4 m）が図に示されています．それに基づいて破壊面に作用する水圧を求めてください．

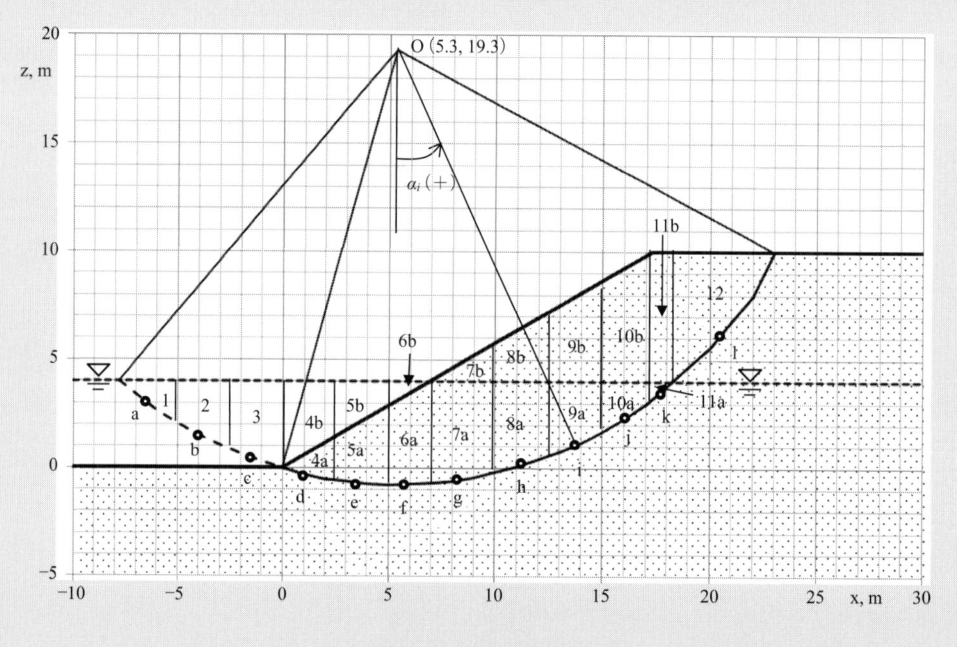

図16.19 例題16.4

図に示されているように破壊土塊は11の沿直線により12のセクションに分割されました．そして，図の左側の水中には仮想の円弧破壊面が破線で描かれています．この場合，その破壊円弧中での水の単位体積重量を γ_t=9.81 kN/m^3 とし，その破壊円弧上では c_u=0 kN/m^2，ϕ=0° として斜面の安定を分割法により計算することができます．

解：

図16.19に各細片のすべり面の中間点をa，b，…，lとし，その点のO点からの角度を α として読み取り，表16.5のスプレットシートにビショップ法による解が示されました．

表16.4　ビショップ法による解

F.S. の仮定値＝1.2297							
A	B	C	D	E	F	G	H
細片 No.	中間点	水深 m	水圧 kN/m^2	α 度	スライス幅 b m	下部細片（a）の $\gamma_{t,a}$ kN/m^3	上部細片（b）の $\gamma_{t,b}$ kN/m^3
1	a	1.1	10.8	−35.5	2.6	9.81	
2	b	2.6	25.5	−26.5	2.5	9.81	
3	c	3.6	35.3	−19	2.5	9.81	
4	d	4.4	43.2	−11.5	2.5	19.5	9.81
5	e	4.7	46.1	−4.5	2.5	19.5	9.81
6	f	4.75	46.6	2	2	19.5	9.81
7	g	4.7	46.1	9	3	19.5	20
8	h	3.9	38.3	17.2	2.5	19.5	20
9	i	2.8	27.5	25	2.5	19.5	20
10	j	1.7	16.7	33	2.3	19.5	20
11	k	3.75	36.8	38.8	0.9	19.5	20
12	l			50	4.8	20	
D_i : $\gamma_{w\ x} \times C_i$							

表16.4（続き）

A	I	J	K	L	M	N	O	P
細片 No.	W (a) kN/m	W (b) kN/m	全 W kN/m	c 値 kN/m^2	ϕ 値 度	M_α 式（16.59）	式（16.58） の分子式	式（16.58） の分母式
1	23.0		23.0	0	0	0.81	0.0	−13.3
2	60.1		60.1	0	0	0.89	0.0	−26.8
3	87.1		87.1	0	0	0.95	0.0	−28.3
4	46.3	80.9	127.2	20	10	0.95	56.1	−25.4
5	132.8	46.0	178.8	20	10	0.99	62.1	−16.0
6	158.9	11.3	170.2	20	10	1.00	53.3	5.9
7	257.4	51.0	308.4	20	10	1.01	89.1	48.2
8	187.7	122.5	310.2	20	10	1.00	88.0	91.7
9	141.4	195.0	336.4	20	10	0.97	100.5	162.2
10	67.3	243.8	311.1	20	10	0.92	102.6	169.4
11	6.1	108.0	116.1	20	10	0.87	37.1	71.5
12	280.8		280.8	20	10	0.75	193.3	215.1
						Σ ＝	782.4	636.2
$\Sigma O/\Sigma P$＝782.4/636.2＝1.2297								
I_i :（細片下部の面積）$_i \times (\gamma_{t,a,i})$， J_i :（細片上部の面積）$_i \times (\gamma_{t,b,i})$， K_i : $I_i + J_i$ 各細片の面積は台形または三角形で近似．								

上表では最初 F.S.＝1.20 と仮定し，得られた計算値を次の仮定値とし，数回の計算がスプレットシート上で繰り返され，F.S.＝1.2297 が得られました．仮定値と計算値が等しくなり，解が収斂しました．したがって，この斜面の**この破壊面での安全率は 1.229 と計算されました．**

例題 16.4 でも同様に，他の可能な破壊円弧での F.S. を個々に計算し，その最小値が斜面の安全率となります．この最小の安全率を得る計算過程は大変時間を必要とする（time consuming）作業で数多くの計算ソフトが開発されています．

16.6 直線による複合すべり面の解析

斜面内にすべりやすい層があるときなどでは，斜面はその面に沿ってすべりやすく，斜面に平行な面や，円弧面では近似できない場合がよくあります．たとえば図 16.20（a）の例では地中のすべりやすい層のために斜面は ABC 面に沿ってすべると予想されます．この場合すべり面を AB と BC の 2 つの直線で近似することができます．このとき，すべり塊 ABCD を 2 つのブロック ABD と BCD に分けて，図（b）のようにそれぞれのブロックに加わるすべての力を考慮し，それらの力の平衡より崩壊に対する安全率を求めます．

図で W はブロックの自重，F は破壊面での摩擦抵抗力でその面の法線に対して内部摩擦角 ϕ の角度で作用します．$c \cdot l_1$ と $c \cdot l_2$ は破壊面上に働く粘着力による抵抗です．R_1 と R_2 は BD 面に働く反力

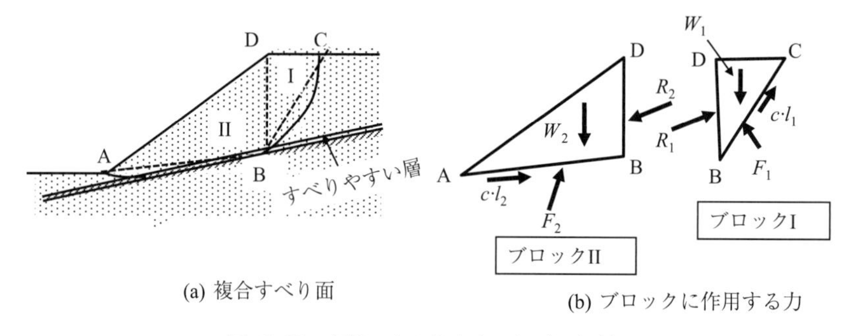

図 16.20 直線による複合すべり面の解析

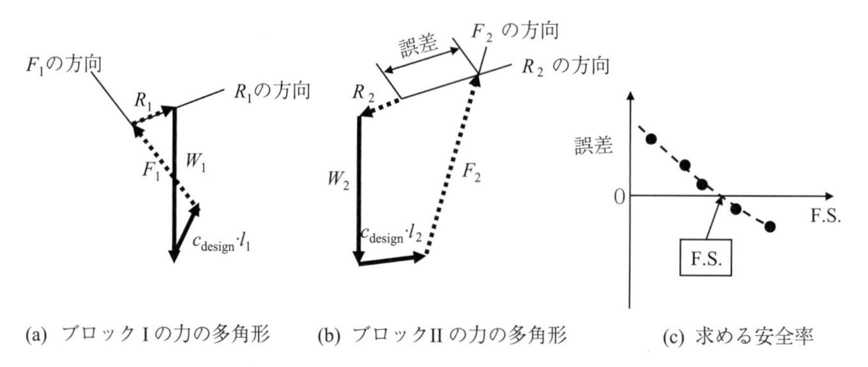

図 16.21 直線による複合すべりの安全率の求め方

で，それらはお互いに値は等しく反対方向に作用し，BD 面の法線に対して ψ の角度で作用するとします．ψ の角度は，もし，BD 面がすべり面となると考えられる場合は $\psi=\phi$ で，ブロック間にまったくすべりがない場合は ψ はゼロに近い値となります．多くの場合 $\psi=\phi$ が仮定され，解析は次の手順によって行われます．

(1) c と ϕ に対する安全率 F. S. を仮定し，$c_{\mathrm{design}}=c/\mathrm{F.S.}$，$\tan\phi_{\mathrm{design}}=\tan\phi/\mathrm{F.S.}$ を得る．

(2) $\psi=\phi$ と仮定する．他の妥当な値を仮定してもよい．

(3) 図 16.21 (a) のように，まずブロック I に対して，既知の W_1，$c_{\mathrm{design}}\cdot l_1$ と F_1，R_1 の既知の方向を用いて閉じる力の多角形を作り，R_1 を得る．

(4) 次にブロック II に対して（図 16.21 (b)），R_2（R_1 と同じ値で反対向き）と W_2，$c_{\mathrm{design}}\cdot l_2$ の値と F_2 の既知の作用方向を用いて力の多角形を作る．このとき，多角形は閉じる保障はなく，誤差を生じます．

(5) 上記 (1) に戻り異なる F. S. を仮定し，(2) から (4) を繰り返す．生じた誤差を図 16.21 (c) のように F. S. とともにプロットし，補間法により誤差がゼロのときの F. S. をすべりに対する F. S. として求める．

上述の 2 つのブロックの例はすべり塊が 3 つ，4 つのブロックの組み合わせの場合にも用いることができます．最初のブロックの力の多角形から，次に接するブロックの面への反力を引き継いで行き，順次それを繰り返すことで最後のブロックに到達し，そこでの閉じない力の多角形の誤差を求めることになります．

16.7 斜面の安定化とすべり止め対策

斜面を安定に保つには，原理として，16.2.5 項に示された斜面を不安定にしている要因をその反対の方向に働くような工夫をすることです．それには種々の方法が可能で，次にそれらの代表的な方法が示されます．

16.7.1 斜面の形状の変更

既存の，または，計画した斜面が所定の安全率を満たさないとき，その斜面の形状を変えることで安全率を増加することができます．図 16.22 はそれらの例を示しています．(a) 斜面高を低くすればそれはより安全です．(b) 土地の余裕が十分にあるときは斜面角の低減もより効果的です．(c) 階段斜面もまた，安全率を高めます．

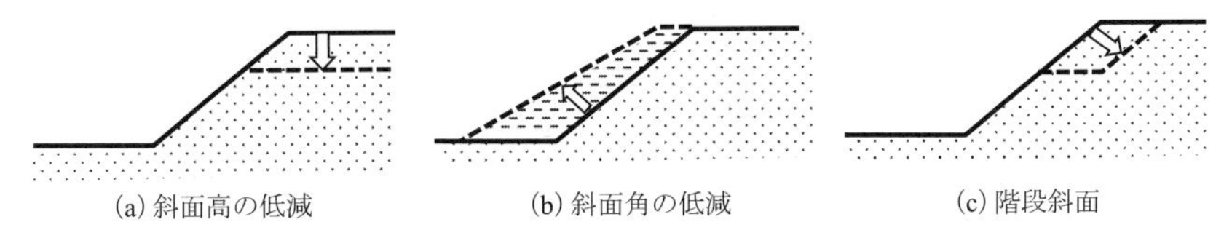

図 16.22 安定のための斜面形状の変更の例

16.7.2 斜面からの水の排水

16.4節で見られたように斜面内の水の流れはその斜面の安定性を低下させます．また，水分によって土の全単位体積重量が増加し，安定率は低下します．したがって水の流れをなるべく斜面にもたらさない工夫が必要です．まず第1に斜面上の地表水を斜面内になるべく入れないことが大事で，地表の排水溝などの工夫でそれは可能です．また，緊急時の対策として，斜面上と法面を不透水膜で覆うのも効果のある方法です．長期的には図16.23（a）と（b）に見られるように斜面内に集水設備を設け，そこから直接斜面外に排水することです．図（c）の電気浸透（electro-osmosis）も斜面の土の強度を高めるのに有効です．その原理については3.5節で学びました．これは短時間に効果を挙げることができますが，一般に割高となります．

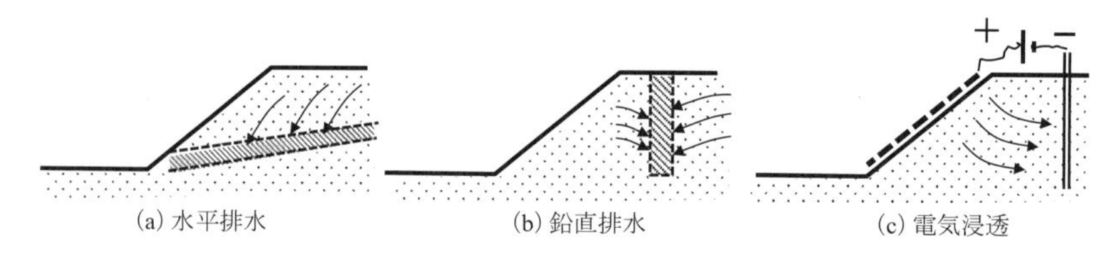

図16.23 斜面内の水を排水する方法

16.7.3 押さえ盛土等の構築

図16.24（a）に見られるようにすべりやすい斜面の法先を掘削しすべり止め溝を作り，全体を押さえ盛土で覆う方法や，図（b）のように法先に捨石などの重い材料によるで**押さえ盛土**（berm）もよく使われる方法です．

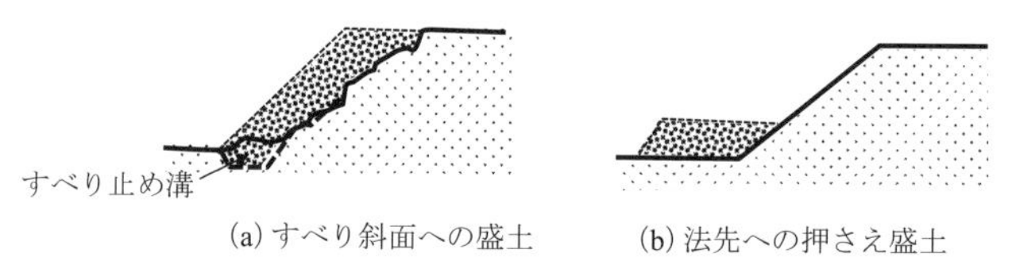

図16.24 押さえ盛土による斜面安定の方法

16.7.4 擁壁等の建設

擁壁を斜面の法先に建設すればより高い斜面を安全に建設できます（図16.25（a））．最近はジオシンセティックス（geosynthetics）による擁壁が盛んに作られるようになりました．図16.25（b）はジオファブリック（geofabric）を使用したもののほんの一例ですが，鉛直に近い斜面を持つ高い擁壁も比較的経済的に有利に建設可能です．詳しくは文献（たとえばKoerner 2005）を参照してください．図16.25（c）は比較的急な傾斜の岩や硬い土等の斜面安定に用いられるロックアンカー（rock anchor）またはソイルネイリング（soil nailing）の原理図です．

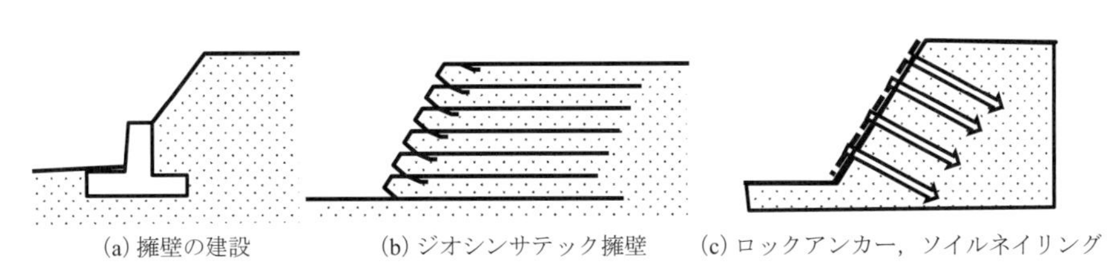

図 16.25　擁壁等による斜面安定の方法

16.8　章の終わりに

この章では，斜面崩壊の種類，メカニズム，そして代表的な解析法と，最後に崩壊の危機を低減する方法を学びました．特に解析法は本書で扱われた以外多種存在します．いずれの方法によっても計算は煩雑でコンピュータの助けなくして有効に行うことができません．また，市販の解析プログラムも多く存在します．適切なデータの挿入と，その結果の合理性を判断できる技量を培うことが大事となります．

実際の斜面崩壊は複雑な地形，地質，植生，降雨量，地下水の流れ，等々，多くの要素が複雑に関係し合い，その予想等は簡単ではありません．過去のすべり例などの調査も重要な要素です．変位計，傾斜計，さらに地球観測衛星画像の解析などによる刻々の地層の動きを観測し，将来の地すべりを監視，予測する技術も研究開発されています．詳しくは他の文献（たとえば，**石川　他，2016**）を参考にしてください．

参考文献

1) 石川芳治，他 40 名共著（2016）．斜面崩壊対策技術，メカニズム・センシング・監視システム・新施工法，NTS.

2) Abramson, L.W., Lee, T.S., Sharma, S., and Boyce, G.M.（2002）. Slope Stability and Stabilization Methods, 2nd Ed., John Wiley & Sons.

3) Bishop, A. W.（1955）. The Use of the Slip Circle in the Stability of Slopes, *Geotechnique*, Vol. 5, No. 1., 7-17

4) Fellenius, W,（1936）. Calculation of Stability of Earth Dams, *Proceedings of 2nd Congress on Large Dams*, Washington, D.C., 445-459

5) Koerner, R. M.（2005）. *Designing with Geosynthetics*, 5th Ed., Pearson/Prentice Hall.

6) Taylor, D. W.（1948）. *Fundamentals of Soil Mechanics*, John Wiley & Sons.

問　　題

16.1　図 16.26 に示された斜面 AB は A 点を通る線上の定常な水位のもとにあり，次の条件が与えられました．

土の湿潤単位体積重量 $\gamma = 19.5\ \mathrm{kN/m^3}$，土の乾燥単位体積重量 $\gamma = 19.2\ \mathrm{kN/m^3}$

$i = 20°$，$z = 1.0\ \mathrm{m}$

$c = 0$，$\phi = 32°$

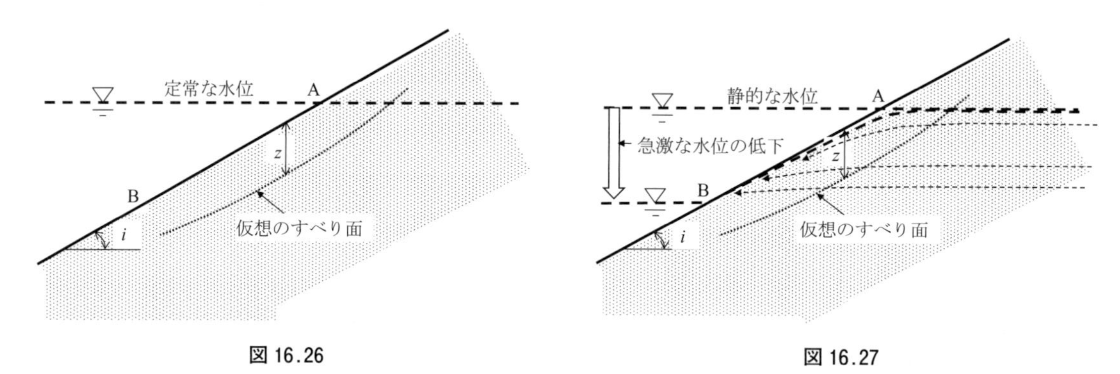

図 16.26　　図 16.27

(a) この静的な水位のもとでの斜面の崩壊に対する安全率を求めてください．

(b) 図 16.27 で水位が急速にB点の高さまで低下しました．そのときの予想される斜面内での流線が破線で描かれています．このときの (1) 斜面 AB 間の中央点あたりと，(2) B点あたりでの斜面の安全率を求め，斜面のどのあたりで最も崩壊の危険度が高いかを検討してください．AB 間では斜面に対する流線の方向が変化するため，用いる式が異なることに注意してください．

(c) 図 16.27 で水位が低下し，時間が経過し，その水位はB点を通る線上で定水位となりました．このときの AB 間の斜面の安全率を求めてください．(1) 毛管上昇を考慮する場合と，(2) それを無視する場合，の両方の場合を求めてください．

16.2 問題 16.1 と同じですが，条件が次のとき，斜面の安全率をそれぞれの場合に求めてください．
土の湿潤単位重量 $\gamma=19.5\,\mathrm{kN/m^3}$，土の乾燥単位重量 $\gamma=19.2\,\mathrm{kN/m^3}$
$i=20°$，$z=1.0\,\mathrm{m}$
$c=10\,\mathrm{kN/m^2}$，$\phi=0°$

16.3 問題 16.1 と同じですが，条件が次のとき，斜面の安全率をそれぞれの場合に求めてください．
土の湿潤単位体積重量 $\gamma=19.5\,\mathrm{kN/m^3}$，土の乾燥単位体積重量 $\gamma=19.2\,\mathrm{kN/m^3}$
$i=20°$，$z=1.0\,\mathrm{m}$
$c=5\,\mathrm{kN/m^2}$，$\phi=10°$

16.4 図 16.10 を参照して，流線の方向角 θ が 0，10，20，30，40，50，60，70，80，90 度と変化させたときの斜面の安全率を求め，それを θ の関数としてプロットしてください．水位の下での土の湿潤単位体積重量は $\gamma=19.0\,\mathrm{kN/m^3}$ で，そして，$c=0$，$\phi=35°$ で，斜面の傾斜角は $i=20°$ で，$z=1.0\,\mathrm{m}$ としてください．

16.5 図 16.10 を参照して，流線の方向角 θ が 0，10，20，30，40，50，60，70，80，90 度と変化させたときの斜面の安全率を求め，それを θ の関数としてプロットしてください．水位の下での土の湿潤単位体積重量は $\gamma=19.0\,\mathrm{kN/m^3}$ で，そして，$c=10\,\mathrm{kN/m^2}$，$\phi=15°$ で，斜面の傾斜角は $i=20°$ で，$z=1.0\,\mathrm{m}$ としてください．

16.6 例題 16.3 と同じ斜面と破壊円弧（図 16.15）に対して，斜面の土の設計値が $c_u=30\,\mathrm{kN/m^2}$，$\phi=8°$ のときの円弧すべりの安全率を 16.5.3 項の方法によって求めてください．斜面の土は均一で $\gamma_t=20.0\,\mathrm{kN/m^3}$ で，地下水の影響はないと仮定してください．

16.7 例題 16.4 と同じ斜面と破壊円弧（図 16.19）に対して，この斜面が地下水位の影響を受けないときの斜面のすべりに対する安全率をビショップの分割法を用いて求めてください．例題 16.4 と同様，斜

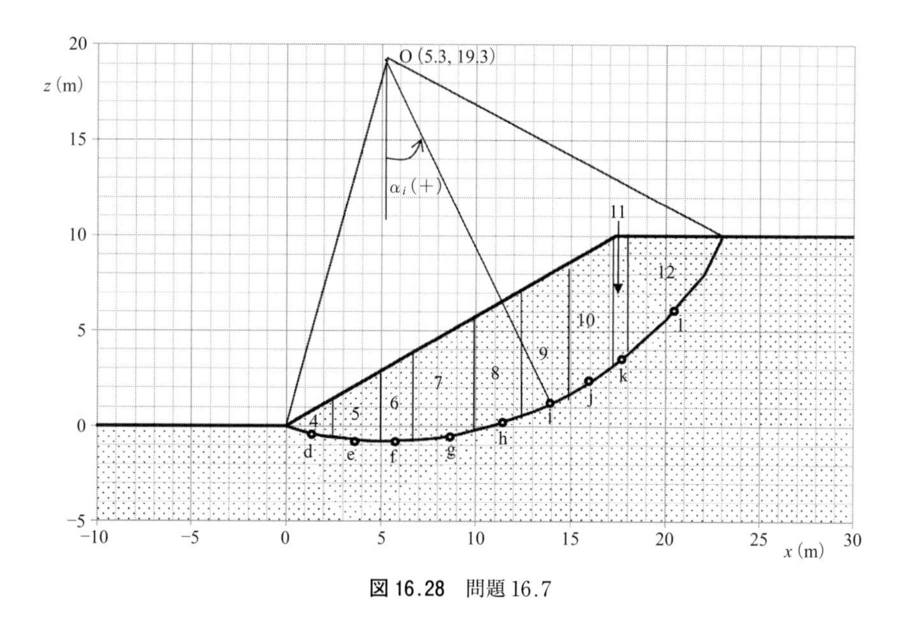

図 16.28　問題 16.7

面の土は均一で，c_u=20 kN/m^2，ϕ=10°，γ_t=19.5 kN/m^3 を設計値として採用します．

図 16.28 のスライスを使用してください．これは図 16.19 より地下水線を取り除いたものです．

章末問題の数値解

（ここには章末問題の数値の解のみ掲載しました．他の解法については演習として読者自ら試してください．）

2.3　(a) γ_t＝11.01 kN/m^3，(b) w＝426%
2.4　(a) γ_t＝19.93 kN/m^3，(b) S＝79.6%，(c) γ_d＝17.33 kN/m^3
2.5　(a) S＝59.4%，(b) γ_d＝16.89 kN/m^3，(c) γ'＝9.19 kN/m^3，γ_t＝20.44 kN/m^3
2.6　(a) γ_t＝17.76 kN/m^3，(b) γ_t＝19.72 kN/m^3，(c) G_s＝2.68
2.7　(a) S＝42.9%，(b) e＝0.538，(c) w＝10.7%，(d) γ_t＝18.85 kN/m^3
2.8　(a) W＝1850 kN，(b) n＝0.350，(c) W＝1795.5 kN

3.11　w_s＝15.3%

5.1　D_r＝67.2%
5.2　γ_t＝18.96 kN/m^3
5.4　(c) e＝0.426，S＝74.9%，(d) γ_t＝20.50 kN/m^3，(e) w＝8.3%から 14.8%
5.5　(c) e＝0.488，S＝76.9%，(d) γ_t＝20.27 kN/m^3，(e) w＝10.7%から 16.0%
5.8　(a) V_{borrow}＝2763 m^3，(b) W_{borrow}＝53881 kN
5.9　γ_d＝16.23 kN/m^3
5.10　(a) CBR＝10

6.1　(b) q＝4.52 m^3/day
6.2　(a) k＝0.04 cm/sec，(b) k＝0.0346 cm/sec，(c) k＝0.164 cm/sec
6.3　k＝0.0399 cm/sec
6.4　k＝0.0108 cm/sec
6.5　k＝0.000418 cm/sec
6.6　k＝0.000387 cm/sec
6.7　k＝0.000355 cm/sec
6.8　k＝0.000195 cm/sec
6.9　(b) q＝0.583 cm^3/sec/cm
6.10　(b) q＝0.443 cm^3/sec/cm
6.11　(b) q＝0.505 cm^3/sec/cm
6.12　(b) q＝0.401 cm^3/sec/cm
6.13　(b) P_w＝798.2 kN/m

6.14 (b) P_w=1182.5 kN/m

7.5 σ'_A=81.9 kN/m^2, σ'_B=125.4 kN/m^2, σ'_C=167.8 kN/m^2, σ'_D=241.3 kN/m^2

7.6 σ'_A=180 kN/m^2, σ'_B=293.0 kN/m^2, σ'_C=338.9 kN/m^2

7.7 σ'_A=126.0 kN/m^2, σ'_B=177.5 kN/m^2, σ'_C=230.9 kN/m^2, σ'_D=296.6 kN/m^2

7.8 (a) $\Delta\sigma'$=+62.1 kN/m^2 増加.

7.9 (a) $\Delta\sigma'$=−71.2 kN/m^2 減少.

7.10 (a) $h_{\text{capillary}}$=0.2 から 1 m, (b) $h_{\text{capillary}}$=2 から 10 m, (c) $h_{\text{capillary}}$=20 から 100 m

7.13 (a) $u_{\text{hydrostatic}}$=3.92 kPa, (b) u_{seepage}=1.96 kPa, (c) u_{total}=5.88 kPa,
(d) i_c=0.886, (e) F. S. =1.33

7.14 H_1>90.63 cm

7.15 (a) F. S.=4.75, (b) F. S.=3.59

7.16 6.27 m

7.17 10.0 m

7.18 3.25 m

8.11 $\Delta\sigma_v$(A)=94.92 kN/m^2, $\Delta\sigma_v$(B)=82.48 kN/m^2, $\Delta\sigma_v$(C)=27.65 kN/m^2

8.12 $\Delta\sigma_v$(A)=17.1 kN/m^2, $\Delta\sigma_v$(B)=52.8 kN/m^2, $\Delta\sigma_v$(C)=41.33 kN/m^2

8.13 $\Delta\sigma_v$(A)=17.5 kN/m^2, $\Delta\sigma_v$(B)=18.3 kN/m^2, $\Delta\sigma_v$(C)=34.9 kN/m^2

8.14 $\Delta\sigma_v$=14.8 kN/m^2

8.15 $\Delta\sigma_v$=44.8 kN/m^2

8.16 $\Delta\sigma_v$=44.6 kN/m^2

9.1 (a) S_i=4.25 mm, (b) S_i=2.72 mm, (c) S_i=3.36 mm

9.2 (a) S_i=4.08 mm, (b) S_i=2.04 mm, (c) S_i=3.60 mm

9.4 (a) t_{50}=8.37 年, (b) t_{90}=35.96 年, (c) U≈17%, (d) U≈38%

9.5 (a) t_{50}=2.08 年, (b) t_{90}=8.97 年, (c) U≈36%, (d) U≈76%

9.6 (a) t_{50}=2.2 年, (b) t_{90}=9.1 年

9.7 (a) C_v=7.9 mm^2/min, (b) C_v=9.47 mm^2/min

9.8 (a) C_v=43.2 mm^2/min, (b) C_v=34.2 mm^2/min

9.9 (c) C_c=1.24

9.10 (c) C_c=0.696

9.12 S_f=0.0498 m

9.13 S_s=0.0105 m

9.14 S_f=0.0248 m

9.15 S_f=0.0404 m

9.16 S_s=0.0096 m

9.17 0.261 m

9.18 0.0353 m

10.1 σ_θ=59.87 kN/m^2, τ_θ=−34.6 kN/m^2

10.2 $\sigma_\theta=233.9\ \mathrm{kN/m^2}$，$\tau_\theta=-13.1\ \mathrm{kN/m^2}$

10.3 $\sigma_\theta=63.54\ \mathrm{kN/m^2}$，$\tau_\theta=-73.48\ \mathrm{kN/m^2}$

10.4 $\sigma_\theta=20.0\ \mathrm{kN/m^2}$，$\tau_\theta=25.0\ \mathrm{kN/m^2}$

10.6 （d）$\sigma_\theta=59.9\ \mathrm{kN/m^2}$，$\tau_\theta=-34.6\ \mathrm{kN/m^2}$

10.7 （d）$\sigma_\theta=239\ \mathrm{kN/m^2}$，$\tau_\theta=-13\ \mathrm{kN/m^2}$

10.8 （d）$\sigma_\theta=64\ \mathrm{kN/m^2}$，$\tau_\theta=-73\ \mathrm{kN/m^2}$

10.9 （d）$\sigma_\theta=20\ \mathrm{kN/m^2}$，$\tau_\theta=25\ \mathrm{kN/m^2}$

10.10 $\sigma_\mathrm{c}=43\ \mathrm{kN/m^2}$，$\tau_c=24\ \mathrm{kN/m^2}$

10.11 $\sigma_c=60\ \mathrm{kN/m^2}$，$\tau_c=-50\ \mathrm{kN/m^2}$

10.12 （a）$\sigma_1=107\ \mathrm{kN/m^2}$，$\sigma_3=43\ \mathrm{kN/m^2}$

10.13 （a）$\tau_\mathrm{max}=+90\ \mathrm{kN/m^2}$，$\tau_\mathrm{min}=-90\ \mathrm{kN/m^2}$

11.3 $\phi=15.3°$ と $c=22\ \mathrm{kN/m^2}$

11.4 （a）$\phi=32.4°$，（b）$\tau_N=95.1\ \mathrm{kN/m^2}$

11.5 $\phi'=8.3°$

11.6 $c'=44\ \mathrm{kN/m^2}$，$\phi'=8.2°$

11.7 $q_u=77\ \mathrm{kN/m^2}$

11.8 （a）$\phi'=15°$，$c'=21\ \mathrm{kN/m^2}$

11.9 $\phi'=27.2°$

11.10 $93.7\ \mathrm{kN/m^2}$

11.11 $22.2\ \mathrm{kN/m^2}$

11.12 （b）$\sigma_f=72.7\ \mathrm{kN/m^2}$，$\tau_f=64\ \mathrm{kN/m^2}$

11.13 （b）$c=58\ \mathrm{kN/m^2}$ と $\phi=14°$，$c'=63\ \mathrm{kN/m^2}$ と $\phi'=14.5°$

11.14 （a）$\sigma_1=288\ \mathrm{kN/m^2}$，（b）$u_f=25\ \mathrm{kPa}$

11.15 （b）$c=20\ \mathrm{kN/m^2}$ と $\phi=20.2°$，$c'=18\ \mathrm{kN/m^2}$ と $\phi'=24.2°$

11.16 （a）$\sigma_1=181\ \mathrm{kN/m^2}$，（b）$u_f=13\ \mathrm{kPa}$

11.17 （a）$\sigma_1-\sigma_3=143.5\ \mathrm{kN/m^2}$，（b）$u_f=18.5\ \mathrm{kPa}$

11.18 $q_u=36.2\ \mathrm{kN/m^2}$

11.19 $u_f=-58\ \mathrm{kPa}$（負の値）

11.20 $u_f=-30\ \mathrm{kPa}$（負の値）

11.21 $C_u=27.97\ \mathrm{kN/m^2}$

12.1 （b）$P=142.0\ \mathrm{kN/m}$，（c）壁の底面から 2.0 m に

12.2 （b）$P=211.1\ \mathrm{kN/m}$，（c）壁の底面から 2.0 m に

12.3 （b）合力 $P=173.39\ \mathrm{kN/m}$，（c）壁の底面から 1.84 m に作用

12.4 （b）合力 $P=236.96\ \mathrm{kN/m}$，（c）壁の底面から 2.06 m に作用

12.5 （b）合力 $P=87.85\ \mathrm{kN/m}$，（c）壁の底面から 2.0 m に作用

12.6 （b）合力 $P=136.42\ \mathrm{kN/m}$，（c）壁の底面から 2.27 m に作用

12.7 （b）合力 $P=79.39\ \mathrm{kN/m}$，（c）壁の底面から 2.22 m に作用

12.8 （b）合力 $P=114.08\ \mathrm{kN/m}$，（c）壁の底面から 2.48 m に作用

12.9　(b) 合力 P=1303.5 kN/m，　(c) 壁の底面から 2.0 m に作用

12.10　(b) 合力 P=1445.1 kN/m，　(c) 壁の底面から 2.27 m に作用

12.11　(b) 合力 P=1005.7 kN/m，　(c) 壁の底面から 2.08 m に作用

12.12　(b) 合力 P=1422.4 kN/m，　(c) 壁の底面から 2.32 m に作用

12.13　(b) 合力 P=53.73 kN/m，　(c) 壁の底面から 1.042 m に作用

12.14　(b) 合力 P=126.98 kN/m，　(c) 壁の底面から 2.172 m に作用

12.15　(b) 合力 P=28.155 kN/m，　(c) 壁の底面から 1.228 m に作用

12.16　(b) 合力 P=98.89 kN/m，　(c) 壁の底面から 2.546 m に作用

12.17　(b) 合力 P=841.1 kN/m，　(c) 壁の底面から 2.37 m に作用

12.18　(b) 合力 P=1037.6 kN/m，　(c) 壁の底面から 2.49 m に作用

12.19　(b) 合力 P=860.19 kN/m，　(c) 壁の底面から 2.35 m に作用

12.20　(b) 合力 P=1064.3 kN/m，　(c) 壁の底面から 2.460 m に作用

12.21　P_a=30.56 kN/m で，1.33 m（壁底より）に作用

12.22　P_a=37.89 kN/m で，1.33 m（壁底より）に作用

12.23　P_a=56.83 kN/m で，1.33 m（壁底より）に作用

12.24　P_a=64.97 kN/m で，1.33 m（壁底より）に作用

12.25　P_p=1808 kN/m で，1.33 m（壁底より）に作用

12.26　P_p=1002 kN/m で，1.33 m（壁底より）に作用

12.27　P_p=819.8 kN/m で，1.33 m（壁底より）に作用

12.28　P_p=1354 kN/m で，1.33 m（壁底より）に作用

14.1　(a) $q_{u,\,\mathrm{gross}}$=2512 kN/m^2，　(b) $q_{u,\,\mathrm{net}}$=2474 kN/m^2，　(c) $q_{d,\,\mathrm{net}}$=966.8 kN/m^2

14.2　(a) $q_{u,\,\mathrm{gross}}$=2032 kN/m^2，　(b) $q_{u,\,\mathrm{net}}$=1994 kN/m^2，　(c) $q_{d,\,\mathrm{net}}$=774.8 kN/m^2

14.3　(a) $q_{u,\,\mathrm{gross}}$=2021 kN/m^2，　(b) $q_{u,\,\mathrm{net}}$=1983 kN/m^2，　(c) $q_{d,\,\mathrm{net}}$=770.6 kN/m^2

14.4　(a) $q_{u,\,\mathrm{gross}}$=2288 kN/m^2，　(b) $q_{u,\,\mathrm{net}}$=2250 kN/m^2，　(c) $q_{d,\,\mathrm{net}}$=877.1 kN/m^2

14.5　(a) $q_{u,\,\mathrm{gross}}$=1379 kN/m^2，　(b) $q_{u,\,\mathrm{net}}$=1342 kN/m^2，　(c) $q_{d,\,\mathrm{net}}$=410.3 kN/m^2

14.6　(a) $q_{u,\,\mathrm{gross}}$=1598 kN/m^2，　(b) $q_{u,\,\mathrm{net}}$=1561 kN/m^2，　(c) $q_{d,\,\mathrm{net}}$=495.7 kN/m^2

14.7　(a) $q_{u,\,\mathrm{gross}}$=1198 kN/m^2，　(b) $q_{u,\,\mathrm{net}}$=1161 kN/m^2，　(c) $q_{d,\,\mathrm{net}}$=362.3 kN/m^2

14.8　(a) $q_{u,\,\mathrm{gross}}$=1199 kN/m^2，　(b) $q_{u,\,\mathrm{net}}$=1162 kN/m^2，　(c) $q_{d,\,\mathrm{net}}$=362.7 kN/m^2

15.1　Q=492 kN

15.2　Q=749 kN

15.3　Q=512 kN

15.4　Q=406 kN

15.5　Q_a=110 kN

15.6　Q_a=87 kN

15.7　Q_a=111 kN

15.8　Q_a=164 kN

15.9　Q_a=177 kN

15.10　Q_a=118 kN

15.11 Q_u=2080 kN

15.12 (1) $Q_{g(1)}$=4516 kN, (2) $Q_{g(2)}$=5400 kN, (3) η=1.19

15.13 (1) $Q_{g(1)}$=4516 kN, (2) $Q_{g(2)}$=7200 kN, (3) η=1.59

15.14 S_f=0.268 m

16.1 (a) 1.72, (b-1) 0.85, (b-2) 0.74, (c-1) 2.59, (c-2) 1.72

16.2 (a) 3.21, (b-1) 1.60, (b-2) 1.60, (c-1) 1.62, (c-2) 1.62

16.3 (a) 3.70, (b-1) 1.84, (b-2) 1.80, (c-1) 2.35, (c-2) 2.11

16.4 θ=0 で, F. S.=0.79, θ=90° で, F. S.=1.92

16.5 θ=0 で, F. S.=1.94, θ=90° で, F. S.=3.37

索　引

〈カ 行〉

〈タ　行〉

〈ナ　行〉

〈著者紹介〉
石橋　勲（いしばし　いさお）

1968年　名古屋大学工学部土木工学科卒業
1970年　名古屋大学大学院工学研究科修士課程修了
1974年　ワシントン大学（University of Washington, Seattle）土木工学科大学院
Ph. D. 取得
専門分野　地盤工学，地震地盤工学
主　著　「Soil Mechanics Fundamentals and Applications」共著，CRC Press, 2015
「土質力学の基礎」共著，共立出版，2011
現　在　オールドドミニオン大学（Old Dominion University, Norfolk, Virginia, USA）
土木環境工学科 教授．Ph. D., P. E.

ハザリカ ヘマンタ（Hazarika Hemanta）

1991年　インド工科大学（IIT, Madras）土木工学科卒業
1996年　名古屋大学大学院工学研究科博士課程修了
専門分野　地盤工学，地震地盤工学
主　著　「Soil Mechanics Fundamentals and Applications」共著，CRC Press, 2015
「Scrap Tire Derived Geomaterials」共著，Taylor and Francis, 2008
「Earthquake Hazards and Mitigations」共著，I. K. International, 2007
「Geotechnical Hazards from Large Earthquakes and Heavy Rainfalls」共著，Springer Japan, 2016
「土質力学の基礎」共著，共立出版，2011
現　在　九州大学大学院工学研究院 教授．博士（工学）

土質力学の基礎とその応用〔土質力学の基礎：改訂・改題〕

2017年3月25日　初版1刷発行
2021年2月25日　初版4刷発行　　検印廃止

著　者　石橋　勲　© 2017
ハザリカ ヘマンタ

発行者　南條　光章

発行所　**共立出版株式会社**
〒112-0006 東京都文京区小日向4丁目6番19号
電話　03-3947-2511
振替　00110-2-57035
URL　www.kyoritsu-pub.co.jp

印刷/製本：真興社　NDC 511.3/Printed in Japan

ISBN 978-4-320-07436-1